高等职业教育基础化学类课程系列教材

无机化学

第四版

王　静　林俊杰　主编

苏英兰　副主编

化学工业出版社

·北京·

内 容 简 介

本书是普通高等教育"十一五"国家级规划教材，主要内容包括绪论、化学基本量和化学计算、原子结构和元素周期律、分子结构、化学反应速率和化学平衡、电解质溶液、电化学基础、配位化合物、以及元素化学部分等。

本书在第三版教材内容的基础上，对教材内容进一步优化；配套了数字化资源，扫描书中二维码即可观看动画、视频；对全书的 PPT 重新进行了制作；对章后的思考与习题进行了重新梳理，并配套了习题答案。

本书适用于应用型、技能型人才的培养，既可作为高等职业教育院校化工、制药、轻纺、环境、生物、冶金、食品等专业的教学用书，也可供从事相关工作的企业人员、科技人员参考。

图书在版编目（CIP）数据

无机化学/王静，林俊杰主编；苏英兰副主编 . —4 版 . —北京：化学工业出版社，2022.9（2023.7重印）

ISBN 978-7-122-41531-8

Ⅰ.①无…　Ⅱ.①王…②林…③苏…　Ⅲ.①无机化学-高等职业教育-教材　Ⅳ.①O61

中国版本图书馆 CIP 数据核字（2022）第 091749 号

责任编辑：刘心怡　　　　　　　　　　　　　　　装帧设计：关　飞
责任校对：边　涛

出版发行：化学工业出版社（北京市东城区青年湖南街 13 号　邮政编码 100011）
印　　刷：北京云浩印刷有限责任公司
装　　订：三河市振勇印装有限公司
787mm×1092mm　1/16　印张 17　彩插 1　字数 430 千字　2023 年 7 月北京第 4 版第 2 次印刷

购书咨询：010-64518888　　　　　　　　　　　售后服务：010-64518899
网　　址：http://www.cip.com.cn
凡购买本书，如有缺损质量问题，本社销售中心负责调换。

定　　价：43.00 元

前　言

《无机化学》一书是普通高等教育"十一五"国家级规划教材，曾获中国石油和化学工业优秀教材一等奖。本书为《无机化学》的第四版，是在第三版教材内容的基础上，结合目前高等职业教育化学化工类专业人才培养目标及《国家职业教育改革实施方案》确定的具体改革指标修订而成的。

本次的修订保持原教材主要内容和编写风格，与第三版相比主要有如下变化：

1. 对教材内容进一步优化，调整了部分内容；

2. 对每章的学习目标从知识目标和能力目标两方面进行了更新；

3. 对每章的思考与习题进行了重新梳理，增加了填空、选择及判断题目，删除了偏难的习题，同时还增加了习题答案；

4. 增加了教学动画和微视频等教学资源，可通过扫描书中二维码观看；

5. 对全书的电子课件重新进行了制作；

6. 将立德树人、课程思政与教材内容有机结合，更新了部分阅读材料。

7. 增加了书中部分"＊"标记内容，这部分可作为选学内容。

本书由王静主持修订并统稿。修订分工如下：王静（兰州石化职业技术大学）修订绪论、第一章、第四～七章、第十章、第十三章；苏英兰（山西工程职业学院）修订第十一章、第十二章、第十四章；王锐（山西工程职业学院）修订第二章、第三章、第八章、第九章。本书在修订过程中得到了化学工业出版社的大力支持和指导，兰州石化职业技术大学夏德强审阅全书并提出修改意见，在此一并表示衷心的感谢。

限于编者的水平，书中不足之处在所难免，恳请广大读者批评指正。

编　者

2022 年 6 月

第一版前言

随着社会的发展、科技的进步、改革开放步伐的加快，社会主义市场经济的进一步建立和完善，社会对改革的要求越来越高，越来越紧迫。社会不仅需要通才，更需要专才。也就是说，社会主义现代化的新的发展阶段迫切需要培养和造就一大批高素质的劳动者和实用型人才。高等职业教育的发展，是与社会主义市场经济发展的需要相适应的，它是实施科教兴国战略、提高劳动素质、促进社会经济发展的重要途径。

本书的编写由全国石化行业职业教育教学指导委员会领导和组织，意在适应职业教育的发展和解决高等职业教育教材急需的问题。教材的编写着力于反映高等职业教育的特点，突出实用性和实践性；着力于学生综合素质的提高，培养学生的科学思想方法和创新能力；认真贯彻必需、够用为度的原则，以利于学生的后续课程的学习和为持续教育打下较坚实的基础。在编写过程中尽管涉及的知识面较宽，但力求不攀高，使之保持适宜的深度。

本书在相应的内容后均安排有相关的实验，以利于学生理论联系实际，巩固知识。同时还在相关内容后，安排了一些相应的阅读材料，以利于学生拓宽知识面，提高学习兴趣。

在使用本教材时，各校可根据教学计划的安排和教学大纲的要求以及本校的具体情况对内容进行适当的增减与取舍。带"＊"的内容可作为选学内容。

本书由林俊杰、王静担任主编。参加本书编写工作的有张正兢（编写第四、十二、十五章）、徐少华（编写第五、八、九章）、陈东旭（编写第一、三、十章）、王静（编写绪论、第二、六、七章）、林俊杰（编写第十一、十三、十四章）。本书承天津渤海职业技术学院伍承樑老师担任主审。

书稿虽经反复审阅、修改后定稿，但由于时间仓促，编者水平有限，定有不妥之处，恳请同行和读者批评指正。

本书在编写出版过程中，始终得到全国石化行业职业教育教学指导委员会、化学工业出版社和有关学校的大力支持，在此一并致谢！

编　者

2002 年 1 月

第二版前言

本书第一版发行以来多次重印，受到广大师生的欢迎，同时也提出了一些很好的意见和建议，据此我们对本书作出了修订。修订过程中，依然保持了第一版的体系不变。修订所遵循的原则是：精炼文字、调整不适、简化理论论述、适当降低难度，以期更加突出职业教育的特点。

本次修订的主要内容有：

1. 根据高职高专的教育特点，对部分内容的深广度做了适当的调整，去掉抽象的电子云概率密度，简化氧化还原反应方程式的配平。

2. 注重与有关课程的衔接和避免内容的重复，删去了溶液配制中容量瓶的使用及"滴定分析法"一章，本书不再介绍纯碱工业生产过程的内容。

3. 为学生实验的方便，本书中不再编入学生的实验内容，改为使用专门的化学实验教材。

4. 为方便教学，给出了习题中计算题的答案供参考；对部分"阅读材料"做了更新。

5. 注重发挥学生学习的主观能动性，将"本章小结"交由学生依据每章的"学习目标"来完成。

本书第六章、第七章、第八章由王静修订，其余部分由林俊杰修订。全书由林俊杰负责修改、统稿。

本书的修订再版，得到了全国有关高职院校师生的热情关心，得到了湖南化工职业技术学院和兰州石化职业技术学院领导的亲切关注，得到了化学工业出版社的鼎力支持，在此一并表示衷心的感谢！

由于我们水平有限，书中还会存在缺点，纰漏之处，敬请不吝赐教！

编　者

2006 年 10 月

第三版前言

　　本教材是按照高职高专基础化学教学的基本要求、在第二版教材教学实践和广泛听取使用学校所提出的宝贵意见及建议的基础之上修订而成的。本书自出版以来受到众多学校的认可与欢迎。本书为普通高等教育"十一五"国家级规划教材，并获中国石油和化学工业优秀教材奖。

　　本次修订依然保持原教材的主要内容，适当拓展了知识面。修订的主要内容有：

　　1. 增加了有利于学生学习总结的内容，如在每章的最后增加了"本章小结"，便于学生在每章学习结束后，对本章内容进行系统总结。

　　2. 增加了有利于拓展学生知识面、提高学习兴趣等方面的内容，如章节内容中合理穿插的"知识拓展""想一想""练一练"栏目，旨在为增长知识、启发思维、引导应用等方面提供帮助。

　　3. 在绪论部分增加了学习目标，使学生一开始学习这门课程就知道其重要性。

　　4. 从无机化学与社会、生活和生产紧密联系等方面，更新了部分"阅读材料"的内容，主要是通过相关知识的阅读，开阔学习视野，激发学习兴趣。

　　5. 进一步精炼文字。

　　本书由兰州石化职业技术学院王静主持修订，湖南化工职业技术学院林俊杰审阅全书并提出了宝贵的修改意见和建议，同时得到了兰州石化职业技术学院、化学工业出版社的大力支持，在此表示衷心的感谢！

　　限于编者的水平，书中不妥之处在所难免，恳请广大读者批评指正。

编　者

2013 年 3 月

目录

本书常用符号的意义及单位

符　号	意　义	单　位
N_A	阿伏伽德罗常数	$6.02 \times 10^{23}/\text{mol}$
N_B	B 物质的基本单元数	
n_B	B 物质的物质的量	mol
m_B	B 物质的质量	g
M_B	B 物质的摩尔质量	g/mol
$V_m^{\ominus}$	气体的标准摩尔体积	22.4L/mol
w_B	B 物质的质量分数	无量纲
ρ	质量浓度、密度	$\text{g/L}、\text{g/cm}^3$
c_B	溶质 B 的物质的量浓度	mol/L
c'	相对浓度	无量纲
V	溶液的体积、气体的体积	L 或 mL
q	反应热	kJ/mol
$E^{\ominus}$	原电池的标准电动势	V
$\varphi^{\ominus}$	标准电极电势	V
φ	电极电势	V
T	热力学温度	K
v	反应速率	$\text{mol/(L·s)}、\text{mol/(L·min)}$ 等
p	压强	Pa、kPa
$K^{\ominus}$	标准化学平衡常数	无量纲
α	反应转化率	%
$K_a^{\ominus}$	酸标准电离平衡常数	无量纲
$K_b^{\ominus}$	碱标准电离平衡常数	无量纲
$Q、Q_C$	反应商、浓度商	无量纲
α	电离度	%
K_W	水的标准离子积	无量纲
$K_h^{\ominus}$	标准水解平衡常数	无量纲
h	水解度	%
$K_{sp}^{\ominus}$	标准溶度积常数	无量纲
S	溶解度	$\text{g/100g H}_2\text{O}$
μ	偶极矩	C·m
$K_{稳}^{\ominus}$	配离子的标准稳定常数	无量纲
$K_{不稳}^{\ominus}$	配离子的标准不稳定常数	无量纲

绪　论

 **学习目标**

知识目标：

1. 了解无机化学的研究对象、发展及前景；
2. 了解化学与人类生活的密切关系；
3. 理解学习无机化学的必要性。

能力目标：

1. 能知道无机化学在化学学科的分支作用；
2. 能初步构建无机化学的学习方法。

一、无机化学研究的对象

世界是物质的，物质是在不断运动的，也是在不断变化的。化学是一门研究物质变化的科学。我们知道物质的变化通常分为物理变化和化学变化，化学以物质的化学变化为主要研究对象。

化学变化的实质是什么呢？我们来讨论下面两个变化：

$$NaOH + HCl \longrightarrow NaCl + H_2O$$

$$^{235}_{92}U + ^{1}_{0}n(慢) \longrightarrow _{56}Ba + _{36}Kr + (2-3)^{1}_{0}n$$

两者在变化过程中都由这样的物质变成了那样的物质，也就是说，都发生了质变。但后者不属于化学变化。前者在变化过程中没有引起由一种元素变为另一种元素的变化，也就是说，原子核没有发生变化。而后者则是由一种元素变成了另外的元素，它是由原子核的变化而引起的变化。

可见，化学变化中发生的是分子组成上的质变，也就是在原子核组成不变的情况下发生分子组成或离子、原子等结合方式的质变。不属于这种范围的变化，就不是化学变化。化学变化的实质是组成物质的分子中的原子的核外电子的运动状态发生变化。所以，化学主要是在分子、原子、离子等层次上研究物质的组成、结构、性质、变化过程及应用的科学。

无机化学则主要是研究无机物化学变化的科学。

二、无机化学的发展及前景

化学起源于人类的生产劳动，化学的发展依赖于人类社会的发展。

化学历史伴随人类历史的发展，经历了实用和自然哲学时期（公元前 3000 年至纪元前后）、炼丹时期（进入封建社会后 1200 年）、制药时期（公元 1500～1700 年）、燃素时期（公元 1700～1800 年），18 世纪后叶，法国化学家拉瓦西提出燃烧氧化论，结束了燃素时期，进入近代化学时期。

1803 年，英国化学家道尔顿提出的原子假说，引入原子量（相对原子质量）的概念，成为化学进入近代时期的奠基石；1811 年，意大利物理学家阿伏伽德罗引入分子量（相对分子质量）的概念，创立的原子分子论，成为近代化学的理论基础；1869年，俄罗斯化学家门捷列夫发现元素周期律，排出元素周期表，这是近代化学的重要里程碑。

我国劳动人民在化学上的许多重大发明，为化学的发展做出了重要的贡献。如造纸、瓷器烧制、火药、青铜器、炼钢、炼铁、酿酒、染色、制糖、制药等。

社会生产力的发展，推动了化学的发展，使化学逐渐形成了很多相对独立的分支学科，如合成化学、量子化学、结构化学、化学动力学等；根据化学研究的对象和方法，又可分为无机化学、有机化学、物理化学、分析化学等基础化学门类；与其他学科相互渗透，又形成了生物化学、农业化学、石油化学、煤化学、海洋化学、地质化学、地球化学、辐射化学、半导体化学等许多分支。

无机化学是一门重要的基础化学学科。占元素总数三分之二的稀有元素，呈现出各种优良特性，对尖端技术的发展起着越来越大的推动作用，它必将成为无机化学进一步发展的广阔领地；配位化学理论由于在化工工艺和化工分析中日益广泛地被用作分离和提纯方法的理论基础，已经成为无机化学的重要内容；高新技术中新材料的提供、新的化学工艺的探讨是无机化学不可推卸的重要任务……

三、化学在国民经济和人类日常生活中的作用

研究化学的目的，在于认识物质的性质及物质化学变化的规律并将其应用于生产，将天然资源经过化学变化加工成为为人类生产和生活服务的各种物质。可以想象，化学在国民经济和人类日常生活中的作用是极其重要的。如在实现农业现代化的过程中，对化肥、农药产生大量的需求及对其品种、质量提出更高的要求——高效、低毒、不污染环境；在实现工业现代化的过程中，需要大量的黑色金属、有色金属、稀有金属，需要合成纤维、合成橡胶、工程塑料、燃料、药物等；在实现国防现代化的过程中，要求化学提供各种特殊性能的金属、合金、合成材料等；在实现科学技术现代化的过程中，其他科学的发展，都要求和需要化学及其相关部门的协同。

化学对提高人民的物质生活水平和满足人民精神生活的需要起着不可低估的作用，如大量生活用品的提供，天然水的纯化，环境污染的防治等。

四、关于无机化学课程的学习

无机化学是多个专业重要的基础课。其任务是在中学化学知识的基础上，进一步学习无机化学的基本理论和基本知识，掌握化学反应的一般规律和基本化学计算方法，学会无机化学的实验操作，培养学生树立辩证唯物主义观点和分析问题、解决问题的实际能力，为后续课程的学习和将来工作打下良好的基础。其要求是正确理解原子结构和分子结构的基本理论；掌握酸碱平衡、沉淀溶解平衡、氧化还原平衡、配位平衡的基本知识及有关计算；准确使用术语，熟练掌握离子方程式、氧化还原反应方程式的书写和配平；运用元素周期律和元素周期表较系统地了解常见元素的单质及其化合物的性质。

要学好无机化学这门课程，就要注意适应新的学习环境，改进学习方法。一是要有课前预习环节，根据老师每堂课的要求和安排，提前阅读所要学习的内容，以保证所期待的学习效果；二是要保证课堂效率，认真听课，做好笔记；三是要认真做好课后复习，仔细阅读所学内容，加深对相关知识的理解；同时还可利用现代化的教学资源（如微课、教学动画、微视频、课件等）进行学习，增强学习兴趣，拓宽知识面，提升自己的学习能力。同时，通过这门课的学习，还为同学们在技能取证及参加大赛等方面起到良好的支撑作用。

第一章

化学基本量和化学计量

 **学习目标**

知识目标：

1. 理解物质的量的单位——摩尔、摩尔质量、气体标准摩尔体积、物质的量浓度等概念；

2. 掌握物质的量、摩尔质量、气体标准摩尔体积、溶液的浓度之间的相互关系和有关计算；

3. 掌握用化学反应方程式进行的相关计算；

4. 了解热化学方程式的意义及书写方法。

能力目标：

1. 能利用物质的量、摩尔质量、气体标准摩尔体积、溶液的浓度之间的相互关系进行相关计算，并能利用化学反应方程式进行相关计算；

2. 能正确书写热化学方程式，并明确其含义。

第一节　物质的量及相关物理量

一、物质的量

1. 基本单元

基本单元是指物质体系的结构微粒或根据需要指定的特定组合体。基本单元可以是分子、原子、离子、电子、中子及其他粒子，或是这些粒子的特定组合。基本单元必须用化学式表示。如 $KMnO_4$、H_2O、S、NH_4^+、$CuSO_4 \cdot 5H_2O$、$\frac{1}{5}KMnO_4$、$\frac{1}{6}K_2Cr_2O_7$、$\left(H_2 + \frac{1}{2}O_2\right)$ 等。

2. 物质的量的单位——摩尔（mol）

物质之间的反应，总是按一定个数的原子、分子或离子进行的。例如：

$$AgNO_3 + NaCl \longrightarrow AgCl\downarrow + NaNO_3$$

从方程式看出，1 基本单元 $AgNO_3$ 与 1 基本单元 $NaCl$ 完全反应，或者说 1 个 Ag^+ 与 1 个 Cl^- 反应生成 1 基本单元 $AgCl$。

但实际中，根本无法操作成一个一个的微粒或一个一个的基本单元来进行反应，而是按一定比例称量相关物质进行反应。那么，一定比例的微粒（或基本单元）与一定比例的可称量的物质是如何联系起来的呢？1971 年第 14 届国际计量大会通过决议，引入一个基本物理量——物质的量，并以摩尔作为其单位。

摩尔的定义为：摩尔是一系统的物质的量，该系统中所包含的基本单元数与 0.012kg ^{12}C 的原子数目相等。

0.012kg ^{12}C 所含的原子数目约为 6.02×10^{23} 个。把它称为阿伏伽德罗常数，用 N$_A$ 表示。即 N$_A$＝6.02×10^{23}/mol。1mol 任何物质均含有 6.02×10^{23} 个基本单元。例如：

1mol H 原子含 6.02×10^{23} 个 H 原子；

1mol O$_2$ 含 6.02×10^{23} 个 O$_2$ 分子；

1mol H$_2$O 含 6.02×10^{23} 个 H$_2$O 分子；

1mol Na$^+$ 含 6.02×10^{23} 个 Na$^+$；

1mol $\frac{1}{2}$H$_2$SO$_4$ 含 6.02×10^{23} 个 $\frac{1}{2}$H$_2$SO$_4$，即 3.01×10^{23} 个 H$_2$SO$_4$ 分子。

3. 物质的量 (n)

物质的量是衡量系统中指定基本单元数目的物理量。用 n 表示。

B 物质的物质的量，即 B 物质的基本单元数 N$_B$ 与 N$_A$ 之比：

$$n_B = \frac{N_B}{N_A} \tag{1-1}$$

那么

$$N_B = n_B N_A$$

式中 n_B——B 物质的物质的量，mol；

N_B——B 物质的基本单元数；

N_A——阿伏伽德罗常数。

摩尔和其他基本计量单位一样，也有其倍数单位，如兆摩（Mmol）、千摩（kmol）。

$$1Mmol = 1×10^6 \, mol = 1000kmol$$

$$1kmol = 1000mol$$

二、摩尔质量

摩尔质量（M）的定义为：物质 B 的摩尔质量就是单位物质的量的 B 物质的质量。简单地说就是 1mol 物质 B 的质量。单位通常是 g/mol。

由摩尔的定义可知，1mol 任何原子都与 12g 的 ^{12}C 含有相同的原子数，1 个 C 原子与 1 个 O 原子的质量之比是 12∶16，所以可知 1mol O 原子是 16g。同理，因为 H 的原子量是 1，所以 1mol H 原子是 1g。由此可以推知，1mol 任何原子的质量就是以克为单位，数值上等于该种原子的原子量。同样也可以推知，1mol 任何分子的质量，就是以克为单位，数值上等于该种分子的分子量（M$_r$）。例如：

1mol H$_2$ 的质量是 2g；

1mol H$_2$O 的质量是 18g。

同样，还可推知：

1mol H$^+$ 的质量是 1g；

1mol OH$^-$ 的质量是 17g；

1mol NaCl 的质量是 58.5g。

因此，B 物质的摩尔质量在数值上与 B 的相对基本单元质量相同，单位为 g/mol。

例如：

M(H)＝1g/mol；

$$M(H_2) = 2g/mol;$$
$$M(H_2SO_4) = 98g/mol;$$
$$M\left(\frac{1}{2}H_2SO_4\right) = 49g/mol;$$
$$M(Na^+) = 23g/mol。$$

想一想

摩尔质量和原子量或分子量有什么区别?

物质的量、物质的质量和摩尔质量之间存在如下关系式:

$$n_B = \frac{m_B}{M_B} \tag{1-2}$$

式中　n_B——B 物质的物质的量,mol;

　　　m_B——B 物质的质量,g;

　　　M_B——B 物质的摩尔质量,g/mol。

【例 1-1】　求 196g H_2SO_4 物质的量为多少?

解　已知　　　　　　　　$m(H_2SO_4) = 196g$

　　因为　　　　　　　　$M(H_2SO_4) = 98g/mol$

　　所以　　　$n(H_2SO_4) = \dfrac{m(H_2SO_4)}{M(H_2SO_4)} = \dfrac{196g}{98g/mol} = 2mol$

答:196g H_2SO_4 物质的量为 2mol。

【例 1-2】　中和 0.2mol H_2SO_4,需含多少克 NaOH 固体的 NaOH 溶液?

解　设需固体 NaOH 的质量为 x。

根据反应方程式确定如下关系:

$$H_2SO_4 + 2NaOH \longrightarrow Na_2SO_4 + 2H_2O$$

　　1mol　　　2×40g

　　0.2mol　　x

$$x = \frac{0.2mol \times 2 \times 40g}{1mol} = 16g$$

答:需含 16g NaOH 固体的 NaOH 溶液。

由 [例 1-2] 可以看出,参加反应的微粒是大量的,采用摩尔为单位后,其数值都是简单的,同时把反应物质间一定比例的基本单元与一定比例的可称量的量联系起来了。

练一练

0.2mol H_2SO_4 分子中含有多少个氢原子?多少个氧原子?

三、气体的标准摩尔体积

对于固态和液态物质,因为结构微粒间的距离很小,体积的大小主要决定于原子、分子或离子的大小，所以 1mol 各种物质的体积是不相同的。例如，20℃时：

1mol Fe 的体积是 7.1cm³；

1mol Pb 的体积是 18.3cm³；

1mol H_2O 的体积是 18.0cm³；

1mol 纯 H_2SO_4 的体积是 54.1cm³ 等。

但是，对于气体来说，情况就不是这样了。查得 H_2、O_2、CO 在标准状况下[❶]的密度分别为 0.0899g/L、1.429g/L、1.250g/L，它们的摩尔质量分别为 2.016g/mol、32.00g/mol、28.00g/mol。这样，就可以算出 1mol 上述气体在标准状况下的体积大约都是 22.4L。

$$V_m^{\ominus}=\frac{M}{\rho}=\frac{2.016\text{g/mol}}{0.0899\text{g/L}}\approx 22.4\text{L/mol} \qquad \cdots\cdots H_2$$

$$V_m^{\ominus}=\frac{M}{\rho}=\frac{32.00\text{g/mol}}{1.429\text{g/L}}\approx 22.4\text{L/mol} \qquad \cdots\cdots O_2$$

$$V_m^{\ominus}=\frac{M}{\rho}=\frac{28.00\text{g/mol}}{1.250\text{g/L}}\approx 22.4\text{L/mol} \qquad \cdots\cdots CO$$

经过许多实验证明，**1mol 任何气体在标准状况下所占的体积大约都是 22.4L**。这是因为通常情况下，气态物质的体积要比其在液态和固态时大得多，气体的体积主要取决于分子间的平均距离。在标准状况下，不同气体分子间的平均距离几乎是相等的。标准状况下，**1mol 任何气体所占的体积（大约都是 22.4L）称为气体的标准摩尔体积。用 $V_m^{\ominus}$ 表示，单位是 L/mol。即 $V_m^{\ominus}\approx 22.4\text{L/mol}$。**

气体在标准状况下的体积（V）与物质的量（n）的关系为：

$$n_B=\frac{V_B^{\ominus}}{V_m^{\ominus}} \tag{1-3}$$

那么

$$V_B^{\ominus}=V_m^{\ominus}n_B$$

式中　n_B——气体 B 的物质的量，mol；

$V_B^{\ominus}$——标准状况下，B 气体所占的体积，L；

$V_m^{\ominus}$——气体的标准摩尔体积，L/mol。

之所以要规定在标准状况下的条件，是因为气体的体积受温度和压力的影响较大。升高温度时，气体分子间平均距离增大，降低温度时，气体分子间平均距离减小；增大压力时，气体分子间平均距离减小，降低压力时，气体分子间平均距离增大。

许多生产上和科学实验中的事实证明，在一定的温度和压力下，各种气体分子间的平均距离是相等的，其体积的大小则随气体分子数的多少而变化。所以，在相同的温度和压力下，相同体积的任何气体都含有相同数目的分子。或相同数目的气体分子在相同的温度和压力下占有相同的体积。这个结论称为阿伏伽德罗定律。

想一想

1mol 的任何气体所占的体积都是 22.4L 吗？

---

❶ 化学上把 0℃ 和 101.325kPa 规定为标准状况。

【例 1-3】 在标准状况下，56g N_2 占有多大体积？

解 已知

$$m(N_2)=56g \quad M(N_2)=28g/mol$$

则

$$n(N_2)=\frac{m(N_2)}{M(N_2)}=\frac{56g}{28g/mol}=2mol$$

所以

$$V^{\ominus}(N_2)=n(N_2)V_m^{\ominus}=2mol\times22.4L/mol=44.8L$$

答：在标准状况下，56g N_2 占有体积为 44.8L。

【例 1-4】 在标准状况下，89.6L O_2 的质量是多少？

解 已知

$$V^{\ominus}(O_2)=89.6L \quad V_m^{\ominus}=22.4L/mol$$

$$M(O_2)=32g/mol$$

则

$$n(O_2)=\frac{V^{\ominus}(O_2)}{V_m^{\ominus}}=\frac{89.6L}{22.4L/mol}=4mol$$

所以

$$m(O_2)=n(O_2)M(O_2)=4mol\times32g/mol=128g$$

答：该 O_2 质量为 128g。

【例 1-5】 实验测得 0.985g CO_2 在标准状况下体积为 0.5L，求 CO_2 的相对分子质量。

解 已知

$$m(CO_2)=0.985g \quad V^{\ominus}(CO_2)=0.5L$$

$$V_m^{\ominus}=22.4L/mol$$

则

$$n(CO_2)=\frac{0.5L}{22.4L/mol}=0.0223mol$$

$$M(CO_2)=\frac{m(CO_2)}{n(CO_2)}=\frac{0.985g}{0.0223mol}=44.17g/mol$$

所以

$$M_r\approx44.17$$

答：CO_2 的分子量是 44.17。

【例 1-6】 求标准状况下 CO_2 的密度。

解 已知

$$M(CO_2)=44g/mol$$

$$V_m^{\ominus}=22.4L/mol$$

所以

$$\rho^{\ominus}=\frac{m}{V}=\frac{M}{V_m^{\ominus}}=\frac{44g/mol}{22.4L/mol}=1.964g/L$$

答：标准状况下 CO_2 的密度为 1.964g/L。

第二节 溶液的浓度

溶液通常是指溶质以分子或离子状态分散于溶剂中所构成的均匀而稳定的体系。我们所接触的多为以水为溶剂的溶液，称为水溶液。通常若不加以说明，溶液都是指水溶液。

一、溶液中溶质的质量分数

溶质 B 的质量与溶液的质量之比称为溶质 B 的质量分数。用 w 表示。

$$w_B = \frac{m_B}{m} \tag{1-4}$$

式中　w_B——溶质 B 的质量分数；

　　　m_B——溶质 B 的质量；

　　　m——溶液的质量。

w 可以是小数，也可以是百分数。

如 10g NaOH 固体溶于 90g 水中制成的 NaOH 溶液，其质量分数是 0.1 或 10%。

二、溶液的物质的量浓度

溶液的物质的量浓度，有时可简称为溶液的浓度。用 c_B 表示。其定义为：

溶质 B 的物质的量 n_B 与溶液的体积之比，即单位体积的溶液中所含溶质的物质的量。

$$c_B = \frac{n_B}{V} \tag{1-5}$$

式中　n_B——溶质 B 的物质的量，mol；

　　　V——溶液的体积，m^3，常用 L；

　　　c_B——B 的物质的量浓度，mol/m^3，常用 mol/L。

如 1L 溶液中含纯 H_2SO_4 98g，$c(H_2SO_4) = 1mol/L$；

0.5L 溶液中含 NaOH 40g，$c(NaOH) = 2mol/L$。

下面讨论有关浓度的计算。

【例 1-7】　配制 500mL 0.1mol/L NaOH 溶液，需称取 NaOH 固体多少克？

解　已知　$V = 500mL = 0.5L$，$c(NaOH) = 0.1mol/L$，$M(NaOH) = 40g/mol$。

因为　　　　　　　　　$c = \frac{n}{V} = \frac{m/M}{V} = \frac{m}{MV}$

所以　　　　　　$m(NaOH) = cVM = 0.1mol/L \times 0.5L \times 40g/mol = 2g$

答：需称取 NaOH 固体 2g。

【例 1-8】　要配制 100mL 0.1mol/L $CuSO_4$ 溶液，应称取胆矾多少克？

解　胆矾即 $CuSO_4 \cdot 5H_2O$

已知　　　　　$M(CuSO_4 \cdot 5H_2O) = 250g/mol$　$c(CuSO_4) = 0.1mol/L$

　　　　　　　　　　　　　$V = 100mL = 0.1L$

因为　　　　　　　　　$c = \frac{n}{V} = \frac{m/M}{V} = \frac{m}{MV}$

所以　　　　　　$m = cVM = 0.1mol/L \times 0.1L \times 250g/mol = 2.5g$

答：需称取胆矾 2.5g。

$CuSO_4 \cdot 5H_2O$ 溶于水后，其结晶水则成为溶剂的一部分。

【例 1-9】 将标准状况下的 336L NH_3 溶于水制成 1L $NH_3 \cdot H_2O$，求其物质的量浓度。

解 已知
$$V(NH_3)=336L, \quad V_m^{\ominus}=22.4L/mol,$$
$$V(溶液)=1L$$

所以
$$c(NH_3)=\frac{n(NH_3)}{V}=\frac{336L}{1L \times 22.4L/mol}=15mol/L$$

答：$NH_3 \cdot H_2O$ 的物质的量浓度为 15mol/L。

【例 1-10】 求浓盐酸（$w=36.5\%$，$\rho=1.19g/mL$）和浓硫酸（$w=98\%$，$\rho=1.84g/mL$）的物质的量浓度。

解 每升溶液中溶质的质量 $m=\rho \times 1000 \times w$

每升溶液中溶质的物质的量 $n=\dfrac{m}{M}$

HCl 和 H_2SO_4 的摩尔质量 M 分别为 36.5g/mol 和 98g/mol，取盐酸和硫酸各 1L。

所以
$$c(HCl)=\frac{n(HCl)}{V}=\frac{m(HCl)/M(HCl)}{V}=\frac{m(HCl)}{M(HCl)V}$$
$$=\frac{\rho(HCl) \times 1000 \times w(HCl)}{M(HCl)V}$$
$$=\frac{1.19g/mL \times 1000mL \times 36.5\%}{36.5g/mol \times 1L}$$
$$=11.9mol/L$$

所以
$$c(H_2SO_4)=\frac{\rho(H_2SO_4) \times 1000 \times w(H_2SO_4)}{M(H_2SO_4)V}$$
$$=\frac{1.84g/mL \times 1000mL \times 98\%}{98g/mol \times 1L}$$
$$=18.4mol/L$$

答：浓盐酸和浓硫酸的物质的量浓度分别为 11.9mol/L 和 18.4mol/L。

【例 1-11】 配制 500mL 1mol/L H_2SO_4 溶液，需浓硫酸（浓度见例 1-10）多少毫升？

解 溶液在稀释前后，溶质的多少未发生变化，变化的只是溶剂。

即 $n_1=n_2$ n_1 和 n_2 分别表示稀释前后溶质的物质的量。

$$c=\frac{n}{V} \quad 即 \quad n=cV$$
$$c_1V_1=c_2V_2 \quad （稀释公式）$$

c_1、V_1、c_2、V_2 分别表示稀释前后溶液的浓度和体积。

$$V_1=\frac{c_2V_2}{c_1}=\frac{1mol/L \times 500mL}{18.4mol/L}=27.2mL$$

（注意体积单位前后应一致）

答：需浓硫酸 27.2mL。

配制硫酸溶液时，一定要按浓硫酸的稀释规则进行。

第三节　化学方程式及根据化学方程式的计算

一、化学方程式

化学方程式是表示物质化学反应的式子。化学方程式都是以实验为依据的，不可主观臆造。化学方程式的书写通常依下列步骤进行。

（1）写出反应物和生成物的化学式　反应物的化学式在左边，生成物的化学式在右边。反应物与反应物之间、生成物与生成物之间用"＋"号连接，反应物和生成物所处的左右两边用"→"连接。

（2）注明反应条件　如加热（温度）、压力、催化剂、光照等，常温、常压通常省略，生成的气体和沉淀通常分别用"↑"和"↓"标明。

（3）配平　遵循质量守恒定律，给各反应物和生成物的化学式前配上计量数（通常为正整数），使左、右两边各种元素的原子个数相等。

化学方程式表明了反应中物质间多种量的关系。如

$$Zn + H_2SO_4（稀） \longrightarrow ZnSO_4 + H_2\uparrow$$

	Zn	H₂SO₄	ZnSO₄	H₂
式量	65	98	161	2
物质的量/mol	1	1	1	1
质量/g	65	98	161	2
气体体积（标准状况）/L				22.4

二、热化学方程式

化学反应中，常伴随着能量的变化，这种能量的变化通常表现为反应吸热和放热。化学反应吸收和放出的热量称为反应的热效应，即反应热。表明化学反应与热效应关系的方程式称为热化学方程式。书写热化学方程式通常要注意下列几点。

① 要注明各物质的聚集状态。通常以 g、l、s 表示气态、液态、固态。聚集状态不同，热效应数值不等。

如
$$2H_2(g) + O_2(g) \longrightarrow 2H_2O(g) \qquad q = -483.6kJ/mol$$
$$2H_2(g) + O_2(g) \longrightarrow 2H_2O(l) \qquad q = -571.6kJ/mol$$

② 要注明反应条件——温度和压力（常温、常压通常略去）。

③ 要写出反应的热效应。单位为 kJ/mol。热化学方程式中的化学计量数只代表物质的量，而不代表单个分子数，它可以是整数，也可以是分数。同一反应当以不同的化学计量数表示时，热效应值不同。

如
$$2H_2(g) + O_2(g) \longrightarrow 2H_2O(g) \qquad q = -483.6kJ/mol$$
$$H_2(g) + \frac{1}{2}O_2(g) \longrightarrow H_2O(g) \qquad q = -241.8kJ/mol$$
$$HgO(s) \longrightarrow Hg(l) + \frac{1}{2}O_2(g) \qquad q = 90.75kJ/mol$$

$q > 0$ 为吸热反应，$q < 0$ 为放热反应。

应该指出的是可逆反应中，正、逆反应的热效应值的绝对值相等，但符号相反。

如
$$HgO(s) \longrightarrow Hg(l) + \frac{1}{2}O_2(g) \qquad q = 90.75kJ/mol$$

$$Hg(l) + \frac{1}{2}O_2(g) \longrightarrow HgO(s) \qquad q = -90.75\text{kJ/mol}$$

三、原料利用率和产品产率

原料利用率和产品产率分别定义如下：

$$原料利用率（\%）= \frac{理论消耗量}{实际消耗量} \times 100\%$$

$$产品产率（\%）= \frac{实际产量}{理论产量} \times 100\%$$

四、根据化学方程式的计算

根据化学方程式进行计算的一般步骤是：

① 正确写出化学方程式；

② 依题意在化学方程式下注明相关物质间的量的关系；

③ 列出比例式，求出未知数；

④ 作答。

【例 1-12】 制取 2.14g $Fe(OH)_3$，需 $FeCl_3$ 和 $NaOH$ 各多少克？

解 设需 $FeCl_3$ 和 $NaOH$ 分别为 x 和 y。

$$FeCl_3 + 3NaOH \longrightarrow Fe(OH)_3 + 3NaCl$$

$$162.5\text{g} \quad 3 \times 40\text{g} \qquad\qquad 107\text{g}$$

$$x \qquad\qquad y \qquad\qquad\qquad 2.14\text{g}$$

$$x = \frac{162.5 \times 2.14}{107} = 3.25 \text{（g）}$$

$$y = \frac{3 \times 40 \times 2.14}{107} = 2.40 \text{（g）}$$

答：需 $FeCl_3$ 3.25g、$NaOH$ 2.40g。

【例 1-13】 把 148g Na_2CO_3 和 $NaHCO_3$ 的混合物加热至质量不再减少为止，剩下 137g，求混合物中 Na_2CO_3 的质量分数。（提示：$NaHCO_3$ 不稳定，产生的 CO_2 和 H_2O 挥发掉）

解 设原混合物中 $NaHCO_3$ 为 x。

$$2NaHCO_3 \xrightarrow{\triangle} Na_2CO_3 + \underbrace{CO_2 \uparrow + H_2O \uparrow}_{\substack{44 \qquad 18}}$$

$$2 \times 84\text{g} \qquad\qquad\qquad\qquad 62\text{g}$$

$$x \qquad\qquad\qquad\qquad (148-137)\text{g}$$

$$x = \frac{2 \times 84 \times (148-137)}{62} = 29.8\text{g}$$

$$w(Na_2CO_3) = \frac{148 - 29.8}{148} \times 100\% = 79.9\%$$

答：混合物中含 Na_2CO_3 79.9%。

【例1-14】 200g 含 HCl 25％的盐酸与含 Zn 98％的锌粒 50g 作用，可获得 H_2 多少克？

解 设获得 H_2 为 x。

$$Zn + 2HCl \longrightarrow ZnCl_2 + H_2 \uparrow$$

$$\begin{array}{cccc} 65g & 73g & & 2g \end{array}$$

$$\begin{array}{cccc} 50 \times 98\% = 49g & 200 \times 25\% = 50g & & x \end{array}$$

因为 $65 \times 50 < 73 \times 49$ 说明 Zn 过量，计算时应以 HCl 为准。

所以

$$x = \frac{50 \times 2}{73} = 1.37 \text{ (g)}$$

答：可获得 H_2 1.37g。

【例1-15】 490g $KClO_3$ 在 MnO_2 催化下加热完全分解，可获得的 O_2 的体积在标准状况下为多少升？

解 设获得 O_2 的体积在标准状况下为 V。

$$2KClO_3 \xrightarrow[MnO_2]{\triangle} 2KCl + 3O_2 \uparrow$$

$$\begin{array}{ccc} 2 \times 122.5g & & 3 \times 22.4L \end{array}$$

$$\begin{array}{ccc} 490g & & V \end{array}$$

$$V = \frac{490 \times 3 \times 22.4}{2 \times 122.5} = 134.4 \text{ (L)}$$

答：可获得 O_2 的体积在标准状况下为 134.4L。

不同的物质采用不同的单位，究竟采用什么样的单位要依题意而定；同一种物质采用的单位必须相同；不同物质之间采用的单位要对应，量要相当。如本例中 245g $KClO_3$ 完全分解可得 67.2L O_2，若 245kg $KClO_3$，则可得 67.2m³ O_2。

【例1-16】 煅烧 5t 含 $CaCO_3$ 94％的石灰石，可得到生石灰（指纯品）多少吨？可获得 CO_2 的体积在标准状况下为多少立方米？若实际只得到生石灰 2.53t，其产率为多少？若生产 1t 生石灰用去 1.98t 石灰石，其原料利用率为多少？

解 设能制得 CaO 的质量为 x，获得 CO_2 的体积在标准状况下为 y。

$$CaCO_3 \xrightarrow{煅烧} CaO + CO_2 \uparrow$$

$$\begin{array}{ccc} 100kg & 56kg & 22.4m^3 \end{array}$$

$$\begin{array}{ccc} 5000kg \times 94\% & x & y \end{array}$$

$$x = \frac{5000 \times 94\% \times 56}{100} = 2632 \text{ (kg)} \approx 2.63t$$

$$y = \frac{5000 \times 94\% \times 22.4}{100} = 1052.8 \text{ (m}^3)$$

$$生石灰的产率 = \frac{实际产量}{理论产量} \times 100\% = \frac{2.53}{2.63} \times 100\% \approx 96\%$$

$$石灰石利用率 = \frac{理论消耗量}{实际消耗量} \times 100\% = \frac{5/2.63}{1.98} \times 100\% \approx 96\%$$

答：理论上可制得生石灰 2.63t，CO_2 在标准状况下的体积为 1052.8m^3，生石灰的产率为 96%，石灰石的利用率为 96%。

【例 1-17】 用 800g 密度 $\rho=1.10g/cm^3$ 的 HCl 溶液与足量的石灰石作用，收集到标准状况下的 CO_2 气体 44.8L，求所用盐酸的物质的量浓度（密度单位 g/cm^3，即 g/mL）。

解 设与足量的石灰石作用需要 HCl 物质的量为 n。

$$CaCO_3 + 2HCl \longrightarrow CaCl_2 + CO_2 \uparrow + H_2O$$

$$\begin{array}{cc} 2mol & 22.4L \\ n & 44.8L \end{array}$$

$$n = \frac{2 \times 44.8}{22.4} = 4mol$$

盐酸体积为

$$V = \frac{800g}{1.10g/mL} \approx 727mL = 0.727L$$

$$c = \frac{n}{V} = \frac{4mol}{0.727L} = 5.5mol/L$$

答：所用盐酸的物质的量浓度为 5.5mol/L。

【例 1-18】 中和 1mol/L NaOH 溶液 1L，需 2mol/L H_2SO_4 溶液多少毫升？

解 设需 2mol/L H_2SO_4 溶液的体积为 V。

$$2NaOH + H_2SO_4 \longrightarrow Na_2SO_4 + 2H_2O$$

$$\begin{array}{cc} 2mol & 1mol \\ 1mol & 2V \end{array}$$

$$V = \frac{1 \times 1}{2 \times 2} = 0.25 \ (L) = 250mL$$

答：需 2mol/L H_2SO_4 溶液 250mL。

【例 1-19】 要配制 6mol/L HNO_3 250mL，需取密度为 1.42g/mL，质量分数为 0.63 的 HNO_3 多少毫升？

解 先计算浓 HNO_3 物质的量浓度：

$$c_{浓} = \frac{n}{V} = \frac{m/M}{V}$$

$$= \frac{1.42g/mL \times 1000mL \times 0.63}{1L \times 63g/mol}$$

$$= 14.2mol/L$$

由

$$c_1V_1 = c_2V_2$$

得

$$V_1 = \frac{c_2V_2}{c_1} = \frac{6 \times 250}{14.2} = 105.6 \ (mL)$$

答：需取浓 HNO_3 105.6mL。

【例 1-20】 溶有 0.25g NaOH(s) 样品的溶液，用 0.1mol/L H$_2$SO$_4$ 溶液 30mL 正好将其完全中和，求 NaOH 样品的纯度（％）。假定样品中无其他碱性杂质。

解 设 NaOH 样品中含纯 NaOH 的质量为 x。

$$2NaOH + H_2SO_4 \longrightarrow Na_2SO_4 + 2H_2O$$

$$2 \times 40g \quad\quad 1mol$$

$$x \quad\quad\quad (0.1 \times 30/1000)mol$$

$$x = \frac{2 \times 40 \times 0.1 \times 30/1000}{1} = 0.24 \ (g)$$

$$w(NaOH) = \frac{0.24g}{0.25g} \times 100\% = 96\%$$

答：NaOH 样品的纯度为 96％。

本章小结

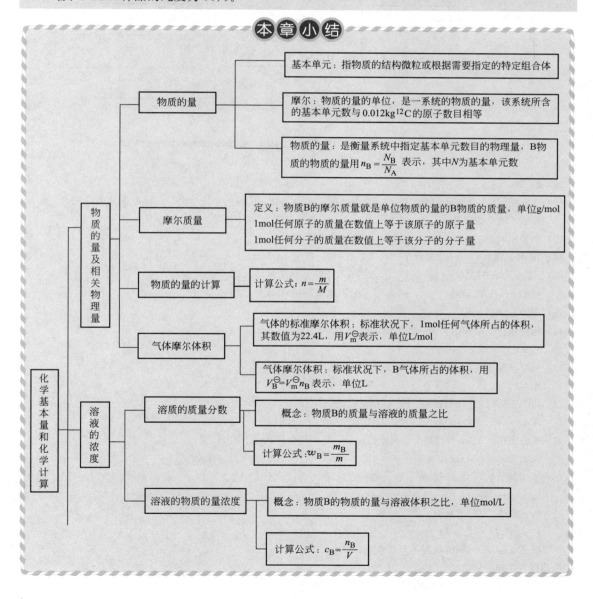

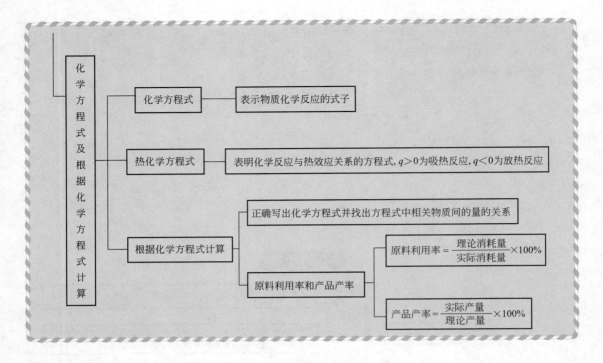

思考与习题

1. 填空题

(1) 含有相同分子数的 CO 和 CO_2，其质量比是_____，物质的量的比是_____，碳原子的个数比是_____，氧原子的个数比是_____。

(2) 质量相同的 NH_3、O_2、CO、CH_4，含分子数最多的是_____。

(3) 1g 水中含有_____个水分子。

(4) 0.5mol NaOH 的质量是_____ g，1.5mol H_2SO_4 的质量是_____ g。

(5) 用 12mol/L 浓盐酸_____ mL，可以配制成 0.2mol/L 盐酸 250mL。

2. 选择题

(1) 相同质量的镁和铝所含的原子个数比为（ ）。

 A.1∶1　　　B.24∶27　　　C.9∶8　　　D.2∶3

(2) 标准状况下，2g H_2 和 16g O_2 的体积比为（ ）。

 A.1∶2　　　B.2∶1　　　C.1∶1　　　D.3∶2

(3) 与 0.5mol HCl 分子数相同的 N_2 的质量是（ ）g。

 A.28　　　　B.14　　　　C.32　　　　D.64

(4) 实验室用 0.1mol 锌与足量的稀盐酸反应，能制得标准状况下的 H_2（ ）L。

 A.1.12　　　B.4.48　　　C.2.24　　　D.22.4

(5) 下列各组物质中，所含分子数目相同的是（ ）。

 A.10g H_2 和 10g O_2

 B.5.6L N_2（标准状况）和 11gCO_2

 C.9g H_2O 和 0.5mol Br_2

 D.224mL H_2（标准状况下）和 0.1mol N_2

3. 是非题（正确的划"√"，错误的划"×"）

(1) 标准状况下，1mol 任何物质所占的体积都约为 22.4L。　　　　　　　　　　　　　　　　（ ）

(2) 硫酸的摩尔质量是 98。 （ ）

(3) 22.4L O_2 中一定含有 $6.02×10^{23}$ 个氧原子。 （ ）

(4) 500mL NaOH 溶液中，含 NaOH 40g，其物质的量浓度为 2mol/L。 （ ）

(5) 与 4.4g 标准状况下的 CO_2 体积相等的 O_2 的质量是 3.2g。 （ ）

4. 计算题

(1) 要配制 0.5mol/L NaOH 溶液 500mL，需称取 NaOH 固体多少克？

(2) 1g Na_2SO_4 固体可配制 0.5mol/L Na_2SO_4 溶液多少毫升？

(3) 中和 5mL 某 H_2SO_4 溶液，用去 0.5mol/L NaOH 溶液 25mL，求该 H_2SO_4 溶液的浓度。

(4) 3L 6mol/L H_2SO_4 溶液与 8L 2mol/L H_2SO_4 溶液混合，求其浓度。

(5) 要配制 250mL 6mol/L HNO_3 溶液，需用密度为 1.42g/mL、质量分数为 0.63 的 HNO_3 多少毫升？

(6) 取某种待测浓度的 NaOH 溶液 25mL，加入 20mL 1mol/L H_2SO_4 溶液，发现 H_2SO_4 溶液已过量，再滴入 1mol/L KOH 溶液 1.5mL 正好中和，求 NaOH 溶液的浓度。

(7) 求密度为 1.1g/mL、质量分数为 15% 的 H_2SO_4 的浓度。若 250mL 该 H_2SO_4 与铁屑充分反应，能制得标准状况下的 H_2 多少升？若将反应中生成的 $FeSO_4$ 配制成 400mL 溶液，求 $FeSO_4$ 溶液的浓度。

(8) 6.5g 镁与 20mL 密度为 1.19g/cm³、质量分数为 37% 的浓盐酸反应，可生成标准状况下的 H_2 多少升？若只收集到 H_2 2.2L，其产率是多少？反应结束后，哪种原料有余？剩余多少？

📺 **阅读材料**

国际单位制（SI）

SI 是由国际计量大会所采用和推荐的一贯计量单位制。1960 年第十一届国际计量大会（CGPM）决议，以六个基本单位为基础的单位制称"国际单位制"，1971 年第十四届国际计量大会（CGPM）通过第七个基本单位。

国际单位制用 SI 表示，它是法文 Le systeme International d'unites 的缩写。国际单位制自 1960 年建立以来，由于它具有先进、实用、简单、科学等优越性，适用于文化教育、科学和经济建设各个领域。

1. 国际单位制的构成

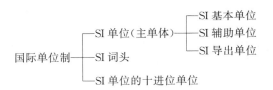

2. SI 基本单位、辅助单位、导出单位

(1) SI 基本单位 基本量的计量单位，共七个作为构成其他单位的基础单位，称为基本单位（见表 1-1）。

表 1-1 国际单位制基本单位

量的名称	单位名称	单位符号	量的名称	单位名称	单位符号
长度	米(meter)	m	热力学温度	开尔文(Kelvin)	K
质量	千克或公斤(kilogram)	kg	物质的量	摩尔(mole)	mol
时间	秒(second)	s	发光强度	坎德拉(candela)	cd
电流	安培(Ampere)	A			

(2) SI 辅助单位 国际计量大会将弧度（rad）和球面度（sr）这两个单位单独列为一类称 SI

辅助单位。

（3）SI 导出单位　导出量的计量单位称导出单位。SI 导出单位是指基本单位借助于乘除等数字符号或通过代表式表示的单位（见表 1-2）。

表 1-2　国际单位制导出单位（摘录）

量 的 名 称	单 位 名 称	单位符号	
		中　文	国　际
面积	平方米	米^2	m^2
体积	立方米	米^3	m^3
密度	千克每立方米	千克/米^3	kg/m^3
压力（压强）	帕[斯卡]	帕	Pa
电量、电荷	库[仑]	库	C
能、功、热量	焦[耳]	焦	J
电位、电压、电动势	伏[特]	伏	V
摄氏温度	摄氏度		℃
偶极矩		库[仑]米	C·m

1984 年 2 月 27 日国务院发布了《关于在我国统一实行法定单位的命令》。其中规定，我国采用以国际单位制为基础，保留少数国内外习惯或通用的非国际单位制单位。

表 1-3 为国际单位制 SI 词头。

表 1-3　国际单位制 SI 词头（摘录）

倍数或分数	词 头 名 称	符号	倍数或分数	词 头 名 称	符号
10^{12}	太[拉]（t'era）	T	10^{-1}	分（d'lci）	d
10^9	吉[咖]（giga）	G	10^{-2}	厘（centi）	c
10^6	兆（m'ega）	M	10^{-3}	毫（milli）	m
10^3	千（kilo）	k	10^{-6}	微（micro）	μ
10^2	百（hecto）	h	10^{-9}	纳[诺]（nano）	n
10^1	十（d'lca）	da	10^{-12}	皮[可]（pico）	p

第二章

碱金属和碱土金属

知识目标：

1. 掌握氧化还原反应的基本概念；
2. 掌握碱金属和碱土金属的通性；
3. 熟悉钾、钙、钠、镁单质及其重要化合物的性质；
4. 掌握离子反应的含义；
5. 了解硬水及其软化方法。

能力目标：

1. 能运用不同方法配平氧化还原方程式；
2. 能正确书写碱金属和碱土金属族元素的重要化学反应方程式；
3. 能正确书写离子反应方程式，并明确其含义。

第一节　氧化还原反应

无机化学反应可分为两大类：非氧化还原反应和氧化还原反应。

氧化还原反应是广泛存在的一类反应。如化工生产中 H_2SO_4 和 HNO_3 的制取，HCl 和 NH_3 的合成，金属的腐蚀、电解、电镀等都涉及氧化还原反应。

一、氧化数

氧化数又叫氧化值。元素的氧化数是否发生变化是划分氧化还原反应和非氧化还原反应的依据，也是配平氧化还原反应方程式必不可少的概念。

元素的氧化数是指分子中各原子形式上或外观上所带的电荷数。确定元素的氧化数有以下原则：

① 单质中元素的氧化数为 0。

② 碱金属的氧化数为 $+1$；碱土金属的氧化数为 $+2$；B 和 Al 的氧化数为 $+3$。

③ H 的氧化数一般为 $+1$；O 的氧化数一般为 -2。

④ 简单离子所带的电荷数就是相应元素的氧化数。

⑤ 复杂离子所带的电荷数等于各原子氧化数的代数和。

根据上述原则，我们可以计算一些未知的氧化数。如 $K_2Cr_2O_7$ 中 Cr 的氧化数为 $+6$，H_2O_2 中 O 的氧化数为 -1，Fe_3O_4 中 Fe 的氧化数为 $+\dfrac{8}{3}$。

氧化数与化合价是有区别的。化合价是指元素原子相互结合时的个数比性质，即一种元素一定数目的原子与另一种元素一定数目的原子相互化合的性质。如 H_2O 分子是一个 O 原子与两个 H 原子结合成的，所以 O 的化合价是 2，H 的化合价是 1。原子是参加化学反应的基本微粒，它不可能是分数。而氧化数有正、负之分，而且还可以是分数。

二、氧化还原反应机理

氧化还原反应包括氧化反应和还原反应。其实这两个截然相反的过程是在一个反应中同时发生的。例如：

$$CuO+H_2 \longrightarrow Cu+H_2O$$

（还原反应 / 氧化反应）

从方程式可以看出，CuO 中 Cu 的氧化数由 +2 降低为 0，是获得了 2 个电子，而 H_2 中的每个 H 原子的氧化数由 0 升高为 +1，是偏离了 1 个电子。像这种有电子转移的反应称为氧化还原反应。氧化还原反应是发生在氧化剂和还原剂之间的反应。

在氧化还原反应中，失去电子的过程叫氧化（氧化数升高），获得电子的过程叫还原（氧化数降低）；获得电子的物质叫氧化剂，失去电子的物质叫还原剂。这里所说的电子的获得与失去也包括电子的偏向与偏离。

从上述讨论中可知，电子转移势必引起元素氧化数的变化。所以相关元素氧化数发生变化是氧化还原反应的外观表征，这是判断反应是否是氧化还原反应的依据。

如：下列两个反应是否是氧化还原反应，若是氧化还原反应，指出氧化过程和还原过程，氧化剂和还原剂。

(1) $NH_3+CO_2+H_2O \longrightarrow NH_4HCO_3$

(2) $Mg+Br_2 \longrightarrow MgBr_2$

反应（1）是非氧化还原反应，因为反应前后各元素的氧化数均无变化。

反应（2）是氧化还原反应，因为 Mg 和 Br 两种元素的氧化数发生了变化，具体情况表达于反应方程式中：

$$\overset{0}{Mg}+\overset{0}{Br_2} \longrightarrow \overset{+2}{Mg}\overset{-1}{Br_2}$$

（−2e 氧化 / +e×2 还原）

（还原剂）（氧化剂）

"+"，表示获得电子；"−"，表示失去电子。

这种标明电子转移情况的方法叫双折线法，有时用单折线法更简单直观。如上述反应：

$$\overset{2e}{Mg+Br_2 \longrightarrow MgBr_2}$$

这表示电子由 Mg 原子转移至两个 Br 原子。

值得指出的是，氧化还原反应是发生在氧化剂和还原剂之间的反应（有时氧化剂和还原剂也可能是同一物质），即氧化剂和还原剂一定是反应的反应物；被氧化后形成的物质叫氧化产物，被还原后形成的物质叫还原产物，则氧化产物和还原产物一定是反应的生成物。

想一想

反应 $Cl_2 + 2NaOH \longrightarrow NaClO + NaCl + H_2O$ 是氧化还原反应吗？

三、氧化还原反应方程式的配平

一些简单的氧化还原反应，如 H_2 与 Cl_2 合成 HCl 的反应方程式，反应物和生成物的系数（化学计量数）都很小，可通过观察法来配平。但大量的氧化还原反应都比较复杂，不易用观察法来配平其反应方程式。

我们知道，氧化还原反应的本质是参加反应的物质原子间的电子转移（包括电子的得失和偏移），电子转移的情况可由相关元素氧化数的升降来表示。在一个氧化还原反应中，电子的得、失总数必然相等，也就是说，相关元素氧化数的升、降总值必然相等。因此，氧化还原反应方程式可以通过分析电子转移情况或氧化数升降情况来配平。

配平步骤：

① 写出反应物和生成物的化学式，标出发生了氧化数变化的元素的氧化数；

② 确定电子得失情况或氧化数升降情况；

③ 配平得失电子总数或氧化数升降总数，即在发生氧化数变化的物质前乘以适当系数，使电子得失总数相等或氧化数升降总数相等；

④ 用观察法配平其他物质的系数；

⑤ 检查反应前后各元素原子个数是否相等。

1. 利用电子得失总数相等

这是利用氧化还原反应中得电子与失电子总数必然相等的原则来配平氧化还原反应方程式的方法。

【例 2-1】 配平 $FeCl_3 + Cu \longrightarrow CuCl_2 + FeCl_2$

解 $\overset{+3}{Fe}Cl_3 + \overset{0}{Cu} \longrightarrow \overset{+2}{Cu}Cl_2 + \overset{+2}{Fe}Cl_2$

$$\overset{+3}{Fe}Cl_3 + \overset{0}{Cu} \longrightarrow \overset{+2}{Cu}Cl_2 + \overset{+2}{Fe}Cl_2$$

（$+e$ ... $-2e$）

$$2\overset{+3}{Fe}Cl_3 + \overset{0}{Cu} \longrightarrow \overset{+2}{Cu}Cl_2 + 2\overset{+2}{Fe}Cl_2$$

（$+e \times 2$ ... $-2e$）

$$2FeCl_3 + Cu \mathop{=\!=\!=} CuCl_2 + 2FeCl_2$$

【例 2-2】 配平 $KMnO_4 + HCl$（浓）$\longrightarrow MnCl_2 + Cl_2 + KCl + H_2O$

解 $K\overset{+7}{Mn}O_4 + H\overset{-1}{Cl}$（浓）$\longrightarrow \overset{+2}{Mn}Cl_2 + \overset{0}{Cl_2} + KCl + H_2O$

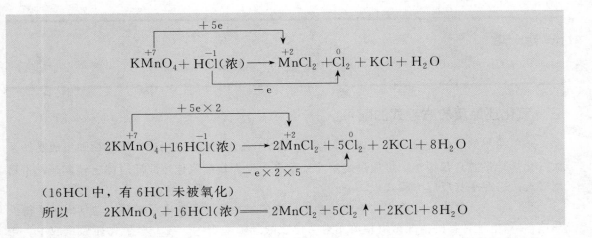

$$\overset{+7}{K}MnO_4 + \overset{-1}{H}Cl(浓) \longrightarrow \overset{+2}{M}nCl_2 + \overset{0}{C}l_2 + KCl + H_2O$$

$$2\overset{+7}{K}MnO_4 + 16\overset{-1}{H}Cl(浓) \longrightarrow 2\overset{+2}{M}nCl_2 + 5\overset{0}{C}l_2 + 2KCl + 8H_2O$$

（16HCl 中，有 6HCl 未被氧化）

所以 $2KMnO_4 + 16HCl(浓) \stackrel{}{=\!=\!=} 2MnCl_2 + 5Cl_2\uparrow + 2KCl + 8H_2O$

【例 2-3】 配平 $Cl_2 + NaOH \stackrel{\triangle}{\longrightarrow} NaCl + NaClO_3 + H_2O$

解 $\overset{0}{C}l_2 + NaOH \longrightarrow \overset{-1}{N}aCl + \overset{+5}{N}aClO_3 + H_2O$

$$3\overset{0}{C}l_2 + 6NaOH \longrightarrow 5\overset{-1}{N}aCl + \overset{+5}{N}aClO_3 + 3H_2O$$

（$3Cl_2$ 分子中，其中 1 个 Cl 原子失去 5 个电子，另外 5 个 Cl 原子，每个 Cl 原子得到 1 个电子，共得到 5 个电子）

所以 $3Cl_2 + 6NaOH \stackrel{\triangle}{=\!=\!=} 5NaCl + NaClO_3 + 3H_2O$

2. 利用氧化数升降总数相等

这是利用氧化还原反应中发生氧化数变化的相关元素氧化数升高与降低的总值必然相等的原则来配平氧化还原反应方程式的方法。

【例 2-4】 配平 $C + HNO_3 \longrightarrow NO_2 + CO_2 + H_2O$

解 $\overset{0}{C} + H\overset{+5}{N}O_3 \longrightarrow \overset{+4}{N}O_2 + \overset{+4}{C}O_2 + H_2O$

氧化数升 4

$$\overset{0}{C} + 4H\overset{+5}{N}O_3 \longrightarrow 4\overset{+4}{N}O_2 + \overset{+4}{C}O_2 + 2H_2O$$

氧化数降 1×4

所以 $C + 4HNO_3 \stackrel{}{=\!=\!=} 4NO_2\uparrow + CO_2\uparrow + 2H_2O$

【例 2-5】 配平 $Fe_3O_4 + K_2Cr_2O_7 + H_2SO_4 \longrightarrow Fe_2(SO_4)_3 + K_2SO_4 + Cr_2(SO_4)_3 + H_2O$

解 $\overset{+\frac{8}{3}}{Fe_3}O_4 + K_2\overset{+6}{C}r_2O_7 + H_2SO_4 \longrightarrow \overset{+3}{F}e_2(SO_4)_3 + K_2SO_4 + \overset{+3}{C}r_2(SO_4)_3 + H_2O$

$$\underset{\text{氧化数升}\frac{1}{3}\times3\times6}{\overbrace{}}$$

$$6\overset{+\frac{8}{3}}{Fe_3}O_4+K_2\overset{+6}{Cr_2}O_7+31H_2SO_4\longrightarrow9\overset{+\frac{9}{3}}{Fe_2}(SO_4)_3+K_2SO_4+\overset{+3}{Cr_2}(SO_4)_3+31H_2O$$

$$\underset{\text{氧化数降}3\times2}{\underbrace{}}$$

所以　$6Fe_3O_4+K_2Cr_2O_7+31H_2SO_4\Longrightarrow9Fe_2(SO_4)_3+K_2SO_4+Cr_2(SO_4)_3+31H_2O$

　　配平氧化还原反应方程式有一定的难度，特别是反应中有多种元素发生氧化数改变的氧化还原反应方程式。但只要多加练习，定能实现熟能生巧的飞跃。还有两点值得注意：①当根据电子得失或氧化数升降确定了氧化剂和还原剂的系数以后再用观察法配平其他物质时，不要再去改动已配好的系数，免得越配越乱；②要将无得失电子的金属离子与相应的负离子结合，有时甚至要用加入介质的方法来配平 H、O 两种原子。

第二节　碱金属和碱土金属的通性

一、碱金属和碱土金属的基本性质

　　碱金属包括锂、钠、钾、铷、铯、钫 6 种元素。由于它们氧化物的水溶液显碱性，所以称为碱金属。钫是放射性元素。

　　碱土金属包括铍、镁、钙、锶、钡、镭 6 种元素。由于钙、锶、钡的氧化物在性质上介于碱性的碱金属氧化物和"土性的"（化学上把难溶于水，难熔融的性质叫"土性"）氧化物（如 Al_2O_3）之间，所以称碱土金属，习惯上把铍和镁也包括在碱土金属之内。镭是放射性元素。在碱金属和碱土金属元素及化合物中，重点讨论钠、钾、钙、镁单质及其重要化合物的性质。

　　碱金属元素和碱土金属元素的基本性质分别列于表 2-1 和表 2-2 中。

表 2-1　碱金属元素的基本性质

性　　质	锂（Li）	钠（Na）	钾（K）	铷（Rb）	铯（Cs）
原子序数	3	11	19	37	55
电子层数	2	3	4	5	6
最外层电子数	1	1	1	1	1
金属原子半径/pm	155	190	235	248	267
熔点/℃	180	98	63	39	28
沸点/℃	1342	883	760	686	669
密度/（g/cm³）	0.53	0.97	0.86	1.53	1.90
硬度（金刚石＝10）	0.6	0.4	0.5	0.3	0.2
氧化数	+1	+1	+1	+1	+1

表 2-2　碱土金属元素的基本性质

性　　质	铍（Be）	镁（Mg）	钙（Ca）	锶（Sr）	钡（Ba）
原子序数	4	12	20	38	56
电子层数	2	3	4	5	6
最外层电子数	2	2	2	2	2

性　　质	铍(Be)	镁(Mg)	钙(Ca)	锶(Sr)	钡(Ba)
金属原子半径/pm	112	160	197	215	222
熔点/℃	1280	651	745	769	725
沸点/℃	2970	1107	1487	1334	1140
密度/(g/cm³)	1.85	1.74	1.55	2.63	3.62
硬度(金刚石＝10)	4	2.5	2	1.8	—
氧化数	+2	+2	+2	+2	+2

　　碱金属和碱土金属的单质具有金属光泽及良好的导电性、传热性、延展性，都是低熔点、低硬度的轻金属。除铍、镁外，其他金属都较软，可以用刀切割。熔点最低的是铯，最高的是铍，且碱土金属熔点高于碱金属。锂是最轻的金属，锂、钠、钾均能浮于水面之上。碱金属和碱土金属元素原子的最外层分别有1个和2个电子，它们都容易失去最外层电子，因而都是很活泼的金属。但碱土金属元素原子半径比碱金属小，失去电子较碱金属困难，因而金属的活泼性比碱金属小。碱金属元素从锂至铯原子半径依次增大，在化学反应中失去电子的能力依次增强，因而金属活泼性依次增强。碱土金属从铍至钡原子半径依次增大，在化学反应中失去电子的能力依次增强，金属活泼性也依次增强。

二、焰色反应

　　某些金属单质或其挥发性化合物在无色火焰中灼烧时，火焰呈现出特征颜色，这种现象叫焰色反应。产生焰色反应的原因是它们的原子或离子受热时，电子会被激发，被激发的电子从高能级回到低能级时，相应的能量以光的形式释放出来，产生光谱线。不同原子或离子产生不同颜色的火焰，如表2-3所示。

表 2-3　常见碱金属和碱土金属的火焰颜色

元　　素	锂	钠	钾[①]	铷	铯	钙	锶	钡
火焰颜色	洋红	黄	紫	红紫	紫红	砖红	洋红	黄绿

① 透过蓝色钴玻璃观察呈紫色。若为纯钾，可直接观察火焰燃烧颜色。

　　由火焰的颜色可以检验这些元素的存在。

第三节　钾、钠、钙、镁单质及其重要化合物

一、钾、钠、钙、镁单质的性质

　　钾、钠、钙、镁都是活泼的金属元素，与氧、卤素等非金属、水、稀酸都可以发生化学反应。

1. 与氧反应

　　钾、钠在空气中可以逐渐氧化，生成氧化物，如 Na_2O、K_2O；在空气中燃烧时，生成过氧化物，如 Na_2O_2，钾燃烧时能生成超氧化钾（KO_2）。

【演示实验 2-1】　用镊子取一块金属钠，用滤纸擦干煤油，用小刀切开，观察到新切面呈银白色，但在空气中迅速变暗。

　　这是由于钠在空气中氧化生成了 Na_2O。

$$4Na + O_2 \longrightarrow 2Na_2O$$

钠在空气中燃烧火焰呈黄色，生成 Na_2O_2。

$$2Na+O_2 \xrightarrow{\text{点燃}} Na_2O_2$$

钾在空气中燃烧时，火焰呈紫色，生成超氧化钾（KO_2）。

$$K+O_2 \xrightarrow{\text{点燃}} KO_2$$

钙、镁在室温及加热情况下可与氧直接化合生成氧化物，如 CaO、MgO。但室温下，镁在空气中与氧反应，表面上生成一层致密的氧化膜；在加热时，剧烈燃烧，发出强烈的白光。

$$2Mg+O_2 \xrightarrow{\text{点燃}} 2MgO$$

利用此性质，可以用镁粉制造焰火、照明弹。

2. 与非金属反应

钾、钠、钙、镁的单质能与大多数非金属发生反应。例如加热时能与卤素、氢、硫等非金属进行反应。

与 H_2 反应，生成氢化物，如 KH、NaH、CaH_2 等。

$$2Na+H_2 \xrightarrow{\triangle} 2NaH$$

$$Ca+H_2 \xrightarrow{\triangle} CaH_2$$

与卤素反应，生成卤化物，如 $NaCl$、$MgBr_2$ 等。

$$2Na+Cl_2 \xrightarrow{\triangle} 2NaCl$$

$$Mg+Br_2 \xrightarrow{\triangle} MgBr_2$$

3. 与水反应

【演示实验 2-2】 用镊子取一小块金属钠，放入盛有水（加入两滴酚酞）的烧杯中，观察到钠与水剧烈反应，并发出"嘶嘶"声，烧杯里的溶液变为红色，同时有气体放出（图 2-1）。

钠遇水反应的方程式为：

$$2Na+2H_2O \longrightarrow 2NaOH+H_2\uparrow$$

氢氧化钠为碱，使酚酞溶液变红。

钾与水的反应更为剧烈，发生燃烧，量较大时甚至爆炸。因此，保存钾、钠要隔绝空气和水。量大时要密封在钢桶中单独存放，量少时可贮存在煤油或石蜡油中。使用时不能用手直接接触，遇其着火时用砂土或干粉灭火，不能用水。

钠小球
水

图 2-1 钠与水反应

钙、镁与水的反应不像钾、钠那样剧烈。钙能与冷水发生反应，镁与冷水几乎不发生反应，是因为表面形成一层难溶的氢氧化物所致。

$$Mg+2H_2O \xrightarrow{\text{沸水}} Mg(OH)_2\downarrow+H_2\uparrow$$

4. 与稀酸反应

钾、钠与稀盐酸或稀硫酸剧烈反应，生成相应的盐并放出氢气。

$$2Na+2HCl(\text{稀}) \longrightarrow 2NaCl+H_2\uparrow$$

钾的反应比钠剧烈，也可发生爆炸。

钙、镁与稀酸反应，生成相应的盐并放出氢气，钙与稀酸反应比镁容易，较剧烈。

二、钾、钠、钙、镁的制备和用途

1. 单质的制备

钾、钠、钙、镁的化学性质很活泼，具有很强的还原性，只能以化合态存在于自然界中，要把它们从化合物中还原出来，常采用熔融盐（一般为氯化物）电解法。如工业上制取金属钠是采用电解熔融的氯化钠的方法。

$$2NaCl(熔融) \xrightarrow{\text{电解}} 2Na + Cl_2 \uparrow$$

为了降低电解质的熔点（纯 NaCl 的熔点高达 800℃），常加入 $CaCl_2$，既降低了熔点（混合熔盐熔点为 600℃），减少了能量的消耗，又提高了熔盐的密度，利于金属钠的上浮分离。

金属钾在熔融液中溶解度较大，一般不用电解熔融盐的方法制备。工业上多采用高温热还原法，即在熔融状态下，用金属钠从氯化钾中还原出金属钾。

$$KCl + Na \xrightarrow{\text{熔融}} NaCl + K$$

金属镁除了可以用电解熔融盐的方法制备外，工业上也常采用高温热还原法。

$$MgO(s) + C(s) \xrightarrow{\text{高温}} CO(g) \uparrow + Mg(s)$$

2. 单质的用途

金属钾、钠、钙、镁的用途十分广泛。由于钾、钠的强活泼性和强传热性，近年来，越来越多地用于冶金工业和原子能工业中，是重要的还原剂和核反应堆的导热剂。钠汞齐是有机合成中的还原剂，钾、钠合金常用作核反应堆的冷却剂。钠光灯的黄色光能穿透雾气，因而广泛用于公路照明。自然界中含量略低于钾、钠的金属镁主要用于制备轻质合金（与铝或钛），用作飞机、汽车、仪表、海底电缆、电子计算机的部件，是航空工业的重要材料。钙在冶金工业中用作还原剂和净化剂（除去熔融金属中的气体），还可作有机溶剂的脱水剂，它与铅的合金可作轴承材料。

三、钾、钠、钙、镁的重要化合物

1. 氧化物

氧化钾、氧化钠、氧化镁、氧化钙都是碱性氧化物，除氧化镁外它们均能与水反应生成强碱。

$$K_2O + H_2O \longrightarrow 2KOH$$
$$CaO + H_2O \longrightarrow Ca(OH)_2$$

氧化镁是白色的难溶固体，熔点很高（2800℃），可用于制造耐火材料。例如，制造坩埚、耐火砖和高温炉的衬里等。

氧化钙是白色块状或粉状固体，俗名叫生石灰或石灰，在冶金工业中，石灰作为溶剂可除去钢中的硅、磷、硫等杂质。在化学工业中，它是生产电石（碳化钙）的原料。另外，它在建筑、铺路、生产水泥、造纸、食品工业和水处理上也有重要作用。

2. 过氧化物

金属钾、钠、钙都能形成含有 O_2^{2-}（过氧离子）的过氧化物，其中过氧化钠 Na_2O_2 最具有实用价值。

过氧化钠为淡黄色粉末或粒状物，易吸潮，加热至熔融也不分解，但遇到棉花、木炭或铝粉等还原性物质时，会引起燃烧或爆炸，使用时应特别注意安全。

【演示实验 2-3】 在试管中加入少量过氧化钠，再往试管中滴水，用火柴的余烬靠近试管口，会发现余烬复燃。

过氧化钠与水或稀酸反应时生成过氧化氢，同时放出大量的热，使过氧化氢迅速分解放出氧气。

$$Na_2O_2 + 2H_2O \longrightarrow 2NaOH + H_2O_2$$
$$Na_2O_2 + H_2SO_4 \longrightarrow Na_2SO_4 + H_2O_2$$
$$2H_2O_2 \longrightarrow 2H_2O + O_2\uparrow$$

因此，过氧化钠是一种强氧化剂，也是氧气发生剂，广泛用于纤维、纸浆的漂白，以及消毒杀菌和除臭等。

过氧化钠与二氧化碳反应也能放出氧气。

$$2Na_2O_2 + 2CO_2 \longrightarrow 2Na_2CO_3 + O_2\uparrow$$

因此，过氧化钠可用作防毒面具、高空飞行和潜水作业等工业中二氧化碳的吸收剂和供氧剂，来吸收人体呼出的二氧化碳和补充吸入的氧气。

过氧化钠在碱性介质中常用作溶矿剂。它能将矿石中的锰、铬、钒等氧化成可溶性的含氧酸盐，使其从矿石中分离出来。例如：

$$Cr_2O_3 + 3Na_2O_2 \longrightarrow 2Na_2CrO_4 + Na_2O$$
$$MnO_2 + Na_2O_2 \longrightarrow Na_2MnO_4$$

3. 氢化物

金属钾、钠、钙能与氢在高温下反应生成氢化钾、氢化钠、氢化钙。它们均为白色固体，不稳定，在潮湿的空气中发生反应放出氢气。

$$KH + H_2O \longrightarrow KOH + H_2\uparrow$$
$$CaH_2 + 2H_2O \longrightarrow Ca(OH)_2 + 2H_2\uparrow$$

它们都是很强的还原剂，能从一些金属化合物中还原出金属。例如：

$$4NaH + TiCl_4 \longrightarrow Ti + 4NaCl + 2H_2\uparrow$$

有机合成工业中，NaH 是广泛使用的还原剂。

4. 氢氧化物

（1）氢氧化钠　又称苛性碱、烧碱或火碱，是白色固体，在空气中易吸水而潮解，因而固体氢氧化钠常用作干燥剂。氢氧化钠易溶于水，溶解时放出大量的热。它的水溶液显强碱性，与酸、酸性氧化物、盐类等均能发生化学反应。

氢氧化钠极易吸收二氧化碳生成碳酸钠。

$$2NaOH + CO_2 \longrightarrow Na_2CO_3 + H_2O$$

存放时必须注意密封。

氢氧化钠的浓溶液对纤维、皮肤、玻璃、陶瓷等有强烈的腐蚀作用，因此，制备浓碱液或熔融烧碱时，常用铸铁、镍或银制器皿。氢氧化钠与玻璃中的主要成分二氧化硅发生反应生成硅酸钠。

$$2NaOH + SiO_2 \longrightarrow Na_2SiO_3 + H_2O$$

硅酸钠的水溶液俗称水玻璃，是一种胶黏剂，实验室盛放氢氧化钠的玻璃瓶，不用玻璃塞而用橡胶塞，就是因为长期存放易将玻璃塞和瓶颈粘在一起，使瓶塞无法打开。

想一想

实验室盛放 NaOH 的试剂瓶，瓶塞无法打开的原因？

氢氧化钠是重要的化工原料之一。广泛用于造纸、制皂、化学纤维的生产、纺织、无机合成及有机合成等工业中。目前，我国制碱工业发展迅速，年产量已跃居世界前列。工业上主要采用隔膜电解食盐水溶液的方法生产氢氧化钠。

氢氧化钾的性质与氢氧化钠相似，但价格比氢氧化钠昂贵，因而一般情况下多使用氢氧化钠。

（2）氢氧化钙　是白色粉末状固体，俗称熟石灰，在水中溶解度不大，而且溶解度随温度的升高而降低，其饱和溶液是石灰水。它是一种价格低廉的强碱，在工业生产中常用氢氧化钙制成石灰乳代替烧碱使用。熟石灰还广泛应用于建筑业。

（3）氢氧化镁　是白色粉末状物质，难溶于水，是中强碱。可用镁的易溶盐与强碱反应制取。

5. 重要盐类

（1）钠盐和钾盐　它们一般都是无色或白色固体（除少数阴离子有颜色外），绝大多数都易溶于水，只有个别由大的阴离子形成的盐是难溶的，如 $KHC_4H_4O_6$（酒石酸氢钾）等。具有较高的熔点和较高的热稳定性。卤化物在高温时只挥发而不易分解；硫酸盐、碳酸盐在高温下既不挥发也难分解；只有硝酸盐热稳定性较差，加热到一定温度时发生分解。例如：

$$2NaNO_3 \xrightarrow{720℃} 2NaNO_2 + O_2 \uparrow$$

$$2KNO_3 \xrightarrow{670℃} 2KNO_2 + O_2 \uparrow$$

下面是几种重要的钠盐和钾盐。

氯化钠（NaCl）　即食盐，广泛存在于海洋、盐湖和岩盐中。它不仅是人类生活的必需品，还是化学工业的基本原料。如烧碱、纯碱（Na_2CO_3）、盐酸等都是以氯化钠为原料制备的。

碳酸钠（Na_2CO_3）　即纯碱，又称苏打。它有无水盐和 $Na_2CO_3 \cdot H_2O$、$Na_2CO_3 \cdot 10H_2O$ 及不稳定的 $Na_2CO_3 \cdot 7H_2O$ 三种结晶水合物，常见工业品不含结晶水，为白色粉末。碳酸钠是一种基本的化工原料，除用于制备化工产品外，还广泛用于玻璃、造纸、制皂和水处理等工业。目前，我国纯碱产量位居世界前列。工业上常用氨碱法（又称索尔维法）或侯氏联合制碱法制取纯碱。

碳酸氢钠（$NaHCO_3$）　俗名小苏打，加热至65℃便分解失去 CO_2，是食品工业的膨化剂，还用于泡沫灭火器中。

碳酸钾（K_2CO_3）　又称钾碱，易溶于水，主要用于制硬质玻璃和氰化钾（KCN）。碳酸钾存在于草木灰中，可利用植物的籽壳（如向日葵籽壳），经焚烧、浸取、蒸发、结晶等过程得到碳酸钾。

（2）钙盐　重要的钙盐是氯化钙和硫酸钙。

氯化钙（$CaCl_2$）　是常用的钙盐之一。无水氯化钙有强吸水性，是一种重要的干燥剂，广泛用于氮气、氧气、二氧化碳、硫化氢等气体及某些有机试剂的干燥。但是它能与氨、乙醇形成加合物，如 $CaCl_2 \cdot 8NH_3$、$CaCl_2 \cdot 4C_2H_5OH$，因此不能用于氨和乙醇的干燥。氯化钙和冰的混合物常用作制冷剂，可获得 −51℃ 的低温。据报道，以前被公认的索尔维制碱法的大量 $CaCl_2$ 废液，目前已被加拿大等国家用来熔化公路上的积雪，其效果比氯化钠要好得多。

硫酸钙（$CaSO_4$）　硫酸钙的二水合物 $CaSO_4 \cdot 2H_2O$，俗名生石膏，加热到120℃左右，部分脱水成 $CaSO_4 \cdot \frac{1}{2}H_2O$，叫熟石膏。熟石膏与水混合，又会转变成为生石膏并凝固成硬块，因而可以用熟石膏制造模型、塑像和医疗用的石膏绷带等。生石膏加热到 $500\,℃$ 以上，全部脱水变成无水石膏（硬石膏），它没有可塑性。

（3）镁盐　重要的镁盐是氯化镁和硫酸镁。

氯化镁（$MgCl_2$）　$MgCl_2 \cdot 6H_2O$ 是无色晶体，味苦，易溶于水。无水氯化镁是生产金属镁的主要原料，它可以从光卤石（$KCl \cdot MgCl_2 \cdot 6H_2O$）或海水中制取。

硫酸镁（$MgSO_4$）　$MgSO_4 \cdot 7H_2O$ 是无色晶体，味苦，易溶于水，医疗上用做泻药，因此又称泻盐。造纸、纺织工业也常用到它。

第四节　离子反应

一、电解质

1. 电解质的电离

在水溶液中或熔化状态下，能够导电的化合物称为电解质。所谓导电现象是由于电解质在水溶液中或熔化状态下有自由移动的离子存在，且离子在电场作用下做定向运动传送电荷所致，见图 2-2。酸、碱、盐都是电解质。

电解质在溶解或熔化状态下离解为自由移动的离子的过程叫电离。

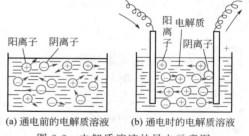

(a) 通电前的电解质溶液　(b) 通电时的电解质溶液
图 2-2　电解质溶液的导电示意图

2. 电解质的强弱

由于电解质在水溶液中电离程度不同，因而又有强电解质和弱电解质之分。在水溶液中完全电离的电解质称强电解质，仅能部分电离的电解质称弱电解质。

强酸、强碱及大多数无机盐都属于强电解质，在水溶液中电离完全，写电离方程式时，可用下列方法表示。例如：

$$NaCl \longrightarrow Na^+ + Cl^-$$
$$HCl \longrightarrow H^+ + Cl^-$$
$$KOH \longrightarrow K^+ + OH^-$$

弱酸、弱碱及少数无机盐属于弱电解质。在水溶液中，只有部分分子电离成为自由移动的离子，其余部分仍为分子，因而要用可逆反应表示其电离过程。例如：

$$NH_3 \cdot H_2O \Longrightarrow NH_4^+ + OH^-$$
$$HF \Longrightarrow H^+ + F^-$$

常见的弱电解质有：

（1）弱酸　醋酸（CH_3COOH，通常以 HAc 表示）、碳酸（H_2CO_3）、氢硫酸（H_2S）、氢氰酸（HCN）、氢氟酸（HF）、次氯酸（$HClO$）、亚硝酸（HNO_2）、磷酸（H_3PO_4）。

（2）无机弱碱　氨水（$NH_3 \cdot H_2O$）。

（3）水　水也是一种弱电解质。

必须指出的是，上述强弱电解质都是指在以水为溶剂的水溶液中，若溶剂不同，情况会发生变化。例如，醋酸在水溶液中是弱电解质，但在以氨作溶剂的溶液中就是强电解质了。

二、离子反应和离子方程式

有离子参加的反应称为离子反应。

由于电解质在溶液中全部或部分地以离子形式存在，因而电解质在溶液中的化学反应实质上就是离子之间的反应。例如，在氯化钠溶液中加入硝酸银溶液时，立即生成氯化银的白色沉淀。反应方程式为：

$$NaCl + AgNO_3 \longrightarrow AgCl\downarrow + NaNO_3$$

氯化钠、硝酸银、硝酸钠均为易溶的强电解质，它们在溶液中都以离子形式存在，氯化银为难溶物，在体系中大多以分子形式存在，因而上述反应方程式可写成：

$$Na^+ + Cl^- + Ag^+ + NO_3^- \longrightarrow AgCl\downarrow + Na^+ + NO_3^-$$

消去反应方程式两边相同的离子，得到：

$$Ag^+ + Cl^- \longrightarrow AgCl\downarrow$$

这说明溶液中的 Na^+ 和 NO_3^- 没有参加反应，仍存在于溶液中。

把这种用实际参加反应的离子来表示的化学反应的式子叫离子方程式。

离子方程式与一般分子方程式不同，它不仅表示一定物质之间的某个反应，而且能表示同一类的化学反应。例如：在氯化钾溶液中加入硝酸银溶液，也能生成氯化银的白色沉淀。其反应方程式为：

$$KCl + AgNO_3 \longrightarrow AgCl\downarrow + KNO_3$$

把易溶强电解质氯化钾、硝酸银、硝酸钾写成离子形式，并消去未参加反应的 K^+ 和 NO_3^-，得到离子方程式也为：

$$Ag^+ + Cl^- \longrightarrow AgCl\downarrow$$

氯化钠和硝酸钠分别与硝酸银反应

书写离子方程式时应注意：

① 反应前后易溶的强电解质如强酸、强碱、盐要写成离子的形式。常见的强酸有盐酸、硝酸、硫酸、氢碘酸、氢溴酸、高氯酸等，强碱有氢氧化钠、氢氧化钾、氢氧化钡、氢氧化钙等。

② 反应前后弱电解质、难溶物及气体不能用离子符号表示，仍用分子式表示。

下面通过实例说明离子方程式的书写步骤。

【例 2-6】 写出 $Fe(OH)_3$ 与 H_2SO_4 反应的离子方程式。

① 先完成反应的化学方程式。

$$2Fe(OH)_3 + 3H_2SO_4 \longrightarrow Fe_2(SO_4)_3 + 6H_2O$$

② 将反应前后以离子形式存在的各物质写成离子的形式，以分子形式存在的仍以分子式表示。

$$2Fe(OH)_3 + 6H^+ + 3SO_4^{2-} \longrightarrow 2Fe^{3+} + 3SO_4^{2-} + 6H_2O$$

③ 消去方程式两边相同数量的同种离子。

$$2Fe(OH)_3 + 6H^+ \longrightarrow 2Fe^{3+} + 6H_2O$$

④ 检查离子方程式两边各元素的原子个数是否相等，两边电荷总数是否相等，并化简。

$$Fe(OH)_3 + 3H^+ \longrightarrow Fe^{3+} + 3H_2O$$

【例 2-7】 写出 $Ba(OH)_2$ 和盐酸反应的离子方程式。

$$Ba(OH)_2 + 2HCl \longrightarrow BaCl_2 + 2H_2O$$

离子方程式为：

$$OH^- + H^+ \longrightarrow H_2O$$

练一练

写出 $Mg(OH)_2$ 和 NH_4Cl 反应的离子方程式。

三、离子互换反应进行的条件

溶液中离子间的互换反应即复分解反应，如要发生，必须具备下列条件之一。

1. 生成沉淀

如硫酸钠溶液与氯化钡溶液的反应。

$$Na_2SO_4 + BaCl_2 \longrightarrow BaSO_4 \downarrow + 2NaCl$$
$$SO_4^{2-} + Ba^{2+} \longrightarrow BaSO_4 \downarrow$$

2. 生成气体

如碳酸钠溶液与盐酸溶液的反应。

$$Na_2CO_3 + 2HCl \longrightarrow 2NaCl + CO_2 \uparrow + H_2O$$
$$CO_3^{2-} + 2H^+ \longrightarrow CO_2 \uparrow + H_2O$$

3. 生成弱电解质

如氢氧化钠与盐酸的反应。

$$NaOH + HCl \longrightarrow NaCl + H_2O$$
$$OH^- + H^+ \longrightarrow H_2O$$

又如醋酸钠溶液与盐酸的反应。

$$NaAc + HCl \longrightarrow NaCl + HAc$$
$$Ac^- + H^+ \longrightarrow HAc$$

4. 生成配位化合物

如硫酸铜溶液与过量氨水的反应。

$$CuSO_4 + 4NH_3 \longrightarrow [Cu(NH_3)_4]SO_4$$
$$Cu^{2+} + 4NH_3 \longrightarrow [Cu(NH_3)_4]^{2+}$$

若反应物和生成物都是易溶强电解质，如将 $NaNO_3$ 溶液加入 KCl 溶液中，Na^+、K^+、NO_3^-、Cl^- 不发生任何变化，则离子互换反应不能进行。

【知识拓展】

氧化还原反应还可用“离子-电子”法进行配平。配平原则是：①反应过程中氧化剂得电子总数与还原剂失电子总数相等；②反应前后各元素的原子总数相等。例如

$$KMnO_4 + HCl \longrightarrow MnCl_2 + Cl_2 + KCl + H_2O$$

配平步骤：

① 写出未配平的离子方程式。

$$MnO_4^- + Cl^- + H^+ \longrightarrow Mn^{2+} + Cl_2 + H_2O$$

② 分别写出氧化剂得到电子和还原剂失去电子的过程,并进行配平(每个过程两边的电荷数相同、原子个数相同)。

$$MnO_4^- + 8H^+ + 5e \longrightarrow Mn^{2+} + 4H_2O$$

$$2Cl^- - 2e \longrightarrow Cl_2$$

③ 根据得失电子数相等的原则,乘以适当系数后相加,得到配平的离子方程式。

$$MnO_4^- + 8H^+ + 5e \longrightarrow Mn^{2+} + 4H_2O \qquad \times 2$$

$$\cdot \quad + 2Cl^- - 2e \longrightarrow Cl_2 \qquad\qquad\qquad\quad \times 5$$

$$\overline{2MnO_4^- + 16H^+ + 10Cl^- \longrightarrow 2Mn^{2+} + 5Cl_2 + 8H_2O}$$

④ 还原成分子方程式。

$$2KMnO_4 + 16HCl \longrightarrow 2MnCl_2 + 5Cl_2 + 2KCl + 8H_2O$$

第五节 硬水及其软化

一、硬水和软水

自然环境中的水又称天然水,为人类生活和动植物生长所必需,在工业生产上也有多种用途。工业上根据水中 Ca^{2+} 和 Mg^{2+} 的含量,把天然水分为两种:溶有较多钙盐、镁盐的水称为硬水;溶有少量钙盐、镁盐的水称为软水。含有钙、镁的酸式碳酸盐的硬水称为暂时硬水,可以用加热煮沸的方法使酸式碳酸盐分解为不溶性的碳酸盐而沉淀析出。例如:

$$Ca(HCO_3)_2 \xrightarrow{\triangle} CaCO_3\downarrow + CO_2\uparrow + H_2O$$

$$Mg(HCO_3)_2 \xrightarrow{\triangle} MgCO_3\downarrow + CO_2\uparrow + H_2O$$

这样,水中 Ca^{2+}、Mg^{2+} 浓度减少,使暂时硬水得到软化。

含有钙、镁的硫酸盐或氯化物,不能通过煮沸方法使之除去,这种水叫永久硬水。永久硬水只能用蒸馏或化学净化等方法处理。

水的硬度是水质的一项重要指标,通常以水中含有 Ca^{2+}、Mg^{2+} 的量来表示。我国规定的硬度标准是:1L 水中含 CaO、MgO 总量相当于 10mg CaO,则这种水的硬度为 1°。一般情况下,按水硬度的不同,可以分为五种:

0°~4°	4°~8°	8°~16°	16°~30°	>30°
很软水	软水	中硬水	硬水	很硬水

二、硬水的危害

一般硬水可以饮用,但硬度太高,会影响身体健康。如经常饮用硬水易患尿结石症。同样,在化工、蒸汽动力等工业,使用硬水会造成不良后果。如锅炉长期使用硬水会生成水垢，不仅降低导热效率，造成燃料能源浪费，更重要的是由于受热不均匀，易使水垢破裂，水渗入裂缝后，与高温炉壁接触后迅速蒸发，使炉内压力增大，会引起爆炸事故。化工生产中使用硬水，会直接把 Ca^{2+}、Mg^{2+} 等杂质带入产品，影响产品质量。日常生活中的洗涤用水若硬度较大，则其中的 Ca^{2+}、Mg^{2+} 与肥皂生成不溶于水的硬脂酸钙、硬脂酸镁。

$$Ca^{2+}+2C_{18}H_{35}O_2^- \longrightarrow Ca(C_{18}H_{35}O_2)_2 \downarrow$$

会在衣物上生成斑污且浪费肥皂。精细化工、纺织、医药等行业往往需要使用更纯的水，这就需要将水加以处理，进行硬水软化。

三、硬水的软化

1. 石灰纯碱法

根据水的硬度，定量加入纯碱及石灰，使硬水中的 Ca^{2+}、Mg^{2+} 生成难溶性的盐，从而达到硬水软化的目的。离子方程式为：

$$Ca^{2+}+CO_3^{2-} \longrightarrow CaCO_3 \downarrow$$
$$2Mg^{2+}+CO_3^{2-}+2OH^- \longrightarrow Mg_2(OH)_2CO_3 \downarrow$$

石灰纯碱法软化效果较差，但成本低，一般用于发电厂、热电站等工业处理量大且硬度较大的水。

2. 离子交换法

离子交换法是用离子交换剂来处理硬水使之软化的方法。通常使用的离子交换剂主要有三种类型：无机离子交换剂、有机离子交换剂和离子交换树脂。

天然沸石（硅铝酸盐 $Na_2Al_2Si_4O_{12}$，简写为 NaZ）是一种典型的无机离子交换剂，当含有 Ca^{2+}、Mg^{2+} 的水通过沸石时，就与沸石上的 Na^+ 进行交换。

$$Ca^{2+}+2NaZ \rightleftharpoons CaZ_2+2Na^+$$
$$Mg^{2+}+2NaZ \rightleftharpoons MgZ_2+2Na^+$$

沸石失效后，可用浓 NaCl 溶液浸泡，其软化能力又可恢复。

离子交换树脂是人工合成的有机高分子化合物，分为阳离子交换树脂和阴离子交换树脂。如带有酸性交换基团的阳离子交换树脂 $R-SO_3^-H^+$ 和带有碱性交换基团的阴离子交换树脂 $R-NH_3^+OH^-$（R 代表树脂骨架）。当需要净化的水流经这两种交换树脂时（见图 2-3），水中的阳离子如 Ca^{2+}、Mg^{2+} 等及阴离子 Cl^-、SO_4^{2-} 等分别被阳离子交换树脂及阴离子交换树脂吸附。

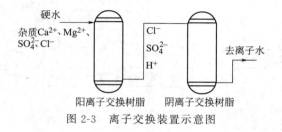

图 2-3　离子交换装置示意图

$$R-SO_3^-H^++Na^+ \rightleftharpoons R-SO_3^-Na^++H^+$$
$$R-NH_3^+OH^-+Cl^- \rightleftharpoons R-NH_3^+Cl^-+OH^-$$

交换下来的 H^+ 和 OH^- 结合成水。经过多次交换，可制备较纯净的水。离子交换树脂也像沸石那样可用酸或碱处理，予以再生。由于离子交换树脂法具有安全、简便、无二次污染的特点，而且其中的离子交换剂经过处理后可反复使用，近年来在水净化方面得到较为广泛的使用。

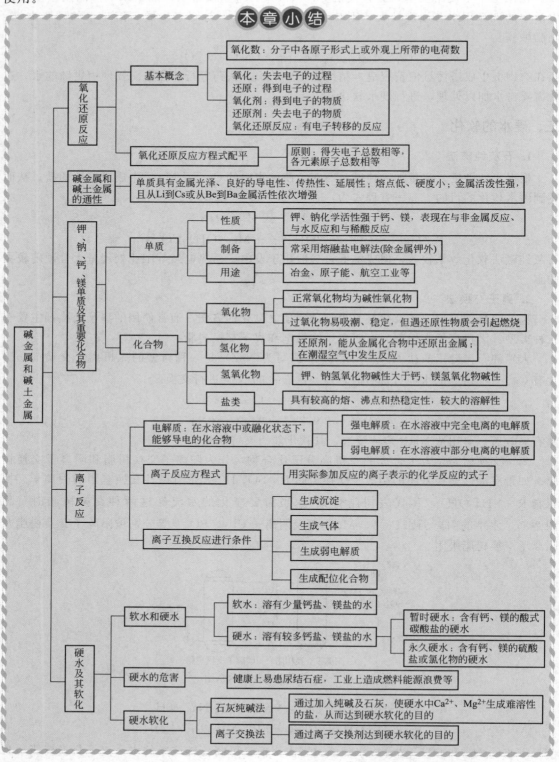

1. 填空题

(1) 在氧化还原反应中，失去电子的过程叫_____，获得电子的过程叫_____，获得电子的物质叫_____，失去电子的物质叫_____。

(2) 碱金属元素从锂至铯金属活泼性依次_____；碱土金属从铍至钡金属活泼性也依次_____；_____是最轻的金属。

(3) 下列金属的盐类在高温火焰中灼烧时，火焰的颜色分别为：Li _____；Na _____；K _____；Ca _____；Sr _____；Ba _____。

(4) 含有_____和_____的水叫做硬水。

(5) 写出下列物质的分子式（化学式）：纯碱_____、烧碱_____、小苏打_____、生石灰_____、熟石灰_____、石灰石_____、生石膏_____、熟石膏_____、泻盐_____。

2. 选择题

(1) 下列氢化物中，稳定性最强的是（　　）。

    A. HF   B. HCl   C. HBr   D. HI

(2) 下列有关碱金属的说法中，正确的是（　　）。

    A. 金属锂应保存在煤油中

    B. 随着核电荷数增加，阳离子的氧化性逐渐减弱

    C. 它们都能在空气里燃烧生成 M_2O（M 表示碱金属）

    D. 金属钠可以保存在水中

(3) 盛 $Ba(OH)_2$ 溶液的瓶子，在空气中放置一段时间后，内壁蒙有一层白色薄膜，该层薄膜可用（　　）除去。

    A. H_2O B. HCl   C. H_2SO_4 D. NaOH

(4) 下列有关钠的叙述中，错误的是（　　）。

    A. 钠的还原性很强，可以用来冶炼金属钛、锆、铌等

    B. 钠的化学性质非常活泼，钠元素只能以化合态存在于自然界

    C. 钠是一种灰色的固体

    D. 钠的质地软，可用小刀切割

(5) 某水加热煮沸无沉淀，则下列结论一定正确的是（　　）。

    A. 是永久硬水　　B. 是软水　　　C. 不是暂时硬水　D. 是蒸馏水

3. 是非题（正确的划"√"，错误的划"×"）

(1) 金属钠本身没有腐蚀性，可以直接用手取用。　　　　　　　　　　　　　（　　）

(2) 实验室存放 NaOH 和 Na_2O_2 时，要密闭保存。　　　　　　　　　　　（　　）

(3) 无水 $CaCl_2$ 是很好的干燥剂，但不能用来干燥乙醇和氨。　　　　　　　（　　）

(4) 盛放 NaOH 溶液的玻璃瓶可以用玻璃塞子。　　　　　　　　　　　　　（　　）

(5) 水是一种弱电解质。　　　　　　　　　　　　　　　　　　　　　　　（　　）

4. 配平下列氧化还原方程式

(1) $Cu + HNO_3(稀) \longrightarrow Cu(NO_3)_2 + NO\uparrow + H_2O$

(2) $Cu + H_2SO_4(浓) \longrightarrow CuSO_4 + SO_2\uparrow + H_2O$

(3) $Ca(OH)_2 + Cl_2 \longrightarrow CaCl_2 + Ca(ClO)_2 + H_2O$

(4) $Cl_2 + SO_2 + H_2O \longrightarrow HCl + H_2SO_4$

(5) $KClO_3 + HCl(浓) \longrightarrow KCl + Cl_2\uparrow + H_2O$

5. 写出下列反应的离子方程式

(1) $NaOH + HCl \longrightarrow NaCl + H_2O$

(2) $CaCO_3 + 2HCl \longrightarrow CaCl_2 + CO_2\uparrow + H_2O$

(3) $BaCl_2 + Na_2SO_4 \longrightarrow BaSO_4 \downarrow + 2NaCl$

(4) $KOH + NH_4Cl \longrightarrow KCl + NH_3 \cdot H_2O$

6. 计算题

(1) 现有 1kg Na_2O_2 作为潜水员的供氧剂，可提供氧气多少升（标准状况下）？

(2) 将 5.6g 商品 NaOH 溶于水配制成 1L 溶液。取出 50mL 恰好与 45mL 0.1mol/L 的 HCl 溶液完全中和，计算该 NaOH 的纯度。

阅读材料

海水化学资源

　　作为海洋主体的海水，不仅孕育出千千万万个生命，覆盖着丰富的矿藏，本身还蕴藏着丰富的化学资源。世界上海洋的面积占地球总面积的 71%，海水的总体积有 $1.37 \times 10^{20} m^3$。海水中目前已发现的元素有 80 多种，它们主要以简单离子和配位离子的形式存在。其中 NaCl 含量最高，其次为 $MgCl_2$、Na_2SO_4、$MgSO_4$、K_2SO_4 等。此外还含有溴、铷、锂、碘、锌、锰、铯、铀等离子。采用有效的富集和特殊的提取方法是利用海水中微量元素的关键，许多国家在这方面进行了大量的工作，并已取得若干成果。但由于技术和经济等原因，目前对海水化学资源的开发和利用还很不充分，且随着陆地资源的不断消耗，海水化学资源的开发具有重要意义。

　　海水化学资源的利用，通常包括以下几个方面。

　　海水制盐。在海水的无机盐中，食盐占 77.8%，海水中溶解的食盐总量约为 $5 \times 10^{16} t$。目前全世界有 60 多个国家和地区在由海水制盐，年产量近亿吨，占世界食盐总产量的 30% 以上。我国是以生产海盐为主的国家，海盐产量占总产量的 80% 以上，主要的海盐产区有天津、辽宁、河北、山东、江苏及广东等几大盐区。

　　海水淡化。海水淡化又称为海水脱盐，是利用物理、化学或生物方法将海水中溶解的盐脱除，使其含盐量从 35% 减小到 0.5% 这一标准，从海水中除去盐或取出水均可以达到淡化的目的。由于海水淡化的成本较高，目前全世界海水淡化的日产量估计仅大于 7000kt，但随着技术的不断改进，海水淡化的费用将会降低。

　　海水提钾。由于我国尚未发现大储量的可溶性钾矿，长期以来主要从海水晒盐的苦卤中提钾，年产量约 300kt，远不能满足工农业生产的需要，因此发展海水提钾是今后海水化学资源开发应重视的方面之一。

　　海水提溴。地球上 99% 的溴都存在于海水中，所以溴有"海洋地素"之称。海水中溴的浓度较高，平均约为每升海水中含溴 67mg，海水中溴的总含量达 950kt 之多。自然界中富溴资源不多，目前世界溴产量的 60% 左右来自海水。

　　海水提铀。铀是重要的核燃料，随着原子能工业的迅速发展，对铀的需求量与日俱增。然而，陆地上铀的储量总共不过 1000kt，而海水中虽然铀的浓度不高，每升海水中只有 3.3mg，但在海水中的总含量达到 $45 \times 10^8 t$ 之多。因此世界上若干"贫铀国"如日本、德国等都开展了海水提铀的研究工作。国内外科技人员为了从海水中提取铀，先后采用了许多方法。随着海水提铀的进一步研究，21 世纪，海水提铀工业化可望实现。

　　海水中除了能提取食盐、钾、溴、铀和淡水外，还有其他丰富的化学资源可以提取。如海水提镁已是成熟的工业化方法，海水提碘已有几十年的工业生产史，海水提铷、锂等也有不少研究报道，甚至还有海水提金。毫无疑问，海洋蕴藏着丰富的宝藏，它不断为人类提供数量可观的淡水资源、化学资源、能源和生物资源，然而这期间，它也给科学工作者不断提出新的挑战、新的问题。总之，随着科学技术的不断发展，海水化学资源的利用必将愈来愈多。

第三章

卤 素

 学习目标

知识目标：

1. 理解原子结构与卤素性质递变规律的关系；
2. 掌握卤素单质的性质、制备和用途；
3. 了解卤化氢、氢卤酸、氯的含氧酸及其盐等重要化合物的性质及其制备、用途；
4. 掌握卤素离子的检验方法。

能力目标：

1. 能正确书写卤素族元素的重要化学反应方程式；
2. 能对卤素及其重要化合物的性质进行比较。

第一节 卤素的性质

氟（F）、氯（Cl）、溴（Br）、碘（I）、砹（At）、鿬（Ts）6 种元素统称为卤素，希腊原文为成盐元素的意思，这是因为这些元素是典型的非金属元素，都能与典型的金属化合生成典型的盐而得名。其中砹是放射性元素。我们通常所说的卤素，是指 **F、Cl、Br、I** 四种元素，可以用符号 **"X"** 来表示。

一、卤素的通性

卤素原子的最外层均为 7 个电子，都容易获得 1 个电子达到稳定结构，表现出典型的非金属性和氧化性。它们是典型的非金属元素，其单质都具有较强的氧化性。氟是最活泼的非金属元素，氟单质是最强的氧化剂。

从 F 到 I，由于电子层数依次增多，原子半径随之增大，原子核对外层电子的吸引力逐渐减弱，得电子能力依次减弱，即氧化性依次减弱。卤素的原子结构及原子半径见表 3-1。

表 3-1 卤素的原子结构及原子半径

元素名称	元素符号	核电荷数	各电子层的电子数						原子半径/pm
			1	2	3	4	5	6	
氟	F	9	2	7					64
氯	Cl	17	2	8	7				99
溴	Br	35	2	8	18	7			114
碘	I	53	2	8	18	18	7		133

卤素单质均为双原子分子，它们是两个原子通过共用一对电子结合的。通常用 X_2 表示。

氟在常温下是淡黄色气体，具有强烈的刺激性气味，有毒。

氯在常温下是黄绿色气体，具有强烈的刺激性气味，易液化。常压下，冷至-34℃或常温下加压至 608kPa 变为黄绿色油状液体，工业上称为"液氯"，常将其贮于钢瓶中以便运输。通常情况下 1 体积的水能溶解 2.5 体积氯气，氯的水溶液称为"氯水"。氯气易溶于 CCl_4、CS_2 等非极性溶剂。氯气有毒，制备和使用过程中都应该谨慎操作。

溴在常温下为红棕色液体，易挥发，其蒸气具有强烈的令人窒息的恶臭。溴与皮肤接触会造成创伤，且较难治愈。溴在水中溶解度比氯小，但可溶于 CCl_4、CS_2 等非极性溶剂。

碘在常温下是紫黑色的晶体，略带金属光泽，加热变为紫黑色的蒸气，蒸气遇冷又重新凝成固体。这种由固体物质不经过液化直接变为气态的现象叫升华。利用升华可提纯碘。

碘蒸气有毒，强烈刺激皮肤和眼睛。碘难溶于水，与溴和氯一样，也易溶于 CCl_4、CS_2、汽油等非极性溶剂。碘同时也易溶于 KI 溶液中，这是由于生成了易溶于水的 KI_3。

$$KI + I_2 \longrightarrow KI_3$$

二、卤素的化学性质

卤素均为活泼的非金属元素，氧化性较强，能与金属、非金属、水和碱发生反应，并且卤素的氧化性越强，所发生的反应越剧烈。卤素中以 Cl_2 及其化合物最重要，应用最普遍。

1. 与金属反应

Cl_2 易和金属直接化合，当加热时，很多金属还能在 Cl_2 中燃烧。

【演示实验 3-1】　把一束细铜丝灼热后，立即伸进盛有 Cl_2 的集气瓶中（如图 3-1 所示），观察发生的现象。再把少量的水注入集气瓶里，用毛玻璃片把瓶口盖住，振荡，观察溶液的颜色。

图 3-1　铜在氯气中燃烧

红热的铜丝在 Cl_2 中剧烈燃烧，集气瓶里充满棕色的烟，这是氯化铜晶体颗粒。反应方程式为：

$$Cu + Cl_2 \xrightarrow{\text{点燃}} CuCl_2$$

$CuCl_2$ 溶于水，成为绿色的 $CuCl_2$ 溶液。

金属 Na 在 Cl_2 中燃烧，产生黄色火焰。

$$2Na + Cl_2 \xrightarrow{\text{点燃}} 2NaCl$$

铁丝在 Cl_2 中燃烧，得到棕色的氯化铁。

$$2Fe + 3Cl_2 \xrightarrow{\text{点燃}} 2FeCl_3$$

F_2 几乎与所有的金属都能反应，而且比 Cl_2 更剧烈。钴能被 F_2 氧化成 Co^{3+}，而 Cl_2 只能将它氧化为 Co^{2+}。但在常温下，F_2 与许多金属的反应并不快。这是由于生成的金属氟化物大多难挥发、难溶解，覆盖在金属表面而使反应缓和下来。因此，Fe、Ni、Pb、Cu 等金属在常温下对 F_2 较为稳定。在高温下，F_2 与金属剧烈反应，伴随着燃烧和爆炸。

Br_2 和 I_2 也可与多数金属化合，只是反应不如 Cl_2 激烈，除活泼金属外，常需要加热和使用催化剂。例如：

$$2Fe + 3Br_2 \xrightarrow{\triangle} 2FeBr_3$$

$$Fe + I_2 \xrightarrow{\triangle} FeI_2$$

$$Mg + I_2 \xrightarrow{\triangle} MgI_2$$

可见 Br_2 和 Fe 的反应与 Cl_2 相似，能将 Fe 氧化为 +3 价，但温度需高一些；I_2 的氧化能力较弱，只能将 Fe 氧化成亚铁盐。

图 3-2　氯气与氢气化合

2. 与氢气反应

常温下，Cl_2 与 H_2 的化合很慢，但如果用强光直接照射或点燃时，Cl_2 和 H_2 迅速化合，发生爆炸（如图 3-2 所示），生成相当稳定的 HCl 气体。工业上则是"让 H_2 在 Cl_2 中平静地燃烧"合成 HCl，即首先将 H_2 点燃，然后再通入 Cl_2，让它们边接触边合成。

$$Cl_2 + H_2 \xrightarrow{\text{光照或点燃}} 2HCl$$

F_2 与 H_2 合成即使在低温暗处也会发生爆炸。说明 F_2 和 H_2 直接合成很难控制。Br_2 与 H_2 合成反应较慢，常需加热。

$$Br_2 + H_2 \xrightarrow{\triangle} 2HBr$$

I_2 与 H_2 合成，进行缓慢而且可逆。

$$I_2 + H_2 \rightleftharpoons 2HI$$

3. 与磷反应

Cl_2 与 P 在加热的情况下反应生成 PCl_3，Cl_2 过量时，可进一步反应生成 PCl_5。

【演示实验 3-2】 把红磷放在燃烧匙中，点燃后插入盛有氯气的集气瓶里（如图 3-3 所示）。观察发生的现象。

点燃的 P 在 Cl_2 中继续燃烧。Cl_2 与 P 剧烈反应，产生白色烟雾，这是三氯化磷和五氯化磷的混合物。

$$2P + 3Cl_2 \xrightarrow{\text{点燃}} 2PCl_3$$

$$PCl_3 + Cl_2 \xrightarrow{\text{点燃}} PCl_5$$

PCl_3 是无色液体，是重要的化工原料，可用来制造许多磷的化合物，如敌百虫等多种农药。

Br_2 与 P 反应与 Cl_2 类似。

I_2 与 P 反应即使 I_2 过量也只能生成 PI_3。

图 3-3　磷在氯气中燃烧

$$2P + 3I_2(\text{过量}) \xrightarrow{\triangle} 2PI_3$$

4. 与水反应

F_2 与 H_2O 反应剧烈，而且强烈地分解水。

$$2F_2 + 2H_2O \longrightarrow 4HF + O_2 \uparrow$$

Cl_2、Br_2、I_2 都可与 H_2O 反应，但是 Br_2 和 I_2 与水反应较难，程度甚微。Cl_2 溶于水得到氯水，氯水中一部分 Cl_2 与 H_2O 反应，但程度不大，方程式中用"$\rightleftharpoons$"。

$$Cl_2 + H_2O \rightleftharpoons HCl + \underset{\text{次氯酸}}{HClO}$$

这种同一分子中的同一元素的氧化数同时向升高和降低两方变化的反应叫歧化反应，又称为自身氧化还原反应。

HClO 是强氧化剂，具有漂白杀菌能力。自来水常用 Cl_2（1L 水中约通入 0.002g Cl_2）消毒。

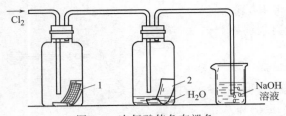

图 3-4　次氯酸使色布褪色

1—干燥的有色布条；2—湿润的有色布条

【演示实验 3-3】　取干燥的和湿润的有色布条各一条，放在图 3-4 所示的装置中，观察发生的现象。

实验表明：湿润的布条褪色，干燥的布条无变化，说明干燥的 Cl_2 无漂白能力，起漂白作用的是 HClO。

氯水是一个复杂的体系，其中含有 Cl_2、H^+、Cl^-、ClO^-、HClO、H_2O、OH^-。

5. 与碱反应

卤素与碱的反应，实际上是在碱性溶液中，卤素与水发生歧化反应生成的酸被碱中和。所以可以叫做与碱的歧化反应。

Cl_2、Br_2 与碱的歧化反应相似。常温下：

$$Cl_2 + 2NaOH \longrightarrow NaCl + NaClO + H_2O$$

$$Br_2 + 2NaOH \longrightarrow NaBr + NaBrO + H_2O$$

若加热，ClO^- 和 BrO^- 在碱性溶液中会进一步歧化为 ClO_3^- 和 BrO_3^-。

$$3Cl_2 + 6NaOH \xrightarrow{\triangle} 5NaCl + NaClO_3 + 3H_2O$$

$$3Br_2 + 6NaOH \xrightarrow{\triangle} 5NaBr + NaBrO_3 + 3H_2O$$

I_2 与碱反应，不论加热与否，均为同一反应。

$$3I_2 + 6NaOH \longrightarrow 5NaI + NaIO_3 + 3H_2O$$

6. 碘与淀粉的特征反应

碘单质与淀粉作用生成蓝色物质。这一特征反应可用来检验碘的存在。

【演示实验 3-4】　在试管中加入 5 滴 0.1mol/L KI 溶液，再加入 1～2 滴淀粉试液，滴加氯水，振荡。可观察到析出的碘使溶液由无色变为蓝色。

三、卤素的制取

由于卤素性质活泼，自然界中均以化合态的形式存在。**卤素制取的原理就是使卤离子失去电子被氧化成卤素单质。**

$$2X^- - 2e \longrightarrow X_2$$

1. F_2 的制取

F^- 还原能力极弱，很难被氧化，只能用电解的方法制取。通常是电解三份 KHF_2 和两份无水 HF 的低温熔融混合物（熔点为 72℃），在阳极生成 F_2，在阴极生成 H_2。

$$2HF \xrightarrow{电解} H_2 \uparrow + F_2 \uparrow$$

2. Cl_2 的制取

工业上 Cl_2 用电解 NaCl 水溶液的方法制取。

$$2NaCl + 2H_2O \xrightarrow{电解} 2NaOH + H_2 \uparrow + Cl_2 \uparrow$$

在阳极得到 Cl_2，在阴极得到 H_2。

实验室用强氧化剂与浓盐酸反应来制取 Cl_2。

$$MnO_2 + 4HCl(浓) \xrightarrow{\triangle} MnCl_2 + Cl_2 \uparrow + 2H_2O$$

$$2KMnO_4 + 16HCl(浓) \longrightarrow 2KCl + 2MnCl_2 + 5Cl_2\uparrow + 8H_2O$$

图 3-5 为实验室制取氯气的装置。

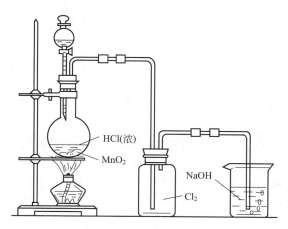

图 3-5　实验室制取氯气的装置

3. Br_2 和 I_2 的制取

Br_2 和 I_2 的制取是采用通 Cl_2 于含 Br^- 和 I^- 的溶液中，将 Br^- 和 I^- 氧化成单质 Br_2 和 I_2。

【演示实验 3-5】　把少量新配置的饱和氯水分别加入盛有 2mL 0.1mol/L 的 NaBr 溶液和 2mL 0.1mol/L 的 KI 溶液的两个试管中，用力振荡，再注入少量的 CCl_4，振荡，观察 CCl_4 层和溶液颜色的变化。

通过实验可以看到，两试管中的 CCl_4 层分别变为红棕色和紫红色，表明 Cl_2 可以将溴和碘从它们的化合物中置换出来。

$$Cl_2 + 2NaBr \longrightarrow 2NaCl + Br_2$$
$$Cl_2 + 2KI \longrightarrow 2KCl + I_2$$

离子方程式为：
$$Cl_2 + 2Br^- \longrightarrow 2Cl^- + Br_2$$
$$Cl_2 + 2I^- \longrightarrow 2Cl^- + I_2$$

工业上，从海水和海藻中提取溴和碘。

练--练

润湿的 KI 淀粉试纸遇到 Cl_2 显蓝色，但该试纸继续与 Cl_2 接触，蓝色又会褪去，用相关的反应式解释上述现象。

四、卤素的用途

随着科学技术的发展，氟的用途日益广泛。

$$U + 2F_2 \longrightarrow UF_4$$
$$U + 3F_2 \longrightarrow UF_6$$

原子能工业中 UF_4 和 UF_6 用于同位素分离，为核反应堆提供燃料。

$$S + 3F_2 \longrightarrow SF_6$$

SF_6 具有很高的绝缘能力，用于电力工业部门。

氟还可以作火箭燃料的高能氧化剂，以及制造有机氟化物如制冷剂 CCl_2F_2、杀虫剂 CCl_3F（近年来发现氯氟烃对臭氧层有破坏作用）、塑料单体 $CF_2{=}CF_2$。

Cl_2 常用于合成盐酸，制造漂白剂，饮水消毒，合成药剂。在染料、炸药、塑料生产上也有广泛的应用。氯是一种重要的化工原料。

溴用于制二溴乙烷（$C_2H_4Br_2$），它是汽油抗震剂的添加剂；溴还用于制溴化银，用于照相业；$NaBr$、KBr 用作镇静剂。

碘在医药上用作消毒剂，如碘酒等。碘及碘化物用于预防和治疗甲状腺肥大。

第二节　卤素的重要化合物

卤素的化合物中，最常见也是最重要的是氯的化合物。这里着重介绍卤素的氢化物和氯的含氧酸及其盐。

一、卤化氢和氢卤酸

1. 卤化氢

卤化氢包括 HF、HCl、HBr、HI，在常温下它们都是无色的气体，有刺激性。遇潮湿空气则发烟（结合成酸雾），极易溶于水。

HF→HI 稳定性依次下降。

2. 卤化氢的制取

前面已经说明用合成法制取 HF 难以控制且原料昂贵。通常是用萤石与浓硫酸起复分解反应来制取 HF。

$$CaF_2 + H_2SO_4(浓) \longrightarrow CaSO_4 + 2HF\uparrow$$

同样，也可以用复分解的方法来制取 HCl。

$$NaCl + H_2SO_4(浓) \longrightarrow NaHSO_4 + HCl\uparrow$$

$$2NaCl + H_2SO_4(浓) \xrightarrow{>500℃} Na_2SO_4 + 2HCl\uparrow$$

工业上早已用合成法来制取 HCl。

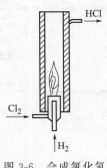

图 3-6　合成氯化氢

$$H_2 + Cl_2 \xrightarrow{点燃} 2HCl$$

两种气体在相互作用的瞬间才混合，使 H_2 在 Cl_2 中"安静地燃烧"（见图 3-6）。

HBr 与 HI 虽然也可以用复分解法，即利用浓硫酸与溴化物和碘化物反应而制得，但是由于 HBr 和 HI 有较显著的还原性，它们会与浓硫酸进一步发生氧化还原反应。

$$KBr + H_2SO_4(浓) \longrightarrow KHSO_4 + HBr\uparrow$$

$$2HBr + H_2SO_4(浓) \longrightarrow Br_2 + SO_2\uparrow + 2H_2O$$

$$KI + H_2SO_4(浓) \longrightarrow KHSO_4 + HI\uparrow$$

$$8HI + H_2SO_4(浓) \longrightarrow 4I_2 + H_2S\uparrow + 4H_2O$$

（显然，H_2SO_4 被还原的程度不同，说明 HI 的还原性比 HBr 更强）。

实验室制 HI 时，为什么不用 KI 和浓 H_2SO_4 反应制取？

由于 SO_2 和 H_2S 的出现，所以实际上不能得到纯的 HBr 和 HI，通常可用浓磷酸代替浓硫酸来进行复分解反应。

$$NaBr + H_3PO_4(浓) \longrightarrow NaH_2PO_4 + HBr\uparrow$$
$$NaI + H_3PO_4(浓) \longrightarrow NaH_2PO_4 + HI\uparrow$$

或用 PX_3 水解来制取 HBr 和 HI。

$$PBr_3 + 3H_2O \longrightarrow H_3PO_3 + 3HBr\uparrow$$
$$PI_3 + 3H_2O \longrightarrow H_3PO_3 + 3HI\uparrow$$

实际制备过程中并不需要预先制成 PX_3，若把溴逐滴加在磷和少许水的混合物上，或把水逐滴加在磷和碘的混合物上，即可产生 HBr 或 HI。

3. 氢卤酸

HX 的水溶液称为氢卤酸。除氢氟酸是弱酸外，其余均为强酸。

氢氟酸和 HF 都能与 SiO_2 作用生成 SiF_4。

$$SiO_2 + 4HF \longrightarrow SiF_4\uparrow + 2H_2O$$

因为 SiO_2 是玻璃的组成部分，所以氢氟酸能腐蚀玻璃，因此不能用玻璃瓶来盛装氢氟酸。氢氟酸通常用塑料容器来贮存。同时也可以利用氢氟酸这一特性来刻蚀玻璃或溶解各种硅酸盐。

HF 有剧毒，氢氟酸与皮肤接触时会引起不易痊愈的灼伤，因此使用氢氟酸时要注意安全，戴上防护眼镜和手套。

氢溴酸和氢碘酸的稳定性都较差，尤其是氢碘酸。I^- 和 Br^- 较 Cl^- 易失去电子显示出较强的还原性。空气中的氧便能氧化氢碘酸。

$$4HI + O_2 \longrightarrow 2I_2 + 2H_2O$$

在光照情况下反应大大加快。氢溴酸与氧反应比较缓慢，而盐酸在通常情况下根本不能被氧氧化。

4. Cl^-、Br^-、I^- 的检验

（1）与 $AgNO_3$ 作用生成不溶于 HNO_3 的沉淀

【演示实验3-6】 在三支分别盛有 1mL 0.1mol/L KCl、KBr 和 KI 溶液的试管中，各加入几滴 0.1mol/L $AgNO_3$ 溶液，观察试管中沉淀的生成及颜色，并试验沉淀是否溶于稀 HNO_3。

Cl^-、Br^-、I^- 能与 Ag^+ 分别生成 AgCl 白色沉淀、AgBr 浅黄色沉淀和 AgI 黄色沉淀，且三种沉淀均不溶于稀 HNO_3。

$$Cl^- + Ag^+ \longrightarrow AgCl\downarrow$$
$$Br^- + Ag^+ \longrightarrow AgBr\downarrow$$
$$I^- + Ag^+ \longrightarrow AgI\downarrow$$

根据此性质，可以用来鉴定 Cl^-、Br^- 或 I^- 的存在。

还要指出，氢氟酸的盐类有反常的溶解性，例如，Li^+、Na^+、Ca^{2+}、Mg^{2+} 的氯化物、溴化物、碘化物都是可溶的，而 LiF、CaF_2、MgF_2 则难溶；AgCl、AgBr、AgI 均难溶，而 AgF 则易溶。因此，应注意，F⁻ 不能用 AgNO₃ 溶液检验。

（2）Br⁻ 和 I⁻ 与氧化剂作用生成 Br₂ 和 I₂ 在 CCl₄ 中显示不同颜色

【演示实验 3-7】 在两支分别盛有 1mL 0.1mol/L 的 NaBr 和 KI 溶液的试管中，各加入 0.5mL CCl₄ 后，再分别滴加新配制的氯水，振荡，观察 CCl₄ 层颜色的变化。

Br⁻ 和 I⁻ 均可被氯水氧化成 Br₂ 和 I₂，由于它们在 CCl₄ 溶剂中溶解度远远大于在水中的溶解度，当在反应体系中加入少量 CCl₄ 后，Br₂ 在 CCl₄ 层中显红棕色，而 I₂ 在 CCl₄ 层中显紫红色。

$$Cl_2 + 2Br^- \longrightarrow 2Cl^- + Br_2 \quad （CCl_4 \text{层中显红棕色}）$$

$$Cl_2 + 2I^- \longrightarrow 2Cl^- + I_2 \quad （CCl_4 \text{层中显紫红色}）$$

二、氯的含氧酸及其盐

氯可以形成 +1、+3、+5、+7 价态的含氧酸及其盐。

1. 次氯酸及其盐

次氯酸（HClO）及其盐中，氯的氧化数为 +1。

次氯酸的水溶液是无色的，有刺激性气味。次氯酸是一种弱酸，酸性比碳酸弱，其稳定性差，即使在稀溶液中也容易分解，在光照下分解更快，分解时放出 O₂，因此，HClO 有强氧化性，具有漂白、杀菌能力。

$$2HClO \xrightarrow{\text{光照}} 2HCl + O_2 \uparrow$$

这种反应是氧化还原反应的又一种特殊类型，叫分子内部的氧化还原反应。它是同一分子中的不同元素分别被氧化和被还原的一类氧化还原反应。

HClO 受热时发生歧化反应，分解成较稳定的盐酸和氯酸（HClO₃）。

$$3HClO \xrightarrow{\triangle} 2HCl + HClO_3$$

因此，欲用 HClO 时，需现配制，将 Cl₂ 通入冷水中，并贮于棕色瓶中。通常用其盐作漂白剂和消毒剂。

次氯酸盐比 HClO 稍稳定，同样具有氧化作用和漂白作用。其盐在受热时亦可发生歧化反应。

$$NaClO + 2HCl \longrightarrow NaCl + Cl_2 + H_2O$$

$$3NaClO \xrightarrow{\triangle} 2NaCl + NaClO_3$$

工业上用 Cl₂ 与消石灰作用来制漂白粉，也是 Cl₂ 的歧化反应。

$$2Cl_2 + 3Ca(OH)_2 \longrightarrow Ca(ClO)_2 + CaCl_2 \cdot Ca(OH)_2 \cdot H_2O + H_2O$$

漂白粉通常是指 Ca(ClO)₂ 和 CaCl₂·Ca(OH)₂·H₂O 的混合物，其中的有效成分是 Ca(ClO)₂。

漂白粉在空气中吸收水蒸气和 CO₂ 后，其中的 Ca(ClO)₂ 逐渐转化为 HClO 而产生刺激性气味，因此漂白粉应密封于暗处保存。

$$Ca(ClO)_2 + CO_2 + H_2O \longrightarrow CaCO_3 \downarrow + 2HClO$$

漂白粉的漂白作用是由于它发生反应放出 HClO 所引起的，因此，工业上使用时，常加入少量的稀盐酸，可在短时间内收到良好的漂白效果。生活中，用漂白粉浸泡过的织物晾在空气中也能逐渐产生漂白效果。

漂白粉有漂白和杀菌作用，广泛用于纺织、漂染、造纸等工业。

还应注意，漂白粉有毒，吸入体内会引起鼻腔和咽喉疼痛，甚至全身中毒。

2. 亚氯酸及其盐

亚氯酸（$HClO_2$）及其盐中，氯的氧化数为 $+3$。

$HClO_2$ 不稳定。它只能存在于溶液中，但仅数分钟便发生分解。

$$8HClO_2 \longrightarrow 6ClO_2 + Cl_2 + 4H_2O$$

ClO_2 受热或撞击，立即发生爆炸。

$$2ClO_2 \xrightarrow{\triangle 或撞击} Cl_2 \uparrow + 2O_2 \uparrow$$

亚氯酸盐比 $HClO_2$ 稳定些。但受热或敲击其固体时立即发生爆炸。

$$3NaClO_2 \xrightarrow{\triangle 或敲击} NaCl + 2NaClO_3$$

$HClO_2$ 及其盐的水溶液有强氧化性和漂白能力，但很少使用。

3. 氯酸及其盐

氯酸（$HClO_3$）及其盐中，氯的氧化数为 $+5$。

$HClO_3$ 是强酸，其强度接近于盐酸和硝酸。$HClO_3$ 比 $HClO$ 稳定。将其水溶液蒸发，可以浓缩到 40%（质量分数）。更浓的氯酸则不稳定，40% 以上的 $HClO_3$ 容易发生分解反应。

$$3HClO_3 \longrightarrow 2O_2 \uparrow + Cl_2 \uparrow + HClO_4 + H_2O$$

这个反应融歧化反应和分子内部的氧化还原反应于一体。

氯酸盐比 $HClO_3$ 稳定。重要的氯酸盐有 $NaClO_3$ 和 $KClO_3$。它们可以用 Cl_2 与热的氢氧化钠作用而制得。

$$3Cl_2 + 6NaOH \xrightarrow{\triangle} 5NaCl + NaClO_3 + 3H_2O$$

$$3Cl_2 + 6KOH \xrightarrow{\triangle} 5KCl + KClO_3 + 3H_2O$$

$KClO_3$ 在催化剂存在下加热，发生的是分子内部的氧化还原反应。

$$2KClO_3 \xrightarrow[\triangle]{MnO_2} 2KCl + 3O_2 \uparrow$$

在没有催化剂存在时加热，发生的则是歧化反应。

$$4KClO_3 \xrightarrow{\triangle} 3KClO_4 + KCl$$

固体 $KClO_3$ 是强氧化剂，与各种易燃物（如硫、磷、碳）混合后，经撞击会引起爆炸着火，是制造火柴、炸药、烟花、鞭炮、信号弹的原料。

$KClO_3$ 的水溶液只有在酸性介质中才有氧化性。

$$KClO_3 + 6HCl \xrightarrow{\triangle} KCl + 3Cl_2 \uparrow + 3H_2O$$

4. 高氯酸及其盐

高氯酸（$HClO_4$）及其盐中，氯的氧化数为 $+7$。

$HClO_4$ 是已知酸中的最强酸。$HClO_4$ 的水溶液较稳定，其氧化性较 $HClO_3$ 弱。高浓度或无水 $HClO_4$ 不稳定，贮存时必须远离易燃物质，否则接触后易引起爆炸。

$$4HClO_4 \xrightarrow{>70\%} 2Cl_2 + 7O_2 \uparrow + 2H_2O$$

高氯酸盐最重要的是 $KClO_4$。它是较强的氧化剂，常用于制造炸药。

$KClO_4$ 在 $610℃$ 时熔化，并按下式分解。

$$KClO_4 \xrightarrow{610℃} KCl + 2O_2 \uparrow$$

第三节　卤素及其化合物的性质比较

　　氟、氯、溴、碘由于它们的原子最外层均为 7 个电子，容易获得电子，表现出在化学反应中性质的相似性而通称卤素。但由于它们核电荷依次增多，电子层增多，原子半径增大，却又使它们的性质具有相当的差异。

一、卤素单质的性质比较

	F_2	Cl_2	Br_2	I_2
分子量增大	38.0	70.9	159.8	253.8
颜色加深	淡黄	黄绿	红棕	紫黑
聚集状态	气	气	液	固
熔点（℃）升高	−219.8	−101	−7.4	113.4
沸点（℃）升高	−188.3	−34.8	58.7	184.3

$$前者可置换出后者\quad F_2+\begin{cases}2Cl^-\\2Br^-\\2I^-\end{cases}\longrightarrow 2F^-+\begin{cases}Cl_2\\Br_2\\I_2\end{cases}$$

$$Cl_2+\begin{cases}2Br^-\\2I^-\end{cases}\longrightarrow 2Cl^-+\begin{cases}Br_2\\I_2\end{cases}$$

$$Br_2+2I^-\longrightarrow 2Br^-+I_2$$

二、卤化氢（氢卤酸)的性质比较

$$HF\qquad HCl\qquad HBr\qquad HI \longrightarrow$$

稳定性依次减弱；还原性依次增强；氢卤酸的酸性依次增强

三、卤离子的性质比较

$$F^-\qquad Cl^-\qquad Br^-\qquad I^- \longrightarrow$$

离子半径依次增大；还原性依次增强（F^- 几乎无还原性）

四、卤素含氧酸及其盐的性质比较

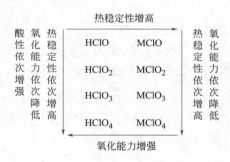

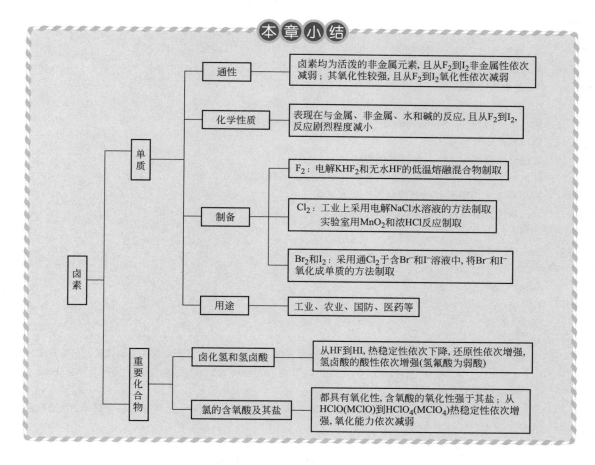

本章小结

思考与习题

1. 填空题

(1) Cl_2 是_____色气体,其水溶液叫_____,因其中含有_____,所以它有漂白作用,干燥的 Cl_2 由于没有生成_____,故无漂白性。

(2) 卤素包括_____、_____、_____、_____、_____、_____六种元素,通常用符号_____来表示。

(3) 由 F_2 到 I_2,单质的氧化性越来越_____;由 F^- 到 I^-,还原性越来越_____。

(4) I_2 遇到淀粉溶液呈现_____色。

(5) HX 的水溶液称为_____,其中,_____可以腐蚀玻璃。

2. 选择题

(1) 下列物质属于纯净物的是 ( )。

A. 漂白粉　　　　B. 盐酸　　　　C. 碘酒　　　　D. 液氯

(2) 下列保存试剂的方法中,错误的是 ( )。

A. 氢氟酸要保存在塑料瓶中

B. 新制的氯水要保存在无色细口瓶中,并放置在光亮处

C. 少量液溴要保存在棕色细口瓶中,并在液溴面上加水封

D. 单质碘要保存在棕色广口瓶中,并放置在阴凉处

(3) 下列物质中,不能使湿润的淀粉碘化钾试纸变蓝的是 ( )。

A. 碘水　　　　B. 溴水　　　　C. 氯水　　　　D. 氯化钠溶液

(4) 碘在常温下是紫黑色晶体，加热变为紫黑色的蒸气，这种现象叫作（　　）。

    A. 蒸发　　　　　　　B. 升华　　　　　　　C. 融化　　　　　　　D. 凝结

(5) 某水加热煮沸无沉淀，则下列结论一定正确的是（　　）。

    A. 是永久硬水　　　　　　　　　　　　B. 是软水

    C. 不是暂时硬水　　　　　　　　　　　D. 是蒸馏水

3. 是非题（正确的划"√"，错误的划"×"）

(1) 碘单质是最强的氧化剂。 （　　）

(2) 常温下，氯气与氢气反应速率很快。 （　　）

(3) 欲使用 HClO 时，可以提前很久就配置好，待使用时直接取用。 （　　）

(4) $KClO_3$ 的水溶液只有在酸性介质中才有氧化性。 （　　）

(5) 漂白粉中的有效成分是 $Ca(ClO)_2$。 （　　）

4. 完成下列反应方程式

(1) $AgNO_3 + HCl \longrightarrow$

(2) $Zn + HCl \longrightarrow$

(3) $KBr + AgNO_3 \longrightarrow$

(4) $KI + AgNO_3 \longrightarrow$

(5) $AgF + KBr \longrightarrow$

5. 计算题

(1) 取含 78% MnO_2 的软锰矿 150g，跟足量的浓盐酸反应，所制得的 Cl_2 在标准状况下的体积是多少升？

(2) 11.7g NaCl 与 10g 98% 的 H_2SO_4 在微热条件下反应，将生成的 HCl 通入 45g 10% 的 NaOH 溶液中，反应后加入石蕊试液，溶液显什么颜色？

(3) 密度为 1.028g/cm³，质量分数为 6% 的盐酸 10mL 与 $AgNO_3$ 溶液充分反应后，得到 AgCl 的物质的量是多少？质量是多少？

(4) 在 200kg 含 KI 0.3% 的溶液中，通入足量的 Cl_2，可得多少摩尔碘？

(5) 将 30g PBr_3 与水作用后产生的 HBr 溶于水制成 200mL HBr 溶液。求其浓度。

 阅读材料

卤素中的稀有元素——碘

    碘在自然界中含量很少，仅占地壳总重量的千万分之一，在碘存在的重要场所——海水中的含量也只有十万分之一。碘虽然很稀少，但由于碘具有一个重要特性——升华，使得很多地方都留下了碘的足迹。海水中有碘，海洋中大量的动、植物都含有碘；岩石中有碘，世界上也有一些碘矿，智利硝石中就含有少量的碘化物，碘矿中主要是含有较多碘酸钠和过碘酸钠；在纯净的冰洲石（其主要成分是 $CaCO_3$，是方解石的一种无色透明的亚种，具有很强的双折射现象，是光学仪器棱镜的重要材料）中、从宇宙空间掉下来的陨石中、人们吃的葱和水果以及喝的奶中都含有碘。海洋中有很多天然的碘的加工厂——海带、海藻及一些其他海洋生物，它们可以从海水中吸收碘，把碘富集起来。这是碘产品的重要原料。

    碘与人的关系是非常密切的。

    多量的碘对人体是有害的，碘蒸气会对眼睛、鼻黏膜产生剧烈的刺激，甚至会使人中毒致死。然而，人却不能缺乏少量的碘。一个成年人体内含有大约 20mg 碘，其中 50% 以上是分布在甲状腺里，甲状腺是在喉咙附近的一个重要器官，它每年大约要分泌 3～4g 甲状腺素来保证人体的发育和正常功能的发挥，而碘是制造甲状腺素的必需的原料。如果缺少了碘，甲状腺素不能正常分泌，人体发育便不正常，会患甲状腺肥大症，俗称甲状腺瘤。我国相当一部分地区，特别是山区都流行这种地方病。国家已投入大量人力和财力，开展食盐加碘的

工程，来防治这种病，以保护人民的身体健康。

我们常常在广场上、在高大的建筑物上看到一种体积小、光色好的照明灯，这种灯叫碘钨灯。它是利用碘和钨的化合物——碘化钨制成的。我们知道，普通白炽灯泡中的钨丝通电时，发光效率随着温度的升高而增大。但是，温度高了，钨丝更易挥发，灯泡的寿命就越短。而在碘钨灯中，钨丝上附着一层碘化钨，通电时它阻碍了钨的挥发。当灯丝温度超过1400℃时，碘化钨则被分解成碘和钨。钨留在灯丝上，碘则被升华而充满整个灯管。当钨丝上的钨被蒸发扩散开来，在这种高温环境中，碘与钨又作用生成碘化钨。碘化钨扩散回到灯丝，又分解，又化合，反应不断循环，而使灯丝基本保持原状，这样就使灯泡的使用寿命大大延长。一支普通的碘钨灯管，比一支钢笔还小，通电时，发出的白炽光耀眼夺目，而使用寿命可长达 5000 小时。

值得高兴的是，后来在碘钨灯的基础上进一步研究出的溴钨灯的光质更优于碘钨灯，这是一种更先进的新光源。

第四章

原子结构和元素周期律

 **学习目标**

知识目标：

1. 了解原子的组成和同位素的概念；理解原子核外电子运动状态的基本特点；
2. 掌握核外电子排布的规律；
3. 掌握元素周期律和元素周期表的结构，并理解周期表中元素性质的递变规律；

能力目标：

1. 能熟练写出 1～36 号元素的核外电子排布式；
2. 能分析原子的电子层结构与元素周期表、元素性质之间的关系。

　　世界是由物质组成的。物质变化的根本原因在于其内部的结构，物质在不同条件下表现出来的各种性质，都与它们的结构有关。在一般的化学反应中，只是原子核外电子的运动状态发生变化。因此，本章主要讨论原子核外电子层的结构和电子运动规律。在此基础上介绍元素周期表，并进一步阐明元素及其化合物性质变化的周期性规律。

第一节　原子的组成和同位素

一、原子的组成

原子内部结构

　　原子是由原子核和核外电子组成的，原子核是由质子和中子组成的。电子在核外空间一定范围内绕核作高速运动。

　　原子核位于原子的中心，其中质子带一个单位正电荷，中子不带电，所以原子核所带正电荷数等于核内质子数；核外电子带一个单位负电荷。元素原子的原子核所含的正电荷数与其核外电子所带的负电荷数相等，原子是电中性的。质子、中子、电子的基本特征可参见表 4-1。

表 4-1　原子中基本粒子的特征

粒子名称	符号	质量/kg	原子质量单位	近似相对粒子质量	电荷(电子电量)
质子	p	1.673×10^{-27}	1.007	1.0	+1
中子	n	1.675×10^{-27}	1.008	1.0	0
电子	e	9.110×10^{-31}	0.00055	0.0	-1

　　质子数决定元素的种类。不同种类元素的原子核内质子数不同，核电荷数就不同，核外电子数也不同。将已知元素按核电荷数从小到大依次排列起来得到的顺序号，称为元素的原

子序数，用 Z 表示。

$$原子序数(Z)＝核电荷数＝核内质子数＝核外电子数$$

原子的质量应为原子核的质量和核外电子的质量之和。由表 4-1 中数据可见，质子和中子的相对质量分别为 1.007 和 1.008，取近似整数值为 1。而电子的质量很小，一个电子的质量仅为一个质子质量的 1/1837，故原子质量主要集中在核上，电子的质量可以忽略不计。原子的相对质量的整数部分就等于质子相对质量（取整数）和中子相对质量（取整数）之和，这个数值叫做质量数，用符号 A 表示。显然，质量数等于原子所含质子数与中子数之和，即：

$$质量数(A)＝质子数(Z)＋中子数(N)$$

若已知上述三个数值中的任意两个，就可以推算出另一个数值来。

【例 4-1】 已知氯原子的原子序数为 17，质量数为 35，则中子数是多少？

氯原子的中子数 $(N)＝A-Z＝35-17＝18$

若以 $^A_Z X$ 代表原子的组成。元素符号为 X，元素符号的左下角标记核电荷数，左上角标记质量数，则构成原子的粒子间的关系可表示如下：

$$原子 {}^A_Z X \begin{cases} 原子核 \begin{cases} 质子 \ Z \ 个 \\ 中子 \ (A-Z) \ 个 \end{cases} \\ 核外电子 \ Z \ 个 \end{cases}$$

二、同位素

元素是原子核里含有相同质子数（即核电荷数）的同一类原子的总称。同一种元素的原子中所含质子数是相同的，但中子数可以不同。这种质子数相同而中子数不同的同一种元素的不同原子互称为同位素。例如：氢元素有三种同位素。$^1_1 H$ 即通常所指的氢（H），又称氕（音撇），其核内只有一个质子；$^2_1 H$ 叫重氢，又称氘（音刀），核内有一个质子和一个中子；$^3_1 H$ 叫超重氢，又称氚（音川），核内有一个质子和两个中子。氘和氚是制造氢弹的重要原料。目前已知，几乎所有的元素，其同位素少则几种，多则十几种。自然界存在的各种元素的同位素共三百多种，而人造同位素达一千二百多种。同一种元素的各种同位素虽然质量数不同，但它们的化学性质几乎完全相同。

在自然界存在的某种元素里，不论是游离态还是化合态，各种同位素所占的原子百分比一般是不变的。这个百分比叫做"丰度"。我们通常使用的元素的原子量，是按各种天然同位素原子的质量和丰度算出来的平均值。例如氯元素是 $^{35}_{17} Cl$ 和 $^{37}_{17} Cl$ 两种同位素的混合物，表 4-2 列出了氯元素的两种同位素原子的质量、丰度以及平均原子量的计算。

表 4-2 氯元素的平均原子量的计算

同位素	原子量	丰 度
$^{35}_{17} Cl$	34.969	75.77%
$^{37}_{17} Cl$	36.966	24.23%
氯元素的两种同位素的平均原子量	$34.969×75.77\%＋36.966×24.23\%＝35.453$	

其他元素的原子量也是它们各种同位素的原子量的平均值。所以原子量常常不是整数。

第二节　原子核外电子的运动状态

原子是由原子核和核外电子组成的。在一般的化学反应中，发生变化的只是核外电子。因此，只有了解原子核外电子的运动状态和排布规律，才能认识物质的微观世界及化学变化的本质。

一、电子云

电子是质量很小、体积极小且带有负电荷的微粒，它在原子核外直径约为 10^{-10} m 的空间作高速运动。这样小而且速度极高的微粒，它的运动规律与常见的宏观物体不同。电子在核外的运动，没有确定的轨道，无法同时准确地测出电子在某一瞬间的位置和速度，便不能描绘出它们的运动轨迹。但是采用统计的方法，即对一个电子多次的行为或许多电子的一次行为进行总的研究，可以统计出电子在核外空间某区域出现机会的多少。这个机会数学上称为概率。电子在核外空间各区域出现的概率可能是不同的，但却是有规律的。

以氢原子为例。氢原子核外只有一个电子，对于这个电子的运动，其瞬间的空间位置是毫无规律的，但如用统计的方法把该电子在核外空间的成千上万的瞬间位置叠加起来，即得如图 4-1 所示的图像。

图 4-1 表明，**电子经常在核外空间一个球形区域内出现，如一团带负电荷的云雾，笼罩在原子核的周围，所以人们就形象化地称它为电子云**。这团"电子云雾"呈球形对称，离核越近，密度越大；离核越远，密度越小。也就是说，离核越近，单位体积空间内电子出现的概率越大；离核越远，单位体积空间内电子出现的概率越小。因此，电子云是用来描述核外电子运动状态的。

电子云的表示方法通常有两种，一种是电子云示意图，如图 4-1 所示。原子核位于中心，小黑点的疏密表示核外电子在核外空间各处出现机会的多少。电子云的另一种表示方法是电子云界面图，如图 4-2 所示。图中显示的是氢原子电子云界面的剖面图，它的界面是等密度面，即该面上每个点的电子云密度相等，界面以内电子出现的概率很大（90％以上），界面以外电子出现的概率很小（10％以下）。

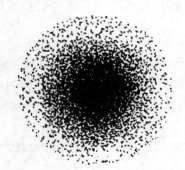

图 4-1　氢原子的电子云示意图　　　　图 4-2　氢原子的电子云界面图

二、核外电子的运动状态

1. 电子层

在含有多个电子的原子里，电子之间的能量是不同的。能量低的电子通常在离核近的区域内运动；能量高的电子在离核远的区域内运动。**电子能量由低到高，通常运动的区域离核由近到远，这些离核距离不等的电子运动区域，叫做电子层。**

电子层是决定电子能量高低的主要因素。电子层的编号 n 有数字及字母两种表示方法，其对应关系以及各层电子的能量变化如下：

电子层序数 n　1　2　3　4　5　6　7　…

对应符号　　　K　L　M　N　O　P　Q　…

电子的能量　电子离核由近到远，电子的能量由低到高。

如 $n=1$，表示第一电子层，即 K 层；$n=2$，表示第二电子层，即 L 层，依次类推。n 值越大，在该层的电子离核越远，该层电子所具有的能量就越高。

核外电子
运动轨迹

2. 电子云的形状

在多电子原子中，同一电子层上电子的能量还有微小的差别，且电子云的形状也不相同。由于这个差别，一个电子层又可分为一个或几个电子亚层，这些电子亚层通常用 s、p、**d、f 等符号表示。**第一电子层即 K 层只含有一个亚层，即 s 亚层；第二电子层即 L 层含有两个亚层，即 s 亚层和 p 亚层；第三电子层（即 M 层）含有三个亚层，即 s、p 和 d 亚层；第四电子层即 N 层含有四个亚层，即 s、p、d 和 f 亚层。**在 1～4 四个电子层中，电子亚层的个数等于电子层的序数。**

不同电子亚层的电子云形状不同。s 亚层的电子云是以原子核为中心的球体，如图 4-3 所示。p 亚层的电子云呈无柄哑铃形，如图 4-4 所示。d 亚层和 f 亚层电子云的形状比较复杂，在此不作介绍。

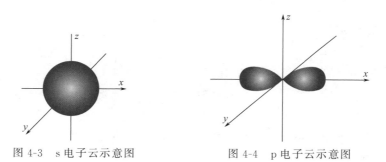

图 4-3　s 电子云示意图　　　　　图 4-4　p 电子云示意图

同一电子层中，不同亚层的能量是按 s、p、d、f 的顺序递增的。为了说明电子在核外所处的电子层和亚层，以及它的能量的高低和电子云的形状，通常将电子层的顺序 n 标在亚层符号的前面。例如：处于 K 层的 s 亚层上的电子标为 1s；处于 L 层的 s 亚层和 p 亚层的电子分别标为 2s 和 2p；处于 M 层的 d 亚层的电子标为 3d；处于 N 层的 f 亚层的电子标为 4f。

不同电子层上具有相同电子云形状的电子，其能量关系为：$E_{1s} < E_{2s} < E_{3s} < E_{4s}$。

同一电子层而不同亚层的电子，其能量关系为：$E_{ns} < E_{np} < E_{nd} < E_{nf}$。

由于原子中各亚层能量有高有低，好像阶梯一样一级一级的，所以又称为原子的能级。上述 1s、2s、2p 等都是原子的能级。

3. 电子云的伸展方向

电子云不仅有确定的形状，而且在空间有一定的伸展方向。s 电子云是球形对称的，在空间各个方向上出现的概率都一样，所以没有方向性。p 电子云在空间可沿 x、y、z 轴三个方向伸展，如图 4-5 所示。d 电子云有五个伸展方向，f 电子云则有七个伸展方向。

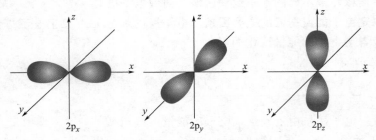

图 4-5 p 电子云的三种伸展方向

电子云的一个伸展方向称为一个原子轨道。原子轨道中的轨道一词与通常的轨道含义有所不同。

原子轨道由电子层、电子亚层和电子云的伸展方向三个方面加以描述，必须同时指出电子层、电子亚层和电子云的伸展方向才能描述一个确定的轨道。

显然，各个电子亚层可能有的最多轨道数由该亚层电子云的伸展方向的个数决定，即 s、p、d、f 电子亚层分别有 1、3、5、7 个轨道。

如果用方框（□）或圆圈（○）表示一个轨道，则各亚层上的轨道可用轨道表示式来表示。比如 2p 亚层有三个轨道，它们可表示为：

$$\begin{array}{ccc} 2p & \quad\text{或}\quad & 2p \\ \square\square\square & & \bigcirc\bigcirc\bigcirc \end{array}$$

各个电子层可能有的最多轨道数为：

电子层(n)	电子亚层	轨道数
K($n=1$)	1s	$1=1^2$
L($n=2$)	2s2p	$1+3=4=2^2$
M($n=3$)	3s3p3d	$1+3+5=9=3^2$
N($n=4$)	4s4p4d4f	$1+3+5+7=16=4^2$
n		n^2

由此可见，每个电子层可能有的最多轨道数是电子层序数的平方，即 n^2（$n\leqslant4$）。

4. 电子的自旋

电子不仅在核外空间高速绕核运动，而且还在做着自旋运动。电子的自旋状态有两种。通常用"↑"和"↓"表示两种不同的自旋状态。

综上所述，电子在核外空间的运动状态必须由电子层、电子亚层（即电子云的形状）、电子云的伸展方向以及电子的自旋四个方面共同决定。

【知识拓展】

量子力学对核外电子运动状态的描述引入四个量子数，即主量子数（n）、角量子数（l）、磁量子数（m）和自旋量子数（m_s）。

主量子数（n） 规定了核外电子离核的远近和电子能量的高低。n 可取正整数 1，2，3，4，…。n 越大，表示电子离核越远，能量越高；n 越小，表示电子离核越近，能量越低。由于 n 只能取正整数，所以电子的能量是不连续的，或者说能量是量子化的。这也相当于把核外电子分为不同的电子层，凡 n 相同的电子属于同一层。习惯上用 K、L、M、N、O、P、Q 来代表 $n=1、2、3、4、5、6、7$ 的电子层。

角量子数（l）　规定电子在原子核外出现的概率密度随空间角度的变化，即决定原子轨道或电子云的形状。l 可取小于 n 的 0 和正整数，即 0，1，2，…，$n-1$。如 $n=4$，l 可以是 0，1，2，3，相应的符号是 s，p，d，f，可用 4s，4p，4d，4f 表示。对于多电子原子，当 n 相同时，l 越大，电子的能量越高。因此，常把 n 相同，l 不同的状态称为电子亚层。

磁量子数（m）　规定电子运动状态在空间伸展的取向。m 的数值可取 0，± 1，± 2，…，± 1。对某个运动状态可有 $2l+1$ 个伸展方向。s 轨道的 $l=0$，所以只有一种取向，它是球形对称的；p 轨道 $l=1$，$m=-1$，0，$+1$，所以有三种取向，用 p_x、p_y 和 p_z 表示。

自旋量子数（m_s）　电子除绕核运动外，本身还做自旋运动。电子自旋运动有顺时针和逆时针两个方向，分别用 $m_s=+\dfrac{1}{2}$ 和 $m_s=-\dfrac{1}{2}$ 表示，也常用 ↑ 和 ↓ 符号表示自旋方向相反的电子。

第三节　核外电子的排布规律

电子在原子核外的排布不是随意的，电子的排布遵循以下三条规律。

一、泡利[1]不相容原理

在同一个原子中有没有运动状态完全相同的两个电子存在呢？科学实验证明：在同一个原子中，不可能有运动状态完全相同的电子存在，这就是泡利不相容原理。也就是说，如果两个电子处于同一轨道，这两个电子的自旋状态必定不同。因此，每一个轨道中只能容纳自旋状态不同的两个电子。由此可以推断出：各电子层可能容纳的最多电子数应是 $2n^2$（$n\leqslant 4$）。

表 4-3 列出了 1～4 电子层可容纳的最多电子数。

表 4-3　1～4 电子层可容纳的最多电子数

电子层 n	K $n=1$	L $n=2$		M $n=3$			N $n=4$			
电子亚层	1s	2s	2p	3s	3p	3d	4s	4p	4d	4f
亚层中的轨道数	1	1	3	1	3	5	1	3	5	7
亚层中的电子数	2	2	6	2	6	10	2	6	10	14
表示符号	$1s^2$	$2s^2$	$2p^6$	$3s^2$	$3p^6$	$3d^{10}$	$4s^2$	$4p^6$	$4d^{10}$	$4f^{14}$
电子层可容纳电子的最大数目	2	8		18			32			

---

[1]　泡利（Pauli 1900—1953），奥地利物理学家。

二、能量最低原理

轨道能量高低不同，核外电子怎样依次排布呢？实验证明：**核外电子总是尽先占据能量最低的轨道，然后再依次进入能量较高的轨道，这个规律称为能量最低原理。**

原子中电子所处轨道的能量（E）的高低主要由电子层 n 决定。n 越大，能量越高。不同电子层的同类型亚层的能量，按电子层序数递增。如 $E_{1s} < E_{2s} < E_{3s}$；$E_{2p} < E_{3p} < E_{4p}$。

在多电子原子中，轨道的能量也与电子亚层有关。在同一电子层中，各亚层能量按 s、p、d、f 的顺序递增，即 $E_{ns} < E_{np} < E_{nd} < E_{nf}$。如 $E_{4s} < E_{4p} < E_{4d} < E_{4f}$。

在多电子原子中，由于各电子间存在着较强的相互作用，造成某些电子层序数较大的亚层能级反而低于某些电子层序数较小的亚层能级现象。例如 $E_{4s} < E_{3d}$，$E_{5s} < E_{4d}$，$E_{6s} < E_{4f} < E_{5d}$ 等。**此种现象称为能级交错。**

按照上述经验，将这些能量不同的轨道按能量高低的顺序排列起来，如图 4-6 所示。

图中每一个方框表示一个轨道，方框的位置越低，表示能量越低。方框位置越高，表示能量越高。

图中按轨道能量高低，将邻近的能级用虚线方框分为 7 个能级组，每个能级组内各亚层轨道间的能量差别较小，而相邻能级组间的能量差别则较大。这些能级组是元素长式周期表划分周期的基础。

根据多电子原子的近似能级图来排列核外电子，其排布还是呈现一定规律的，其规律如图 4-7 所示。

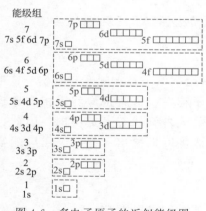

图 4-6　多电子原子的近似能级图

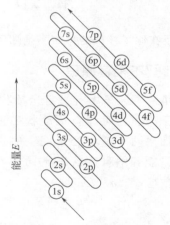

图 4-7　电子填入轨道助记图

三、洪德规则

根据上述的泡利不相容原理和能量最低原理，是否即可根据原子序数来推断出原子的核外电子排布呢？

以碳、氮为例。

原子序数为 6 的碳元素，核外有 6 个电子，首先在 1s 轨道上排布 2 个自旋方向相反的电子，然后另 2 个则以相似状态填充在能量较高的 2s 轨道上，剩下的 2 个电子应排布在 2p 亚层轨道上。由于 2p 亚层有三个能量相同的轨道 p_x、p_y、p_z，这些具有相等能量的轨道又叫等价轨道。那么，这两个电子是以自旋方向相反的方式占据一个 2p 轨道，还是分占两个 2p 轨道？如果分占两个轨道，其自旋状态又如何？

对此，德国科学家洪德（F. Hund）从大量的事实中总结出一条规则：电子排布到能量相同的等价轨道时，将尽可能分占不同的轨道，且自旋状态相同，以使整个原子的能量最低，这个原则称为洪德规则。

因此，碳原子的两个 2p 电子分占在两个 p 轨道上，且自旋状态相同。同理，原子序数为 7 的氮元素，它的 3 个 2p 电子分占在三个 p 轨道上。它们的轨道表示式和电子排布式如表 4-4 所示。

表 4-4　碳、氮原子的轨道表示式和电子排布式

元素符号	轨道表示式	电子排布式
C	1s　　2s　　2p ⊞　⊞　⊞⊞	$1s^2 2s^2 2p^2$
N	1s　　2s　　2p ⊞　⊞　⊞⊞⊞	$1s^2 2s^2 2p^3$

表中电子排布式中右上角的数字表示该亚层中电子的数目，如 $1s^2$ 表示在 1s 亚层上有 2 个电子。

根据泡利不相容原理、最低能量原理和洪德规则，按照多电子原子的近似能级图，可将核电荷数为 1～36 的元素原子的核外电子的排布较顺利地完成，如表 4-5 所示。

表 4-5　核电荷数为 1～36 的元素原子的核外电子排布

核电荷数	元素符号	电子层 K	L		M			N			
		1s	2s	2p	3s	3p	3d	4s	4p	4d	4f
1	H	1									
2	He	2									
3	Li	2	1								
4	Be	2	2								
5	B	2	2	1							
6	C	2	2	2							
7	N	2	2	3							
8	O	2	2	4							
9	F	2	2	5							
10	Ne	2	2	6							
11	Na	2	2	6	1						
12	Mg	2	2	6	2						
13	Al	2	2	6	2	1					
14	Si	2	2	6	2	2					
15	P	2	2	6	2	3					
16	S	2	2	6	2	4					
17	Cl	2	2	6	2	5					
18	Ar	2	2	6	2	6					
19	K	2	2	6	2	6		1			
20	Ca	2	2	6	2	6		2			

核电荷数	元素符号	电 子 层									
		K	L		M			N			
		1s	2s	2p	3s	3p	3d	4s	4p	4d	4f
21	Sc	2	2	6	2	6	1	2			
22	Ti	2	2	6	2	6	2	2			
23	V	2	2	6	2	6	3	2			
24	Cr	2	2	6	2	6	5	1			
25	Mn	2	2	6	2	6	5	2			
26	Fe	2	2	6	2	6	6	2			
27	Co	2	2	6	2	6	7	2			
28	Ni	2	2	6	2	6	8	2			
29	Cu	2	2	6	2	6	10	1			
30	Zn	2	2	6	2	6	10	2			
31	Ga	2	2	6	2	6	10	2	1		
32	Ge	2	2	6	2	6	10	2	2		
33	As	2	2	6	2	6	10	2	3		
34	Se	2	2	6	2	6	10	2	4		
35	Br	2	2	6	2	6	10	2	5		
36	Kr	2	2	6	2	6	10	2	6		

四、全空、半充满、全充满状态

表 4-5 中所列的 36 种元素的原子核外电子的排布，除核电荷数为 24 的铬（Cr）、核电荷数为 29 的铜（Cu）以外，其余的元素原子核外电子排布均符合上述的规则。那么，铬元素和铜元素的电子层结构为何特殊呢？这是因为同一电子层的等价轨道，当电子处于全充满、半充满或全空状态时，能量比较低，因而是较稳定的状态。比如：

全充满：p^6，d^{10}，f^{14}。

半充满：p^3，d^5，f^7。

全空：p^0，d^0，f^0。

铬（$_{24}$Cr）的核外电子排布不是 $1s^2 2s^2 2p^6 3s^2 3p^6 3d^4 4s^2$ 而是 $1s^2 2s^2 2p^6 3s^2 3p^6 3d^5 4s^1$

铜（$_{29}$Cu）的核外电子排布不是 $1s^2 2s^2 2p^6 3s^2 3p^6 3d^9 4s^2$ 而是 $1s^2 2s^2 2p^6 3s^2 3p^6 3d^{10} 4s^1$

为了方便起见，它们的电子排布式也可简写成：

$$_{24}\text{Cr：[Ar]} 3d^5 4s^1 \qquad _{29}\text{Cu：[Ar]} 3d^{10} 4s^1$$

这种表示式叫原子实表示式。它是以稀有气体元素符号表示与其相同的内层电子的一种表示法。

如果把 36 号以后的元素的核外电子排布也都一一列出来的话，可以发现，除了铬和铜以外，还有些元素的电子层排布也有类似的情况，如钼、银、金等（可参见元素周期表）。

以上四条，可以称为排布规则，均是在通过实验获得核外电子排布的基础上所作的归纳和总结，它可以帮助我们了解元素原子核外电子排布的一般规律，但不能用它们来解释有关电子排布的所有问题。个别元素原子的电子排布的特殊性，还有待于进一步地探索。

想一想

元素周期表中 1～36 号元素的电子排布都遵守能量最低原理、泡利不相容原理、洪德规则吗？其他元素的电子排布呢？

第四节　元素周期律和元素周期表

一、元素周期律

元素的单质及其化合物的性质，随着原子序数的递增而呈现周期性的变化，这一规律叫做元素周期律。它是在 1869 年由俄国化学家门捷列夫发现的。

元素周期律的实质是：元素性质的周期性变化是元素原子的核外电子排布周期性变化的结果。

元素周期律有力地论证了事物变化由量变引起质变的普遍规律。

二、元素周期表

根据元素周期律，把已知的元素中电子层数相同的元素，按原子序数递增的顺序从左到右排成横行，再把不同横行中最外层电子数相同的元素按电子层数递增的顺序从上到下排列成纵列，这样得到的表叫做元素周期表。元素周期表是元素周期律的体现形式，它反映元素之间相互联系的规律。

元素周期表有多种形式，目前使用最普遍的是长式周期表（见附页）。下面讨论长式周期表的结构。

1. 周期

元素周期表有七个横行，每个横行为一个周期。具有相同的电子层数而又按原子序数递增的顺序排列的一系列元素称为一个周期。周期的序数就是该周期元素原子具有的电子层数。长表共有七个周期。

第 1 周期只有 2 种元素（$_1$H、$_2$He），该周期称为特短周期。它们只有 1 个电子层，电子填充到第一能级组（1s）。

第 2 周期有 8 种元素（$_3$Li～$_{10}$Ne），它们有 2 个电子层，电子最后填充到第二能级组（2s2p）。

第 3 周期也有 8 种元素（$_{11}$Na～$_{18}$Ar），它们有 3 个电子层，电子最后填充到第三能级组（3s3p）。这两个周期称为短周期。

第 4 周期有 18 种元素（$_{19}$K～$_{36}$Kr），它们有 4 个电子层，电子最后填充到第四能级组（4s3d4p）。

第 5 周期也有 18 种元素（$_{37}$Rb～$_{54}$Xe），它们有 5 个电子层，电子最后填充到第五能级组（5s4d5p）。这两个周期称为长周期。

第 6 周期有 32 种元素（$_{55}$Cs～$_{86}$Rn），它们有 6 个电子层，电子最后填充到第六能级组（6s4f5d6p），其中从 57 号元素镧（La）到 71 号元素镥（Lu）共 15 种元素，它们的性质非常相似，总称为镧系元素。它们在表内占一个空格，单独列在表的下方。

第 7 周期也有 32 种元素（$_{87}$Fr～$_{118}$Og），它们有 7 个电子层，电子最后填充到第七能级组（7s5f6d7p）。其中从 89 号元素锕（Ac）到 103 号元素铹（Lr）共 15 种元素，它们的性质十分相似，总称为锕系元素。它们在表中也只占据一个空格，单独列在表的下方。这两个周期称为特长周期。

综上所述，不难看出：

① 周期与电子构型间有如下的关系。

元素的周期序数＝该元素原子的电子层数；

各周期元素的数目＝相应能级组中各亚层轨道所能容纳的最多电子数。

② 除第一周期外，每个周期从左到右，元素原子最外层电子数都是从 1 个逐渐增加到 8 个，达到稳定结构。也就是每个周期元素都从活泼的金属元素——碱金属开始，逐渐过渡到活泼的非金属元素——卤素，最后以稀有气体结束。

2. 族

元素周期表中将性质相似的元素排成纵行，称为族，称为 **A 族（主族）、B 族（副族）**，共有 **18 个纵行**，除 8、9、10 三个纵行合称为第 ⅧB 族外，其余 15 个纵列，每个纵列为一族。由短周期元素和长周期元素共同组成的族，叫主族（以 A 表示），包括周期表左边的两个族和右边的六个族，它们分别用 ⅠA、ⅡA、…、ⅧA 表示。ⅧA 也称为零族。完全由长周期元素组成的族叫副族（以 B 表示）。周期表中间部分是副族，从左到右分别以 ⅢB、…、ⅧB 和 ⅠB、ⅡB 表示，ⅧB 有时也可简称为 Ⅷ 族。总之，在整个周期表里，有 8 个主族，8 个副族，共 16 个族[❶]。

根据周期表中族的排列，可以得出：

（1）主族元素的族序数＝该元素的最外层电子数（He 除外）　同一主族元素原子的电子层不同，但最外层电子数相同。例如，碱金属都是 ns^1，卤素都是 ns^2np^5，它们最外层的电子数分别为 1 个和 7 个，在周期表中的族序数分别为 ⅠA、ⅦA。

（2）副族元素的族序数＝该元素的 $(n-1)$d 与 ns 电子数之和（ⅠB、ⅡB 和部分 ⅧB 族元素除外）　副族元素的情况比主族元素复杂，仅 ⅢB～ⅦB 族具有上述规律。比如，钪和钛的电子构型为 $3d^14s^2$ 和 $3d^24s^2$，在周期表中分别属于 ⅢB 和 ⅣB 族。

3. 区

在周期表中，对元素的划分，除了可以按周期和族划分外，还可按最后一个电子填入的亚层轨道，把元素分成四个区，见表 4-6。

表 4-6　元素周期表分区图

周期 ＼ 族	ⅠA	ⅡA	ⅢB～Ⅷ	ⅠB	ⅡB	ⅢA	ⅣA	ⅤA	ⅥA	ⅦA	ⅧA
1											
2											
3		s区		d区				p区				
4											
5											
6											
7											

镧系元素		
锕系元素	f区	

（1）s 区元素　指最后一个电子填充在 s 亚层上（不包括 He）的元素。其外层电子排布为 ns^1 和 ns^2。包括 ⅠA 和 ⅡA 族元素。

s 区元素的原子容易失去最外层的 s 电子而成为 +1 或 +2 价的阳离子。除氢外，它们

[❶] IUPAC 还建议采用 18 族命名的周期表，即每一列为一族，共 18 族。从左至右，第几列即为第几族。

都是活泼金属。

（2）p 区元素　指最后一个电子填充在 p 亚层上（He 例外）的元素，其外层电子排布为 $ns^2np^{1\sim6}$，包括ⅢA～ⅧA 族元素。

p 区元素有金属元素，也有非金属元素，还有稀有气体。它们在化学反应中只有最外层 s 电子和 p 电子参与反应，不涉及内层电子。

（3）d 区元素　指最后一个电子填充在次外层的 d 亚层上的元素。其价电子（参与化学反应的电子）排布或特征电子构型为 $(n-1)d^{1\sim10}ns^{1\sim2}$（Pd 例外，它无 5s 电子）。包括ⅠB～ⅧB 族元素，统称为过渡元素。

d 区元素最外层只有 1～2 个电子，所以 d 区元素都是金属元素。它们在化学反应中，不仅最外层的 s 电子而且次外层的 d 电子也可以部分或全部参与反应。

（4）f 区元素　指原子的最后一个电子填充在倒数第三层 f 能级上的元素，价电子排布为 $(n-2)f^{1\sim14}(n-1)d^{0\sim2}ns^2$。包括镧系元素和锕系元素。f 区元素叫内过渡元素。

f 区元素最外层均为 2 个电子，因此也都是金属元素。它们电子层结构的主要区别在于倒数第三层上的电子数，所以本区元素的化学性质极为相似。它们在发生反应时，不仅原子最外层的 s 电子和次外层的 d 电子参与反应，倒数第三层上 f 电子也部分或全部参与反应。

第五节　周期表中元素性质的递变规律

元素周期表是元素周期律的体现形式，它是按照元素原子核外电子排布的周期性变化来排列的，因此它必然能反映元素的性质周期性变化的规律。

一、原子半径

1. 原子半径的概念

原子没有一个明确的界面来确定其大小，原子一般总以键合的形式存在于单质和化合物中，因而要确定单个原子的半径是不可能的。但在实物中原子总是与其他原子紧密相邻，如果设原子为球体，则球面相切或相邻的两原子核间距离的一半，就可作为原子的半径。通常所说的原子半径，是根据原子不同的存在形式来定义的，有以下三种。

（1）金属半径　金属晶体可看成是由金属原子紧密堆积而成的，因此，把相邻两个金属原子核间距离的一半称为金属半径。

（2）共价半径　同种元素的两个原子以共价键结合时，两原子核间距离的一半称为共价半径。

（3）范德华半径　稀有气体在低温下形成单原子分子晶体时，分子之间是以范德华力结合，这相邻两原子核间距离的一半称为范德华半径。

值得注意的是：同种原子当用不同形式的半径表示时，半径值不同。一般金属半径比共价半径大；范德华半径则比共价半径大得多。

2. 原子半径的递变情况

同一周期中从左至右（稀有气体除外），主族元素的原子半径逐渐减小。因为同周期的主族元素从左至右随着原子序数的增加，核电荷增大，核电荷对电子的吸引力增强，致使原子半径缩小；卤素以后，稀有气体半径又加大，此时已不是共价半径，而是范德华半径了；对过渡元素和镧系、锕系元素而言，同周期中从左至右，元素的原子半径减小的幅度没有主族元素大。因为这些元素的新增电子处于次外层上或是倒数第三层上，因此，随着核电荷的增大，原子半径减小不明显。

同一主族中从上至下，元素的原子半径逐渐增大。因为同族的原子由上至下随着原子序数增加，原子的电子层数增多，核对外层电子吸引力减弱，原子半径增大；尽管随着原子序数的增加，核电荷也增大，会使原子半径缩小，但这两种作用相比电子层数的增加而使半径增大的作用较强，所以总的效果是原子半径由上至下逐渐增大。

原子半径递变的情况见图 4-8。该图金属原子采用金属半径，非金属原子采用共价半径。

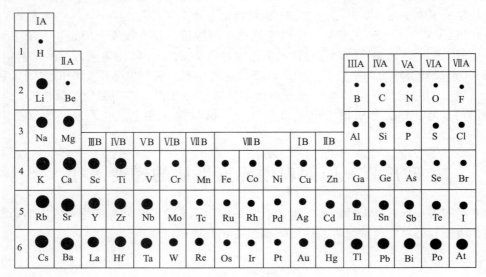

图 4-8　原子半径示意图

二、金属性和非金属性

1. 金属性和非金属性的量度

元素的金属性是指它的原子失去电子的能力。元素的非金属性是指它的原子获得电子的能力。

元素原子得失电子的难易程度，通常可用电离能或电负性等来衡量。

电离能是从气态原子中去掉电子变为气态阳离子，需要克服核电荷的引力而消耗的能量。符号为 I，单位为焦耳（J）。

从元素的气态原子中去掉一个电子成为 +1 价的气态阳离子所需消耗的能量，叫做第一电离能（I_1）；从 +1 价气态阳离子再去掉一个电子成为 +2 价气态阳离子需要消耗的能量，叫做第二电离能（I_2）。余类推。通常 $I_1 < I_2 < I_3 \cdots$

电离能的大小反映原子失电子的难易。电离能越大，原子失电子越难，非金属性越强；反之电离能越小，原子失电子越容易，金属性越强。通常用第一电离能来衡量原子失电子的能力。表 4-7 列出元素原子的第一电离能，可以看出，元素的电离能呈现规律性的变化：主族元素的电离能在同一主族中从上至下逐渐减小，即元素原子失电子能力逐渐增强，在同一周期中从左至右逐渐增大，原子失电子的能力逐渐减弱。

表 4-7　元素原子的第一电离能 I_1/(kJ/mol)

H 1312																	He 2372
Li 520	Be 899											B 801	C 1086	N 1402	O 1314	F 1681	Ne 2069
Na 496	Mg 738											Al 578	Si 789	P 1012	S 999	Cl 1251	Ar 1521
K 419	Ca 590	Sc 631	Ti 658	V 650	Cr 653	Mn 717	Fe 759	Co 758	Ni 737	Cu 746	Zn 906	Ga 579	Ge 762	As 944	Se 941	Br 1140	Kr 1351
Rb 403	Sr 549	Y 616	Zr 660	Nb 664	Mo 685	Tc 702	Ru 711	Rh 720	Pd 805	Ag 731	Cd 868	In 558	Sn 709	Sb 832	Te 869	I 1008	Xe 1170
Cs 376	Ba 503	La 538	Hf 654	Ta 761	W 770	Re 760	Os 840	Ir 880	Pt 870	Au 890	Hg 1007	Tl 589	Pb 716	Bi 703	Po 812	At [917]	Rn 1038
Fr [386]	Ra 509	Ac 490															

元素的电负性是指分子中元素原子吸引成键电子的能力。电负性的概念是在 1932 年由鲍林（L. Pauling）首先提出来的，他指定最活泼的非金属元素氟的电负性为 4.0，然后通过计算得出其他元素原子电负性的相对值。见表 4-8。

表 4-8　元素原子的电负性

H 2.1																	
Li 1.0	Be 1.5											B 2.0	C 2.5	N 3.0	O 3.5	F 4.0	
Na 0.9	Mg 1.2											Al 1.5	Si 1.8	P 2.1	S 2.5	Cl 3.0	
K 0.8	Ca 1.0	Sc 1.3	Ti 1.5	V 1.6	Cr 1.6	Mn 1.5	Fe 1.8	Co 1.9	Ni 1.9	Cu 1.9	Zn 1.6	Ga 1.6	Ge 1.8	As 2.0	Se 2.4	Br 2.8	
Rb 0.8	Sr 1.0	Y 1.2	Zr 1.4	Nb 1.6	Mo 1.8	Tc 1.9	Ru 2.2	Rh 2.2	Pd 2.2	Ag 1.9	Cd 1.7	In 1.7	Sn 1.8	Sb 1.9	Te 2.1	I 2.5	
Cs 0.7	Ba 0.9	La~Lu 1.0~1.2	Hf 1.3	Ta 1.5	W 1.7	Re 1.9	Os 2.2	Ir 2.2	Pt 2.2	Au 2.4	Hg 1.9	Tl 1.8	Pb 1.8	Bi 1.9	Po 2.0	At 2.2	
Fr 0.7	Ra 0.9	Ac 1.1	Th 1.3	Pa 1.4	U 1.4	Np~No 1.4~1.3											

从表 4-8 可以看出，一般金属的电负性小于 2.0，非金属的电负性大于 2.0。电负性越大，表示该元素原子在分子中吸引电子的能力越强，元素的非金属性越强，金属性越弱。反之，则元素的非金属性越弱，金属性越强。

2. 金属性与非金属性的递变情况

（1）同一周期中元素的金属性和非金属性的递变　在同一周期中的主族元素，从左到右，除稀有气体外，核电荷数逐渐增多，原子半径逐渐减小，电负性逐渐增大，原子失电子能力逐渐减弱，得电子能力逐渐增强，因此，同一周期主族元素从左到右金属性逐渐减弱，非金属性逐渐增强。下面以第三周期元素为例，来研究同周期元素金属性和非金属性的递变规律。

【演示实验 4-1】　在盛有水的烧杯中，加 1 滴酚酞试液，再放入一小块金属钠，观察现象。另取一试管，在试管中放入少许镁粉、3mL 水和 1 滴酚酞试液，观察现象后加热溶液至沸，再观察现象。

实验表明，钠与冷水即可剧烈反应，溶液立即变红。镁不与冷水反应，但能与沸水反应，产生气泡，溶液变红。

$$2Na + 2H_2O \longrightarrow 2NaOH + H_2 \uparrow$$
$$Mg + 2H_2O \longrightarrow Mg(OH)_2 + H_2 \uparrow$$

镁能从水中置换出氢气，说明它是一种活泼金属。但它只能跟沸水反应，生成的氢氧化镁的碱性也比氢氧化钠弱，又说明它的金属活泼性次于钠。

【演示实验 4-2】 取一小片铝和一小段镁条，用砂纸擦去氧化膜，分别放入两支试管中，再各加入 2mL 1mol/L HCl 溶液，观察现象。然后将 1mol/L HCl 溶液换成 3mol/L NaOH 溶液，加热，观察反应现象。

实验表明，镁、铝均与盐酸反应；铝还能与碱反应，而镁则不能。

$$Mg + 2HCl \longrightarrow MgCl_2 + H_2 \uparrow$$
$$2Al + 6HCl \longrightarrow 2AlCl_3 + 3H_2 \uparrow$$
$$2Al + 2NaOH + 2H_2O \longrightarrow 2NaAlO_2 + 3H_2 \uparrow$$

镁不能与碱反应，说明它只有金属性；铝既能与酸反应，又能与碱反应，说明铝有两性，既有金属性并兼有一定程度的非金属性。铝的金属活泼性次于镁。

第 14 号元素硅是非金属元素，它的最高价氧化物二氧化硅（SiO_2）是酸性氧化物，它的对应水化物是硅酸（H_4SiO_4），硅酸是一种很弱的酸。单质硅只有在高温下才能与氢气反应，生成气态氢化物硅烷（SiH_4）。

第 15 号元素磷是非金属元素，它的最高价氧化物是五氧化二磷（P_2O_5），对应的水化物是磷酸（H_3PO_4），属于中强酸。磷的蒸气与氢气反应，生成气态氢化物膦（PH_3），但此反应相当困难。

第 16 号元素硫是比较活泼的非金属元素，它的最高价氧化物是三氧化硫（SO_3），对应的水化物是硫酸（H_2SO_4），硫酸是强酸。在加热时硫能与氢气反应，生成气态氢化物硫化氢（H_2S）。

第 17 号元素氯是很活泼的非金属元素，它的最高价氧化物是七氧化二氯（Cl_2O_7），对应的水化物是高氯酸（$HClO_4$），它是已知酸中最强的一种酸。氯气与氢气在光照或点燃时能发生燃烧或爆炸而化合，生成气态氢化物氯化氢。

第 18 号元素氩是一种稀有气体。

综上所述，可以得出如下结论：

$$\xrightarrow{\quad Na \quad Mg \quad Al \quad Si \quad P \quad S \quad Cl \quad}$$

金属性逐渐减弱，非金属性逐渐增强；

最高价氧化物的水化物的碱性逐渐减弱，酸性逐渐增强。

若对其他周期元素的化学性质进行同样的对比研究，也会得出相同的结论，即：同一周期主族元素从左到右金属性逐渐减弱，非金属性逐渐增强；它们最高价氧化物的水化物的碱性逐渐减弱，酸性逐渐增强。

同周期的副族元素金属性、非金属性变化不十分明显，也不十分有规律。副族元素的氢氧化物中强酸强碱较少，两性氢氧化物较多。

（2）同一主族中元素的金属性和非金属性的递变　同一主族元素，自上而下，由于电子层数增多，原子半径显著增大，电离能和电负性一般趋于减小，元素原子失去电子的能力逐渐增强，得到电子的能力逐渐减弱，所以，元素的金属性逐渐增强，非金属性逐渐减弱；对应的最高价氧化物的水化物自上而下碱性增强，酸性减弱。这一递变规律可从碱金属和卤素化学性质的递变中得到证明。

副族元素原子的结构决定了它们都是金属元素。同副族元素自上而下原子半径递增不明显，而核电荷数显著增多，故金属性略有减弱，其变化规律与主族元素相反（ⅢB族例外）。

将主族元素的金属性和非金属性的变化规律，归纳于表 4-9 中。

表 4-9　主族元素金属性和非金属性的变化规律

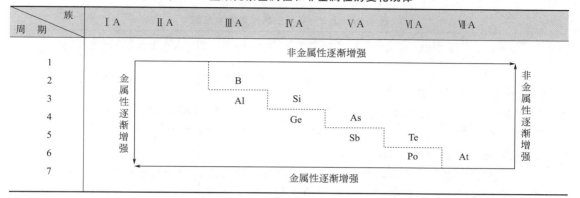

沿着表中硼、硅、砷、碲、砹与铝、锗、锑、钋之间画一条虚折线，其左边是金属元素，右边是非金属元素。表的左下角是金属性最强的元素，右上角是非金属性最强的元素。由于元素的金属性和非金属性没有严格的界线，位于分界线附近的元素，既呈现金属性，又呈现非金属性。

三、氧化数

元素的氧化数是反映元素的氧化状态的定量表征。元素的氧化数与原子的电子层结构密切相关，尤其跟最外层电子数目有关。有些元素的氧化数还与其原子的次外层或倒数第三层的电子数有关。一般称能决定元素氧化数的电子，亦即**参与化学反应的电子为价电子，价电子所在的亚层称为价电子层**。例如，镁、氯、锰三种元素的原子，其核外电子的排布用轨道表示式表示如下：

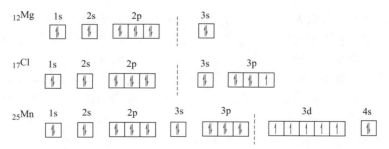

在上面各元素原子的电子层结构中，虚线右边的电子亚层是它的价电子层。由于元素的氧化数只和原子的价电子层结构有关，因此在讨论元素氧化数时，一般无须列出原子全部电子层结构，而只需表明价电子层结构即可。如镁的价电子层结构为 $3s^2$，氯的价电子层结构为 $3s^2 3p^5$，锰的价电子层结构为 $3d^5 4s^2$。

由于元素价电子层构型呈周期性的变化，所以元素的最高正氧化数也呈周期性的变化。

1. 主族元素的氧化数

主族元素的价电子构型是 $ns^{1\sim2}$ 和 $ns^2np^{1\sim6}$，当其价电子全部参与反应时，元素呈现的最高氧化数等于它们的 ns 电子和 np 电子数之和，也等于它所在族的序数，所以以 ⅠA～ⅦA 各主族元素的最高氧化数从 +1 逐渐升高到 +7。从 ⅣA 族开始元素出现负氧化数，各主族非金属元素的最高氧化数和它的负氧化数绝对值之和为 8，从 ⅣA～ⅦA 各主族非金属元素的负氧化数分别为 -4、-3、-2、-1。见表 4-10。

表 4-10　ⅠA～ⅦA 主族元素的氧化数

主　族	ⅠA	ⅡA	ⅢA	ⅣA	ⅤA	ⅥA	ⅦA
价电子层构型	ns^1	ns^2	ns^2np^1	ns^2np^2	ns^2np^3	ns^2np^4	ns^2np^5
最高氧化数	+1	+2	+3	+4	+5	+6	+7
负氧化数				-4	-3	-2	-1

2. 副族元素的氧化数

副族元素的价电子结构比较复杂，但它们都是金属元素，没有负氧化数，多数呈现可变的正氧化数，其最高正氧化数等于它所在的族数（除ⅠB外）。

练一练

概述第 3 周期元素从左向右元素性质的递变规律。

四、元素周期表的意义及应用

元素周期律是自然界最基本的规律之一，它把上百种元素作了最科学的分类，把有关元素的知识系统化；它深刻阐明了各元素之间的内在联系以及元素性质周期性变化的本质；它从自然科学上强有力地论证了自然界从量变到质变的转化规律。人们对元素以及由它所形成的千万种化合物的研究，都得益于它的指导。无机化学是以元素作为研究对象的，毋庸置疑，周期表起到了举足轻重的作用。

在化学发展史上，周期表一直指导着新元素的发现。元素镓（Ga）和锗（Ge）的发现，就是利用周期表预言的重要例证。第 7 周期为未完成周期，在 1979 年，已知的元素有 106 种，仅十多年后已增至 112 种，并预示着它的后面还会有新的元素被发现。

近代电子技术的高速发展是以半导体为先导的，而能作为半导体的元素，正是位于周期表中的金属和非金属元素的交界处。据此可知并且已经证明，硅、锗、硒、砷都是良好的半导体材料。

周期表指导着新化合物的合成，氟利昂就是一例。过去用的冷冻剂是氨和二氧化硫，这两种物质都有臭味、有毒性，并且腐蚀机器。因此需要一种新的理想的冷冻剂替代。工程师小米德莱（T. Midgley）从周期表上得到启发，已知周期表右边非金属能形成气态化合物，同时其可燃性自左至右减小，这就提示了氟和其他较轻的非金属形成的化合物会是优良的冷冻剂。经过两年的研究，他合成了一类化合物，称为氟利昂。如四氟甲烷（CF_4）和二氟二氯甲烷（CCl_2F_2）等，曾广泛用在冰箱、空调器和制冷机等设备中。但现已发现含氟化合物对臭氧层具有破坏作用，世界各国正在研制新的制冷材料，并已取得重大的进展。

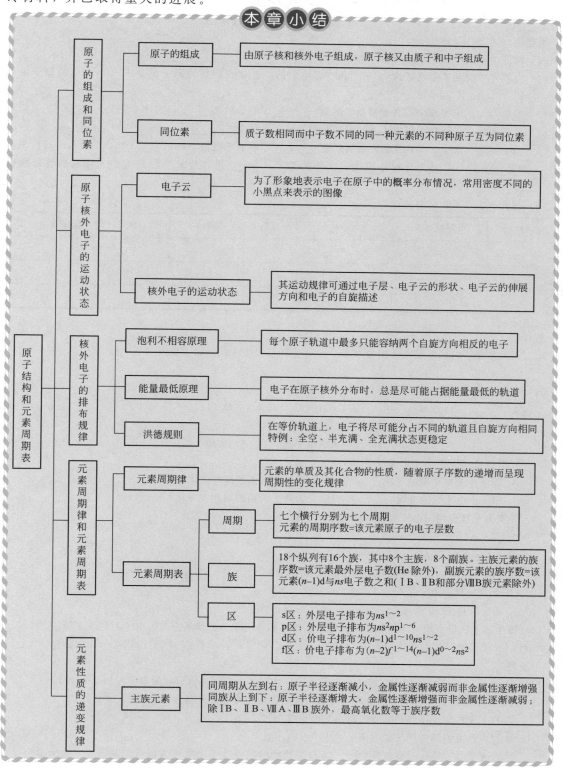

1. 填空题

(1) 核外电子的排布应遵循的规律是_____、_____、_____。

(2) 自然界中碳元素主要是由 ^{12}C 和少量 ^{13}C 组成的，已知碳的平均原子量是 12.011，^{13}C 的原子量是 13.00335，^{12}C 的丰度是_____。

(3) 元素 $^{52}_{24}Cr$ 的原子核中，含有的质子数是_____、中子数是_____、电子数是_____。

(4) 具有相同质子数和不同中子数的同种元素的原子互称为_____。

(5) 第三周期元素中，元素金属性最强的是_____，原子半径最小的是_____，单质与水反应最剧烈的是_____，化合物是两性氧化物的是_____，最高价氧化物对应的水化物酸性最强的是_____。

(6) 完成下表（不看周期表）。

原子序数	电子层结构	价电子构型	周期	族	区	金属或非金属
	$[Ne]3s^2 3p^6$					
		$4d^5 5s^1$				
			6	ⅡB		

2. 选择题

(1) 某元素原子的最外层电子构型为 $3d^5 4s^2$，它的原子中未成对电子数为（　　）。

A. 0　　　　B. 1　　　　C. 3　　　　D. 5

(2) 在第二电子亚层中最多可能容纳的电子数是（　　）。

A. 2　　　　B. 8　　　　C. 10　　　　D. 14

(3) 下列原子轨道中，属于等价轨道的一组是（　　）。

A. 2s，3s　　B. $2p_x$，$3p_x$　　C. $2p_x$，$2p_y$　　D. 3d，4d

(4) 元素性质的周期性变化决定于（　　）。

A. 原子中核电荷数的变化　　　　B. 原子中价电子数目的变化

C. 原子中电子数的变化　　　　　D. 元素原子结构的周期性变化

(5) 跟氖原子具有相同电子层结构的一组离子是（　　）。

A. F^-、Cl^-　　B. Na^+、Al^{3+}　　C. K^+、Cl^-　　D. Mg^{2+}、S^{2-}

3. 是非题（正确的划"√"，错误的划"×"）

(1) 每个电子层中，最多只能容纳两个自旋相反的电子。 （　　）

(2) $_7N$ 元素的核外电子排布是 $1s^2 2s^2 2p_x^2 2p_y^1$。 （　　）

(3) 3p 亚层又称为 3p 能级。 （　　）

(4) 每个原子轨道必须同时用电子层、电子云的形状、电子云的伸展方向和电子的自旋来描述。 （　　）

(5) $_{29}Cu$ 元素的核外电子排布是 $1s^2 2s^2 2p^6 3s^2 3p^6 3d^9 4s^2$，而不是 $1s^2 2s^2 2p^6 3s^2 3p^6 3d^{10} 4s^1$。 （　　）

4. 问答题

(1) 当 $n=4$ 时，该电子层中有哪几个电子亚层？共有多少不同的轨道，最多能容纳几个电子？

(2) 某 +2 价的阳离子的电子排布与氩相同，其同位素的质量数分别为 40 和 42，试回答：

① 该元素的原子序数是多少？写出其电子排布式。

② 写出该元素两种同位素的质子、中子、电子数。

③ 该元素与 $^{16}_8O$ 化合成氧化物时，1mol 氧化物的质量及中子数最低值可能是多少？最大值可能是多少？

(3) 正二价锰离子核外有 23 个电子，试用原子实表示式写出锰的电子排布式。质量数为 55 的锰原子中含有多少个质子和中子？

(4) 试写出适合下列条件的各元素名称：

① d 轨道没有填充电子的最重的稀有气体；

② p 亚层半满的最轻的原子；

③ 3d 亚层全满而 4s 轨道半满的原子；

④ 3d 及 4s 亚层均为半满的原子；

⑤ 其 +3 价阳离子电子层中有五个成单的电子，质量数约为 Si 原子的 2 倍的原子；

⑥ 3p 亚层有两个未配对电子的两种元素的原子。

(5) 根据元素在周期表中的位置，判断下列各组化合物的水溶液，哪个酸性强？哪个碱性强？

① H_2CO_3 与 H_3BO_3 ② $Ca(OH)_2$ 与 $Mg(OH)_2$

③ H_3PO_4 与 HNO_3 ④ $Al(OH)_3$ 与 $Mg(OH)_2$

(6) 试以原子结构理论进行解释，为什么锰和氯虽然都属于第Ⅶ族（前者为ⅦB，后者为ⅦA），但它们的金属性与非金属性不同，而最高正氧化数却相同。

5. 推断题

(1) 已知某元素和氢生成的化合物的组成是 RH_3，它的最高价氧化物中含有 56.34% 的氧，写出这种元素的名称。

(2) 从下列原子的价电子结构，推断出该元素的原子序数是多少？它在周期表中属于哪一区？哪一族？哪一周期？写出它们的最高价氧化物的分子式及对应水化物的分子式。

①$4s^2$ ②$3d^2 4s^2$ ③$4s^2 4p^3$

(3) 在第 4 周期中有四种元素 A，B，C，D。其原子序数依次增大，价电子数依次为 1，2，2，7。已知 A 与 B 的次外层电子数为 8；C 和 D 的次外层电子数为 18；写出它们的电子排布式，并根据它们的原子结构判断：

① 它们在周期表中的族数及元素分区。

② 哪些元素是金属？哪些是非金属？指出元素的名称。

③ 写出 A 和 D 的简单离子的符号。

④ 哪种元素的氧化物对应的水化物碱性最强？

⑤ B 和 D 两种元素能形成哪种化合物？

(4) 第 3 周期元素中分别符合下列条件的是哪种元素？

① 除稀有气体外，原子半径最大的；

② 单质中还原性最强的；

③ 其最高价氧化物的水化物呈两性的；

④ 其气态氢化物最稳定的；

⑤ 其最高价氧化物的水化物酸性最强的；

⑥ 元素原子最外层中不成对电子数最多的。

阅读材料

元素周期律的发现

19 世纪 60 年代化学家已经发现了 60 多种元素，进一步寻找新元素成为当时最热门的课题。但是对于地球上究竟有多少种元素，怎样去寻找新的元素等问题，却没有人能做出比较科学的回答。在对物质、元素的广泛研究中，关于各种元素的性质的资料，积累日益丰富，但是这些资料却是繁杂纷乱的，人们很难从中获得清晰的认识。整理这些资料，概括这些感性知识，从中摸索总结出规律，这是当时摆在化学家面前一个亟待解决的课题，同时也是科学和生产发展的必然要求。许多化学家经过长期的共同努力，取得了一系列研究成果，其中最辉煌的成就是俄国化学家门捷列夫和德国化学家迈尔先后发现的元素周期律。

继道尔顿提出了科学的原子论后，许多化学家都把测定各种元素的原子量当作一项重要的工作，这样就使元素原子量与性质之间存在的联系逐渐展露出来。1829 年德国化学家德贝莱纳提出了"三元素组"观点；1862 年，法国化学家尚古多提出一个"螺旋图"的分类方法；1864 年，德国化学家迈尔在他的《现代化学理论》一书中刊出一个"六元素表"；1865 年，英国化学家纽兰兹提出了"八音律"一说。从"三元素组"到"八音律"都从不同的角度，逐步深入地探讨了各元素间的某些联系，使人们一步步逼近了科学的真理。借鉴前人的工作，1868 年，门捷列夫经过多年的艰苦探索发现了自然界中一个极其重要的规律——元素周期规律。这个规律的发现是继原子-分子论之后，近代化学史上的又一座光彩夺目的里程碑，它所蕴藏的丰富和深刻的内涵，对以后整个化学和自然科学的发展都具有普遍的指导意义。1869 年门捷列夫提出第一张元素周期表，根据周期律修正了铟、铀、钍、铯等 9 种元素的原子量，他还预言了三种新元素及其特性并暂时取名为类铝、类硼、类硅，这就是 1871 年发现的镓、1880 年发现的钪和 1886 年发现的锗。这些新元素的原子量、密度和物理化学性质都与门捷列夫的预言惊人相符，周期律的正确性由此得到了举世公认。

门捷列夫发现的元素周期律是自然界的一条客观规律。它揭示了物质世界的一个秘密，即这些似乎互不相关的元素间存在相互依存的关系，它们组成了一个完整的自然体系。从此新元素的寻找，新物质、新材料的探索有了一条可遵循的规律。元素周期律作为描述元素及其性质的基本理论有力地促进了现代化学和物理学的发展。

分子结构

知识目标：

1. 掌握离子键、共价键和金属键的本质、形成过程及其基本特点；
2. 理解价键理论、杂化轨道理论的要点；
3. 了解分子间作用力及氢键对物质性质的影响；
4. 了解晶体的基本特征。

能力目标：

1. 能利用杂化轨道的成键情况判断分子的空间构型；
2. 能运用分子间力和氢键说明其对物质性质的影响。
3. 能说明离子晶体、原子晶体、分子晶体及金属晶体的特征。

第一节　化学键

　　分子是保持物质化学性质的最小微粒，是参与化学反应的基本单元，物质的性质主要决定于分子的性质，而分子的性质又是由分子的内部结构所决定的。因此，研究分子的内部结构，对于了解物质的性质和化学反应规律有极其重要的作用。

　　物质的分子是由原子结合而成的，说明原子之间存在着强烈的相互作用力。分子（或晶体）中相邻原子之间强烈的作用称为化学键。根据原子间这种吸引作用性质的不同，化学键可分为离子键、共价键、金属键三种基本类型。化学键的类型和强弱是决定物质化学性质的重要因素。

一、离子键

1. 离子键

　　离子键是靠阳离子和阴离子间的静电作用形成的化学键。如金属钠与氯气反应生成氯化钠，用电子式（在元素符号周围用・或×来表示原子的最外层电子数的式子）表示为：

$$Na\times + \cdot \ddot{\underset{..}{Cl}}: \Longrightarrow Na^+[\overset{..}{\underset{..}{\times}}\ddot{Cl}:]^-$$

　　钠原子属于活泼的金属原子，最外电子层有 1 个电子，容易失去，氯原子属于活泼的非金属原子，最外电子层有 7 个电子，容易得到 1 个电子，从而使最外层都达到 8 个电子，形成稳定结构。当钠原子与氯原子接触时，钠原子最外层的 1 个电子就转移到氯原子的最外电子层上，形成带正电的 Na^+ 和带负电的 Cl^-，阴阳离子间存在的异性电荷间的静电吸引力，使两种离子相互靠近，达到一定的距离时，引力和电子与电子、原子核与原子核之间同性电荷间的排斥力达到平衡，于是 Na^+ 与 Cl^- 间就形成了稳定的化学键——离子键。

活泼的金属原子（主要指ⅠA族和ⅡA族）和活泼的非金属原子（主要指ⅦA族和ⅥA族的 O，S 等原子）化合时，都能形成离子键。

2. 离子键的特征

（1）**离子键的本质是阴阳离子的静电作用力**　离子的电荷越大，离子间的距离越小（在一定的范围内），离子间的引力越强。

（2）**离子键没有方向性**　因为离子所带的电荷分布呈球形对称，在空间各个方向上的静电效应相同，可以从任何一个方向吸引带相反电荷的离子。例如在 NaCl 晶体中，每个 Na^+ 周围等距离地排列着 6 个 Cl^-，每个 Cl^- 周围也同样等距离地排列着 6 个 Na^+。这说明只要空间条件许可，离子并非在一个方向上，而是在所有的方向上都可以与带相反电荷的离子发生电性吸引作用。所以说离子键没有方向性。

（3）**离子键没有饱和性**　在 NaCl 晶体中，Na^+（或 Cl^-）的周围排列的 6 个相反电荷的 Cl^-（或 Na^+），属于距离最近的离子，这是由阴阳离子的相对大小、电荷多少等因素决定的，并不说明每个 Na^+ 或 Cl^- 只能吸引 6 个相反电荷的离子而达到饱和。除这 6 个异性离子外，在更远距离的任何方向上，如果排列与 Na^+（或 Cl^-）带相反电荷的离子，同样会感受到电场的吸引作用，只不过距离较远，相互作用较弱罢了。所以离子键没有饱和性。

（4）**键的离子性与元素的电负性有关**　离子键形成的重要条件是相互作用的原子的电负性差值较大。一般元素之间的电负性差越大，它们之间形成键的离子性成分也越高。在周期表中，碱金属的电负性较小，而卤族的电负较大，它们之间相结合时形成的化学键是离子键。一般认为，若两原子电负性差值大于 1.7 时，可判断它们之间形成离子键。

3. 离子结构

离子是构成离子化合物的基本结构粒子，离子的结构在很大程度上决定着离子键和离子化合物的性质。

（1）**离子电荷**　离子是带有电荷的原子或原子团。对简单离子来说，阳离子电荷数就是相应原子失去的电子数；阴离子电荷数就是相应原子得到的电子数。离子电荷的不同往往带来性质上的不同，如 Fe^{2+} 和 Fe^{3+}，尽管它们是同种原子形成的离子，但性质有很多不同，比如 Fe^{2+} 在水溶液中是浅绿色的，具有还原性；Fe^{3+} 在水溶液中是黄棕色的，有氧化性等。

（2）**离子的电子构型**　单原子阴离子（F^-、Cl^-、O^{2-}、S^{2-} 等）通常有稳定的 8 电子构型，但单原子阳离子则有下列 5 种外层电子构型：

① 2 电子构型。最外层为 2 个电子的离子，如 Li^+、Be^{2+} 等。

② 8 电子构型。最外层为 8 个电子的离子，如 Na^+、Mg^{2+}、Al^{3+}、Ti^{4+} 等。

③ 不饱和电子构型。最外层为 9～17 个电子的离子，如 Mn^{2+}、Fe^{2+}、Fe^{3+}、Co^{2+}、Ni^{2+} 等 d 区元素的离子。

④ 18 电子构型。最外层为 18 个电子的离子，如 Cu^+、Ag^+、Zn^{2+}、Cd^{2+}、Hg^{2+} 等 ds 区元素的离子及 Sn^{4+}、Pb^{4+} 等 p 区高氧化态金属阳离子。

⑤（18＋2）电子构型。次外层为 18 个电子，最外层为 2 个电子的离子，如 Sn^{2+}、Pb^{2+}、Sb^{3+}、Bi^{3+} 等 p 区低氧化态金属正离子。

离子的电子构型的不同对形成的离子化合物性质的影响较大，如 NaCl 和 AgCl 虽然都

是由 Cl^- 与 $+1$ 价离子形成的化合物，但由于 Na^+ 和 Ag^+ 电子构型不同，$NaCl$ 易溶于水，而 $AgCl$ 难溶于水；又如 Ag^+ 形成配合物的能力比 Na^+ 强得多等。

（3）离子半径 r　同原子半径一样，离子的半径也难于确定，同一离子的半径会因推算方法和所用晶体的不同而不同。在 AB 型离子晶体中处于平衡位置的阴阳离子，可近似认为是相互接触的圆球，于是核间距 R 等于 $r_{阳}+r_{阴}$。

离子半径大小主要取决于离子的电子构型，即由对核外电子的吸引力大小确定，有以下规律：

① 对于同一元素形成的离子中阴离子半径一般比阳离子半径大，即 $r_{阳}<r_{原子}<r_{阴}$。

② 对于同一元素不同价态的阳离子而言，离子半径随电荷数增大而减小，如 $r_{Fe^{2+}}>r_{Fe^{3+}}$。

③ 同一主族电荷数相同的离子，离子半径随电子层数的增加而增大，如 $r_{F^-}<r_{Cl^-}<r_{Br^-}<r_{I^-}$；$r_{Mg^{2+}}<r_{Ca^{2+}}<r_{Sr^{2+}}<r_{Ba^{2+}}$ 等。

④ 同周期元素的离子当电子构型相同时，随离子电荷数的增加，阳离子半径减小，阴离子半径增大，如 $r_{Na^+}>r_{Mg^{2+}}>r_{Al^{3+}}$，$r_{F^-}<r_{O^{2-}}<r_{N^{3-}}$ 等。

离子半径的大小近似反映了离子的相对大小，是分析离子化合物物理性质的重要依据之一。

二、共价键

1. 共价键理论

离子键理论并不能说明相同原子是如何结合成分子的，如 Cl_2、O_2 等；也不能说明电负性差值较小的元素原子是如何结合成分子的，如 HCl 等。非金属元素的原子都容易获得外来电子，因而它们的原子间不可能通过电子的转移来形成离子键。显然用离子键理论无法说明它们的分子是如何形成的。这类分子的形成要用共价键来解释。

共价键的形成

例如，氯原子的最外电子层上有 7 个电子，当两个氯原子相遇的时候，为了使它们的最外层都成为有 8 个电子的稳定结构，两个核各以相等的力吸引对方的一个电子，每个氯原子各提供的一个电子同时在两个原子核外高速运转，形成了一个氯气分子。用电子式表示为：

$$\overset{\times\times}{\underset{\times\times}{\underset{\times}{Cl}}}\times + \cdot\overset{\cdot\cdot}{\underset{\cdot\cdot}{Cl}}: \longrightarrow \overset{\times\times}{\underset{\times\times}{Cl}}\overset{\cdot\cdot}{\underset{\cdot\cdot}{Cl}}:$$

本来分别属于两个氯原子的两个电子，现在为两个氯原子所共有，形成共用电子对，这样一来，每个氯原子的最外层都变成具有 8 个电子的稳定结构。要特别指出的是，原子间的这种结合方式，没有发生电子由一个原子向另一个原子转移的过程，所以这种分子里没有离子。像这样**原子与原子间通过共用电子对所形成的化学键，叫做共价键**。

除同种非金属原子形成共价键分子外，性质比较相近的不同非金属元素的原子也能相互结合而生成含共价键的化合物分子，如 HCl、H_2O。HCl、H_2O 分子的电子式分别为：$H\overset{\times}{\underset{\cdot}{}}\overset{\cdot\cdot}{\underset{\cdot\cdot}{Cl}}:$、$H\overset{\times}{\underset{\cdot}{}}\overset{\cdot\cdot}{\underset{H}{O}}$ 化学上，常用"—"表示一对共用电子，用"="表示两对共用电子，用"≡"表示三对共用电子等，因此 Cl_2、CO_2、N_2、HCl、H_2O 可以分别表示为：

$$Cl-Cl \qquad O=C=O \qquad N\equiv N \qquad H-Cl \qquad \overset{\textstyle O}{H\diagup\ \diagdown H}$$

这种表示方式又称为结构式。

这一理论是 1916 年美国化学家路易斯（Lewis）建立的经典共价键理论。它初步揭示了

共价键的本质，使我们对分子结构的认识前进了一步。但这一理论遇到了许多不能解释的问题，如两个电子都带负电荷，为何不相斥，反而相互配对成键？为了解决这些矛盾，一些化学家在经典共价理论基础上，从量子力学的角度发展了这一成果，建立了现代价键理论，又称电子配对法。其要点如下：

（1）电子配对原理　一个原子有几个未成对的电子，便可和几个自旋相反的电子配对形成几个共用电子对。

（2）能量最低原理　成键过程中，自旋相反的成单电子配对后，体系能量将会降至最低，形成稳定的共价键。

（3）原子轨道最大重叠原理　原子间形成共价键时原子轨道一定要发生重叠，重叠愈多，电子在两核之间出现的机会愈大，形成的共价键就越牢固，因此共价键尽可能地沿着原子轨道最大重叠的方向形成，使体系能量最低。

下面以 H_2 分子的形成来说明共价键的本质。

每个氢原子都有一个未成对的 1s 电子，当这两个氢原子相互靠近时，自旋的电子接触有两种可能性：如果两个氢原子的电子是同向自旋的，电子之间互相排斥，使两核间电子云密度减小，不可能形成稳定的 H_2 分子，这种状态称为 H_2 分子的排斥态［图 5-1（a）］。如果两个氢原子的电子是反向自旋的，原子轨道发生重叠，在两核间电子云密度变大，构成一个负电荷的"桥"，把两个带正电的核吸引在一起，形成了稳定的 H_2 分子，这种状态称为 H_2 分子的基态［图 5-1（b）］。

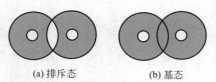

(a) 排斥态　　(b) 基态
图 5-1　氢分子的形成

必须指出，形成共价键分子的两个原子间除了由负电"桥"产生的吸引力外，还存在着两核间的排斥力，两个氢原子愈靠近，这种排斥力愈大，当两个原子靠近到一定距离时，吸引力与排斥力达到平衡，此时便形成了稳定的共价键，两核间的距离叫平衡距离。

总之，共价键的形成，实际上是原子轨道重叠的结果，在分子中相邻原子轨道重叠越多，共价键也就愈稳固。

2. 共价键的特征

共价键的形成以共用电子对为基础，因此与离子键有本质的区别，其特点如下：

（1）共价键的饱和性　根据共价键形成的条件，一个原子的未成对电子只能跟另一个原子的自旋相反的未成对电子配对成键，不能再与第三个原子的电子配对成键，否则其中必存在两个因自旋方向相同而互相排斥的电子。因此一个原子中有几个未成对电子，就只能和几个自旋相反的电子配对成键，这就是共价键的饱和性，是共价键与离子键的重要区别之一。

（2）共价键的方向性　根据原子轨道最大重叠原理，原子间总是尽可能地沿着原子轨道最大重叠的方向成键。s 轨道是球形对称的，因此，无论在哪个方向上都可能发生最大重叠。而 p、d 轨道在空间中都有不同的伸展方向，为了形成稳定的共价键，原子轨道尽可能沿着某个方向进行最大程度的重叠，这就是共价键的方向性，是与离子键的另一重要区别。

以氯化氢分子的形成为例可说明共价键的方向性。在两原子核间距离相同的情况下，氯原子核外一个未成对的 3p 电子与氢原子的 1s 电子如按图 5-2 所示的三种情况配对重叠：

① 氢原子沿着 x 轴同氯原子接近，轨道重叠程度最大，形成稳定的共价键；

② 氢原子沿另一方向同氯原子接近，轨道重叠程度较小，结合不牢固；

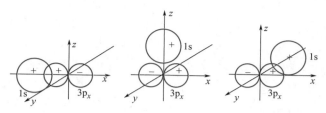

图 5-2　氢的 1s 电子云和氯的 3p 电子云的三种重叠情况

③ 氢原子沿 y 轴向氯原子接近，轨道不能重叠，无法成键。

概括起来，对于有成单的 s 电子和 p 电子的原子来说，能形成稳定共价键的原子轨道是：s-s、p_x-s、p_x-p_x、p_z-p_z，如图 5-3 所示。

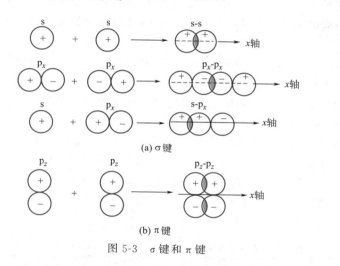

图 5-3　σ 键和 π 键

σ 键、π 键的形成

想一想

离子键和共价键主要区别？

---

3. 共价键的类型

（1）σ 键和 π 键　按照原子轨道重叠方式的不同，共价键可分为 σ 键和 π 键两种类型。如图 5-3 所示，一种是**沿键轴方向，以"头碰头"的方式重叠**，形成的共价键叫 σ 键。如 H_2 分子中的 s-s 键、HCl 分子中的 p_x-s 键、Cl_2 分子中的 p_x-p_x 键都是 σ 键。另一种是**在键轴的两侧，以"肩并肩"的方式重叠**，形成的共价键叫 π 键。如图中所示的 p_z-p_z 键。

从原子轨道重叠程度来看，π 键重叠程度比 σ 键小，而且 π 键电子能量较高，键较易断开，易活动，表现为化学活泼性较强。因此，形成分子时 π 键不能单独存在，只能与 σ 键共存于具有双键或三键的分子中。例如，N_2 分子就是由两个 N 原子以 1 个 σ 键和 2 个 π 键结合在一起的。每个氮原子有三个未成对电子（$2p_x^1$、$2p_y^1$、$2p_z^1$），分别密集于三个互相垂直的对称轴上。当两个氮原子的 $2p_x^1$ 轨道沿键轴以"头碰头"的方式重叠形成 p_x-p_x σ 键的同时，p_y-p_y 和 p_z-p_z 只能采取"肩并肩"的方式重叠成两个互相垂直的 π 键，见图 5-4。因此，N_2 分子中两个 N 原子间有三个共价键，其结构可表示为 N≡N。

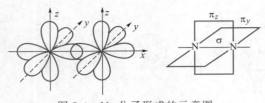

图 5-4　N₂ 分子形成的示意图

σ 键是构成分子的骨架，能单独存在于两个原子间，而且两个原子间形成的共价键一定并且只能有一个 σ 键。共价单键都是 σ 键，如 CH_4 四个碳氢键都是 σ 键。双键中有一个共价键是 σ 键，另一个共价键则是 π 键，像 CO_2、C_2H_4 分子。叁键中有一个共价键是 σ 键，另外两个都是 π 键，如 N_2、C_2H_2（H—C≡C—H）分子等。

（2）极性共价键和非极性共价键　根据成键电子对在两原子核间有无偏移，可把共价键分为极性共价键和非极性共价键。

两个电负性相同的原子吸引电子的能力相同，由它们形成的共价键，电子云密集的区域位于两个原子核中间。这种成键电子对没有偏向任一原子的共价键叫做非极性共价键，简称非极性键。如单质 H_2、Cl_2、N_2 等分子中的共价键就是非极性共价键。

由两种电负性不同元素的原子形成的共价键，电子云密集的区域将偏向电负性较大的原子一方，两原子间电荷分布不均匀。电负性较小的原子一端带部分正电荷为正极，电负性较大的原子一端带部分负电荷为负极。这种共用电子对有偏向的共价键叫极性共价键，简称极性键。如 HCl、H_2O、NH_3 等分子中的 H—Cl、H—O、N—H 键就是极性键。

通常以成键原子电负性的差值，来判断共价键极性的强弱。如成键两原子的电负性差值为零，则形成非极性键；电负性差值大于零，则形成极性键。电负性差值越大，键的极性越强。当成键两原子电负性差值大到一定程度时，电子对完全转移到电负性大的原子上，就形成了离子键。从图 5-5 和表 5-1 可以看出非极性键逐渐向离子键过渡的情况。

表 5-1　电负性差值与键的极性表

分　子		两元素电负性差值	化　学　键	键的极性
H_2	H—H	0.0	非极性键	
HI	H—I	0.4	极性键	极
HBr	H—Br	0.7	极性键	性
HCl	H—Cl	0.9	极性键	增
HF	H—F	1.9	极性键	强
NaCl	Na^+Cl^-	2.1	离子键	↓
NaF	Na^+F^-	3.1	离子键	

应该指出，用电负性差值来判断化学键的类型，在大多数情况下是适用的，但也有例外。

（3）配位共价键　如果共价键的共用电子对是由成键的两个原子中的一个原子提供的，则称为配位共价键，或称为配位键。提供电子对的原子称为电子对给予体，接受电子对的原子称为电子对接受体。例如：

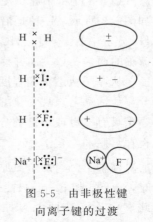

图 5-5　由非极性键向离子键的过渡

在生成 F_3BNH_3 时，NH_3 分子中的 N 原子提供一对未成键的电子，与 B 原子共用形成配位键，N 原子为给予体，B 原子为接受体，F_3BNH_3 的结构式表示为：

$$\begin{array}{ccc} F & & H \\ | & & | \\ F—B & \leftarrow & N—H \\ | & & | \\ F & & H \end{array}$$

通常用"→"表示配位键，箭头方向表示由给予体供给接受体电子对的方向。再如 NH_4^+ 中也含有配位共价键。

$$\left[\begin{array}{c} H \\ | \\ H \leftarrow N—H \\ | \\ H \end{array}\right]^+$$

配位键的本质是极性共价键。

4. 杂化轨道理论

（1）键能、键长、键角　化学键的性质，还可以通过某些物理量来描述。例如，用键能、键长说明键的强弱；用键角描述分子的空间构型。这些表征化学键性质的物理量叫做键的参数。

① 键能是指化学键断开所需的能量，单位是 kJ/mol。键能越大，表示化学键越牢固，含有该键的分子越稳定。表 5-2 列出了一些共价键的键长和键能。

表 5-2　一些共价键的键长和键能

共　价　键	键长/pm	键能/(kJ/mol)	共　价　键	键长/pm	键能/(kJ/mol)
H—H	74.6	436.0	C—H	109	413.4
C—C	154	347.7	C—N	147	291.6
N—N	141	160.7	N—H	101	390.8
O—O	148	138.9	O—H	96	462.8
Cl—Cl	198.8	242.7	S—H	135	339.3
Br—Br	228	192.9	C=C	133	615.0
I—I	226	151.8	C≡C	121	828.4
S—S	204	213.0	N≡N	109.4	941.8

② 分子中成键的两个原子核间的平衡距离叫键长，以皮米（pm）为单位。表 5-2 列出了一些共价键的键长，一般两原子之间所形成键的长度越短键越牢固。

③ 分子中两相邻键之间的夹角叫键角。键角是确定分子空间结构的重要因素之一。

（2）杂化和杂化轨道　价键理论成功地揭示了共价键的本质，阐明了共价键的饱和性和方向性。但对某些共价化合物分子的形成和空间构型却无法解释。例如，实验证明，CH_4 分子中有四个能量相同的 C—H 键，键角为 $109°28'$，分子的空间构型为正四面体。

碳原子最外电子层只有两个未成对的 p 电子，如何形成四个稳定的 C—H 键呢？杂化理论认为：碳原子在成键时，它的一个 2s 电子吸收外界能量激发到 $2p_z$ 轨道上，形成了四个未成对的电子；又由于 2s、2p 轨道能量相近，它们可以混合起来，重新组合成四个能量相等的新轨道，这一过程可表示为：

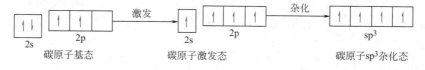

在原子形成分子时，同一价层中能量相近的原子轨道混杂起来，重新组合成数目相同能量完全相等的新轨道的过程称为"杂化"，所形成的新轨道叫做"杂化轨道"。杂化后的轨道能量和空间伸展性都发生了变化，成键时轨道能达到最大程度的重叠，成键能力增强，成键后使整个分子体系能量降低，分子更加稳定。

碳原子轨道
的 sp³ 杂化

（3）碳原子轨道的杂化

① **sp³ 杂化是指 1 个 s 轨道与 3 个 p 轨道重新组成四个能量相等的 sp³ 杂化轨道的过程。**

每个 sp³ 杂化轨道具有 1/4 的 s 成分和 3/4 的 p 成分。它的形状和单纯的 s 轨道、p 轨道不同，而呈葫芦形，一头特别大，见图 5-6(c)。成键时，原子轨道重叠的多，形成的共价键更稳定。如图 5-6(b) 所示，四个 sp³ 杂化轨道，分别指向正四面体的四个顶角，四个轨道对称轴间的夹角互为 109°28′，空间构型为正四面体。

甲烷分子中的碳原子，采取 sp³ 杂化形成的四个 sp³ 杂化轨道，各自与一个氢原子的 1s 轨道重叠，形成了甲烷分子，空间构型为正四面体，见图 5-6(a)。

在形成 NH_3 分子和 H_2O 分子的过程中，虽然 N 原子和 O 原子都组成四个 sp³ 杂化轨道，四个 sp³ 杂化轨道近乎正四面体构型，但杂化轨道中有已成对的不参加成键的孤电子对，由于孤电子对对成键电子对的排斥作用，使 H—N—H 键角被压缩为 107°18′，H—O—H 键角为 104°45′，而不是 109°28′，所以 NH_3 分子的空间构型为三角锥形，H_2O 分子的空间结构为 V 形，如图 5-7 所示。

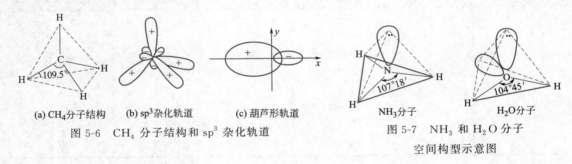

(a) CH₄分子结构　　(b) sp³杂化轨道　　(c) 葫芦形轨道　　　　　NH₃分子　　　　H₂O分子

图 5-6　CH₄ 分子结构和 sp³ 杂化轨道　　　　　图 5-7　NH₃ 和 H₂O 分子
空间构型示意图

② **sp² 杂化是指 1 个 s 轨道和两个 p 轨道混合，重新组成三个能量相同的 sp² 杂化轨道的过程。** 每个 sp² 杂化轨道含有 1/3 s 成分，2/3 p 成分。这三个杂化轨道各指向平面三角形的三个顶点，夹角为 120°，空间构型为平面三角形。

碳原子轨道
的 sp² 杂化

例如，实验测得三氟化硼的四个原子在同一平面上，三个 B—F 键之间键角为 120°（见图 5-8）。硼原子的价电子层结构为 $2s^2 2p^1$。成键时，有一个 2s 电子被激发到 2p 轨道上，然后进行 sp² 杂化，形成三个 sp² 杂化轨道。

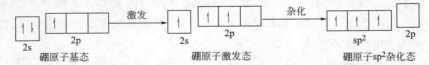

每个 sp² 杂化轨道各与 1 个氟原子的 2p 轨道重叠，形成了平面三角形的氟化硼分子，如图 5-8 所示。

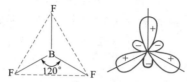

图 5-8　BF$_3$ 分子的构型和 sp^2 轨道

碳原子轨道
的 sp 杂化

③ **sp 杂化是指 1 个 s 轨道和 1 个 p 轨道重新组成两个能量相同的 sp 杂化轨道的过程。**每个 sp 杂化轨道含有 1/2 s 和 1/2 p 成分，这两个 sp 杂化轨道在一条直线上，夹角为 180°，空间构型为直线形。例如，实验测得 HgCl$_2$ 是直线形分子。Hg 原子的外层电子为 6s^2。成键时，一个 6s 电子激发到 6p 轨道上，然后一个 6s 轨道和一个 6p 轨道混合起来，形成两个 sp 杂化轨道。

sp 杂化轨道与 Cl 原子的 p 轨道重叠成键，形成了直线形的 HgCl$_2$ 分子（见图 5-9）。

将上面讨论的三种 sp 型杂化轨道情况，归纳于表 5-3 中。

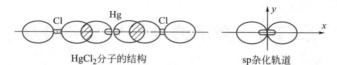

图 5-9　HgCl$_2$ 分子的结构和 sp 杂化轨道

表 5-3　sp^3、sp^2、sp 杂化轨道

杂 化 类 型	s 成分	p 成分	键　角	分子构型	实　　例
sp^3	1/4	3/4	109°28′	正四面体	CH$_4$、SiH$_4$、CCl$_4$
sp^2	1/3	2/3	120°	平面三角形	BF$_3$、BBr$_3$、C$_2$H$_4$
sp	1/2	1/2	180°	直线形	HgCl$_2$、CO$_2$、BeCl$_2$、C$_2$H$_2$

碳原子的价电子层构型为 2s^{2}2p^2，不仅可以采取 sp^3 杂化，形成正四面体结构（如 CH$_4$ 中的碳原子），而且还可以进行 sp^2 杂化（如 C$_2$H$_4$ 分子中碳原子）。比较熟悉的 CO$_2$ 是直线型分子，其中碳原子在成键时，经激发、杂化形成了两个 sp 杂化轨道：

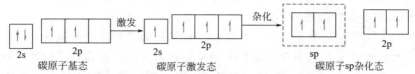

它们在一条直线上，并与两个未参加杂化的 2p 轨道互相垂直，如图 5-10(a) 所示。

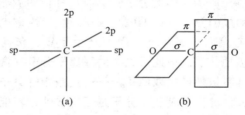

图 5-10　CO$_2$ 分子中 σ 键和 π 键示意图

碳原子的两个 sp 杂化轨道，分别与两个氧原子中的 2p 轨道形成 σ 键；未杂化的两个 2p 轨道则分别与两个氧原子剩下的具有未成对电子的 2p 轨道形成 π 键，如图 5-10(b) 所示。

CO_2 的结构式为 O ═C═O，C ═O 双键中一个是 σ 键，另一个是 π 键。

三、金属键

元素周期表中有约 80％的金属元素。除金属汞在常温下为液态外，其他都是晶体。金属有很多共同的物理特性，如金属有颜色和光泽，有良好的导电性和传热性，有好的机械加工性能等。金属有这些共性是由金属内部特有的化学键的性质决定的。

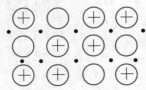

图 5-11　金属结构示意图

自由电子理论认为：金属原子的外层价电子较少，与原子核的联系较松弛，容易丢失电子形成阳离子。在金属晶体中价电子可以自由地从一个原子流向另一个原子，不是固定在某一金属离子的附近，而是在金属晶体中自由运动，叫做自由电子，图 5-11 中黑点代表自由电子。

在金属晶体中，由于自由电子不停地运动，把金属原子和离子联系在一起，这种化学键叫做金属键。这些自由电子好像为许多原子或离子所共有，从这个意义上可以认为金属键是一种改性的共价键，但毕竟与共价键不同，金属键没有方向性和饱和性。

第二节　分子的极性与分子间力

水蒸气可凝聚成水，水可凝固成冰，这一过程表明分子间还存在着一种相互吸引作用——分子间力。1873 年，荷兰物理学家范德华（J. D. Vander Weals，1837—1923）在研究气体性质的时候，注意到这种作用力的存在，并且对它进行了卓有成效的研究，后来人们把分子间力叫做范德华力。

一、分子的极性

1. 电荷中心

就像任何物体的重量可以认为集中在其重心上一样，我们把分子中电荷的这种集中点叫做"电荷重心"或"电荷中心"，其中正电荷的集中点叫做"正电荷中心"，负电荷的集中点叫做"负电荷中心"。

2. 极性分子和非极性分子

分析各种分子中电荷的分布情况，发现有的分子正负电荷中心不重合，这样，分子就产生了偶极，称为极性分子；有的分子正负电荷中心重合，不产生偶极，称为非极性分子。

对于像 H_2、Cl_2、N_2 等分子来说，它们是由两个相同原子构成的分子，正、负电荷中心重合于一点，如图 5-12(a) 所示。因此分子不具有极性，叫做非极性分子。

对于由两个不同原子构成的分子（如 HCl）来说，由于成键电子偏向于电负性较大的氯原子，使分子的负电荷中心偏向于氯原子，因而产生了正、负两极，如图 5-12(b) 所示。这种分子具有极性，叫做极性分子。由此可见，对双原子分子来说，分子是否有极性决定于所形成的键是否有极性。具有极性键的双原子分子一定是极性分子。

对于多原子分子来说，情况稍复杂些。分子是否有极性，不能单从键的极性来判断，要根据分子的组成和分子的几何构型而定。

如前所述在 H_2O 分子中，O—H 键为极性键，分子构型为 V 形，两个 O—H 键间的夹角为 $104°45'$，两个 O—H 键的极性不能互相抵消，正、负电荷中心不重合，因此，水分子是极性分子（图 5-13）。而在二氧化碳（O═C═O）分子中，虽然 C═O 键为极性键，由于 CO_2 是一个直线形的分子，两个 C═O 键处在一直线上，两个 C═O 键的极性互相抵消，整个 CO_2 分子中正、负电荷中心重合，所以 CO_2 分子是非极性分子。

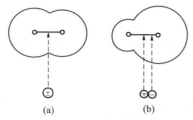

图 5-12　H_2 和 HCl 分子电荷分布示意图

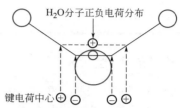

图 5-13　H_2O 分子中的电荷分布

总之，共价键是否有极性，决定于相邻两原子间共用电子对是否有偏移；而分子是否有极性，决定于整个分子正、负电荷中心是否重合。

3. 偶极矩（μ）

分子极性的大小，可用描述分子极性的物理量——分子的偶极矩来表示。

如图 5-14 所示，偶极矩（μ）定义为：分子中电荷中心（正电荷中心或负电荷中心）上的电荷量（q）与正、负电荷中心间距离（d）的乘积：

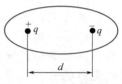

图 5-14　分子的偶极矩

$$\mu = qd$$

d 又称为偶极长度。分子偶极矩的具体数值可以通过实验测出，它的单位是 C·m（库仑·米）。偶极矩是矢量，其方向规定为从正到负。表 5-4 为一些分子的偶极矩数值。

表 5-4　一些分子的偶极矩

物　质	$\mu/(10^{-30}C·m)$	物　质	$\mu/(10^{-30}C·m)$	物　质	$\mu/(10^{-30}C·m)$
H_2	0.0	CO	0.33	H_2S	3.67
N_2	0.0	NO	0.53	NH_3	5.00
CO_2	0.0	HI	1.27	SO_2	5.33
CS_2	0.0	HBr	2.63	H_2O	6.23
CH_4	0.0	HCl	3.61	HF	6.40
CCl_4	0.0				

显然，偶极矩等于 0 的分子即为非极性分子，反之偶极矩大于 0 的分子，就是极性分子。偶极矩越大，分子的极性越强。因而可以根据偶极矩数值的大小比较分子极性的相对强弱。例如：

HX	$\mu/(10^{-30}C·m)$	分子极性相对强弱
HF	6.40	依
HCl	3.61	次
HBr	2.63	减
HI	1.27	弱

此外，还可以根据偶极矩数值验证和推断某些分子的几何构型。例如，通过实验测知 H_2O 分子的偶极矩不为 0，可以确定 H_2O 分子中正、负电荷中心是不重合的，由此可以认为 H_2O 分子不可能是直线形而为 V 形。又例如通过实验测知 CS_2 分子的偶极矩为 0，说明 CS_2 分子的正、负电荷中心是重合的，由此可以推断 CS_2 分子应为直线形。

练一练

CS_2 分子（直线形）和 H_2S 分子（"V"形）是极性分子，还是非极性分子？

二、分子的极化

极性分子和非极性分子的结构通常是指在没有外电场作用下的情况，如果将某物质置于外电场中，分子的内部结构将会发生某些变化，其性质也受到影响。

如图 5-15 所示，非极性分子在外电场作用下，带正电的核被吸引向负极，电子则被吸引向正极。**电子云与核产生了相对位移，分子发生了变形，分子内正、负电荷中心发生了分离，产生了偶极，这一过程叫做分子的极化。这种因外电场的诱导作用所形成的偶极叫做诱导偶极。电场越强，分子变形越厉害，诱导偶极愈大。当外电场取消后，诱导偶极消失，正、负电荷中心又重合起来，这时分子重新变为非极性分子。**

极性分子在外电场作用下，也能发生极化，但与非极性分子稍有不同。**极性分子本身就已具有偶极，这种偶极称为固有偶极。如将极性分子置于外电场中，本来运动着的杂乱无序的分子，受到外电场作用，分子的正极引向负极，负极引向正极，这种作用称为取向作用，如图 5-16 所示。**同时在电场影响下，分子也会发生变形，产生诱导偶极，诱导偶极加上固有偶极，分子的极性就更强了。因而，极性分子的极化是分子的取向和变形的总结果。

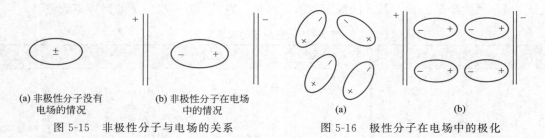

(a) 非极性分子没有　　　　(b) 非极性分子在电场　　　　　(a)　　　　　　(b)
电场的情况　　　　　　　　中的情况

图 5-15　非极性分子与电场的关系　　　　　图 5-16　极性分子在电场中的极化

分子的极化不仅能发生在外电场的作用下，也可以在相邻分子间发生。这是因为极性分子固有偶极就相当于微电场，所以当极性分子与极性分子、极性分子与非极性分子相邻时同样也会发生极化作用。这样的极化作用就会产生分子间力。

三、分子间力

一般地说，分子间力具有如下特点。

① 分子间力是一种短程力，随分子间距离的增大而很快减小。

② 分子间力没有方向性和饱和性。

③ 分子间力是一种弱的相互作用力，比化学键能小得多，通常不影响物质的化学性质，但它是决定物质的熔点、沸点、汽化热、熔化热及溶解度等物理性质的重要因素。

分子间力包括色散力、诱导力和取向力。

（1）色散力 当非极性分子相互靠近时，由于分子中的电子不断运动和原子核的不断振动，经常发生电子和原子核之间的相对位移，因而产生了瞬时偶极，不同分子间，瞬时偶极总处于异极相邻的状态。虽然瞬时偶极存在的时间短暂，但这种异极相邻的状态在不断地重复，使分子间始终存在着引力。瞬时偶极间的作用力叫色散力，它是分子间普遍存在的作用力。一般来讲，分子的变形性越大，色散力越大。对于同类分子间，如卤素分子间、稀有气体分子间等，分子量越大，色散力越大。

（2）诱导力 当极性分子与非极性分子相互靠近时，因每种分子都有变形性，都会产生瞬时偶极，所以，这两种分子间同样具有色散力。此外，由于极性分子的固有偶极产生的电场使非极性分子发生变形，即使原来正负电中心重合的非极性分子产生诱导偶极使分子间产生引力。这种固有偶极与诱导偶极之间的作用力叫诱导力。

诱导力的本质是静电力，极性分子的极性越大，非极性分子的变形性越大，诱导力越大。

（3）取向力 当极性分子彼此靠近时，除了色散力仍在起作用外，由于分子的固有偶极之间同极相斥、异极相吸，使得分子在空间按异极相邻状态取向，因此而产生的分子间力叫取向力。分子的极性越大，分子间的取向力越大。

另外，由于取向力的存在使极性分子更加靠近，在相邻分子的固有偶极作用下，每个分子的正负电荷中心更加分开，产生了诱导偶极，因此，极性分子间也还存在着诱导力。

总之，在非极性分子之间只存在色散力；在极性分子与非极性分子之间存在色散力和诱导力；在极性分子之间则三种力都存在。色散力存在于一切分子之间，而且一般是最主要的一种力，只有当分子的极性很大时（如 H_2O 分子之间）才以取向力为主，而诱导力一般都很小。这种情况如表 5-5 所示。

表 5-5 一些分子的分子间作用能的分配

分 子	$\mu/(10^{-30}C \cdot m)$	取向力 /(kJ/mol)	诱导力 /(kJ/mol)	色散力 /(kJ/mol)	总作用力 /(kJ/mol)
Ar	0	0	0	8.49	8.49
Xe	0	0	0	17.41	17.41
CO	0.40	0.003	0.008	8.74	8.75
HI	1.27	0.025	0.113	25.87	26.01
HBr	2.64	0.690	0.502	21.94	23.13
HCl	3.57	3.310	1.000	16.83	21.14
NH_3	4.91	13.310	1.550	14.95	29.81
H_2O	6.18	36.390	1.930	9.00	47.32

四、分子间力与物质性质的关系

1. 对熔点、沸点的影响

对于化学性质相似的同类型物质，如稀有气体、卤素等，分子间力的大小主要决定于色散力，故随分子量的增大，分子变形性增强，熔点、沸点升高。

对于分子量相近而极性不同的分子，极性分子的熔点、沸点往往比非极性分子的高。这是因为极性分子间除了色散力之外，还存在取向力和诱导力。如 CO 与 N_2 分子量相近，但 CO 熔点、沸点较高。

稀有气体从 He 到 Xe 在水中的溶解度依次增加，是因为由 He 到 Xe 分子变形性逐渐增大，致使水分子与稀有气体间的诱导力依次增大的缘故。

2. 对相互溶解的影响

人们用大量实验事实总结出了"结构相似相溶"规律，即溶质、溶剂的结构愈相似，溶解前后分子间的作用力变化愈小，这样的溶解过程就愈容易发生。

强极性分子间存在着强取向力，如 NH_3 和 H_2O 可以互溶，CCl_4 是非极性分子，几乎不溶于水，而 I_2 分子与 CCl_4 分子都是非极性分子，故 I_2 易溶于 CCl_4，而难溶于水。

此外，分子间力对分子型物质的硬度也有一定的影响，极性小的物质，分子间力较小，因而硬度不大。

五、氢键

前面已提及，结构相似的同系列物质的熔点、沸点一般随分子量的增加而升高，但氢化物中唯有 NH_3、H_2O、HF 的熔点、沸点高于同族其他元素。卤族元素氢化物的沸点见表 5-6。

表 5-6　卤族元素氢化物的沸点

氢 化 物	HF	HCl	HBr	HI
沸点/℃	20	−84	−67	−35

氟化氢沸点的反常现象，说明氟化氢分子之间有更大的作用力，致使简单分子缔合为复杂分子。所谓缔合，就是由简单分子结合成比较复杂的分子，而不引起物质化学性质改变的现象。

$$n\,HF \rightleftharpoons (HF)_n$$

HF 分子缔合的重要原因是由于分子间形成了氢键。氟原子的电负性很大，HF 中的共用电子对极度偏向氟原子一方，而使氢原子几乎变成一个没有电子且半径极小的核。因此，这个氢原子能和另一个 HF 分子中的氟原子互相吸引，形成氢键。

若以 X—H 表示氢原子的一个强极性共价键，以 Y 表示另一个电负性很大的原子，以 H---Y 表示氢键，则氢键的通式可表示为：

$$X—H\text{---}Y$$

1. 氢键形成的条件

① X—H 为强极性共价键，即 X 元素电负性要大，且半径要小。

② Y 元素的原子要有吸引氢核的能力。即 Y 元素电负性要大，原子半径要小，而且有孤电子对。

总之，X、Y 元素电负性愈大，原子半径愈小，形成的氢键愈牢固。氟、氧、氮原子都能形成氢键。例如，水分子间有氢键存在。

$$\cdots H\!-\!O\cdots H\!-\!O\cdots H\!-\!O\cdots$$
$$\qquad |\qquad\quad |\qquad\quad |$$
$$\qquad H\qquad\;\; H\qquad\;\; H$$

氯原子的电负性虽大，但原子半径也较大，形成的氢键 Cl—H⋯Cl 非常弱；而碳原子的电负性小，不能形成氢键。

2. 氢键具有饱和性和方向性

当化合物中氢原子与一个 Y 原子形成氢键后，就不能和第二个 Y 原子形成氢键了，这就是氢键的饱和性。

在 X—H⋯Y 形成氢键时，只有 X—H⋯Y 三个原子在一条直线上，作用力最强，这就是氢键的方向性。

氢键的键能一般与分子间力是同一数量级。分子间氢键的形成，增强了分子间的作用力，欲使这些物质汽化，除了克服分子间力以外，还要破坏氢键，这就需要消耗更多的能量，所以 NH_3、H_2O、HF 的沸点高于同族其他元素的氢化物。总的来说，形成氢键的物质熔点、沸点常有反常的现象。氢键的形成对化合物的物理、化学性质有各种不同的影响。如氨极易溶于水，就是由于氨分子与水分子间形成了氢键；水分子之间形成了具有方向性的氢键，使其结构疏松，所以冰的密度比水小。对氢键本质的认识，还有许多问题尚不清楚，有待进一步研究。

第三节 晶体的基本类型

一般地说，固体物质可以分为晶体和非晶体两大类，并以晶体为多数。

一、晶体的特征

1. 晶体具有一定的几何外形

例如，食盐晶体是立方体，明矾晶体是正八面体（见图 5-17）。非晶体则没有一定的几何形状，如玻璃、沥青等。

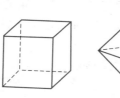

图 5-17 食盐和明矾的晶体

2. 晶体具有各向异性

晶体的物理性质，在不同方向上是不同的，这称为各向异性。晶体的光学性质、导热性、解离性等，从不同的方向测定时是不一样的。如云母片可以层层剥离，但其垂直方向上撕开时，就困难得多；又如食盐只能沿一定方向才能劈裂成小立方体。非晶体各向是同性的，当打碎一块玻璃时，它不会沿着一定方向破裂，而是得到不同形状的碎片。

3. 晶体具有固定的熔点

把晶体加热到某一温度时，它开始熔化，继续加热，温度却保持不变，只有当晶体全部熔化后，温度才继续升高，这说明晶体具有固定的熔点，不同的晶体熔点不同，利用这一点可以分辨不同的晶体。非晶体在加热时，随着温度的升高而逐渐变软，流动性增大，最后变成液体，说明非晶体没有固定的熔点，沥青的熔化就是一个典型的例子。

二、晶体的基本概念

晶体与非晶体性质的差异，主要是由内部结构决定的。

1. 晶体

晶体的外表特征是具有一定的、整齐的、有规则的几何外形。由物质质点（分子、离子、原子）在空间有规则地排列成的，并具有整齐外形的多面体固体叫晶体。图 5-18 分别是食盐、明矾、硝石的晶体外形。

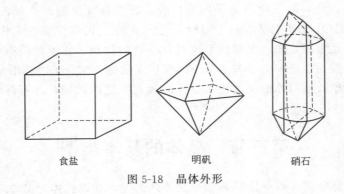

食盐　　　　　　明矾　　　　　　硝石

图 5-18　晶体外形

应该指出，在一定条件下，晶体与非晶体也可以相互转化，例如石英晶体可以转化为石英玻璃（非晶体）；玻璃（非晶体）也可以转化为晶态玻璃。另外，金属经特殊处理也可以成为非晶体。这在新技术领域有其特殊的应用价值。

2. 晶格

晶体的外形是晶体内部结构的反映。在 19 世纪，晶体学家布拉维（Bravias）等人提出，在晶体内部构成晶体的质点有规则地周期性排列在一定的点上，把这些点联结而形成的空间格子称为晶格。空间点阵是晶体结构最基本的特征（图 5-19）。

3. 晶格结点

如图 5-19，空间点阵中的每一个点叫做晶格结点。

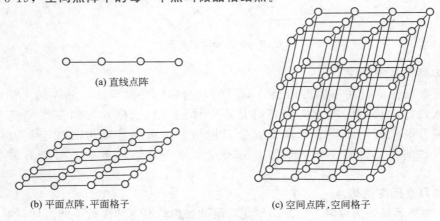

(a) 直线点阵

(b) 平面点阵，平面格子　　　　　　(c) 空间点阵，空间格子

图 5-19　点阵

4. 晶胞

晶胞就是能表现某晶体一切特性的最小单元。

三、晶体的基本类型

根据组成晶体的微粒，以及微粒之间的作用力，可将晶体分为以下几种类型。

1. 离子晶体

若在晶格结点上，按一定规则排列着阳离子和阴离子，靠阴阳离子之间以静电引力（离子键）互相结合成的晶体，叫离子晶体。图 5-20 是 NaCl 和 CsCl 晶体结构。

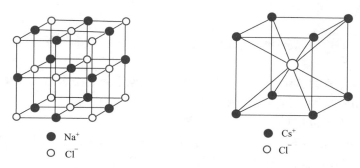

图 5-20　NaCl 和 CsCl 的晶体结构

在 NaCl 晶体中，晶格结点上的质点为 Na^+、Cl^-，质点间作用力为离子键。由于离子键没有方向性和饱和性，每个 Na^+ 同时吸引 6 个 Cl^-；每个 Cl^- 也同时吸引着 6 个 Na^+。在 CsCl 晶体中，每个 Cs^+ 同时吸引着 8 个 Cl^-；每个 Cl^- 同时也吸引着 8 个 Cs^+。因此，在 NaCl 和 CsCl 晶体中，都不存在单个的 NaCl 分子或单个的 CsCl 分子。不过在这种晶体里，两种离子数之比均为 1∶1。所以，严格地说，NaCl 和 CsCl 都是表示晶体中两种离子的比例的化学组成式，而不是分子式。

在离子型晶体中，阴阳离子之间有很强的静电作用，所以属于离子型晶体的化合物具有较高的熔点和沸点。它们在熔融状态或水溶液中都是电的良导体；大多数离子型化合物易溶于极性溶剂，特别是水，但基本不溶于非极性溶剂。

2. 原子晶体

若在晶格结点上排列着原子，原子和原子之间靠共价键结合成的晶体，叫做原子晶体。如在金刚石晶体中，每个碳原子（sp^3 杂化，形成四个 sp^3 杂化轨道）都处于与其周围的四个碳原子相结合形成的正四面体中心，组成了金刚石的巨型分子。所以在原子晶体中也不存在单个的小分子，如图 5-21 所示。

原子晶体是由原子以共价键相结合而形成的，破坏原子晶体内的共价键需要很多能量。因此，原子晶体的特点是硬度大（金刚石是所有物质中最硬的），熔点、沸点比离子晶体高（金刚石的熔点高达 3570℃，沸点为 4827℃），在一般溶剂中不溶解，固态和液态时均不导电。但有些原子晶体如硅、锗等却是优良的半导体。

3. 分子晶体

若在晶格结点上排列着分子，质点间的作用力是分子间力，这样的晶体叫做分子晶体。由于分子间力很弱，所以分子晶体的硬度小，熔点、沸点低。在室温下的气体物质，或在室温下易挥发的液体，易熔化、易升华的固体物质都是分子晶体。如氢气（沸点－233℃）、甲烷（沸点－162℃）、水、二氧化碳等。图 5-22 为二氧化碳的晶体结构。

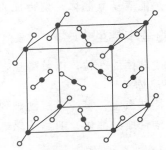

图 5-21　金刚石的结构图　　　　图 5-22　二氧化碳的晶体结构图

分子是电中性的，所以分子晶体无论是固态还是液态一般都不导电。

4. 金属晶体

若在晶格结点上排列着金属原子和金属离子，质点之间的结合靠公用化的自由电子与金属离子的相互吸引，这种晶体叫做金属晶体。

金属晶体的特性可以用自由电子理论来解释：

① 由于自由电子并不受某种具有特征能量和方向的键的束缚，因此它们能够吸收并重新发射波长范围很宽的光线，使金属不透明，并具有金属光泽；

② 由于自由电子在外加电场作用下可以定向流动而形成电流，因而金属具有导电性；

③ 由于自由电子在运动中不断地和金属阳离子发生碰撞而产生能量交换，从而把受热部分的热能传给温度较低的部分，使整个金属的温度很快地达到均一，因此金属具有良好的导热性；

④ 由于在结构上自由电子具有胶合作用，当金属晶体受外力作用时，金属阳离子及原子间易产生滑动而不易断裂，因此金属易加工成薄片或拉成金属细丝，表现出良好的延展性。

但是，金属键的自由电子理论只能定性地说明金属的某些特性，而难以定量解释。

四、层状晶体

除了上述四种晶体外，有些物质是混合型晶体。例如石墨，晶格结点上每个碳原子

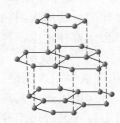

图 5-23　石墨的晶体结构

（进行了 sp^2 杂化，形成三个 sp^2 杂化轨道）与周围的碳原子相互以 σ 键结合，呈六角形的蜂巢状的层状结构，如图 5-23 所示。每一个碳原子还剩余一个 p 轨道和一个 p 电子，p 轨道与各层平面垂直并侧面相交，所有剩余的 p 电子在整个晶体各层间自由移动，相当于金属晶体中的自由电子，所以石墨有金属光泽，能导电、传热。层与层之间相隔 340pm，距离较大，是以微弱的范德华力结合起来的。因此层间容易滑动，工业上石墨用作固体润滑剂、电极等。由于同一层上碳原子间结合力很强，极难破坏，所以石墨的熔点很高，化学性质也很稳定。

石墨是介于原子晶体、金属晶体、分子晶体之间的混合型晶体，也称过渡型晶体。石棉、云母也属于这类晶体。

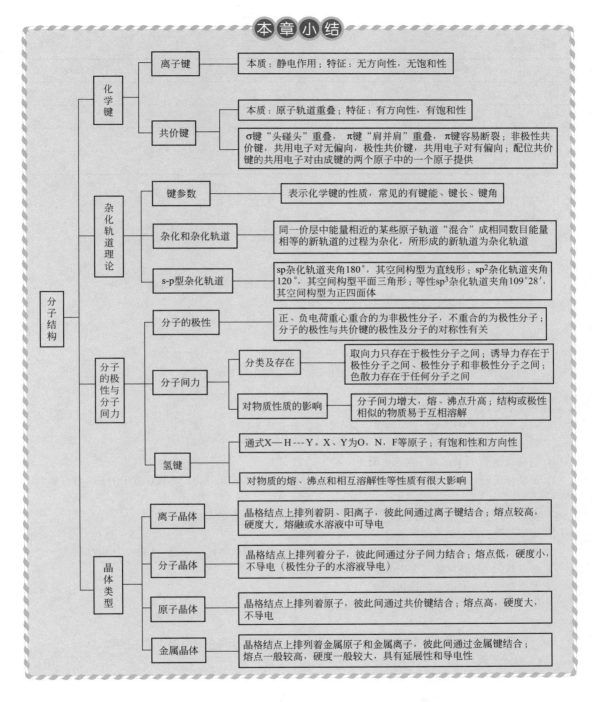

本章小结

思考与习题

---

1. 填空题

（1）$MgCl_2$ 中所含的化学键的类型是_____，H_2O 分子中所含的化学键的类型是_____。

（2）H_2S 分子的空间构型为_____，中心原子 S 采取_____杂化。

（3）离子键的特征是没有_____和_____。

（4）按晶格中的结构粒子种类和键的性质来划分，晶体可分为_____、_____、_____和

_____四种基本类型。

（5）填充下表。

分子式	中心原子杂化轨道类型	分子空间构型	键是否有极性	分子间力的种类
CH_4				
H_2O				
CO_2				
BCl_3				

2. 选择题

（1）下列各组物质之间，能形成氢键的是（　　）。

    A. HCl、H_2O　　　　B. CH_4、HCl　　　　C. N_2、H_2O　　　　D. HF、H_2O

（2）共价键最可能存在于（　　）。

    A. 金属原子之间　　　　　　　　　　B. 非金属原子之间

    C. 金属原子和非金属原子之间　　　　D. 电负性相差很大的元素的原子之间

（3）下列分子属于非极性分子的是（　　）。

    A. HCl　　　　　　B. NH_3　　　　　　C. SO_2　　　　　　D. CO_2

（4）下列各键中，不具有饱和性和方向性特征的是（　　）。

    A. 配位键　　　　　B. 共价键　　　　　C. 离子键　　　　　D. 氢键

（5）下列化合物中，具有强极性共价键和配位键的离子化合物为（　　）。

    A. $NaOH$　　　　　B. H_2O　　　　　C. NH_4Cl　　　　　D. $MgCl_2$

3. 是非题（正确的划"√"，错误的划"×"）

（1）由于极性分子分子间力大，故极性分子熔点、沸点比非极性分子高。（　　）

（2）具有极性共价键的分子，一定是极性分子。（　　）

（3）氢键就是 H 与其他原子间形成的化学键。（　　）

（4）极性分子间只存在取向力，极性分子与非极性分子间只存在诱导力，非极性分子间只存在色散力。（　　）

（5）浓硫酸、甘油等液体黏度大，是由于它们分子间可形成众多的氢键。（　　）

（6）多原子分子中，键的极性越强，分子的极性就越强。（　　）

（7）NH_3 和 H_2O 分子的中心原子均采用 sp^3 杂化轨道成键，因此二者的空间构型也相同。（　　）

（8）键能越大，键越牢固，分子也越稳定。（　　）

（9）非极性分子中只有非极性共价键。（　　）

（10）sp^2 杂化轨道是由 1s 轨道与 2p 轨道混合形成的。（　　）

4. 问答题

（1）三种固态物质分别具有下列三种特性，请你说出它们各属于哪一种类型的晶体物质？

    ① 熔点很低；

    ② 由共价键组成的晶体，熔点很高；

    ③ 能溶于水，熔融后能导电。

（2）用分子间力说明以下事实。

    ① 常温下 F_2、Cl_2 是气体，Br_2 是液体，I_2 是固体。

    ② 稀有气体 He—Ne—Ar—Kr—Xe 的沸点随着分子量的增大而升高。

（3）试解释：

    ① 水的沸点比同族元素氢化物的沸点高。

    ② NH_3 易溶于水，而 CH_4 则难溶于水。

    ③ HBr 的沸点比 HCl 高，但又比 HF 的低。

（4）填充下表。

物质	晶格结点上的粒子	晶格结点上粒子间的作用力	晶体类型	熔点（高或低）	导电性
NaCl Cu SiC 冰					

理想晶体和实际晶体

晶体内每一个粒子的排列完全符合某种规律的晶体称为理想晶体。但是这种完美无缺的晶体是不可能形成或制取的。由于晶体生成条件（如物质的纯度、溶液的浓度和结晶温度等）难以控制到理想的程度，实际上得到的真实晶体，无论外形上还是内部结构上都会有这样或那样的缺陷。

从晶体外形看，由于结晶时通常总是数目众多的微晶体结在一起同时生长，而各微晶体的晶面取向又不可能完全相同，这就会使得长成的晶体外形发生不规则的变化。晶体在生长过程中，若某个晶面上吸附了结晶母液中的杂质，该晶体成长受到阻碍，也会使最后长成的晶体外形发生变化。

晶体内部结构上的缺陷类型大致分为：

（1）空穴缺陷　晶体内某些晶格结点位置上缺少粒子，使晶体内出现空穴，如图 5-24 中 a 所示。

（2）置换缺陷　晶体内组成晶体的某些粒子被少量别的粒子取代所造成的晶体缺陷，如图 5-24 中 b 所示。

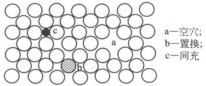

a—空穴；
b—置换；
c—间充

图 5-24　晶体的缺陷示意图

（3）间充（或填隙）缺陷　晶体内组成晶体粒子堆积的空隙位置被外来粒子所填充，如图 5-24 中 c 所示。

晶体中的缺陷影响晶体的光、电、磁、声、力、热学等方面的物理性质和化学活性。

某些晶体缺陷在材料科学、多相反应动力学的领域中具有重要的理论意义和实用价值。例如，纯铁中加入少量碳或某些金属可制得各种优良性能的合金钢；纯锗中加入微量镓或砷，可以强化锗的半导体性能；晶体表面的缺陷位置往往正是多相催化反应催化剂的活性中心。

实际晶体中，晶体各结点上质点间的结合力只有少数属于纯粹离子键、共价键、金属键或分子间力中的一种。多数晶体物质实际上是混合键型或过渡键型（又称杂化键型）。键型过渡现象又称为键型变异。

实际晶体中，不仅存在着离子键与共价键之间的过渡键型，而且存在着各种结合力之间的过渡键型，有的甚至很难确定究竟形成什么键，这足以说明了物质结构的复杂性。

第六章
化学反应速率和化学平衡

 **学习目标**

知识目标：

1. 理解化学反应速率的概念、表示方法和反应速率方程；
2. 掌握浓度（或分压）、温度、催化剂对化学反应速率的影响；
3. 掌握化学平衡的特征、化学平衡常数的概念及平衡移动的原理；
4. 掌握有关化学平衡的计算。

能力目标：

1. 能利用质量作用定律写出基元反应的速率方程；
2. 能利用反应速率的影响因素，判断化学反应速率的快慢；
3. 能正确理解平衡常数的物理意义及表示方法；
4. 能运用平衡移动原理说明浓度、压力及温度对化学平衡的影响。

第一节　化学反应速率

一、化学反应速率的定义

不同的化学反应进行的快慢程度不同，有些反应进行得很快，瞬间就能完成，如炸药爆炸，照相底片感光，酸碱中和等；而有些反应进行得很慢，如食物的腐败、钢铁生锈，氢和氧在室温下混合几十年都不会生成一滴水等。为了比较各种化学反应进行的快慢，需要建立化学反应速率的概念。

化学反应速率可以用单位时间内某一反应物或生成物浓度变化量的正值来表示。浓度的单位常用 mol/L，时间的单位可选秒（s）、分（min）、小时（h）等。绝大多数的化学反应在反应进行中速率是不断变化的，因此在描述化学反应速率时可选用平均速率或瞬时速率。

对于反应：

$$aA + bB \longrightarrow cC + dD$$

平均速率可表示为：

$$\bar{v}(A) = -\frac{\Delta c(A)}{\Delta t} \qquad \bar{v}(B) = -\frac{\Delta c(B)}{\Delta t}$$

因为反应物浓度随反应时间的增加而降低，为了使反应速率为正值，所以需在表示式中加一个负号。

若以生成物表示，则不同，无需再加负号。

$$\overline{v}(C) = \frac{\Delta c(C)}{\Delta t} \qquad \overline{v}(D) = \frac{\Delta c(D)}{\Delta t}$$

反应速率的单位是 mol/(L·s)、mol/(L·min) 或 mol/(L·h)。

若为气体反应，也可用气体分压的变化来表示。

【例 6-1】 在一定温度和体积下由 N_2 和 H_2 合成 NH_3：

$$N_2(g) + 3H_2(g) \longrightarrow 2NH_3(g)$$

起始浓度/(mol/L)	1.0	3.0	0
2s 末浓度/(mol/L)	0.8	2.4	0.4

计算反应开始后 2s 内的平均速率。

解 分别以 N_2、H_2 和 NH_3 的浓度变化来表示反应速率：

$$\overline{v}(N_2) = -\frac{\Delta c(N_2)}{\Delta t} = -\frac{0.8-1.0}{2-0} = 0.1 \, mol/(L \cdot s)$$

$$\overline{v}(H_2) = -\frac{\Delta c(H_2)}{\Delta t} = -\frac{2.4-3.0}{2-0} = 0.3 \, mol/(L \cdot s)$$

$$\overline{v}(NH_3) = \frac{\Delta c(NH_3)}{\Delta t} = \frac{0.4-0}{2-0} = 0.2 \, mol/(L \cdot s)$$

从上例可以看出，以不同物质的浓度变化来表示反应速率时，同一反应的速率数值可能不同，但它们之间的比值恰好等于反应方程式中各物质化学式前计量数的比，即：

$$\overline{v}(N_2) : \overline{v}(H_2) : \overline{v}(NH_3) = 1 : 3 : 2$$

因此在表示某一反应速率时应标明是哪种物质的浓度变化，虽然数值可能不同，但是意义都一样。

在化学反应中，由于各物质的浓度随时间而改变，因此在某一时间间隔内的化学反应速率也随时间不断变化，所以不同的时间间隔内的平均速率是不同的，要真实地反映出这种不同，必须采用瞬时速率。瞬时速率是指某一时刻的真实速率。

想一想

[例 6-1] 中，同一化学反应用不同物质的浓度变化表示的反应速率为何不同？

二、影响化学反应速率的因素

化学反应速率的大小主要取决于反应物的本性。此外，还受浓度、温度、催化剂等外界条件的影响。

1. 浓度对化学反应速率的影响

（1）基元反应和非基元反应　一步就能完成的反应称为基元反应。例如：

$$NO_2(g) + CO(g) \longrightarrow NO(g) + CO_2(g)$$

$$2NO_2(g) \longrightarrow 2NO(g) + O_2(g)$$

两步或两步以上才能完成的反应称为非基元反应。例如：

$$H_2(g) + I_2(g) \longrightarrow 2HI(g)$$

实际上是分两步进行的。

浓度对化学
反应速率
的影响

第一步 $I_2(g) \longrightarrow 2I(g)$

第二步 $H_2(g) + 2I(g) \longrightarrow 2HI(g)$

每一步均为基元反应，总反应为两步反应的和。

（2）经验速率方程 人们通过实验发现，对大多数化学反应来说，当其他外界条件相同时，反应物浓度增大，反应速率增大，反应物浓度减少，反应速率也减小。

【演示实验 6-1】 在一支试管中加入 1mL 2mol/L H_2SO_4 溶液，再加入 1～2 粒锌粒，观察到，随着反应的进行，放出氢气的速率逐渐减小。这是由于硫酸浓度逐渐降低所造成的。此时，再加入 1mL 2mol/L H_2SO_4 溶液，放出氢气的速率大大加快。

由此得出反应速率和反应物浓度之间的定量关系。对于任一基元反应，如：

$$aA + bB \longrightarrow cC + dD$$

在一定温度下，反应速率与各反应物浓度幂的乘积成正比。浓度指数在数值上等于基元反应中各反应物前面的化学计量数。这种定量关系可用质量作用定律即经验速率方程来表示，其数学表达式为：

$$v \propto c^a(A)c^b(B)$$
$$v = kc^a(A)c^b(B) \tag{6-1}$$

式中 v——反应的瞬时速率；

    $c(A)$——A 物质的瞬时浓度，mol/L；

    $c(B)$——B 物质的瞬时浓度，mol/L；

    a——反应式中 A 物质的化学计量数；

    b——反应式中 B 物质的化学计量数；

    k——反应的速率常数。

当 $c(A) = c(B) = 1mol/L$ 时，v 与 k 的数值相等，即速率常数 k 可看作一定温度下某反应的反应物为单位浓度时的反应速率。

k 是化学反应在一定温度下的特征常数。其数值的大小，取决于反应的本质。一定温度下，不同反应其速率常数不同。对于同一反应而言，反应物浓度对 k 值无影响，但温度、催化剂等因素对 k 值的大小有影响。

在应用速率方程时，必须注意下列问题。

① 速率方程只适用于基元反应。对于非基元反应，反应物浓度的指数必须由实验测出，它往往与反应式中的化学计量数不一致。其数学表达式为：

$$v = kc^\alpha(A)c^\beta(B) \tag{6-2}$$

上式中，α、β 分别为对反应物 A、B 的反应级数，$\alpha + \beta = n$ 为反应的总级数。

② 反应中出现反应物的浓度几乎不变的物质（如纯固态、纯液态物质，其浓度可视为常数；稀水溶液中进行的反应，由于反应过程中水的浓度变化不大，亦可视为常数）时，速率方程表达式中不必列入该物质的浓度。例如：

$$C(s) + O_2(g) \longrightarrow CO_2(g)$$
$$v = kc(O_2)$$
$$2Na(s) + 2H_2O \longrightarrow 2NaOH + H_2\uparrow$$
$$v = k$$

2. 压力对化学反应速率的影响

对于有气态物质参加的反应，压力影响反应速率。在一定温度时，增大压力，气态反应物质的浓度增大，反应速率增大；相反，降低压力，气态反应物的浓度减小，反应速率减小。例如：

$$N_2(g) + O_2(g) \longrightarrow 2NO(g)$$

当压力增大一倍时，反应速率增大至原来的 4 倍。

对于没有气体参加的反应，由于压力对反应物的浓度影响很小，所以压力改变，其他条件不变时，对反应速率影响不大。

3. 温度对化学反应速率的影响

温度对化学反应速率的影响特别显著。一般情况下，大多数化学反应的速率随着温度的升高而增大，随着温度的降低而减小。例如：

$$H_2O_2 + 2HI \longrightarrow I_2 + 2H_2O$$

当 $c(H_2O_2) = c(HI) = 1mol/L$ 时，表 6-1 列出了温度对 H_2O_2 与 HI 反应速率的影响。

温度对化学
反应速率
的影响

表 6-1　温度对 H_2O_2 与 HI 反应速率的影响

$t/℃$	0	10	20	30	40	50
反应速率	1.00	2.08	4.32	8.38	16.19	39.95

可以看出，温度每升高 $10℃$，反应速率大约增加为原来的两倍。

范特荷甫（J. H. Van't Hoff）研究了各种反应的反应速率与温度的关系，提出了一个近似的经验规律：一般化学反应，在一定的温度范围内，温度每升高 $10℃$，反应速率增加到原来的 $2\sim4$ 倍。

4. 催化剂对化学反应速率的影响

催化剂对
化学反应
速率的影响

催化剂是一种能显著改变化学反应速率，而本身在反应前后的组成、质量和化学性质都保持不变的物质。

【演示实验 6-2】　在两支试管中分别加入 1mL 3％ 的 H_2O_2 溶液，再往其中一支试管中加入少许 MnO_2 固体，观察到加入 MnO_2 的试管中立即有气泡产生，而另一支试管中很难见到气泡。

这是因为 MnO_2 加速了 H_2O_2 的分解。

$$2H_2O_2 \xrightarrow{MnO_2} 2H_2O + O_2\uparrow$$

有催化剂参加的反应叫催化反应。在催化剂的作用下，反应速率发生改变的现象叫催化作用。

催化剂按其作用可分为两大类：凡能增大反应速率的催化剂称正催化剂，例如接触法生产硫酸中的催化剂五氧化二钒；凡能减小反应速率的催化剂称负催化剂，例如减缓橡胶老化加入的防老剂。通常，若无特殊说明，催化剂均指正催化剂。

在采用催化剂的反应中，微量杂质也可能使催化剂的催化活性突然降低甚至丧失，这种现象称为催化剂的中毒。因此，在使用催化剂的反应中，必须使原料保持纯净。

化学反应速率除了受浓度、压力、温度和催化剂的影响外，还有一些其他因素也会影响化学反应的速率。对于多相反应❶来说，由于反应物处于不同的相，反应是在两相交界面上进行的，因而反应速率与界面的接触面大小有关。如对于有固体物质参加的反应，可以通过

---

❶　多相反应即反应体系中各部分组成不均匀的反应。组成均匀的部分为一相。

增大固体物质的表面积增加反应速率。同时，还可以采用搅拌来增大反应物的接触机会。此外，让生成物及时不断地离开界面，也可使反应速率增加。其他如超声波、紫外光、X射线和激光等也可能影响化学反应的速率。

第二节 化学平衡

一、可逆反应

各种化学反应中，反应物几乎能完全转变为生成物的仅占少数。例如当氯酸钾加热时，会全部分解为氯化钾和氧气。

$$2KClO_3 \xrightarrow[\triangle]{MnO_2} 2KCl + 3O_2 \uparrow$$

这种只能向一个方向进行的反应，称为不可逆反应。

在一定条件下既可以从左向右进行，也可以从右向左进行的反应，称为可逆反应。如：

$$2SO_2(g) + O_2(g) \underset{\triangle}{\overset{V_2O_5}{\rightleftharpoons}} 2SO_3(g)$$

通常把从左向右进行的反应称为正反应，从右向左进行的反应称为逆反应。可逆反应方程式中反应用符号$\rightleftharpoons$表示。

二、化学平衡的定义与特征

对于可逆反应：

$$N_2(g) + 3H_2(g) \rightleftharpoons 2NH_3(g)$$

反应开始时，体系中只有氮气和氢气，只能发生正向反应，此时体系中氮气和氢气浓度最大，正反应速率最大。随着反应的进行，氮和氢的浓度逐渐减小，因而正反应速率逐渐减小。但体系中一有氨生成，就出现了逆向反应，且随着反应的进行，氨的浓度逐渐增大，逆反应速率逐渐加大，直到体系内正、逆反应速率相等时，即$v_正 = v_逆$，这时体系达到平衡，称这种状态为化学平衡状态，简称化学平衡。这一过程中的正逆反应速率变化情况，如图6-1所示。

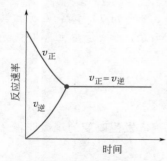

图6-1 可逆反应的正、逆反应速率随时间变化图

化学平衡的特征如下。

① 平衡时，$v_正 = v_逆 \neq 0$，即反应并没有停止，正逆反应仍在继续进行。

② 平衡时，反应物和生成物的浓度（称平衡浓度）不随时间而改变。

③ 化学平衡是动态平衡。当外界因素如浓度、压力、温度等改变时，平衡发生移动，在新的条件下，重新建立新的平衡。

三、化学平衡常数

（1）平衡常数　对于可逆反应：

$$2SO_2(g) + O_2(g) \rightleftharpoons 2SO_3(g)$$

在一定温度下，由大量平衡实验数据知，$\dfrac{c^2(\mathrm{SO_3})}{c^2(\mathrm{SO_2})c(\mathrm{O_2})}$ 这一比值总是常数。这一关系可表示为：

$$K_c = \dfrac{c^2(\mathrm{SO_3})}{c^2(\mathrm{SO_2})c(\mathrm{O_2})}$$

同样，对于其他的可逆反应，平衡实验数据表明也有此关系。因此，我们把 K 称为平衡常数。因其由实验测定，故称为实验平衡常数。

对于可逆反应：

$$a\mathrm{A} + b\mathrm{B} \rightleftharpoons c\mathrm{C} + d\mathrm{D}$$

在一定温度下达到平衡时，实验平衡常数用各生成物平衡浓度（或平衡分压）幂的乘积与各反应物平衡浓度（或平衡分压）幂的乘积之比表示，即：

$$K_c = \dfrac{c^c(\mathrm{C})c^d(\mathrm{D})}{c^a(\mathrm{A})c^b(\mathrm{B})} \qquad (6\text{-}3)$$

K_c 称为浓度平衡常数。

$$K_p = \dfrac{p^c(\mathrm{C})p^d(\mathrm{D})}{p^a(\mathrm{A})p^b(\mathrm{B})} \qquad (6\text{-}4)$$

K_p 称为压力平衡常数，其中分压以 Pa（或 kPa）为单位。

实验平衡常数有单位，其单位取决于生成物与反应物的化学计量数之差。即：

$$\Delta n = (c+d) - (a+b)$$

由理想气体状态方程及式(6-3)、式(6-4) 可以找出 K_c 与 K_p 之间的关系。

$$K_p = K_c(RT)^{\Delta n}$$

实际中，大多使用标准平衡常数 $K^{\ominus}$。

（2）书写平衡常数表达式时应注意的事项

① 平衡常数表达式中，用生成物的浓度（或分压）幂的乘积作为分子项，反应物的浓度（或分压）幂的乘积作为分母项。

② 平衡常数表达式必须与平衡方程式相对应。同一化学反应，以不同的平衡方程式表示时，平衡常数的数值不同。例如：

$$\mathrm{N_2(g)} + 3\mathrm{H_2(g)} \rightleftharpoons 2\mathrm{NH_3(g)}$$

$$K_1 = \dfrac{c^2(\mathrm{NH_3})}{c(\mathrm{N_2})c^3(\mathrm{H_2})}$$

如果将反应方程式写成：

$$\tfrac{1}{2}\mathrm{N_2(g)} + \tfrac{3}{2}\mathrm{H_2(g)} \rightleftharpoons \mathrm{NH_3(g)}$$

$$K_2 = \dfrac{c(\mathrm{NH_3})}{c^{1/2}(\mathrm{N_2})c^{3/2}(\mathrm{H_2})}$$

由上看出，K_1 与 K_2 的数值显然不同，它们之间的关系是：

$$K_1 = (K_2)^2 \quad \text{或} \quad K_2 = \sqrt{K_1}$$

③ 当有纯固体、纯液体物质参加反应时，其浓度可视为常数，不写进平衡常数的表达式中。例如：

$$\mathrm{CaCO_3(s)} \rightleftharpoons \mathrm{CaO(s)} + \mathrm{CO_2(g)}$$

$$K_c = c(CO_2)$$

在稀溶液中进行的反应，水是大量的，其浓度可视为常数，不需表示在平衡常数表达式中。例如：

$$Cr_2O_7^{2-}(aq) + H_2O(l) \rightleftharpoons 2H^+(aq) + 2CrO_4^{2-}(aq)$$

$$K_c = \frac{c^2(H^+)c^2(CrO_4^{2-})}{c(Cr_2O_7^{2-})}$$

🈺 练一练

反应 $H_2(g) + I_2(g) \rightleftharpoons 2HI(g)$ 和反应 $2HI(g) \rightleftharpoons H_2(g) + I_2(g)$ 的平衡常数如何表示？两者之间的关系如何？

（3）平衡常数的意义 平衡常数是可逆反应的特征常数，它的大小表明了在一定条件下反应进行的程度。对于同一类型反应，在给定条件下，K 值越大，表明正反应进行的程度越大，即正反应进行得越完全。

平衡常数与反应体系的浓度（或分压）无关，它只是温度的函数。对同一反应，温度不同，K 值不同。因此，使用时必须注明对应的温度。

四、标准平衡常数

标准平衡常数（$K^\ominus$）又称热力学平衡常数。它是这样规定的：在计算平衡常数时，若组分为气态物质，则将以"Pa"为单位的平衡分压先除以标准态的压力 $p^\ominus$（$1.01 \times 10^5\,Pa$）；若组分以溶液的形式存在，则将以"mol/L"为单位的平衡浓度先除以标准态的浓度 $c^\ominus$（1mol/L）。例如：

$$Zn + 2H^+ \rightleftharpoons Zn^{2+} + H_2$$

$$K^\ominus = \frac{[c(Zn^{2+})/c^\ominus][p(H_2)/p^\ominus]}{[c(H^+)/c^\ominus]^2}$$

式中，$c(Zn^{2+})/c^\ominus$ 和 $c(H^+)/c^\ominus$ 分别称为 Zn^{2+} 和 H^+ 的相对浓度，可分别用 $c'(Zn^{2+})$ 和 $c'(H^+)$ 表示；将 $p(H_2)/p^\ominus$ 称为 H_2 的相对分压，可用 $p'(H_2)$ 表示。这样上式便可简化为

$$K^\ominus = \frac{c'(Zn^{2+})p'(H_2)}{[c'(H^+)]^2}$$

对于在溶液中进行的大量反应，$K^\ominus$ 和 K_c 在数值上是相等的，只是 $K^\ominus$ 量纲为1。例如：

$$Sn^{2+} + 2Fe^{3+} \rightleftharpoons Sn^{4+} + 2Fe^{2+}$$

$$K_c = \frac{c(Sn^{4+})c^2(Fe^{2+})}{c(Sn^{2+})c^2(Fe^{3+})}$$

$$K^\ominus = \frac{[c(Sn^{4+})/c^\ominus][c(Fe^{2+})/c^\ominus]^2}{[c(Sn^{2+})/c^\ominus][c(Fe^{3+})/c^\ominus]^2} = \frac{c'(Sn^{4+})c'^2(Fe^{2+})}{c'(Sn^{2+})c'^2(Fe^{3+})}$$

两者数值在相同的温度下完全相等。在后续章节讨论的四大平衡的实际计算中，所涉及的绝大多数是以溶液形式存在的组分，故所用的平衡常数都是在数值上与 K_c 相等的、量纲为1的标准平衡常数 $K^\ominus$。书后附录中所提供的平均常数均为标准平衡常数 $K^\ominus$。

不难理解，热力学中不再把平衡常数区分为压力平衡常数 K_p 和浓度平衡常数 K_c。因

此，标准平衡常数 $K^{\ominus}$ 就简称为平衡常数，而 K_p 和 K_c 则称为实验平衡常数。

五、有关化学平衡的计算

1. 由平衡浓度（或分压）计算平衡常数

【例6-2】 已知二氧化碳气体与氢气的反应为：$CO_2(g)+H_2(g) \rightleftharpoons CO(g)+H_2O(g)$。在某温度下达到平衡时 CO_2 和 H_2 的浓度为 $0.44mol/L$，CO 和 H_2O 的浓度为 $0.56mol/L$，计算该温度下的平衡常数 K_c。

解
$$CO_2(g)+H_2(g) \rightleftharpoons CO(g)+H_2O(g)$$
$$K_c = \frac{c(CO)c(H_2O)}{c(CO_2)c(H_2)} = \frac{0.56 \times 0.56}{0.44 \times 0.44} = 1.62$$

2. 已知平衡常数和起始浓度，计算平衡组成和平衡转化率

平衡转化率简称为转化率，它是指反应达到平衡时，某反应物转化为生成物的百分率，常以 α 来表示。

$$\alpha = \frac{某反应物已转化的量(n)}{反应前该反应物的总量(n_总)} \times 100\%$$

若反应前后体积不变，反应物的量可用浓度表示。

$$\alpha = \frac{某反应物转化了的浓度(c)}{该反应物的起始浓度(c_始)} \times 100\%$$

【例6-3】 某温度时，反应 $CO(g)+H_2O(g) \rightleftharpoons H_2(g)+CO_2(g)$ 的平衡常数 $K_c=9$。若反应开始时 CO 和 H_2O 的浓度均为 $0.02mol/L$，计算平衡时体系中各物质的浓度及 CO 的平衡转化率。

解 （1）计算平衡时各物质的浓度

设反应达到平衡时体系中 H_2 和 CO_2 的浓度为 x

$$CO(g)+H_2O(g) \rightleftharpoons H_2(g)+CO_2(g)$$

起始浓度/(mol/L)	0.02	0.02	0	0
平衡浓度/(mol/L)	$0.02-x$	$0.02-x$	x	x

$$K_c = \frac{c(H_2)c(CO_2)}{c(CO)c(H_2O)}$$

$$K_c = \frac{x^2}{(0.02-x)^2} = 9$$

$$x = 0.015$$

平衡时　　　　　$c(H_2) = c(CO_2) = 0.015mol/L$

$$c(CO) = c(H_2O) = 0.02 - 0.015 = 0.005mol/L$$

（2）计算 CO 的平衡转化率

$$\alpha(CO) = \frac{0.015}{0.02} \times 100\% = 75\%$$

第三节　化学平衡的移动

因外界条件的改变，使化学反应从原来的平衡状态转变到新的平衡状态的过程叫做化学平衡的移动。影响化学平衡的主要外界因素有浓度、压力和温度，现分别讨论如下。

一、浓度对化学平衡的影响

浓度对化学
平衡的影响

【演示实验 6-3】　在盛有 5mL 0.1mol/L K_2CrO_4 溶液的试管中，逐滴加入 1mol/L H_2SO_4 溶液，溶液颜色由黄色变为橙色，再往试管中滴加 2mol/L NaOH 溶液，颜色又由橙色变为黄色。溶液中存在下列平衡

$$2CrO_4^{2-} + 2H^+ \rightleftharpoons Cr_2O_7^{2-} + H_2O$$
　　　（黄色）　　　　　　　（橙色）

在一定温度下，反应达到平衡时，$v_正 = v_逆$。加入一定量的 H_2SO_4 溶液，增加了反应物中的 $c(H^+)$，使正反应速率增加，此时 $v_正 > v_逆$，平衡向正反应方向移动，使得 $c(Cr_2O_7^{2-})$ 增大，因而溶液颜色由黄变橙。而 NaOH 溶液加入后，使溶液中 $c(H^+)$ 减小，因此，正反应速率随之减小，此时 $v_正 < v_逆$，平衡又由右向左移动，$c(CrO_4^{2-})$ 增大，颜色由橙色变为黄色。这一实验事实说明了浓度对化学平衡影响的一般规律。

对任意一个可逆反应：

$$a\text{A} + b\text{B} \rightleftharpoons c\text{C} + d\text{D}$$

在任意状态时，各生成物浓度（或分压）幂的乘积与各反应物浓度（或分压）幂的乘积之比为反应商（Q）。即

$$Q = \frac{c^c(\text{C})c^d(\text{D})}{c^a(\text{A})c^b(\text{B})} \tag{6-5}$$

或

$$Q = \frac{p^c(\text{C})p^d(\text{D})}{p^a(\text{A})p^b(\text{B})} \tag{6-6}$$

反应商表达式与平衡常数表达式的形式完全一样，但平衡常数表达式中各物质的浓度（或分压）是平衡状态下的，而反应商表达式中各物质的浓度（或分压）是任意状态下的。当 $Q = K^\ominus$ 时，体系处于平衡状态。当 $Q \neq K^\ominus$ 时，体系处于非平衡状态。若 $Q < K^\ominus$，说明生成物的浓度（或分压）小于平衡浓度（或分压），反应向右进行，直到 Q 重新等于 $K^\ominus$。反之，若 $Q > K^\ominus$，则反应向左进行，直到 $Q = K^\ominus$ 为止。

由此得出化学反应进行方向的反应商判据：$Q < K^\ominus$ 平衡向右移动；$Q = K^\ominus$ 系统处于平衡状态；$Q > K^\ominus$ 平衡向左移动。

即在一定温度下，增大反应物浓度或减小生成物浓度，化学平衡向右移动；减小反应物浓度或增大生成物浓度，化学平衡向左移动。

二、压力对化学平衡的影响

压力的变化对固态或液态物质的体积影响很小，因此在没有气态物质参加反应时，可忽略压力对化学平衡的影响。但是对于有气体参加的反应，压力的影响必须考虑。

对于可逆反应：

$$a\,A(g) + b\,B(g) \rightleftharpoons c\,C(g) + d\,D(g)$$

平衡时

$$K^{\ominus} = \frac{p'^{c}(C)\,p'^{d}(D)}{p'^{a}(A)\,p'^{b}(B)}$$

若在此体系中，保持温度不变，将系统的体积从原体积 V 压缩到 $(1/x)V$，则系统的总压力增大为原来的 x 倍，相应各组分的分压也都增大至原来的 x 倍，则

$$Q = \frac{[xp(C)]^{c}[xp(D)]^{d}}{[xp(A)]^{a}[xp(B)]^{b}} = x^{(c+d)-(a+b)}K = x^{\Delta n}K^{\ominus}$$

当 $\Delta n > 0$ 时，即生成物气体分子总数大于反应物气体分子总数，$Q > K^{\ominus}$，平衡向左移动（即平衡向气体分子总数减少的方向移动）。

当 $\Delta n < 0$ 时，即生成物气体分子总数小于反应物气体分子总数，$Q < K^{\ominus}$，平衡向右移动（即平衡向气体分子总数减少的方向移动）。

当 $\Delta n = 0$ 时，反应前后气体分子总数相等，此时，$Q = K^{\ominus}$，压力变化对平衡没有影响。

即在一定温度下，增大压力，化学平衡向气体分子总数减少的方向移动；减小压力，化学平衡向气体分子总数增加的方向移动。

【知识拓展】

当反应体系中加入不参与化学反应的气态物质（如惰性气体）时，压力改变对化学平衡的影响要根据具体情况而定。

当恒温恒压时，在已达平衡的反应体系中加入惰性气体，为了维系总压不变，系统的体积必然要增大（可由理想气体状态方程式得到），此时，各组分气体的分压相应减小。若 $\Delta n \neq 0$，$Q \neq K^{\ominus}$，平衡就要向气体分子总数增加的方向移动。

当压力变化而体系的温度和体积恒定时，在已达平衡的反应体系中加入惰性气体，此时系统的总压增加，但各物质的分压并没改变，$Q = K^{\ominus}$，平衡不发生移动。

三、温度对化学平衡的影响

温度也是影响化学平衡移动的重要因素之一，它与浓度、压力的影响有着本质的区别。浓度、压力变化时，平衡常数不变，只导致平衡发生移动。但温度变化时，平衡常数发生改变。例如，表 6-2 和表 6-3 是在不同温度下测得的平衡常数的数值。

表 6-2　不同温度时下列反应的平衡常数(一)

$$2SO_2(g) + O_2(g) \rightleftharpoons 2SO_3(g) \qquad q < 0$$

$t/℃$	400	425	450	475	500	525	550	575	600
$K^{\ominus}$	434	238	136	80.8	49.6	31.4	20.4	13.7	9.29

表 6-3　不同温度时下列反应的平衡常数（二）

$$CaCO_3(s) \rightleftharpoons CaO(s) + CO_2(g) \qquad q > 0$$

$t/℃$	500	600	700	800	900	1000
$K^{\ominus}$	9.7×10^{-5}	2.4×10^{-3}	2.9×10^{-2}	2.2×10^{-1}	1.05	3.70

从实验测定的数据可以看出，对于正向放热（$q < 0$）的反应（参见表 6-2），温度升高，平衡常数减小，此时，$Q > K^{\ominus}$，平衡向左移动；对于正向吸热（$q > 0$）的反应（参见表 6-3），温度升高，平衡常数增大，此时 $Q < K^{\ominus}$，平衡向右移动。

即升高温度，化学平衡向吸热方向移动；降低温度，化学平衡向放热方向移动。

四、催化剂与化学平衡

催化剂对一个可逆反应的正逆反应影响是等同的，即使正逆反应速率同时同倍数增大，因而催化剂不能改变平衡状态，只能减少体系达到平衡所需的时间。

五、勒夏特列原理

综合上述影响化学平衡移动的各种因素，1884 年法国科学家勒夏特列（Le Chatelier）概括出一条普遍规律：如果改变平衡体系的条件之一（如浓度、压力或温度），平衡就向能减弱这个改变的方向移动。这个规律称为勒夏特列原理，也叫平衡移动原理。

如合成氨反应：

$$N_2(g) + 3H_2(g) \rightleftharpoons 2NH_3(g) \qquad q = -176kJ/mol$$

当增加平衡体系中 N_2 或 H_2 的浓度时，平衡向生成 NH_3 的方向移动，使 N_2 和 H_2 的浓度相应降低。当增大平衡体系中的压力（不包括惰性气体）时，平衡向生成 NH_3 的方向移动，使体系中气体分子总数减少，压力相应降低。当降低平衡体系的温度时，平衡向生成 NH_3 的方向移动，使反应体系的温度升高。

平衡移动原理是一条普遍的规律，它适用于所有已经达到的动态平衡，包括物理平衡。但必须指出，它只能用于已经建立平衡的体系，对于非平衡体系是不适用的。

第四节　化学反应速率和化学平衡在生产中的应用

在实际生产及科研开发中，为了提高产品产量，降低成本，常常需要我们综合考虑反应速率和化学平衡两方面的因素，来选择最佳生产条件。下面就以二氧化硫转化为三氧化硫为例，讨论最佳工艺条件如何实现。

二氧化硫转化为三氧化硫的反应为：

$$2SO_2(g) + O_2(g) \rightleftharpoons 2SO_3(g) \qquad q < 0$$

这是一个可逆的放热反应，且反应后气体分子总数减少。根据化学平衡移动的原理，增大反应物的浓度、降低温度和增加压力均有利于 SO_3 产率的提高。对反应原料而言，由于 SO_2 的价格较贵，但来自于大气中的 O_2 的量充足，因此可以通过适当增加 O_2 的量来提高 SO_2 的转化率。对反应温度而言，虽然降低温度有利于 SO_2 的转化，但温度偏低，反应速率太慢，综合考虑应选择一个适当的温度（420～500℃）。增加压力可以提高 SO_3 产率，但所需设备投资及能耗会相应增多，生产成本增高，所以目前工业生产中不需采取加压措施，中压即可。用催化剂也可加快反应的转化速率。实验证明，许

多催化剂都能使 SO_2 的转化反应速率加快，但 V_2O_5 的效果最好，目前的化工生产中被普遍采用。

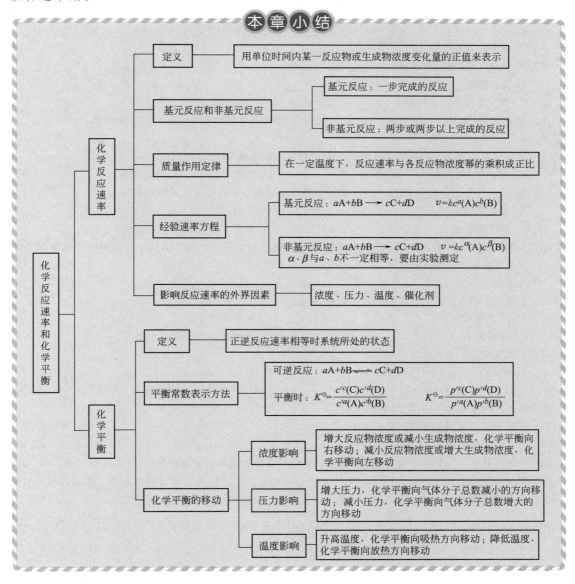

本章小结

化学反应速率和化学平衡

化学反应速率
- 定义 —— 用单位时间内某一反应物或生成物浓度变化量的正值来表示
- 基元反应和非基元反应
  - 基元反应：一步完成的反应
  - 非基元反应：两步或两步以上完成的反应
- 质量作用定律 —— 在一定温度下，反应速率与各反应物浓度幂的乘积成正比
- 经验速率方程
  - 基元反应：$aA+bB \longrightarrow cC+dD$ $v=kc^a(A)c^b(B)$
  - 非基元反应：$aA+bB \longrightarrow cC+dD$ $v=kc^{\alpha}(A)c^{\beta}(B)$
    α、β 与 a、b 不一定相等，要由实验测定
- 影响反应速率的外界因素 —— 浓度、压力、温度、催化剂

化学平衡
- 定义 —— 正逆反应速率相等时系统所处的状态
- 平衡常数表示方法 —— 可逆反应 $aA+bB \rightleftharpoons cC+dD$
  平衡时：$K^{\ominus}=\dfrac{c'^c(C)c'^d(D)}{c'^a(A)c'^b(B)}$ $K^{\ominus}=\dfrac{p'^c(C)p'^d(D)}{p'^a(A)p'^b(B)}$
- 化学平衡的移动
  - 浓度影响 —— 增大反应物浓度或减小生成物浓度，化学平衡向右移动；减小反应物浓度或增大生成物浓度，化学平衡向左移动
  - 压力影响 —— 增大压力，化学平衡向气体分子总数减小的方向移动；减小压力，化学平衡向气体分子总数增大的方向移动
  - 温度影响 —— 升高温度，化学平衡向吸热方向移动；降低温度，化学平衡向放热方向移动

思考与习题

1. 填空题

（1）影响化学反应速率的主要因素有_____、_____、_____、_____，影响化学平衡移动的因素有_____、_____、_____。

（2）已知基元反应 $2SO_2(g)+O_2(g)\longrightarrow 2SO_3(g)$，在密闭容器中进行。一定温度下，若将容器体积缩小到原来的 $\dfrac{1}{4}$，反应速率增大_____倍；若将压力增大到原来的 2 倍，反应速率增大_____倍。

（3）基元反应 $A(g)+2B(g)\longrightarrow C(g)$，某温度下，当 $c(A)=0.5mol/L$，$c(B)=0.6mol/L$ 时的反应速

率为 0.018 mol/L·min，则该温度下反应的速率常数是_____。

(4) 反应 $2Cl_2(g) + 2H_2O(g) \rightleftharpoons 4HCl(g) + O_2(g)$ $q > 0$，达到平衡后，条件发生了下列改变，对指明的项目有何影响？

① 加入一定量的 O_2，会使 $n(H_2O, g)$_____，$n(HCl)$_____；

② 增大反应器体积，$n(H_2O, g)$_____；

③ 减小反应器体积，$n(Cl_2)$_____；

④ 升高温度，$K^\ominus$_____，$n(HCl)$_____；

⑤ 加入催化剂，$n(HCl)$_____。

(5) 对于反应 $CaCO_3(s) \rightleftharpoons CaO(s) + CO_2(g)$，若增大压力，平衡向_____方向移动。

2. 选择题

(1) 某反应在一定条件下的转化率为 25.7%，如加入催化剂后该反应的转化率将（　　）。

　　A. 大于 25.7%　　　　B. 小于 25.7%　　　　C. 不变　　　　D. 无法判断

(2) 反应 $C(s) + O_2(g) \longrightarrow CO_2(g)$，欲增加正反应速率，下列措施中无用的是（　　）。

　　A. 增加氧的分压　　　　　　　　　　B. 升温

　　C. 使用催化剂　　　　　　　　　　　D. 减少 CO_2 的分压

(3) 气体反应 $A(g) + B(g) \rightleftharpoons C(g)$ 在密闭容器中建立化学平衡，如果温度不变，但体积缩小了 2/3，则平衡常数 K_c 为原来的（　　）。

　　A. 3 倍　　　　　　　　B. 9 倍　　　　　　　　C. 2 倍　　　　　　D. 不变

(4) 正反应和逆反应的平衡常数之间的关系是（　　）。

　　A. 两者相等　　　　　　　　　　　　B. 两者之积等于 1

　　C. 没有关系　　　　　　　　　　　　D. 都随着温度的升高而增大

(5) 下列反应的平衡常数可以用 $K^\ominus = 1/p'(H_2)$ 表示的是（　　）。

　　A. $H_2(g) + S(g) \rightleftharpoons H_2S(g)$　　　　　　B. $H_2(g) + S(s) \rightleftharpoons H_2S(g)$

　　C. $H_2(g) + S(s) \rightleftharpoons H_2S(l)$　　　　　　D. $H_2(l) + S(s) \rightleftharpoons H_2S(l)$

3. 是非题（正确的划"√"，错误的划"×"）

(1) 催化剂只能加快正反应的反应速率。　　　　　　　　　　　　　　　　　（　　）

(2) 分几步完成的化学反应为基元反应。　　　　　　　　　　　　　　　　　（　　）

(3) 当一个化学反应处于平衡状态时，平衡混合物中各种物质的浓度都相等。　（　　）

(4) 对于可逆反应 $C(s) + H_2O(g) \rightleftharpoons CO(g) + H_2(g)$，由于反应前后分子总数相等，故增加压力对平衡没有影响。　　　　　　　　　　　　　　　　　　　　　　　　　　　　　　（　　）

(5) 500K 时，反应 $SO_2(g) + \frac{1}{2}O_2(g) \rightleftharpoons SO_3(g)$ 的 $K^\ominus = 50$，在同温下，反应 $2SO_2(g) + O_2(g) \rightleftharpoons 2SO_3(g)$ 的 $K^\ominus = 50$。　　　　　　　　　　　　　　　　　　　　（　　）

4. 问答题

(1) 区别下列概念：

① 反应速率与反应速率常数；

② 基元反应与非基元反应；

③ 平衡常数与反应商。

(2) 对于反应 $aA(g) + bB(g) \longrightarrow cC(g) + dD(g)$，如何用不同物质的浓度变化表示该反应的平均速率？它们之间有什么关系？

(3) 对于可逆反应 $C(s) + H_2O(g) \rightleftharpoons CO(g) + H_2(g)$ $q > 0$，下列说法你认为对吗？为什么？

① 由于 $K^\ominus = \dfrac{c(CO)c(H_2)}{c(H_2O)}$，随着反应的进行，$c(CO)$、$c(H_2)$ 逐渐增大，$c(H_2O)$ 逐渐减小，平衡常数不断增大。

② 升高温度，正反应速率（$v_正$）增大，逆反应速率（$v_逆$）减小，所以平衡向右移动。

③ 由于反应前后分子数相等，所以增加压力对平衡没有影响。

④ 达到平衡时各反应物和生成物的浓度一定相等。

⑤ 加入催化剂，使正反应速率（$v_正$）增大，所以平衡向右移动。

(4) 采取哪些措施可以使下列平衡向正反应方向移动？

① $C(s)+CO_2(g) \rightleftharpoons 2CO(g)$　　$q>0$

② $2CO(g)+O_2(g) \rightleftharpoons 2CO_2(g)$　　$q<0$

③ $CO_2(g)+H_2(g) \rightleftharpoons CO(g)+H_2O(g)$　　$q>0$

④ $3CH_4(g)+Fe_2O_3(s) \rightleftharpoons 2Fe(s)+3CO(g)+6H_2(g)$　　$q>0$

(5) 写出下列反应的浓度平衡常数表达式。

① $N_2(g)+O_2(g) \rightleftharpoons 2NO(g)$

② $C(s)+CO_2(g) \rightleftharpoons 2CO(g)$

③ $CH_4(g)+H_2O(g) \rightleftharpoons CO(g)+3H_2(g)$

④ $Fe_3O_4(s)+4H_2(g) \rightleftharpoons 3Fe(s)+4H_2O(g)$。

5. 计算题

(1) 已知 500℃时，合成氨反应 $N_2(g)+3H_2(g) \rightleftharpoons 2NH_3(g)$，$K^\ominus=7.8 \times 10^{-5}$。计算该温度下下列反应的 $K^\ominus$。

① $\dfrac{1}{2}N_2(g)+\dfrac{3}{2}H_2(g) \rightleftharpoons NH_3(g)$

② $2NH_3(g) \rightleftharpoons N_2(g)+3H_2(g)$

(2) 已知二氧化碳气体与氢气的反应 $CO_2(g)+H_2(g) \rightleftharpoons CO(g)+H_2O(g)$。若 $CO_2(g)$ 和 $H_2(g)$ 的起始浓度分别为 0.1mol/L 和 0.2mol/L，在某温度下达到平衡时 $K^\ominus=1$，计算：

① 平衡时各组分气体的浓度；

② CO_2 的平衡转化率。

(3) 反应 $CO_2(g)+H_2(g) \rightleftharpoons CO(g)+H_2O(g)$ 在 750℃ 达到平衡时有 90% 的 H_2 变成 $H_2O(g)$，此温度下的 $K^\ominus=1$。问反应开始时，CO_2 和 H_2 按什么比例混合？

(4) 反应 $Sn+Pb^{2+} \rightleftharpoons Sn^{2+}+Pb$ 在 25℃ 达到平衡，该温度下的 $K^\ominus=2.18$。若反应开始 $c(Pb^{2+})=$ 0.1mol/L，$c(Sn^{2+})=$ 0.1mol/L，计算平衡时 Pb^{2+} 和 Sn^{2+} 的浓度。

阅读材料

催化剂与化学工业

催化剂与化工生产具有密切的关系，在现代化学工业中，约有 80% 的化学反应都与催化剂的存在有关。化学工业的发展在很大程度上依赖于催化剂的开发。新型催化剂的研究和应用不断给化学工业带来新的生机。

开辟原料来源，改变化学工业的内部结构　化学工业的资源是多种多样的，如植物、粮食、煤、天然气、石油以至空气等。由于采用新的催化剂，可以将不经济的原料改成廉价的原料，可以把复杂的工艺路线改造成简单的工艺路线，这样就可以改变化学工业对单一原料的依赖，改变化学工业的内部结构。20 世纪 60 年代，石油和天然气成为化学工业的主要原料，石油化工蓬勃发展起来，成为化学工业的主要支柱，就是大力开发催化剂的结果，使得化学工业的原料减少了对粮食及天然物质的依赖。例如酒精生产原来主要靠粮食，现在可以通过催化剂直接由乙烯来合成；聚氯乙烯塑料的初始原料原来是煤，生产过程中耗电量很大，很不经济，现在采用氯化铜催化剂，用乙烯氧氯化反应来代替；又如采用新型磷钼铋催化剂，通过丙烯氨氧化制得人造羊毛单体丙烯腈。

使化工技术向节约原料和能耗的方向发展　用尽量少的原料和能量生产尽量多的化工产品，一直是化学工业奋斗的方向，它在今后能源日益紧张的趋势下尤为重要。对耗能极大的操作过程要进行根本的改革，就要求催化剂和催化技术有重大的突破。提高催化剂的选择性和反应转化率，改进操作条件是节省能耗的主要手段。例如，美国联碳公司研制成功一种新型催化剂，可使低密度聚乙烯的生产由 $2000 \times 10^5 \sim 3500 \times 10^5 Pa$ 降至 $7 \times 10^5 \sim 21 \times 10^5 Pa$，能耗减少 3/4。随着新一代催化剂的研究开发，一些原来需要在高温、高压下进行的化工过程，有可能在较低的温度和压力下进行，这将显著地降低化工生产的能耗。

促进化学工业的革新　新的催化剂研制成功往往冲击原有的生产方法，开发了新的化学过程。例如，早期生产氮肥是将水电解制得氢，再经空气深冷分离得到氮，然后合成氨，接着再用硫酸吸收制成硫铵。而近来则是将轻油、水蒸气和空气顺次通过催化剂层来制得尿素，这不仅可以提高经济效果，而且使工艺过程的结构发生很大变化。采用羰基钴作催化剂从一氧化碳和氢合成丁醛，是一种早已工业化的过程，但操作条件苛刻，通常要求 $140 \sim 180℃$，$280 \times 10^5 \sim 300 \times 10^5 Pa$。使用铑催化剂，使反应条件变得十分缓和，在 $60 \sim 120℃$、$1 \times 10^5 \sim 50 \times 10^5 Pa$ 下就能很快发生反应。

为消除"三废"和公害提供有力工具　化学工业在生产中不断排放有毒的废水、废气和废渣。催化剂对于改善造成污染环境的现有工艺和研究不排放污染物的新工艺，也起着越来越重要的作用。虽然，这方面的研究和应用的历史还较短，但使用催化剂消除汽车排放物对空气的污染；使用催化剂回收工厂废气中的二氧化硫和消除恶臭等都已取得了很大的成效。随着催化技术的不断发展，利用催化工艺消除污染的方法将会获得更广泛的应用。

第七章

电解质溶液

 学习目标

知识目标：

1. 理解弱电解质的概念；
2. 掌握弱电解质的电离平衡及有关离子浓度的计算；
3. 掌握水的电离平衡和盐类的水解平衡、溶液的酸碱性及 pH 的计算；
4. 熟悉同离子效应和缓冲溶液的特点及有关计算；
5. 理解沉淀−溶解平衡的特点，掌握溶度积规则及有关计算；
6. 理解分布沉淀的原理及应用。

能力目标：

1. 会表示溶液的酸碱性；
2. 会计算一元弱酸、一元弱碱、缓冲溶液及某些盐溶液的 pH；
3. 能运用溶度积规则解释沉淀的生成或溶解。

第一节　电解质的电离

一、弱电解质的电离平衡

1. 电离常数

弱电解质在溶液中只部分电离，其电离过程和其他可逆化学过程一样，在一定条件下达到平衡状态，这个平衡状态叫电离平衡状态。以 HA 表示一元弱酸，电离平衡为：

$$HA \rightleftharpoons H^+ + A^-$$

根据平衡原理，其平衡常数表达式为

$$K_a^\ominus = \frac{c(H^+)c(A^-)}{c(HA)} ❶ \qquad (7\text{-}1)$$

弱电解质
的电离

以 BOH 表示一元弱碱，在一定温度下达到平衡时，存在下列电离平衡：

$$BOH \rightleftharpoons B^+ + OH^-$$

$$K_b^\ominus = \frac{c(B^+)c(OH^-)}{c(BOH)} \qquad (7\text{-}2)$$

$K_a^\ominus$、$K_b^\ominus$ 分别表示弱酸、弱碱的标准电离常数。一般情况下为了指明具体的弱电解质，

---

❶ 为表示方便，用 c 表示相对浓度，即 $c/c^\ominus$（$c^\ominus = 1.0\text{mol/L}$）。后续所有平衡常数表达式中的 c 均表示相对浓度。

在表示弱电解质的电离常数时应注明其化学式。例如 $K_a^\ominus(\text{HAc})$，$K_b^\ominus(\text{NH}_3 \cdot \text{H}_2\text{O})$ 分别表示醋酸和氨水的电离常数。

电离常数的大小表示弱电解质电离的难易程度。**电离常数 $K_i^\ominus$ 值越大，表示电离程度越大，弱电解质越强；$K_i^\ominus$ 值越小，表示电离程度越小，弱电解质越弱。** 例如 25℃时，甲酸的电离常数为 1.77×10^{-4}，醋酸的电离常数为 1.8×10^{-5}，当浓度相同时，甲酸的酸性比醋酸的酸性强。

电离常数与其他平衡常数一样，与温度有关，而与浓度无关。但温度对其影响不大，在室温下可以忽略温度对 $K_i^\ominus$ 值的影响。

一些常见的弱酸和弱碱的电离常数见书末附录。

2. 电离度

电离度可以用来衡量弱电解质的电离程度。它表示弱电解质达到电离平衡时的电离百分率，用 α 表示。

$$\alpha = \frac{\text{已电离的分子数}}{\text{电离前分子总数}} \times 100\%$$

或

$$\alpha = \frac{\text{已电离的弱电解质浓度}}{\text{弱电解质的起始浓度}} \times 100\%$$

电离度不同于电离常数。它的大小除与弱电解质的本性有关外，还与溶液的浓度有关。在一定温度下，同一弱电解质，浓度越小，其电离度越大。这是因为溶液越稀，离子间的平均距离越远，彼此结合成分子的机会就会越小，有更多的弱电解质电离。

二、电离常数和电离度的关系

以一元弱酸 HA 为例讨论电离常数、电离度和浓度之间的关系。设 HA 的浓度为 c，电离度为 α，则：

$$\text{HA} \rightleftharpoons \text{H}^+ + \text{A}^-$$

起始浓度/(mol/L) c 0   0

平衡浓度/(mol/L) $c(1-\alpha)$ $c\alpha$ $c\alpha$

$$K_a^\ominus = \frac{c(\text{H}^+)c(\text{A}^-)}{c(\text{HA})} = \frac{(c\alpha)^2}{c(1-\alpha)} = \frac{c\alpha^2}{1-\alpha}$$

当 $\dfrac{c}{K_a^\ominus} \geqslant 500$ 时，α 很小，$1-\alpha \approx 1$，则：

$$K_a^\ominus = c\alpha^2 \ \text{或} \ \alpha = \sqrt{\frac{K_a^\ominus}{c}} \tag{7-3a}$$

因此，一元弱酸溶液中 $c(\text{H}^+)$ 的近似计算公式：

$$c(\text{H}^+) = \sqrt{K_a^\ominus c} \tag{7-3b}$$

同样方法讨论一元弱碱的电离平衡，可以得到：

$$K_b^\ominus = c\alpha^2 \ \text{或} \ \alpha = \sqrt{\frac{K_b^\ominus}{c}} \tag{7-4a}$$

一元弱碱溶液中 $c(\text{OH}^-)$ 的近似计算公式：

$$c(\text{OH}^-) = \sqrt{K_b^\ominus c} \tag{7-4b}$$

式(7-3a) 和式(7-4a) 表示了弱电解质溶液的浓度、电离度和电离常数之间的关系，称为稀释定律。它表明一定温度下，电离常数不变时，溶液浓度越小，电离度越大。

【例 7-1】 已知 25℃时，$K_a^\ominus(\text{HAc}) = 1.8 \times 10^{-5}$。计算该温度下 0.1mol/L HAc 溶液的 $c(\text{H}^+)$ 和 α。

解　设平衡时 $c(\text{H}^+)$ 为 x

$$\text{HAc} \Longrightarrow \text{H}^+ + \text{Ac}^-$$

起始浓度/(mol/L)　　　　　0.1　　　 0　　 0

平衡浓度/(mol/L)　　　　0.1-x　　 x　　 x

$$K_a^\ominus(\text{HAc}) = \frac{c(\text{H}^+)c(\text{Ac}^-)}{c(\text{HAc})} = \frac{x^2}{(0.1-x)} = 1.8 \times 10^{-5}$$

因为 $\dfrac{c(\text{HAc})}{K_a^\ominus} > 500$，可以近似认为 $0.1 - x \approx 0.1$

$$x = c(\text{H}^+) = \sqrt{1.8 \times 10^{-5} \times 0.1} = 1.3 \times 10^{-3}(\text{mol/L})$$

$$\alpha = \frac{1.3 \times 10^{-3}}{0.1} \times 100\% = 1.3\%$$

【例 7-2】 已知 25℃时，0.2mol/L 氨水的电离度为 0.943%，计算溶液中 $c(\text{OH}^-)$ 和氨水的电离常数。

解　设平衡时 $c(\text{OH}^-)$ 为 x

$$\text{NH}_3 \cdot \text{H}_2\text{O} \Longrightarrow \text{NH}_4^+ + \text{OH}^-$$

起始浓度/(mol/L)　　　　　0.2　　　 0　　 0

平衡浓度/(mol/L)　　　　0.2-x　　 x　　 x

因为　　　　　　　　　　　$\alpha = 0.943\%$

所以　　　　　　　　　$\dfrac{x}{0.2} \times 100\% = 0.943\%$

$$x = c(\text{OH}^-) = 1.9 \times 10^{-3}\,\text{mol/L}$$

$$K_b^\ominus(\text{NH}_3 \cdot \text{H}_2\text{O}) = \frac{c(\text{NH}_4^+)c(\text{OH}^-)}{c(\text{NH}_3 \cdot \text{H}_2\text{O})} = \frac{(1.9 \times 10^{-3})^2}{0.2 - 1.9 \times 10^{-3}} = 1.8 \times 10^{-5}$$

想一想

［例 7-2］中，若氨水的浓度稀释一倍，溶液中 OH‾ 的浓度如何变化？

三、多元弱酸的电离平衡

多元弱酸在水溶液中的电离是分步进行的。例如氢硫酸是二元弱酸，分两步电离。

第一步　　　　　　　　　　$\text{H}_2\text{S} \Longrightarrow \text{H}^+ + \text{HS}^-$

$$K_{a1}^\ominus(\text{H}_2\text{S}) = \frac{c(\text{H}^+)c(\text{HS}^-)}{c(\text{H}_2\text{S})} = 9.1 \times 10^{-8}$$

第二步　　　　　　　　　　$\text{HS}^- \Longrightarrow \text{H}^+ + \text{S}^{2-}$

$$K_{a2}^{\ominus}(H_2S) = \frac{c(H^+)c(S^{2-})}{c(HS^-)} = 1.1 \times 10^{-12}$$

$K_{a1}^{\ominus}$、$K_{a2}^{\ominus}$ 分别为第一步和第二步的电离常数。由于 $K_{a1}^{\ominus} \gg K_{a2}^{\ominus}$，说明第二步电离比第一步电离困难得多。这是由于电离出第一个 H^+ 只需克服带一个负电荷的 HS^- 对它的吸引，而电离出第二个 H^+ 需克服带两个负电荷的 S^{2-} 对它的吸引。此外，由第一步电离出的 H^+ 也会抑制第二步的电离。因此多元弱酸溶液中的 H^+ 主要来自第一步电离，计算时可略去第二步电离，按一元弱酸电离对待。

【例7-3】 室温下 H_2S 的饱和溶液浓度为 $0.1mol/L$，计算溶液中 $c(H^+)$ 和 $c(S^{2-})$。

解 因为 H_2S 的 $K_{a1}^{\ominus} \gg K_{a2}^{\ominus}$，$H_2S$ 溶液中的 $c(H^+)$ 可按一元弱酸处理。

第一步电离 $\qquad\qquad\qquad H_2S \rightleftharpoons H^+ + HS^-$

起始浓度/(mol/L) $\qquad\qquad\quad 0.1 \qquad 0 \qquad 0$

平衡浓度/(mol/L) $\qquad\qquad 0.1-x \qquad x \qquad x$

$$K_{a1}^{\ominus}(H_2S) = \frac{c(H^+)c(HS^-)}{c(H_2S)} = \frac{x^2}{0.1-x} = 9.1 \times 10^{-8}$$

由于 $\dfrac{c(H_2S)}{K_{a1}^{\ominus}(H_2S)} > 500$，近似认为 $\qquad 0.1-x \approx 0.1$

$$x = c(H^+) = \sqrt{9.1 \times 10^{-8} \times 0.1} = 9.5 \times 10^{-5} (mol/L)$$

溶液中 S^{2-} 由第二步电离产生，根据第二步电离平衡：

$$HS^- \rightleftharpoons H^+ + S^{2-}$$

$$K_{a2}^{\ominus}(H_2S) = \frac{c(H^+)c(S^{2-})}{c(HS^-)}$$

由于溶液中的 $c(H^+)$ 与 $c(HS^-)$ 近似相等，所以：

$$c(S^{2-}) \approx K_{a2}^{\ominus}(H_2S) = 1.1 \times 10^{-12} mol/L$$

*四、强电解质在水溶液中的状况

强电解质在水溶液中应该是完全电离的，不存在离子与未电离分子之间的平衡，因此，它们的电离度应为 100%。但通过实验测定发现它们的电离度都小于 100%（见表7-1）。这种由实验测得的电离度称为表观电离度。

表7-1 几种强电解质溶液的表观电离度（25℃，0.1mol/L）

电 解 质	KCl	ZnSO₄	HCl	HNO₃	H₂SO₄	NaOH	Ba(OH)₂
表观电离度/%	86	40	92	92	61	91	81

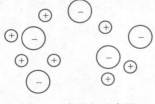

图 7-1 离子氛示意图

这种现象，主要是由于荷电离子之间以及离子和溶剂分子之间的相互作用，使得每一个离子周围都分布较多的带相反电荷的离子所致，这种情况可形象地描述为形成了离子氛（见图7-1）。这样离子在溶液中的运动受到周围离子氛的牵制，行动就不那么自由了。因此由实验测得的电离度并不代表溶液的实际电离情况。

对强电解质来说，由于离子间的相互牵制，使离子的有效浓度要比实际浓度低。通常把有效浓度称为活度，用 α 表示，它与实际浓度（c）的关系为：

$$\alpha = fc$$

f 为活度系数，数值小于 1。

一般情况下，在强电解质溶液的计算中，如不指明表观电离度，则按 100% 电离看待。

第二节　水的电离和溶液的 pH

一、水的电离平衡和水的离子积

水的电离

水有微弱的导电性，是一种极弱的电解质，存在着下列电离平衡：

$$H_2O \rightleftharpoons H^+ + OH^- \text{❶}$$

其平衡常数

$$K_i^\ominus = \frac{c(H^+)c(OH^-)}{c(H_2O)}$$

由于水仅能电离出极少量的 H^+ 和 OH^-，绝大部分仍以水分子形式存在，因此常温下 $c(H_2O)$ 可看作是一个常数。则：

$$c(H^+)c(OH^-) = K_i^\ominus c(H_2O) = K_w^\ominus$$

即

$$c(H^+)c(OH^-) = K_w^\ominus \tag{7-5}$$

式中，$K_w^\ominus$ 称为水的离子积。它表示在一定温度下，水中 $c(H^+)$ 和 $c(OH^-)$ 的乘积为一个常数。

经测定，22℃时，纯水中 $c(H^+) = c(OH^-) = 10^{-7}\text{mol/L}$，因此 $K_w^\ominus = 10^{-14}$。温度升高，$K_w^\ominus$ 值增大，见表 7-2。但在常温时，可以认为 $K_w^\ominus = 10^{-14}$。

表 7-2　不同温度下水的离子积

$t/℃$	0	10	22	25	40	56	100
$K_w^\ominus/10^{-14}$	0.13	0.36	1.00	1.27	3.8	5.6	7.4

应注意，水的离子积不仅适用于纯水，对于其他物质的水溶液同样适用。

二、溶液的酸碱性和溶液的 pH

无论是在纯水中，还是在各种电解质的水溶液中，都同时存在着 H^+ 和 OH^-，只不过它们的相对浓度有所不同。我们把水溶液的酸碱性和 H^+、OH^- 浓度的关系归纳如下：

$c(H^+) > c(OH^-)$ 　$c(H^+) > 10^{-7}\text{mol/L}$ 　　　酸性溶液

$c(H^+) = c(OH^-) = 10^{-7}\text{mol/L}$ 　　　中性溶液

$c(H^+) < c(OH^-)$ 　$c(H^+) < 10^{-7}\text{mol/L}$ 　　　碱性溶液

利用上述关系，可以确定溶液的酸碱性。如：0.1mol/L HCl 溶液，其 $c(H^+) = 0.1\text{mol/L} > 10^{-7}\text{mol/L}$，故溶液为酸性。0.1mol/L NaOH 溶液，其 $c(OH^-) = 0.1\text{mol/L}$，

---

❶　H^+ 是一个裸露的质子，它不能单独存在于水中，而是与水分子结合成稳定的水合离子 H_3O^+，OH^- 离子也是水合的。为简便起见，仍用 H^+ 和 OH^- 表示。

$c(H^+)=10^{-13}\,mol/L<10^{-7}\,mol/L$，故溶液为碱性。

由于 $c(H^+)$ 或 $c(OH^-)$ 的数值一般都很小，使用起来很不方便，因此可采用 pH 表示溶液的酸碱性。

$$pH=-\lg c(H^+) \tag{7-6}$$

溶液的酸碱性与 pH 的关系：

酸性溶液　$c(H^+)>10^{-7}$　　　$pH<7$

中性溶液　$c(H^+)=10^{-7}$　　　$pH=7$

碱性溶液　$c(H^+)<10^{-7}$　　　$pH>7$

pH 的使用范围为 0～14 之间。在此范围内，若 pH 越小，溶液的酸性越强，碱性越弱；若 pH 越大，溶液的碱性越强，酸性越弱。若超出此范围，直接使用 $c(H^+)$ 或 $c(OH^-)$ 表示更为方便。

溶液的酸碱性还可以用 pOH 来表示，即：

$$pOH=-\lg c(OH^-) \tag{7-7}$$

常温下，水溶液中存在如下关系：

$$c(H^+)c(OH^-)=K_w^{\ominus}$$

将等式两边分别取负对数，得：

$$-\lg c(H^+)-\lg c(OH^-)=-\lg K_w^{\ominus}$$

令　　　　　　$pK_w^{\ominus}=-\lg K_w^{\ominus}$　　　$pK_w^{\ominus}=14$

则　　　　　　　　　$pH+pOH=14 \tag{7-8}$

【例 7-4】 计算 0.01mol/L HCl 溶液的 pH。

解　盐酸为强酸，在溶液中全部电离：

$$HCl \longrightarrow H^+ + Cl^-$$

$$c(H^+)=0.01\,mol/L$$

$$pH=-\lg c(H^+)=-\lg 0.01=2$$

【例 7-5】　计算 0.1mol/L $NH_3 \cdot H_2O$ 溶液的 pH。已知 $K_b^{\ominus}(NH_3 \cdot H_2O)=1.8\times 10^{-5}$

解　氨水为弱碱，在溶液中部分电离，由近似公式计算。

$$c(OH^-)=\sqrt{1.8\times 10^{-5}\times 0.1}=1.3\times 10^{-3}(mol/L)$$

$$pOH=-\lg c(OH^-)=-\lg 1.3\times 10^{-3}=2.89$$

$$pH=14-pOH=11.11$$

三、酸碱指示剂

溶液的酸碱性常用酸碱指示剂或 pH 试纸粗略测定。精细测定时需用 pH 计（酸度计）。

酸碱指示剂通常是染料一类的有机弱酸或弱碱，它能借助其颜色改变来指示溶液的酸碱性。图 7-2 中表示出几种常用指示剂的变色范围。

由图 7-2 可见，甲基橙、甲基红在酸性范围内变色，变色范围是甲基橙为 pH=3.1～4.4，甲基红为 pH=4.4～6.2。酚酞在碱性范围内变色，变色范围是 pH=8.0～10.0。石

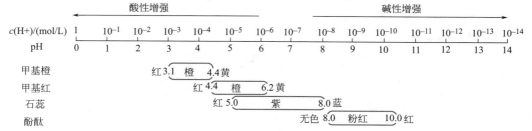

图 7-2　常用指示剂的变色范围

蕊的变色范围则接近中性，即 pH＝5.0～8.0。

第三节　盐类的水解

盐的离子与溶液中水电离出来的 H^+ 或 OH^- 结合生成弱电解质的反应称为盐的水解。它是中和反应的逆反应。即

$$盐＋H_2O \underset{中和}{\overset{水解}{\Longleftrightarrow}} 酸＋碱$$

一、盐的水解

1. 强碱弱酸盐的水解

以 NaAc 为例。NaAc 在水溶液中的水解过程可表示为：

$$NaAc \longrightarrow Na^+ + Ac^-$$

$$H_2O \Longleftrightarrow OH^- + \overset{+}{H}^+$$

$$\Updownarrow$$

$$HAc$$

由于 $c(H^+)$ 的减小，使溶液中 $c(H^+) < c(OH^-)$，即 pH＞7，溶液呈碱性。

NaAc 的水解离子方程式为：

$$Ac^- + H_2O \Longleftrightarrow HAc + OH^-$$

其水解的平衡常数表达式为：

$$K_h^\ominus = \frac{c(HAc)c(OH^-)}{c(Ac^-)}$$

$K_h^\ominus$ 称水解常数。在上式右边分子分母项同乘以 $c(H^+)$ 得：

$$K_h^\ominus = \frac{c(HAc)}{c(Ac^-)c(H^+)} \times c(OH^-)c(H^+) = \frac{K_w^\ominus}{K_a^\ominus} \tag{7-9a}$$

由式(7-9a) 知，$K_a^\ominus$ 越小即组成盐的酸越弱，$K_h^\ominus$ 越大，盐的水解程度越大。

对于所有强碱弱酸盐的水解，实质上都是阴离子（酸根离子）发生水解，溶液呈碱性。

盐的水解程度的大小还可以用水解度 h 来表示。

$$h = \frac{已水解盐的浓度}{盐的起始浓度} \times 100\%$$

仍以 NaAc 为例讨论浓度 c 与水解常数 $K_h^\ominus$、水解度 h 之间的关系。

$$Ac^- + H_2O \rightleftharpoons HAc + OH^-$$

起始浓度/(mol/L) c 0   0

平衡浓度/(mol/L) $c(1-h)$ ch ch

$$K_h^\ominus = \frac{c(HAc)c(OH^-)}{c(Ac^-)} = \frac{ch^2}{(1-h)}$$

当 $\dfrac{c}{K_h^\ominus} > 500$ 时，$1-h \approx 1$，则：

$$K_h^\ominus = ch^2$$

$$h = \sqrt{\frac{K_h^\ominus}{c}} = \sqrt{\frac{K_w^\ominus}{K_a^\ominus c}} \tag{7-9b}$$

由式（7-9b）知，同一种强碱弱酸盐，浓度越大，水解度越小。

【例 7-6】 计算 0.1mol/L NaAc 溶液的 pH 及水解度。

解   NaAc 为强碱弱酸盐，溶液呈碱性。设溶液中 $c(OH^-)$ 为 x

$$Ac^- + H_2O \rightleftharpoons HAc + OH^-$$

起始浓度/(mol/L)   0.1   0   0

平衡浓度/(mol/L) $0.1-x$ x x

$$K_h^\ominus = \frac{c(HAc)c(OH^-)}{c(Ac^-)} = \frac{x^2}{(0.1-x)} = \frac{K_w^\ominus}{K_a^\ominus}$$

$$\frac{x^2}{(0.1-x)} = \frac{1.0 \times 10^{-14}}{1.8 \times 10^{-5}}$$

$K_h^\ominus$ 很小，可以认为 $0.1-x \approx 0.1$

$$x = \sqrt{\frac{1.0 \times 10^{-14}}{1.8 \times 10^{-5}} \times 0.1} = 7.5 \times 10^{-6}$$

$$c(OH^-) = 7.5 \times 10^{-6} \text{ mol/L}$$

$$pH = 14 - pOH = 14 + \lg(7.5 \times 10^{-6}) = 8.88$$

$$h = \frac{7.5 \times 10^{-6}}{0.1} \times 100\% = 7.5 \times 10^{-3}\%$$

---

2. 强酸弱碱盐的水解

以 NH_4Cl 为例。NH_4Cl 在水溶液中的水解过程可表示为：

$$NH_4Cl \longrightarrow NH_4^+ + Cl^-$$
$$+$$
$$H_2O \rightleftharpoons OH^- + H^+$$
$$\Updownarrow$$
$$NH_3 \cdot H_2O$$

由于 $c(OH^-)$ 减小，使溶液中 $c(H^+) > c(OH^-)$，即 pH < 7，溶液呈酸性。

NH_4Cl 的水解离子方程式为：

$$NH_4^+ + H_2O \rightleftharpoons NH_3 \cdot H_2O + H^+$$

由此可见，强酸弱碱盐的水解，实质上是弱碱阳离子发生水解，溶液呈酸性。其水解常数及水解度分别表示为：

$$K_h^{\ominus} = \frac{K_w^{\ominus}}{K_b^{\ominus}} \quad\quad\quad (7\text{-}10a)$$

$$h = \sqrt{\frac{K_w^{\ominus}}{K_b^{\ominus} c}} \quad\quad\quad (7\text{-}10b)$$

由式(7-10a)可以看出，组成盐的碱越弱即 $K_b^{\ominus}$ 越小，$K_h^{\ominus}$ 越大，盐的水解程度越大。

【例 7-7】 计算 0.1mol/L NH_4Cl 溶液的 pH 及水解度。

解 NH_4Cl 为强酸弱碱盐，溶液呈酸性。设溶液中 $c(H^+)$ 为 x

$$NH_4^+ + H_2O \rightleftharpoons NH_3 \cdot H_2O + H^+$$

起始浓度/(mol/L)	0.1	0	0
平衡浓度/(mol/L)	$0.1-x$	x	x

$$K_h^{\ominus} = \frac{c(NH_3 \cdot H_2O)c(H^+)}{c(NH_4^+)} = \frac{x^2}{(0.1-x)} = \frac{K_w^{\ominus}}{K_b^{\ominus}}$$

$$\frac{x^2}{(0.1-x)} = \frac{1.0 \times 10^{-14}}{1.8 \times 10^{-5}}$$

$K_h^{\ominus}$ 很小，可以认为 $0.1-x \approx 0.1$

$$x = \sqrt{\frac{1.0 \times 10^{-14}}{1.8 \times 10^{-5}} \times 0.1} = 7.5 \times 10^{-6}$$

$$c(H^+) = 7.5 \times 10^{-6} \text{mol/L}$$

$$pH = -\lg c(H^+) = -\lg(7.5 \times 10^{-6}) = 5.13$$

$$h = \frac{7.5 \times 10^{-6}}{0.1} \times 100\% = 7.5 \times 10^{-3}\%$$

3. 弱酸弱碱盐的水解

以 NH_4Ac 为例。NH_4Ac 在水溶液中的水解过程如下：

$$NH_4Ac \longrightarrow NH_4^+ + Ac^-$$

$$+ \quad\quad +$$

$$H_2O \rightleftharpoons OH^- + H^+$$

$$\Updownarrow \quad\quad \Updownarrow$$

$$NH_3 \cdot H_2O \quad HAc$$

由于 H^+ 和 OH^- 浓度都减小，溶液的酸碱性由 $c(H^+)$ 或 $c(OH^-)$ 大小决定。NH_4Ac 水解后生成的 $NH_3 \cdot H_2O$ 和 HAc 的电离常数几乎相等，说明溶液中的 $c(H^+)$ 和 $c(OH^-)$ 几乎相等，则溶液呈中性。

NH_4Ac 的水解离子方程式为：

$$NH_4^+ + Ac^- + H_2O \rightleftharpoons NH_3 \cdot H_2O + HAc$$

由此可见，弱酸弱碱盐的水解实质上是盐组分的阳离子和阴离子同时发生水解，水溶液的酸碱性由生成的弱酸和弱碱的相对强弱决定。如 $HCOONH_4$ 溶液中，由于

$K_a^{\ominus}(\text{HCOOH}) > K_b^{\ominus}(\text{NH}_3 \cdot \text{H}_2\text{O})$，则溶液呈酸性；在 NH_4CN 溶液中，由于 $K_a^{\ominus}(\text{HCN})$ $< K_b^{\ominus}(\text{NH}_3 \cdot \text{H}_2\text{O})$，则溶液呈碱性。

由上述同样方法推导可以得到弱酸弱碱盐的水解常数为：

$$K_h^{\ominus} = \frac{K_w^{\ominus}}{K_a^{\ominus} K_b^{\ominus}} \tag{7-11}$$

弱酸弱碱盐的水解计算比较复杂，因而，本书不予讨论。

强酸强碱盐不水解。如 NaCl 水溶液中的 Na^+、Cl^- 都不能与水电离出的 OH^- 或 H^+ 结合成弱电解质，水的电离平衡不发生移动，溶液中的 $c(\text{H}^+) = c(\text{OH}^-)$，因此溶液呈中性，$\text{pH} = 7$。

4. 多元弱酸（弱碱）根的水解

多元弱酸根的水解与其酸电离一样，也是分步进行的。现以二元弱酸盐 Na_2CO_3 为例讨论其水解过程。

Na_2CO_3 的水解分两步进行。

第一步 $\qquad\qquad \text{CO}_3^{2-} + \text{H}_2\text{O} \Longrightarrow \text{HCO}_3^- + \text{OH}^-$

第一步水解常数

$$K_{h1}^{\ominus} = \frac{K_w^{\ominus}}{K_{a2}^{\ominus}}$$

第二步 $\qquad\qquad \text{HCO}_3^- + \text{H}_2\text{O} \Longrightarrow \text{H}_2\text{CO}_3 + \text{OH}^-$

第二步水解常数

$$K_{h2}^{\ominus} = \frac{K_w^{\ominus}}{K_{a1}^{\ominus}}$$

由于 $K_{a1}^{\ominus} \gg K_{a2}^{\ominus}$，因此 $K_{h1}^{\ominus} \gg K_{h2}^{\ominus}$，即第一步水解程度要比第二步水解程度大得多，第一步水解是主要的。在计算溶液的 pH 时，可按一元弱酸根的水解平衡计算。

【例 7-8】 计算 0.1mol/L Na_2CO_3 溶液的 pH。

解 CO_3^{2-} 在水中分两步水解，计算时以第一步为主，忽略第二步。设溶液中 $c(\text{OH}^-)$ 为 x

$$\text{CO}_3^{2-} + \text{H}_2\text{O} \Longrightarrow \text{HCO}_3^- + \text{OH}^-$$

起始浓度/(mol/L)	0.1	0	0
平衡浓度/(mol/L)	$0.1 - x$	x	x

$$K_{h1}^{\ominus} = \frac{c(\text{HCO}_3^-)c(\text{OH}^-)}{c(\text{CO}_3^{2-})} = \frac{x^2}{(0.1-x)} = \frac{K_w^{\ominus}}{K_{a2}^{\ominus}}$$

$$\frac{x^2}{(0.1-x)} = \frac{1.0 \times 10^{-14}}{5.6 \times 10^{-11}}$$

$K_{h1}^{\ominus}$ 很小，作近似计算，$0.1 - x \approx 0.1$

$$x = \sqrt{\frac{1.0 \times 10^{-14}}{5.6 \times 10^{-11}} \times 0.1} = 4.2 \times 10^{-3}$$

$$c(\text{OH}^-) = 4.2 \times 10^{-3} \text{mol/L}$$

$$\text{pH} = 14 - \text{pOH} = 14 + \lg(4.2 \times 10^{-3}) = 11.63$$

与多元弱酸盐的水解一样，多元弱碱盐的水解也是分步进行的。如 Al^{3+} 的水解可表示为：

第一步 $$Al^{3+} + H_2O \Longrightarrow Al(OH)^{2+} + H^+$$

第二步 $$Al(OH)^{2+} + H_2O \Longrightarrow Al(OH)_2^+ + H^+$$

第三步 $$Al(OH)_2^+ + H_2O \Longrightarrow Al(OH)_3 + H^+$$

但多元弱碱根的水解要比多元弱酸根的水解复杂，通常这类盐溶液的 pH 不予以计算。

二、影响盐类水解的因素

1. 盐的本性

盐类水解程度的大小主要取决于盐的本性。当盐类水解后所生成的弱酸或弱碱越弱时，水解程度越大。若水解产物为难溶性物质或挥发性物质时，水解进行得较完全。如 Al_2S_3 遇水会全部水解。

$$Al_2S_3 + 6H_2O \longrightarrow 2Al(OH)_3\downarrow + 3H_2S\uparrow$$

2. 盐的浓度

由式（7-9b）及式（7-10b）可以看出，水解度与盐浓度的平方根成反比。对同一种盐而言，盐溶液的浓度越小，水解度越大，即溶液稀释时，可以加快盐的水解进行。

3. 溶液的酸度

由于盐类发生水解，使溶液显示不同的酸碱性，如果调节溶液的酸度，会使盐的水解平衡发生移动，从而达到促进或抑制盐类水解的目的。如 $BiCl_3$ 溶液中：

$$BiCl_3 + H_2O \Longrightarrow BiOCl\downarrow + 2HCl$$

若增加体系中 HCl 的浓度，水解平衡向左移动，从而抑制了 $BiCl_3$ 的水解，使水解度降低。

4. 温度的影响

盐的水解是中和反应的逆反应，中和反应为放热反应，因此盐的水解反应为吸热反应。故升高温度，可以促进盐的水解发生。

三、水解理论的应用

在化工生产及科学实验中，经常会遇到盐的水解问题，了解并掌握影响盐的水解的主要因素，可以很好地为生产及科研服务。

1. 水解的抑制

实验室中许多经常使用的试剂，如 Na_2S、$SnCl_2$、$SbCl_3$、$Bi(NO_3)_3$ 等非常容易水解甚至产生沉淀，所以在配制这些盐的溶液时必须抑制水解的发生，实际上是采用一定浓度的相应的强酸或强碱来配制以达到这个目的的。例如配制 $SnCl_2$ 溶液时：

$$SnCl_2 + H_2O \Longrightarrow Sn(OH)Cl\downarrow + HCl$$

将 $SnCl_2$ 溶解在一定浓度的 HCl 中，可使上述平衡向左移动，抑制了 Sn^{2+} 的水解。否则，由于水解产生了难溶物，即使再加酸，也很难得到清澈的溶液。

2. 水解的利用

在实际工作中有时还要利用盐的水解。如分析化学中利用盐的水解可以进行离子的分离。若除去溶液中的杂质铁，可首先将其氧化成 Fe^{3+}（铁一般以 Fe^{2+} 形式混在溶液中），然后调节溶液的 pH 为 3～4，通过加热方法促使 Fe^{3+} 水解，形成 $Fe(OH)_3$ 沉淀而除去。再如，泡沫灭火器工作原理也利用了盐的水解反应。

$$Al_2(SO_4)_3 + 6NaHCO_3 \longrightarrow 2Al(OH)_3\downarrow + 6CO_2\uparrow + 3Na_2SO_4$$

第四节　同离子效应和缓冲溶液

一、同离子效应

【演示实验 7-1】　在一支试管中，加入 5mL 0.5mol/L HAc 溶液和两滴甲基橙指示剂，观察到溶液显红色。然后用两支试管将溶液分成两份，在其中的一支试管中加入少量固体 NaAc，使其溶解。对比两支试管中溶液的颜色，发现加入 NaAc 的试管颜色变浅。

由实验现象知道，在 HAc 溶液中加入 NaAc 后，溶液中的 $c(Ac^-)$ 增大，导致 HAc 电离平衡向左移动，使溶液中的 $c(H^+)$ 减小，HAc 的电离度降低。

$$HAc \Longrightarrow H^+ + Ac^-$$
$$NaAc \longrightarrow Na^+ + Ac^-$$

这种在弱电解质溶液中，加入与其具有相同离子的易溶强电解质，使弱电解质的电离度减小的现象叫做同离子效应。

弱电解质的电离平衡与化学平衡一样是动态平衡。外界条件改变，电离平衡发生移动。

【例 7-9】　在 0.1mol/L HAc 溶液中，加入适量固体 NaAc，使 NaAc 的浓度为 0.1mol/L（假定溶液体积不变）。计算此时溶液中的 $c(H^+)$ 和电离度。

解　由于 NaAc 为强电解质，因此由 NaAc 所提供的 Ac^- 浓度为 0.1mol/L，设溶液中 $c(H^+)$ 为 x，则：

$$HAc \Longrightarrow H^+ + Ac^-$$

起始浓度/(mol/L)　　　　　 0.1　　　0　　　0.1

平衡浓度/(mol/L)　　　　 0.1$-x$　　x　　0.1$+x$

$$K_a^\ominus(HAc) = \frac{c(H^+)c(Ac^-)}{c(HAc)} = \frac{x(0.1+x)}{(0.1-x)} = 1.8\times10^{-5}$$

由于 $K_a^\ominus(HAc)$ 很小，作近似计算，$0.1+x\approx0.1$　　$0.1-x\approx0.1$

$$x = 1.8\times10^{-5}$$
$$c(H^+) = 1.8\times10^{-5}\,mol/L$$
$$\alpha = \frac{1.8\times10^{-5}}{0.1}\times100\% = 0.018\%$$

练一练

在氨水中加入下列物质时，氨水的电离度有何变化？

(1) HCl　　　　　 (2) NaOH　　　　　 (3) NH_4Cl

二、缓冲溶液

1. 缓冲溶液

缓冲溶液是指能在一定范围内不因稀释或外加少量强酸或强碱的影响，而维持 pH 基本不变的溶液。

2. 缓冲原理

缓冲溶液可以由弱酸及其盐、弱碱及其盐、多元弱酸所构成的两种不同酸度的盐组成。

现以 HAc-NaAc 组成的缓冲溶液为例来说明缓冲作用的基本原理。在 HAc-NaAc 溶液中存在下列电离：

$$NaAc \longrightarrow Na^+ + Ac^-$$
$$HAc \rightleftharpoons H^+ + Ac^-$$

由于上述电离关系的存在，溶液中 $c(Ac^-)$ 较大。当加入少量强酸时，溶液中较多的 Ac^- 与加入的 H^+ 结合成 HAc 分子，使 HAc 的电离平衡向左移动，达到新平衡时，溶液中的 $c(HAc)$ 略有增加，$c(Ac^-)$ 略有减少，但 $\dfrac{c(HAc)}{c(Ac^-)}$ 比值基本不变，故溶液 pH 基本不变[❶]。当加入少量强碱时，溶液中的 H^+ 与加入的 OH^- 反应生成 H_2O，使 HAc 的电离平衡向右移动，在新的平衡条件下，$c(Ac^-)$ 略有增加，$c(HAc)$ 略有减少，但 $\dfrac{c(HAc)}{c(Ac^-)}$ 比值也基本不变，同理溶液的 pH 基本不变。我们把 HAc-Ac$^-$ 溶液的这种能稳定 pH 的作用称为缓冲作用。缓冲溶液中的 HAc-Ac$^-$ 称为缓冲对。

必须强调，缓冲溶液的缓冲能力是有限的，如果向缓冲溶液中加入大量的强酸或强碱，或是大量加水稀释，溶液的 pH 将发生较大变化，溶液的缓冲作用也就会失去。

3. 缓冲溶液的 pH

如果用 HA 代表一元弱酸，MA 表示其相应的盐，则缓冲溶液由 HA-MA 组成。设一元弱酸的浓度为 $c($酸$)$，盐的浓度为 $c($盐$)$。设溶液中的 $c(H^+)$ 为 x，则：

$$HA \rightleftharpoons H^+ + A^-$$

起始浓度/(mol/L) $c($酸$)$ 0 $c($盐$)$

平衡浓度/(mol/L) $c($酸$)-x$ x $c($盐$)+x$

$$K_a^\ominus = \frac{c(H^+)c(A^-)}{c(HA)} = \frac{x[c(盐)+x]}{c(酸)-x}$$

作近似计算，$c($盐$)+x \approx c($盐$)$ $c($酸$)-x \approx c($酸$)$

所以
$$x = c(H^+) = K_a^\ominus \times \frac{c(酸)}{c(盐)} \tag{7-12a}$$

两边取负对数

$$-\lg c(H^+) = -\lg K_a^\ominus - \lg \frac{c(酸)}{c(盐)}$$

令
$$pK_a^\ominus = -\lg K_a^\ominus$$

故
$$pH = pK_a^\ominus - \lg \frac{c(酸)}{c(盐)} \tag{7-12b}$$

对于一元弱碱及其盐组成的缓冲溶液，$c(OH^-)$ 及 pOH 的计算可通过类似的方法求出。

---

❶   HAc-NaAc 缓冲溶液的 $c(H^+) = K_a^\ominus \dfrac{c(HAc)}{c(Ac^-)}$。

$$c(\text{OH}^-) = K_b^\ominus \times \frac{c(\text{碱})}{c(\text{盐})} \qquad (7\text{-}13a)$$

$$\text{pOH} = \text{p}K_b^\ominus - \lg \frac{c(\text{碱})}{c(\text{盐})} \qquad (7\text{-}13b)$$

【例 7-10】 计算等体积的 0.2mol/L HAc 和 0.2mol/L NaAc 溶液混合后，溶液的 pH。

解 等体积混合后，浓度减小至一半，则：

$$c(\text{HAc}) = c(\text{NaAc}) = 0.1\text{mol/L}$$

由于 HAc-NaAc 为一元弱酸及其盐组成的缓冲溶液，其 pH 可代入式（7-12b）进行计算。

$$\text{pH} = \text{p}K_a^\ominus - \lg \frac{c(\text{HAc})}{c(\text{NaAc})} = -\lg(1.8 \times 10^{-5}) - \lg \frac{0.1}{0.1} = 4.74$$

【例 7-11】 在 50mL 含 0.1mol/L HAc 及 0.1mol/L NaAc 的溶液中，加入 1mL 0.1mol/L HCl 溶液后，问溶液的 pH 为多少？

解 往 50mL HAc-NaAc 的缓冲溶液中加入 1mL HCl 后，溶液的体积变为 51mL，此时 $c(\text{HAc})$、$c(\text{NaAc})$ 及 $c(\text{HCl})$ 为：

$$c(\text{HAc}) = c(\text{NaAc}) = 0.1 \times \frac{50}{51} = 0.098(\text{mol/L})$$

$$c(\text{HCl}) = 0.1 \times \frac{1}{51} = 0.00196(\text{mol/L})$$

加入 HCl 后，HCl 电离出的 H^+ 全部与 Ac^- 结合成 HAc 分子，因而溶液中 $c(\text{HAc})$ 和 $c(\text{Ac}^-)$ 分别变为：

$$c(\text{HAc}) = (0.098 + 0.00196) \approx 0.1(\text{mol/L})$$

$$c(\text{Ac}^-) = (0.098 - 0.00196) \approx 0.096(\text{mol/L})$$

$$\text{pH} = \text{p}K_a^\ominus - \lg \frac{c(\text{HAc})}{c(\text{NaAc})} = -\lg(1.8 \times 10^{-5}) - \lg \frac{0.1}{0.096} = 4.72$$

不同的缓冲溶液，具有不同的 pH，因此，实际工作中常根据具体需要选择缓冲溶液。选择缓冲溶液时，所用缓冲溶液除了能维持溶液的酸度外，还不能发生副反应。同时，应使所选择弱酸的 $\text{p}K_a^\ominus$ 与所需求的 pH 尽可能接近，以保证缓冲溶液具有较大的缓冲能力。例如，需选择 pH = 9.80 的缓冲溶液，可选择 $\text{NH}_3 \cdot \text{H}_2\text{O-NH}_4^+$ 缓冲溶液。因为其 pOH = 4.20，$\text{p}K_b^\ominus = 4.76$，与所需 pH 接近。

缓冲溶液普遍存在，用途很广。例如人体血液的 pH 能维持在 7.35~7.45 之间，就是靠血液中存在的 $\text{H}_2\text{CO}_3\text{-NaHCO}_3$ 及 $\text{NaH}_2\text{PO}_4\text{-Na}_2\text{HPO}_4$ 等缓冲体系来调节的。土壤中存在的多种弱酸及其盐，维持其 pH 在 5~8 范围内，有利于植物生长。另外，在化工生产及其他各行业中，缓冲溶液也起着很重要的作用。

【知识拓展】

缓冲溶液的配制，可采用以下几种方法：①在一定量的弱酸或弱碱溶液中加入固体盐进行配制；②用相同浓度的弱酸（或弱碱）及其盐，按不同体积互相混合进行配制；③在一定量弱酸（或弱碱）中加入一定量的强酸（或强碱），通过中和反应生产的盐和剩余的弱酸（或弱碱）组成缓冲溶液。

第五节 难溶电解质的溶解沉淀平衡

一、溶度积

严格地说，在水中绝对不溶的物质是不存在的，只不过是溶解的多少而已。如在一定温度下，把难溶电解质 AgCl 放入水中，AgCl 晶体表面的 Ag^+ 及 Cl^- 受到水分子的作用，逐渐离开晶体表面进入水中，成为自由运动的水合离子，这个过程称为溶解。同时，已溶解于水的 Ag^+ 和 Cl^- 在不断运动中碰到 AgCl 晶体表面时，受到晶体表面离子的吸引，又会重新回到晶体表面，这个过程称为沉淀（或结晶），见图 7-3。

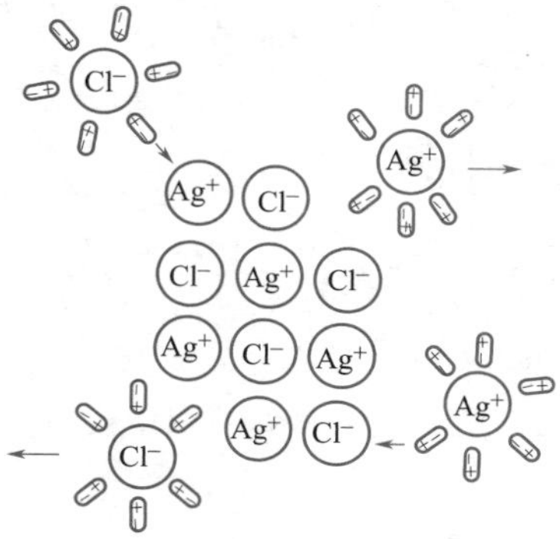

在一定条件下，当溶解和沉淀的速率相等时，体系达到平衡，称为难溶电解质的溶解-沉淀平衡，这时的溶液为饱和溶液。平衡关系可表示为：

图 7-3 AgCl 的溶解和沉淀过程

$$AgCl(s) \underset{沉淀}{\overset{溶解}{\rightleftharpoons}} Ag^+ + Cl^-$$

与其他化学平衡一样，其平衡常数表示式为：

$$K_{sp}^{\ominus}(AgCl) = c(Ag^+)c(Cl^-)$$

式中，$K_{sp}^{\ominus}$ 称为溶度积常数，简称溶度积。

对于一般难溶电解质 $A_m B_n$：

$$A_m B_n(s) \rightleftharpoons m A^{n+} + n B^{m-}$$

溶度积常数

$$K_{sp}^{\ominus}(A_m B_n) = c^m(A^{n+})c^n(B^{m-}) \tag{7-14}$$

式中 m—— A 离子的化学计量数；

n—— B 离子的化学计量数。

溶度积常数与其他平衡常数一样与温度有关，但温度变化对 $K_{sp}^{\ominus}$ 影响不大，一般采用室温下的 $K_{sp}^{\ominus}$ 即可。常见难溶电解质的溶度积常数见书后附录。

二、溶度积和溶解度的相互换算

溶度积和溶解度的大小都反映了物质的溶解能力，因而它们之间可以相互换算。由于难溶电解质的溶解度很小，溶液很稀，可近似认为饱和溶液的密度等于纯水的密度（$1g/cm^3$）。为了使计算简化，换算时，溶解度采用物质的量浓度以 mol/L 表示。

【例 7-12】 25℃时，AgCl 溶度积为 1.8×10^{-10}，计算该温度下 AgCl 在水中的溶解度（mol/L）。

解 设 AgCl 的溶解度为 s，则饱和溶液中 $c(Ag^+) = c(Cl^-) = s$，因此：

$$AgCl(s) \rightleftharpoons Ag^+ + Cl^-$$

平衡浓度/(mol/L) $\qquad\qquad\qquad s \qquad s$

$$K_{sp}^{\ominus}(AgCl) = c(Ag^+)c(Cl^-) = s^2$$

$$s = \sqrt{K_{sp}^{\ominus}(AgCl)} = \sqrt{1.8 \times 10^{-10}} = 1.34 \times 10^{-5} (mol/L)$$

【例 7-13】 25℃时，Ag_2CrO_4 的溶度积为 1.1×10^{-12}，计算该温度下 Ag_2CrO_4 在水中的溶解度（mol/L）。

解 设 Ag_2CrO_4 的溶解度为 s，则饱和溶液中 $c(Ag^+)=2s$，$c(CrO_4^{2-})=s$，因此：

$$Ag_2CrO_4(s) \Longrightarrow 2Ag^+ + CrO_4^{2-}$$

平衡浓度/(mol/L) $\qquad\qquad\qquad\qquad 2s \qquad s$

$$K_{sp}^{\ominus}(Ag_2CrO_4) = c^2(Ag^+)c(CrO_4^{2-}) = (2s)^2 s = 4s^3$$

$$s = \sqrt[3]{\frac{K_{sp}^{\ominus}(Ag_2CrO_4)}{4}} = \sqrt[3]{\frac{1.1 \times 10^{-12}}{4}} = 6.5 \times 10^{-5} (\text{mol/L})$$

【例 7-14】 25℃时，CaF_2 的溶度积为 2.7×10^{-11}，计算该温度下 CaF_2 在水中的溶解度（mol/L）。

解 设 CaF_2 的溶解度为 s，则 $c(Ca^{2+})=s$，$c(F^-)=2s$，因此：

$$CaF_2(s) \Longrightarrow Ca^{2+} + 2F^-$$

平衡浓度/(mol/L) $\qquad\qquad\qquad\qquad s \qquad 2s$

$$K_{sp}^{\ominus}(CaF_2) = c(Ca^{2+})c^2(F^-) = s(2s)^2 = 4s^3$$

$$s = \sqrt[3]{\frac{K_{sp}^{\ominus}(CaF_2)}{4}} = \sqrt[3]{\frac{2.7 \times 10^{-11}}{4}} = 1.9 \times 10^{-4} (\text{mol/L})$$

从以上例题看出，Ag_2CrO_4、CaF_2 属于同类型（A_2B 型或 AB_2 型）难溶电解质，且溶度积的大小关系是 $K_{sp}^{\ominus}(CaF_2) > K_{sp}^{\ominus}(Ag_2CrO_4)$，溶解度也是 $s(CaF_2) > s(Ag_2CrO_4)$。但 AgCl（AB 型）和 Ag_2CrO_4 属于不同类型难溶电解质，它们的溶度积是 $K_{sp}^{\ominus}(AgCl) > K_{sp}^{\ominus}(Ag_2CrO_4)$，而溶解度却是 $s(AgCl) < s(Ag_2CrO_4)$。因此，同类型的难溶电解质 $K_{sp}^{\ominus}$ 越大，溶解度越大，$K_{sp}^{\ominus}$ 越小，溶解度越小。不同类型的难溶电解质则不能直接用 $K_{sp}^{\ominus}$ 来比较溶解度的大小。

应该指出，上述溶度积与溶解度之间的简单换算，只适用于基本不水解的难溶电解质，不适用于易水解的难溶电解质及难溶的弱电解质。

练一练

已知 As_2S_3 的溶解度为 2.0×10^{-3} g/L，则它的溶度积为多少 mol/L？

三、溶度积规则及应用

1. 溶度积规则

难溶电解质的溶解-沉淀平衡也是动态平衡，条件改变，平衡会发生移动。例如在 AgCl 的饱和溶液中：

$$AgCl(s) \Longrightarrow Ag^+ + Cl^-$$

由溶度积概念知，$c(Ag^+)c(Cl^-) = K_{sp}^{\ominus}(AgCl)$。如果向平衡体系中加入 Ag^+ 或 Cl^-，则 $c(Ag^+)c(Cl^-) > K_{sp}^{\ominus}(AgCl)$，为过饱和状态，平衡被破坏，向左移动，有新的 AgCl 析出，

直到建立起新的平衡。若减少平衡体系中的 $c(Ag^+)$ 或 $c(Cl^-)$，则 $c(Ag^+)c(Cl^-) < K_{sp}^\ominus$ (AgCl)，为不饱和状态，平衡向右移动，AgCl 沉淀发生溶解，直到重新达到平衡为止。

若以 Q_c 表示任意浓度下难溶电解质 A_mB_n 的离子积，则：

$$Q_c = c^m(A^{n+})c^n(B^{m-}) \tag{7-15}$$

从式(7-15)可以看出，Q_c 与 $K_{sp}^\ominus$ 的表达形式完全一样，但 Q_c 中的离子浓度处于任意状态。

由此可以得出：

$Q_c > K_{sp}^\ominus$ 溶液呈过饱和状态，有沉淀生成；

$Q_c = K_{sp}^\ominus$ 溶液呈饱和状态，为溶解沉淀平衡；

$Q_c < K_{sp}^\ominus$ 溶液呈不饱和状态，无沉淀生成（或原有沉淀溶解）。

以上规则称为溶度积规则。它可以用来判断沉淀的生成和溶解。

【例 7-15】 将 $0.02mol/L$ Na_2CO_3 溶液与 $0.02mol/L$ $CaCl_2$ 溶液等体积混合，是否有沉淀生成？

解 两种溶液等体积混合后，可认为体积增大一倍，浓度减小至原来的一半。即 $c(Na_2CO_3) = \dfrac{0.02}{2} = 0.01mol/L$，$c(CaCl_2) = \dfrac{0.02}{2} = 0.01mol/L$。由于 Na_2CO_3 为强电解质，在水溶液中完全电离，故溶液中 CO_3^{2-} 浓度为：

$$c(CO_3^{2-}) = \frac{0.02}{2} = 0.01(mol/L)$$

同理，$CaCl_2$ 也为强电解质，在水溶液中完全电离，所以溶液中 Ca^{2+} 浓度为：

$$c(Ca^{2+}) = \frac{0.02}{2} = 0.01(mol/L)$$

$$CaCO_3(s) \Longleftrightarrow Ca^{2+} + CO_3^{2-}$$

$$Q_c = c(Ca^{2+})c(CO_3^{2-}) = 0.01 \times 0.01 = 1.0 \times 10^{-4}$$

查表知 $\qquad\qquad K_{sp}^\ominus(CaCO_3) = 2.8 \times 10^{-9}$

则 $Q_c > K_{sp}^\ominus$，有 $CaCO_3$ 沉淀生成。

工业上，用沉淀反应制备产品或分离杂质时，只有沉淀生成是不行的，还需要沉淀的完全程度。通常认为，溶液中残留离子的浓度小于 $10^{-5}mol/L$，可作为沉淀达到完全的条件。

【例 7-16】 计算要使 $0.1mol/L$ Fe^{3+} 开始沉淀及沉淀完全时的 pH。

解 $Fe(OH)_3$ 的溶解-沉淀平衡：

$$Fe(OH)_3(s) \Longleftrightarrow Fe^{3+} + 3OH^-$$

要使 Fe^{3+} 开始沉淀，则

$$c(Fe^{3+})c^3(OH^-) = K_{sp}^\ominus[Fe(OH)_3]$$

查表知 $\qquad\qquad K_{sp}^\ominus[Fe(OH)_3] = 4 \times 10^{-38}$

$$c(OH^-) = \sqrt[3]{\frac{4 \times 10^{-38}}{0.1}} = 7.4 \times 10^{-13}(mol/L)$$

$$pH = 14 - pOH = 14 + lg(7.4 \times 10^{-13}) = 1.87$$

沉淀完全时，溶液中的 $c(Fe^{3+}) \leqslant 10^{-5}$ mol/L，则

$$c(OH^-) \geqslant \sqrt[3]{\frac{4 \times 10^{-38}}{10^{-5}}} = 1.6 \times 10^{-11} \ (mol/L)$$

$$pH \geqslant 14 - pOH = 14 + lg(1.6 \times 10^{-11}) = 3.20$$

【例 7-17】 计算 25℃时，AgCl 在 0.01 mol/L NaCl 溶液中的溶解度，并和它在纯水中的溶解度加以比较。已知 $K_{sp}^{\ominus}(AgCl) = 1.8 \times 10^{-10}$

解 设 AgCl 的溶解度为 s，则

$$AgCl(s) \Longrightarrow Ag^+ + Cl^-$$

平衡浓度/(mol/L)　　　　　　　　　　　s　　$0.01 + s$

$$K_{sp}^{\ominus}(AgCl) = c(Ag^+)c(Cl^-) = s(0.01 + s) = 1.8 \times 10^{-10}$$

由于 s 很小　　　　　　　　　　$0.01 + s \approx 0.01$

$$s = 1.8 \times 10^{-8} \ mol/L$$

计算结果与［例 7-12］比较，其溶解度要小于 AgCl 在纯水中的溶解度，这种现象称为难溶电解质的同离子效应。即在难溶电解质体系中加入与其含有相同离子的易溶强电解质，使难溶电解质的溶解度降低的现象，称为难溶电解质的同离子效应。

由于利用同离子效应可以使难溶电解质溶解度减小，因此，加入过量的沉淀剂可以使沉淀反应更趋于完全。但是，沉淀剂过量必须适当，否则，反而会使难溶电解质的溶解度增大。表 7-3 列出了 $PbSO_4$ 在 Na_2SO_4 溶液中的溶解度。

表 7-3　$PbSO_4$ 在 Na_2SO_4 溶液中的溶解度

$c(Na_2SO_4)$/(mol/L)	0	0.01	0.04	0.1	0.2
$s(PbSO_4)$/(mol/L)	1.5×10^{-4}	1.6×10^{-5}	1.3×10^{-5}	1.5×10^{-5}	2.3×10^{-5}

由表中数据看出，当外加电解质 Na_2SO_4 浓度超过 0.04 mol/L 时，$PbSO_4$ 的溶解度反而增加了。我们把这种由于易溶强电解质（盐类、强酸或强碱）的加入，而使难溶电解质溶解度增大的现象称为盐效应。盐效应的产生是由于加入易溶强电解质后，溶液中的离子浓度增大，离子间的相互吸引作用增强，使离子形成沉淀的速率变慢，从而破坏了原来的溶解-沉淀平衡，平衡向溶解方向移动。当新平衡建立时，难溶电解质的溶解度必然增大。

2. 分步沉淀

实际工作中，往往会遇到溶液中同时含有多种离子，当加入同一种沉淀剂时，不同离子生成的难溶化合物依次产生沉淀，这种现象称为分步沉淀。应用分步沉淀可以使混合的离子得到分离。

【例 7-18】 某混合溶液中含有 Cl^- 和 I^-，它们的浓度均为 0.01 mol/L，当逐滴加入 $AgNO_3$ 溶液时，哪一种离子先沉淀？第二种离子开始沉淀时，第一种离子是否沉淀完全？（不考虑 $AgNO_3$ 的加入所引起的体积变化。）

解 AgCl 开始沉淀时，溶液中 Ag^+ 浓度为：

$$c(Ag^+) = \frac{K_{sp}^{\ominus}(AgCl)}{c(Cl^-)} = \frac{1.8 \times 10^{-10}}{0.01} = 1.8 \times 10^{-8} \ (mol/L)$$

$$c(Ag^+) = 1.8 \times 10^{-8} \, mol/L$$

AgI 开始沉淀时，溶液中 Ag^+ 浓度为：

$$c(Ag^+) = \frac{K_{sp}^{\ominus}(AgI)}{c(I^-)} = \frac{8.3 \times 10^{-17}}{0.01} = 8.3 \times 10^{-15} \, (mol/L)$$

$$c(Ag^+) = 8.3 \times 10^{-15} \, mol/L$$

AgI 开始沉淀时，需要的 Ag^+ 浓度低，所以 I^- 首先沉淀出来。当 Cl^- 开始沉淀时，溶液中的 $c(Ag^+) = 1.8 \times 10^{-8} \, mol/L$，此时

$$c(I^-) = \frac{K_{sp}^{\ominus}(AgI)}{c(Ag^+)} = \frac{8.3 \times 10^{-17}}{1.8 \times 10^{-8}} = 4.6 \times 10^{-9} \, (mol/L)$$

$$c(I^-) = 4.6 \times 10^{-9} \, mol/L$$

由于 $c(I^-) < 10^{-5} \, mol/L$，说明当 AgCl 开始沉淀时，AgI 已沉淀完全，故可以用此方法使 Cl^- 和 I^- 分离。

可见，当一种试剂可以沉淀几种离子时，离子积首先达到其溶度积的难溶电解质将先沉淀。如果各离子沉淀所需试剂用量相差较大，可使溶解度小的离子沉淀完全，而溶解度大的离子仍留在溶液中，从而达到分离的目的。

3. 沉淀的溶解

根据溶度积规则，沉淀溶解的必要条件是降低难溶电解质饱和溶液中某一离子的浓度，使 $Q_c < K_{sp}^{\ominus}$。为了满足此条件，通常可以采用以下几种方法。

（1）生成弱电解质

① 生成弱酸。由弱酸所形成的难溶盐如 $CaCO_3$、FeS 等，与强酸作用时生成弱酸，使平衡体系中弱酸根离子浓度减小，从而满足 $Q_c < K_{sp}^{\ominus}$，沉淀发生溶解。例如 $CaCO_3$ 溶于 HCl，其反应为：

$$CaCO_3(s) \Longrightarrow Ca^{2+} + CO_3^{2-}$$
$$+$$
$$2HCl \longrightarrow 2Cl^- + 2H^+$$
$$\Updownarrow$$
$$H_2CO_3 \longrightarrow H_2O + CO_2 \uparrow$$

即 $\qquad CaCO_3(s) + 2HCl \longrightarrow CaCl_2 + H_2O + CO_2 \uparrow$

② 生成弱碱。难溶碱 $Mg(OH)_2$ 能溶于铵盐中，是由于生成了弱碱 $NH_3 \cdot H_2O$。反应为：

$$Mg(OH)_2(s) \Longrightarrow Mg^{2+} + 2OH^-$$
$$+$$
$$2NH_4Cl \longrightarrow 2Cl^- + 2NH_4^+$$
$$\Updownarrow$$
$$2NH_3 \cdot H_2O$$

即 $\qquad Mg(OH_2)(s) + 2NH_4Cl \longrightarrow MgCl_2 + 2NH_3 \cdot H_2O$

③ 生成水。难溶碱 $Fe(OH)_3$、$Mg(OH)_2$ 等能溶于强酸而生成弱电解质水。例如 $Fe(OH)_3$ 溶于盐酸，其反应为：

$$Fe(OH)_3(s) \Longrightarrow Fe^{3+} + 3OH^-$$
$$+$$
$$3HCl \longrightarrow 3Cl^- + 3H^+$$
$$\Updownarrow$$
$$3H_2O$$

即 $$Fe(OH)_3(s) + 3HCl \longrightarrow FeCl_3 + 3H_2O$$

需要指出，由于难溶电解质的溶度积相差较大，因而它们的溶解情况也各不相同。如 CuS 的 $K_{sp}^{\ominus}$ 比 FeS 的 $K_{sp}^{\ominus}$ 小得多，因而 FeS 能溶于盐酸，但 CuS 却不溶。又如 $K_{sp}^{\ominus}$ 很小的金属氢氧化物 $Al(OH)_3$、$Fe(OH)_3$ 等，用加铵盐的方法很难使它们溶解。

（2）发生氧化还原反应　通过氧化还原反应使难溶电解质中某一离子浓度减小。例如不溶于盐酸的 CuS，可以用具有氧化性的硝酸来溶解。溶解反应为：

$$3CuS(s) \Longrightarrow 3Cu^{2+} + 3S^{2-}$$
$$+$$
$$2NO_3^- + 8H^+$$
$$\Updownarrow$$
$$3S\downarrow + 2NO\uparrow + 4H_2O$$

即 $$3CuS(s) + 8HNO_3 \longrightarrow 3Cu(NO_3)_2 + 3S\downarrow + 2NO\uparrow + 4H_2O$$

（3）生成配离子　通过配位反应（见第十三章），使难溶电解质中某一离子浓度减小。例如不溶于稀硝酸的 $AgCl$，可以溶解在氨水中。溶解反应为：

$$AgCl(s) \Longrightarrow Ag^+ + Cl^-$$
$$+$$
$$2NH_3$$
$$\Updownarrow$$
$$[Ag(NH_3)_2]^+$$

即 $$AgCl(s) + 2NH_3 \longrightarrow [Ag(NH_3)_2]^+ + Cl^-$$

4. 沉淀的转化

还有一些难溶电解质，通过上述方法都不能使其溶解，通常可以采用沉淀转化的方法达到溶解的目的。把一种沉淀转化为另一种沉淀的过程称为沉淀的转化。

沉淀的转化也是使难溶电解质溶解的方法之一。例如，锅炉中的锅垢含有 $CaSO_4$，它既不溶于水也不溶于酸，很难除去。但用 Na_2CO_3 溶液处理后，锅垢就很容易清除。这是由于加入 Na_2CO_3 后，使难溶电解质 $CaSO_4$ 转化为 $CaCO_3$。反应为：

$$CaSO_4(s) \Longrightarrow Ca^{2+} + SO_4^{2-}$$
$$+$$
$$Na_2CO_3 \longrightarrow CO_3^{2-} + 2Na^+$$
$$\Updownarrow$$
$$CaCO_3(s)$$

由于 $K_{sp}^{\ominus}(CaCO_3)$ 小于 $K_{sp}^{\ominus}(CaSO_4)$，所以 $CaSO_4$ 饱和溶液中 $c(Ca^{2+})$ 减小，破坏了 $CaSO_4$ 的溶解-沉淀平衡，要建立新的平衡，$CaSO_4$ 必须逐渐溶解。上述转化反应的平衡常数为：

$$CaSO_4(s) + CO_3^{2-} \Longrightarrow CaCO_3(s) + SO_4^{2-}$$

$$K^{\ominus} = \frac{c(SO_4^{2-})}{c(CO_3^{2-})} = \frac{K_{sp}^{\ominus}(CaSO_4)}{K_{sp}^{\ominus}(CaCO_3)} = \frac{9.1 \times 10^{-6}}{2.8 \times 10^{-9}} = 3.25 \times 10^3$$

该转化反应的平衡常数较大，可认为转化反应进行得较完全。

总之，沉淀的转化，由溶解度大的向溶解度小的方向转化是可行的。对同种类型的难溶电解质，可以直接比较它们的 $K_{sp}^{\ominus}$ 大小，由 $K_{sp}^{\ominus}$ 大的向 $K_{sp}^{\ominus}$ 小的方向转化，$K_{sp}^{\ominus}$ 相差越大，转化反应越完全。

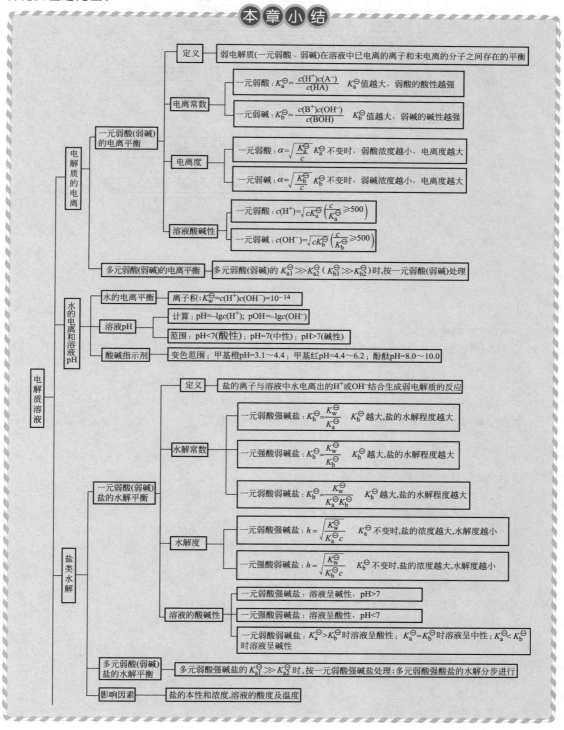

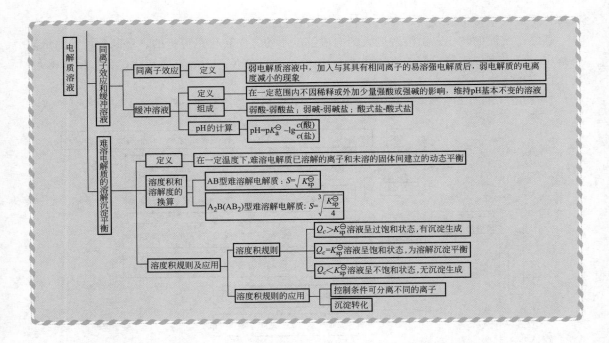

思考与习题

1. 填空题

(1) 影响盐类水解的因素有_____、_____、_____、_____。

(2) 在 HAc 溶液中加入少量的 NaAc 后，HAc 的电离度_____；若在 HAc 溶液中加入少量的 NaOH 后，HAc 的电离度_____（填升高或降低，或不变化）。

(3) 同离子效应使难溶电解质的溶解度_____；盐效应使难溶电解质的溶解度_____。

(4) 0.05mol/LH_2SO_4 溶液的 pH 为_____；0.01mol/LNaOH 溶液的 pH 为_____。

(5) 沉淀生成的条件是 Q_c _____ $K_{sp}^{\ominus}$；而沉淀溶解的条件是 Q_c _____ $K_{sp}^{\ominus}$（填大于或小于，或等于）。

2. 选择题

(1) 下列物质中属于难溶强电解质的是（　　）。

A. KCl　　　　　　B. $CaCO_3$　　　　　C. Zn　　　　　D. SO_2

(2) 在纯水中加入少量酸或碱后，水的离子积（　　）。

A. 增大　　　　　B. 减小　　　　　C. 不发生变化　　D. 无法判断

(3) 实验室为防止 $FeCl_3$ 的水解，在配制 $FeCl_3$ 溶液时常采用的办法是（　　）。

A. 加少量盐酸　　　　　　　　B. 加铁粉

C. 加大量蒸馏水　　　　　　　D. 加热

(4) 在酸性溶液中，下列叙述正确的是（　　）。

A. 只有 H^+ 存在　　　　　　　B. pH≤7

C. $c(OH^-) < c(H^+)$　　　　　　D. $c(OH^-) > 10^{-7}$ mol/L

(5) 区别强弱电解质的根本标准是（　　）。

A. 解离程度　　　　　　　　B. 化学键类型

C. 物质的状态　　　　　　　D. 溶液的导电能力

3. 是非题（正确的划"√"，错误的划"×"）

(1) 将 NaOH 和氨水溶液各稀释一倍，两者的 OH^- 浓度均减少到原来的 1/2。　　　　　　　　　（　　）

(2) 设盐酸的浓度为醋酸浓度的两倍，则前者的 H^+ 浓度也是后者的两倍。 （　　）

(3) 根据稀释定律，弱酸溶液浓度越小，电离度就越大，溶液酸性就越强。 （　　）

(4) 某离子被沉淀完全是指在溶液中其浓度为 0mol/L。 （　　）

(5) 在分步沉淀中 $K_{sp}^{\ominus}$ 小的物质总是比 $K_{sp}^{\ominus}$ 大的物质先沉淀。 （　　）

4. 问答题

(1) 下列说法是否正确？若不正确请纠正，并说明理由。

① 醋酸和氨水的导电能力都比较弱，所以二者混合后，导电能力更弱；

② 将盐酸和醋酸溶液各稀释一倍，两者的 $c(H^+)$ 均减少到原来的一半；

③ 在氢硫酸中，$c(S^{2-})=2c(H^+)$；

④ 两种难溶电解质，$K_{sp}^{\ominus}$ 大者，其溶解度也大。

(2) 回答下列问题，简述理由。

① 实验室如何配制 $SnCl_2$，$FeCl_3$ 溶液；

② 实验中在洗涤 $BaSO_4$ 沉淀时，为什么不用蒸馏水而用稀 H_2SO_4；

③ 为什么 Al_2S_3 在水溶液中不能存在；

④ PbI_2 和 $PbSO_4$ 的溶度积非常接近，两者的饱和溶液中 $c(Pb^{2+})$ 是否也很接近。

(3) 根据溶度积规则解释下列事实。

① $BaCO_3$ 沉淀溶于稀 HCl；

② $Fe(OH)_3$ 沉淀溶于 H_2SO_4；

③ $Mg(OH)_2$ 沉淀溶于铵盐；

④ CuS 沉淀不溶于 HCl 但溶于 HNO_3。

(4) 写出下列物质在溶液中的电离方程式。

① H_2SO_4　　　　② Na_2CO_3　　　　③ HCN

④ H_2CO_3　　　　⑤ $NH_3 \cdot H_2O$　　　　⑥ HF

(5) 写出下列盐水解的离子方程式，并判断盐溶液的酸碱性。

① $NaCN$　　　　② NH_4Ac　　　　③ Na_2S

④ $Al_2(SO_4)_3$　　　　⑤ NH_4CN　　　　⑥ NaF

5. 计算题

(1) 已知 25℃时，0.01mol/L 一元弱酸溶液的 pH 为 4.00，计算该弱酸的电离常数及电离度。

(2) 在盐酸和醋酸的混合溶液中，盐酸浓度为 0.5mol/L，醋酸浓度为 0.1mol/L，计算该溶液中 HAc 的电离度，并与 HAc 在纯水中的电离度比较。

(3) 计算下列盐溶液的 pH。

① 0.1mol/L NaCN 溶液；

② 0.4mol/L NH_4NO_3 溶液。

(4) 欲制备 1L pH＝4.00 的缓冲溶液，若使其中含有 0.2mol/L HAc，问需要加入固体 $NaAc \cdot 3H_2O$ 多少克？（不考虑加入固体所引起的体积变化。）

(5) 25℃时，计算 CaF_2 在下列溶液中的溶解度 （mol/L）。

① 纯水；

② 0.1mol/L NaF 溶液；

③ 0.1mol/L $CaCl_2$ 溶液。

(6) 将 0.1mol/L $MgCl_2$ 溶液与 0.01mol/L 氨水等体积混合，是否有 $Mg(OH)_2$ 沉淀生成？（$Q_c=4.5\times 10^{-9}$）

(7) 某溶液含有 Pb^{2+}、Ba^{2+}、Sr^{2+}，它们的浓度均为 0.1mol/L，加入 K_2CrO_4 溶液（忽略体积变化），通过计算说明上述离子开始沉淀的顺序。

(8) 在 CrO_4^{2-} 及 I^- 浓度均为 0.1mol/L 的溶液中，逐滴加入 $Pb(NO_3)_2$ 溶液时（忽略体积变化），哪种离子先沉淀出来？

酸碱理论简介

酸和碱都是重要的化学物质。人类对它们的认识经历了一个由浅入深、由感性到理性的漫长过程。开始人们把具有酸味的物质称为酸，具有涩味和滑腻感的物质称为碱。后来随着科学的不断发展，人们提出了不同的酸碱理论，如阿仑尼乌斯（S. A. Arrhenius）的电离理论、富兰克林（E. C. Franklin）的溶剂理论、布朗斯特德和劳瑞（J. N. Brönsted-T. M. Lowry）的质子理论、路易斯（G. N. Lewis）的电子理论等，使酸碱的范围越来越广泛。

一、酸碱电离理论

阿仑尼乌斯的酸碱电离理论认为：在水溶液中电离出的阳离子全部是 H^+ 的物质称为酸，电离出的阴离子全部是 OH^- 的物质称为碱。H^+ 是酸的特征，OH^- 是碱的特征。如 HCl、H_2SO_4 等都是酸，而 $NaOH$，$Ca(OH)_2$ 等都是碱。酸碱反应的实质就是 H^+ 与 OH^- 作用生成 H_2O。但这一理论把酸、碱局限在水溶液中，对非水溶液中的酸碱反应无法解释。如气态氨与氯化氢反应生成氯化铵。同时又把碱限制为氢氧化物。这就造成了长期以来人们把氨溶于水显碱性误认为是 NH_3 与水作用生成 NH_4OH 所致。

二、酸碱溶剂理论

酸碱溶剂理论把水溶液中的酸碱扩大到非水溶液体系中。它认为：凡能电离出溶剂阳离子的物质为酸，能电离出溶剂阴离子的物质为碱。酸碱反应就是阳离子与阴离子结合成溶剂分子。如液态氨为溶剂时的电离为：

$$2NH_3 \Longrightarrow NH_4^+ + NH_2^-$$

NH_4Cl 在液氨中为酸，因为它在液氨中产生了溶剂（NH_3）的阳离子 NH_4^+

$$NH_4Cl \longrightarrow NH_4^+ + Cl^-$$

$NaNH_2$ 在液氨中为碱，因为它在液氨中产生了溶剂（NH_3）的阴离子 NH_2^-

$$NaNH_2 \longrightarrow Na^+ + NH_2^-$$

酸碱反应就是 NH_4^+ 和 NH_2^- 结合为 NH_3 的反应

$$\underset{\text{酸}}{NH_4Cl} + \underset{\text{碱}}{NaNH_2} \longrightarrow \underset{\text{盐}}{NaCl} + \underset{\text{溶剂}}{2NH_3}$$

该理论虽然扩大了酸碱范围，但对于不能电离的溶剂及没有溶剂的情况就不适用了。

三、酸碱质子理论

凡能给出质子（H^+）的物质称为酸，凡能接受质子的物质称为碱。当一种酸给出质子后，剩余部分即为碱。这种关系可以表示为：

$$酸 \Longrightarrow 碱 + H^+$$

例如

$$HCl \Longrightarrow Cl^- + H^+$$

$$NH_4^+ \Longrightarrow NH_3 + H^+$$

$$HPO_4^{2-} \Longrightarrow PO_4^{3-} + H^+$$

$$[Al(H_2O)_6]^{3+} \Longrightarrow [Al(H_2O)_5(OH)]^{2+} + H^+$$

酸给出质子后转化为碱，碱接受质子后又变成了酸。把这种关系称为酸碱共轭关系，体系中存在的酸、碱称为共轭酸碱对。如上述例子中，HCl-Cl^- 为共轭酸碱对，HCl 为 Cl^- 的共轭酸，Cl^- 为 HCl 的共轭碱。

显然，酸给出质子的能力越强，酸性越强，与其对应的共轭碱接受质子的能力必然越弱，碱性也越弱。即强酸对应的共轭碱为弱碱；而弱酸对应的共轭碱为强碱。

由酸碱质子理论知，酸碱反应的实质是质子的传递。例如：

$$\overset{\displaystyle H^+}{\overbrace{HCl+NH_3}} \longrightarrow Cl^- + NH_4^+$$

$$\text{酸（1） 碱（2）   碱（1）   酸（2）}$$

上述反应中，HCl 和 NH_4^+ 均为酸，但 HCl 的酸性比 NH_4^+ 强；NH_3 和 Cl^- 均为碱，但 NH_3 的碱性比 Cl^- 强。反应是强酸与强碱反应生成了弱碱和弱酸。

酸碱反应中既能给出质子，又能接受质子的物质称为两性物质。例如：

$$HCl + H_2O \longrightarrow Cl^- + H_3O^+$$

$$\text{酸（1） 碱（2）   碱（1）   酸（2）}$$

$$NH_3 + H_2O \longrightarrow NH_4^+ + OH^-$$

$$\text{碱（1） 酸（2）   酸（1）   碱（2）}$$

H_2O 为两性物质。

酸碱质子理论把酸碱反应扩大到可以没有任何溶剂参加反应这一范围。它不涉及无质子参加的反应，因而也有一定的局限性。

四、酸碱电子理论

凡能接受电子对的物质称为酸，凡能给出电子对的物质称为碱。即酸是电子对的接受体，碱是电子对的给予体。酸碱反应的实质是酸碱通过配位键结合形成加合物。例如：

$$:NH_3 + H^+ \longrightarrow \left[H-\overset{\displaystyle H}{\underset{\displaystyle H}{\overset{|}{\underset{|}{N}}}}\rightarrow H \right]^+$$

$$:F^- + BF_3 \longrightarrow \left[F-\overset{\displaystyle F}{\underset{\displaystyle F}{\overset{|}{\underset{|}{B}}}}\leftarrow F \right]^-$$

$$:OH^- + H^+ \longrightarrow HO \rightarrow H$$

酸碱电子理论在质子理论的基础上又扩展了酸碱的范围，因此适用范围很广。但是这个理论过于笼统，适用面太广泛，不易掌握酸碱的特征，这是它的不足之处。

第八章

硼族元素

知识目标：

1. 了解硼族元素的价电子构型及性质的变化规律；
2. 掌握铝及其重要化合物的性质、制备、用途；
3. 了解硼及其化合物。

能力目标：

1. 能正确书写硼族元素的重要化学反应方程式；
2. 会对硼族元素重要化合物的相关性质进行解释。

硼族（ⅢA族）包括硼（B）、铝（Al）、镓（Ga）、铟（In）、铊（Tl）和𬭳（Nh）六种元素。铝在地壳中的含量仅次于氧和硅。硼的蕴藏量虽少，但多为富集矿。镓、铟、铊都比较分散，以其他矿的共生组分形式存在，故称为分散稀有元素。𬭳为人工合成的放射性元素。

第一节 硼族元素的特性

一、价电子层构型与元素性质递变

如表 8-1 所示，硼族元素的原子最外层有 3 个电子，其构型为 ns^2np^1。它们的主要氧化数为 +3 价。

表 8-1 硼族元素的基本性质

元　　素	硼(B)	铝(Al)	镓(Ga)	铟(In)	铊(Tl)
原子序数	5	13	31	49	81
价层电子构型	$2s^2 2p^1$	$3s^2 3p^1$	$4s^2 4p^1$	$5s^2 5p^1$	$6s^2 6p^1$
主要氧化数	+3	+3	(+1),+3	+1,+3	+1,(+3)
原子半径/pm	82	118	126	144	148
电离能/(kJ/mol)	800.6	577.6	578.8	558.3	589.3
电负性	2.0	1.5	1.6	1.7	1.8
熔点/℃	2197	600	29.8	156.6	303.3
沸点/℃	3658	2327	2250	2070	1453

从表 8-1 中看出，硼族元素原子半径随原子序数增大而增大，元素的电离能趋于减小。硼的原子半径显著小于铝，从镓开始随着核电荷数增加，电子填充到内层 d 亚层或 f 亚层，

所以原子半径增大的程度比碱金属和碱土金属小。硼的电离能比铝大得多，从铝到铊递减缓慢，不如碱金属和碱土金属那样递变明显。所以，从硼到铝由非金属过渡到金属，显示较大的突跃。这和硼的原子半径小、电离能大很有关系。

硼是非金属性占优势的元素，硼族中其他元素为金属。元素的金属性随原子序数的增加而增强。它们氧化物的酸碱性递变情况如下：硼的氧化物为酸性，铝和镓的氧化物为两性，铟和铊的氧化物则是碱性。在硼族元素的化合物中形成共价键的趋势依次减弱。硼的化合物完全是共价型的，在水溶液中也不存在 B^{3+}，而其他元素均可形成 M^{3+}。由于惰性电子对效应的影响，低氧化态的铊较稳定，它具有较强的离子键特征。

硼的原子半径较小、电负性较大、电离能高，所以易形成共价化合物。单质硼的熔点、沸点高，硬度大，化学性质稳定，这表明硼晶体中原子间的共价键是相当牢固的。铝的电负性较小，原子半径较大，较易失去价层电子形成 Al^{3+}，由于离子电荷较多，它和不同阴离子构成的化合物性质也不尽相同。例如，氟化铝熔点较高、不易挥发；其他卤化铝熔点则较低，容易挥发。说明除氟化铝外其他卤化铝已具有共价化合物的性质。此外，硼、铝与氧化合时，放出大量的热，形成很牢固的化学键，常称它们是亲氧元素。

二、缺电子原子和缺电子化合物

硼和铝都有四个价层电子轨道（ns 和 np），但仅有 3 个价电子。当它们以共价键形成化合物时，原子的最外层电子形成了三对共用电子，还剩一个空轨道。价电子数少于价键轨道数，这种元素的原子称为缺电子原子。它们所形成的共价化合物，有时为缺电子化合物。在这类化合物中，成键电子对数少于中心原子的价键轨道数。它们有很强的接受电子对的能力，易形成聚合型分子如 Al_2Cl_6 和配位化合物如 HBF_4。

第二节　硼的重要化合物

一、硼的卤化物

卤素都能和硼生成三卤化硼，是平面三角形分子。纯的 BX_3 都是无色的，而 BBr_3、BI_3 在光照射下因部分分解而显浅黄色。表 8-2 列出三卤化硼的性质。

表 8-2　三卤化硼的性质

性　质	BF_3	BCl_3	BBr_3	BI_3
熔点/℃	−127.1	−107	−46	49.9
沸点/℃	−99	12.5	91.3	210
标准摩尔生成焓/(kJ/mol)	−1110.4	−395.4	−186.6	
键能/(kJ/mol)	613.1	456	377	267
键长/pm	130	175	195	210
B 和 X 单键键长和/pm	152	187	199	

硼和卤素在加热条件下可生成卤化硼。

$$2B + 3X_2 \longrightarrow 2BX_3$$

工业上常用 B_2O_3 作为生产它们的原料。

$$B_2O_3 + 3CaF_2 + 3H_2SO_4 \longrightarrow 2BF_3 + 3CaSO_4 + 3H_2O$$

$$B_2O_3 + 3C + 3Cl_2 \longrightarrow 2BCl_3 + 3CO$$

卤化硼的熔点、沸点都很低，室温下，BF_3 和 BCl_3 为气体，BBr_3 为液体，BI_3 为固体。卤化硼很易水解，因此在潮湿空气中发烟，卤化硼水解同时生成两种酸。

$$BX_3 + 3H_2O \longrightarrow H_3BO_3 + 3HX$$

对于 BF_3 来说，它又与水解产生的 HF 加合生成氟硼酸 HBF_4。

$$BF_3 + HF \longrightarrow HBF_4$$

除 BF_3 外，其他卤化硼均不与相应的 HX 加合。其原因是氟原子半径小于其他卤素，在半径很小的硼原子周围可以容纳四个氟原子，而不可能容纳四个其他卤素原子。

卤化硼是缺电子分子，所以当它与具有弧对电子的分子相遇时，就易产生加合反应。例如：

$$\begin{array}{ccc} F & & H \\ | & & | \\ F-B & + \ :N-H \\ | & & | \\ F & & H \end{array} \longrightarrow \begin{array}{ccc} F & & H \\ | & & | \\ F-B & \leftarrow & N-H \\ | & & | \\ F & & H \end{array}$$

在卤化硼中，最重要的是 BF_3 和 BCl_3，它们是许多有机反应的催化剂，也常用于有机硼化合物的合成和硼氢化合物的制备。

二、硼酸及其盐

硼的含氧酸包括偏硼酸（HBO_2）、正硼酸（H_3BO_3）和多硼酸（$x\,B_2O_3 \cdot y\,H_2O$）。通称的硼酸常指正硼酸（H_3BO_3）。B_2O_3 溶于水可生成硼酸。

$$B_2O_3 + 3H_2O \longrightarrow 2H_3BO_3$$

硼酸为白色鳞片状晶体。它微溶于冷水、易溶于热水。水溶液呈微弱酸性（$K_a^\ominus = 5.8 \times 10^{-10}$）。

1. 硼酸电离

硼酸是缺电子化合物。它在水中不是电离出 H^+，而是加合了由水电离出来的 OH^-，游离出 H^+，使溶液显微酸性。

$$\begin{array}{c} OH \\ | \\ B \\ \diagup \ \diagdown \\ HO \quad OH \end{array} + HOH \Longrightarrow \left[\begin{array}{c} OH \\ | \\ HO-B \leftarrow OH \\ | \\ HO \end{array} \right]^- + H^+$$

因此，硼酸是一元弱酸，而不是三元弱酸。

想一想

硼酸为什么是一元弱酸？

---

2. 硼酸脱水

在加热时，H_3BO_3 易失水，当 H_3BO_3 被加热到 100℃时，一分子 H_3BO_3 失去一分子水成为偏硼酸 HBO_2。

$$H_3BO_3 \xrightarrow{100℃} HBO_2 + H_2O$$

HBO_2 仍保持鳞片状，在更高的温度下，可进一步失水成为四硼酸 $H_2B_4O_7$，再加热后又进一步失水成为氧化硼 B_2O_3。实际上 B_2O_3 就是通过 H_3BO_3 失水制得的。

$$4HBO_2 \xrightarrow{\triangle} H_2B_4O_7 + H_2O$$

$$H_2B_4O_7 \xrightarrow{\triangle} 2B_2O_3 + H_2O$$

3. 硼砂

硼酸盐的种类很多，有偏硼酸盐、正硼酸盐和多硼酸盐。最重要的硼酸盐是四硼酸钠，俗称硼砂（$Na_2B_4O_7 \cdot 10H_2O$）。

硼砂是无色半透明的晶体或白色结晶状粉末。它稍溶于冷水，易溶于热水。溶液因水解而呈碱性。

$$B_4O_7^{2-} + 7H_2O \rightleftharpoons 4H_3BO_3 + 2OH^-$$

硼砂在干燥空气中容易失水而风化；受热时逐步脱去结晶水，熔化后成为玻璃状物质。熔化的硼砂能溶解许多金属氧化物，生成偏硼酸复盐，呈现出各种特征的颜色。例如：

$$Na_2B_4O_7 + CoO \xrightarrow{熔化} 2NaBO_2 \cdot Co(BO_2)_2$$
（蓝宝石色）

$$3Na_2B_4O_7 + Fe_2O_3 \xrightarrow{熔化} 6NaBO_2 \cdot 2Fe(BO_2)_3$$
（黄棕色）

在分析化学中，利用这些特征颜色可以鉴定金属离子，称为硼砂珠试验。

除天然硼酸外，工业上用硼砂（$Na_2B_4O_7 \cdot 10H_2O$）的热溶液与强酸反应，冷却后即有硼酸的晶体析出。

$$Na_2B_4O_7 + H_2SO_4 + 5H_2O \longrightarrow Na_2SO_4 + 4H_3BO_3$$

硼砂在陶瓷工业中用作低熔点釉，金属焊接时用作助熔剂；玻璃工业用它制造耐温度骤变的特种玻璃和光学玻璃；硼砂还用作肥皂、洗衣粉的填料和化学试剂；硼砂正成为农业上的重要角色——硼肥，它对植物体内的糖类代谢起重要的调节作用。总之，硼砂是一种用途很广的重要的化工原料。

【知识拓展】

硼氢化合物——乙硼烷　乙硼烷是还原剂，它和氯气剧烈起反应，生成三氯化硼和氯化氢；它和氢化锂作用，可制得具有更强还原能力的硼氢化锂（$LiBH_4$）；该物质是可溶于水的白色晶体，在有机合成中是 H^- 的提供者。乙硼烷具有很高的燃烧热，可用作火箭的高能燃料。但乙硼烷价格昂贵，且不稳定、有毒，空气中 B_2H_6 的最高允许含量仅为 $0.1cm^3/m^3$，因此它的使用受到了限制。

第三节　铝及其重要化合物

铝是地壳中含量最多的金属元素。它在地壳中含量为 7.73%，仅次于氧和硅。在自然界中，它主要以复杂的铝硅酸盐形式存在，如长石、黏土、云母等。此外，还有铝矾土（$Al_2O_3 \cdot nH_2O$）、冰晶石（Na_3AlF_6）。它们是冶炼金属铝的重要原料。

铝是银白色轻金属，密度为 $2.699g/cm^3$，是重要的金属材料。在 $20\sim300℃$ 间铝的膨胀系数为钢的 2 倍。纯铝的导电能力较强，是等体积铜的 64%。由于铝的资源比铜丰富，又比铜轻，所以在许多场合可用铝代替铜使用。

一、铝的性质和制备

1. 铝的性质

铝位于周期表中典型金属和典型非金属交界区，它既有明显的金属性，也有较明显的非金属性，是典型的两性元素。单质及其氧化物既能溶于酸生成相应的铝盐，又能溶于碱生成铝酸盐。铝的化合物的分子有的是共价型，也有的是离子型。由于 Al^{3+} 电荷较多，半径较小（53pm）的 F^- 与 Al^{3+} 形成离子型化合物。较易变形的阴离子如 Cl^-、Br^-、I^- 则与 Al^{3+} 形成共价型化合物。铝的共价型化合物熔点低、易挥发、能溶于有机溶剂中。铝的离子型化合物熔点高，不溶于有机溶剂中。

高温下，铝极易和卤素、氧、硫等非金属起反应。铝粉在氧气中加热能燃烧并发光，生成氧化铝，同时放出大量热。利用铝的这种亲氧性质，将铝粉作为冶金还原剂，能将高熔点的金属氧化物还原为金属单质。反应中释放的热量将金属熔化，与其他氧化物分离，这种方法叫"铝热法"。铝粉和粉末状的四氧化三铁的混合物（称为"铝热剂"），经引燃发生反应后，可达 3000℃ 的高温，把铁熔化。

$$4Al+3O_2 \xrightarrow{\triangle} 2Al_2O_3+3340kJ$$

$$8Al+3Fe_3O_4 \xrightarrow{高温} 4Al_2O_3+9Fe+3329kJ$$

工业上，铝用作炼钢脱氧剂；铝热法用于冶炼高熔点的钒、铬、锰等纯金属和无碳或低碳合金以及焊接铁轨和器材部件等。

【演示实验 8-1】 观察下列试管中发生的现象：

① 铝箔与浓硫酸或浓硝酸发生"钝化"作用。

② 铝箔和 3mol/L H_2SO_4 或 3mol/L HCl 溶液起反应，放出的气体点燃时发生爆鸣。

③ 铝箔和 30% NaOH 溶液起反应，放出的气体点燃时也可爆鸣。

铝在冷的浓硫酸或浓硝酸中被氧化，表面生成一层致密的氧化膜。这种膜性质稳定，使内层金属与酸隔离，不再发生作用。此现象称为"金属的钝化"。所以，铝制容器可用来贮存和运输浓硫酸或浓硝酸。

常温下，铝能置换盐酸或稀硫酸中的氢。

$$2Al+6H^+ \longrightarrow 2Al^{3+}+3H_2\uparrow$$

铝也能溶解在强碱溶液中，生成偏铝酸盐和氢气。

$$2Al+2NaOH+2H_2O \longrightarrow 2NaAlO_2+3H_2\uparrow$$

铝表面总有一层氧化膜，阻挡了铝和水反应。当铝和碱接触时，氧化膜溶于碱而被破坏。失去保护膜的铝能和水反应生成氢氧化铝并放出氢气；同时新生成的氢氧化铝又被碱溶解生成偏铝酸盐和水。所以，铝和水在碱性介质中的反应能持续进行。

$$Al_2O_3+2NaOH \longrightarrow 2NaAlO_2+H_2O$$

$$2Al+6H_2O \longrightarrow 2Al(OH)_3+3H_2\uparrow$$

$$NaOH+Al(OH)_3 \longrightarrow NaAlO_2+2H_2O$$

偏铝酸钠 $NaAlO_2$ 实际为铝酸钠 $Na[Al(OH)_4]$ 的简写形式。

表面光滑的纯铝化学稳定性良好，铝表面含有杂质或很粗糙，都会减弱氧化膜和铝的联结力，甚至破坏铝表面的氧化膜，使铝继续被氧化而遭受腐蚀。

还可以利用铝的亲氧性来制造耐高温的金属陶瓷。将铝粉、石墨和二氧化钛或其他高熔点金属氧化物按一定比例混合均匀，涂在金属表面上，在高温下煅烧，金属表面就形成耐高温涂层（耐高温物质）。这种涂层已应用于宇航工业中。

$$4Al+3TiO_2+3C \xrightarrow{煅烧} 2Al_2O_3+3TiC$$

此外，铝与金、银、钠、钾等金属一样也能溶解在汞中形成汞的合金——汞齐。

2. 铝的制备

工业上制铝分两步进行，先从铝矾土中提取 Al_2O_3，然后电解 Al_2O_3 制 Al。

首先，用高压水蒸气和 $NaOH$ 溶液将铝矾土溶解得 $Na[Al(OH)_4]$。

$$Al_2O_3(铝矾土)+2NaOH+3H_2O \longrightarrow 2Na[Al(OH)_4]$$

经沉淀、过滤、弃去红泥（含铁、钛、矾化合物等）。往滤液中通 CO_2 生成 $Al(OH)_3$ 沉淀。

$$Na[Al(OH)_4]+CO_2 \longrightarrow Al(OH)_3 \downarrow +NaHCO_3$$

经过滤、洗涤、干燥、灼烧得 Al_2O_3。

然后电解，氧化铝的熔点高达（2050℃），熔融态时导电能力差。因此，电解时加入冰晶石作助熔剂，一方面可降低电解温度（一般为 1000℃），同时也增强了熔融态物料的导电性。

氧化铝和冰晶石的电离式为：

$$2Al_2O_3 \xrightarrow{熔融} Al^{3+}+3AlO_2^-$$

$$Na_3AlF_6 \xrightarrow{熔融} 3Na^++AlF_6^{3-}$$

当直流电通过冰晶石-氧化铝熔体时，Na^+ 和 Al^{3+} 移向阴极；AlO_2^-、AlF_6^{3-} 移向阳极，两极的电极反应为：

阴极
$$Al^{3+}+3e \longrightarrow Al$$

阳极
$$4AlO_2^- -4e \longrightarrow 2Al_2O_3+O_2 \uparrow$$

总反应方程为

$$2Al_2O_3 \xrightarrow[1000℃]{熔融电解} 4Al \ + \ 3O_2 \uparrow$$

$$（阴极）\quad （阳极）$$

二、氧化铝和氢氧化铝

1. 三氧化二铝

Al_2O_3 是白色难溶于水的粉末。它是典型的两性氧化物。

新制备的粉末状氧化铝，反应能力较强，既可溶于酸又能溶于碱。

$$Al_2O_3+6H^+ \longrightarrow 2Al^{3+}+3H_2O$$

$$Al_2O_3+2OH^- \longrightarrow 2AlO_2^-+H_2O$$

经过活化处理的 Al_2O_3 有巨大的表面积，吸附能力强，称为活性氧化铝。常用作催化剂的载体和用于化学实验室的色层分析。

加热氢氧化铝，可脱水生成氧化铝的各种变体。在 450～500℃脱水生成 γ-Al_2O_3 和 η-Al_2O_3，温度大于 900℃生成 α-Al_2O_3，它们是晶体结构不同的氧化铝。

α-Al_2O_3 化学性质极不活泼，除溶于熔融的碱外，与所有试剂都不反应。它的熔点高达 2050℃，硬度仅次于金刚石，称为刚玉。γ-Al_2O_3 和 η-Al_2O_3 既能溶于酸又能溶于碱，它们的比表面积（单位体积的物质具有的表面积）很大，可用作催化剂载体、色谱柱、离子交换材料，称为活性氧化铝。

氧化铝晶体一般不透明，常因含杂质不同呈现各种鲜明的颜色。例如，含微量三氧化二铬的氧化铝呈红色，称为红宝石；含微量钛、铁的氧化铝呈蓝色，称为蓝宝石。它们常用作装饰品。如将矾土在电炉中熔化，能得到人造宝石，可广泛用作机器、仪表中的轴承、研磨材料、坩埚、瓷器及耐火材料等。

2. 氢氧化铝

氢氧化铝是典型的两性氢氧化物。它能溶于酸也能溶于碱，但不溶于氨水。所以，用铝盐和氨水作用能使 Al^{3+} 沉淀完全。若用苛性碱代替氨水，则过量的碱又会使 $Al(OH)_3$ 溶解。

【演示实验 8-2】 往盛有 $4mL$ $0.5mol/L$ $Al_2(SO_4)_3$ 溶液的试管中，逐滴加入 $6mol/L$ 氨水，振荡，观察白色胶状 $Al(OH)_3$ 沉淀的产生。

$$Al_2(SO_4)_3 + 6NH_3 \cdot H_2O \longrightarrow 2Al(OH)_3 \downarrow + 3(NH_4)_2SO_4$$
$$Al^{3+} + 3NH_3 \cdot H_2O \longrightarrow Al(OH)_3 \downarrow + 3NH_4^+$$

将制备的 $Al(OH)_3$ 分装在两支试管中，观察它在酸、碱溶液中的溶解。

离子方程式为：

$$Al(OH)_3 + 3H^+ \longrightarrow Al^{3+} + 3H_2O$$
$$Al(OH)_3 + OH^- \longrightarrow [Al(OH)_4]^-$$

或

$$Al(OH)_3 + OH^- \longrightarrow AlO_2^- + 2H_2O$$

氢氧化铝在水中存在着如下的电离平衡。

$$Al^{3+} + 3OH^- \rightleftharpoons Al(OH)_3 \rightleftharpoons H_2O + AlO_2^- + H^+$$

加酸时，它进行碱式电离，平衡向左移动，$Al(OH)_3$ 转化为相应的铝盐。加碱时，进行酸式电离，平衡向右移动，$Al(OH)_3$ 不断溶解转化为铝酸盐。

应当说明，氢氧化铝的碱性略强于酸性。

氢氧化铝用于制备铝盐、纯氧化铝和医药。

三、铝盐

1. 铝的卤化物

铝的卤化物以氯化铝最重要。常温下，氯化铝为无色晶体，工业品因含铁等杂质而呈黄色。它极易挥发，加热至 $180℃$ 时即升华，在潮湿的空气中由于水解而发烟。

氧化铝溶于盐酸，可制得无色易吸潮的六水氯化铝（$AlCl_3 \cdot 6H_2O$），将其脱水时，因其水解故不能制得无水氯化铝。在氯气或氯化氢气流中熔融铝，才能制得无水氯化铝。

AlF_3 的性质在 AlX_3 中较特殊，它是白色难溶（$K_{sp}^{\ominus} = 1.0 \times 10^{-15}$）的离子型化合物，$Al^{3+}$ 和 F^- 较易形成 AlF_6^{3-}，如冰晶石 Na_3AlF_6（氟铝酸钠）。AlF_3 不易和浓 H_2SO_4 作用，和熔融碱反应也较慢。

无水 AlX_3 是有机合成和石油工业中常用的催化剂。AlX_3 是缺电子体，能与电子给予体起加合作用，均易溶于水，也溶于乙醇、乙醚等有机溶剂。

想一想

能否用 $AlCl_3 \cdot 6H_2O$ 加热脱水制得无水 $AlCl_3$？反过来，能否用无水 $AlCl_3$ 制得六水合物？为什么？

---

2. 铝的含氧酸盐

铝的含氧酸盐有氯酸铝、高氯酸铝、硝酸铝、硫酸铝等。它们的晶体中有 $\left[Al(H_2O)_6\right]^{3+}$。

常温下从水溶液中析出的晶体为水合晶体，如 $Al_2(SO_4)_3 \cdot 18H_2O$、$Al(NO_3)_3 \cdot 9H_2O$ 等。

　　硝酸铝可由铝和硝酸反应来制取。$Al(NO_3)_3 \cdot 9H_2O$ 是无色晶体，易溶于水和醇中，易潮解。其氧化能力强，与有机物接触易燃烧。主要用于制造催化剂、媒染剂以及应用于核工业中。

　　无水硫酸铝 $Al_2(SO_4)_3$ 是白色粉末。常温下从溶液中分离出来的水合物则是 $Al_2(SO_4)_3 \cdot 18H_2O$ 晶体。工业上用硫酸处理矾土或黏土或中和氢氧化铝都能制得硫酸铝。

　　若将等物质的量的硫酸铝和硫酸钾溶于水，蒸发、结晶，可制得一种水合复盐，其组成是：$K_2SO_4 \cdot Al_2(SO_4)_3 \cdot 24H_2O$，即 $KAl(SO_4)_2 \cdot 12H_2O$，俗称明矾。明矾是离子化合物，和其他复盐一样，它在水中是完全电离的。

$$KAl(SO_4)_2 \cdot 12H_2O \longrightarrow K^+ + Al^{3+} + 2SO_4^{2-} + 12H_2O$$

　　硫酸铝和明矾都能水解为氢氧化铝胶体而有强烈的吸附性，常用作造纸工业的胶料以及净水剂、媒染剂等。

　　强酸的铝盐在溶液中部分水解，溶液呈酸性。而弱酸的铝盐水解很强烈，这类弱酸盐宜用干法制取（如 Al_2S_3），保存时应注意密封，谨防受潮变质。

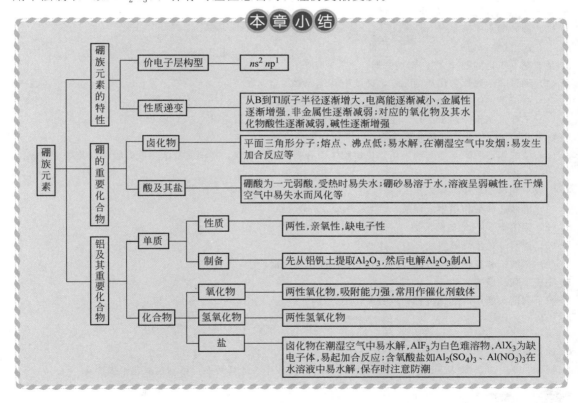

思考与习题

1. 填空题

　　（1）价电子数少于价键轨道数，这种元素的原子称为＿＿＿＿＿＿＿。

　　（2）＿＿＿＿＿＿是地壳中含量最多的元素。

　　（3）Al 既有明显的金属性，也有较明显的非金属性，是典型的＿＿＿＿＿＿元素。

　　（4）铝在冷的浓硫酸或浓硝酸中被氧化，表面生成一层致密的氧化膜，这种氧化膜性质稳定，使内层金属与酸隔离，不再发生作用。此现象称为_____。所以铝制容器可用来储存和运输_____或_____。

(5) 氢氧化铝是典型的_____，它能溶于_____，也能溶于_____，但不溶于_____。

2. 选择题

(1) 下列含氧酸中属于一元酸的是（　　）。

A. H_3BO_3　　　　　　B. H_3PO_4　　　　　　C. H_2CO_3　　　　　　D. H_3AsO_4

(2) 铝镁合金因坚硬、轻巧、美观、洁净、易于加工而成为新型建筑装潢材料，主要用于制作窗框、卷帘门、防护栏等。下列与这些用途无关的性质是（　　）。

A. 不易生锈　　　　B. 导电性好　　　　C. 密度小　　　　D. 强度高

(3) 硼砂珠实验产生蓝色表示存在（　　）。

A. Cu　　　　　　B. Si　　　　　　C. Co　　　　　　D. Fe

(4) 在铝酸盐溶液中加入足量的氢氧化钠固体，则（　　）。

A. 生成白色沉淀

B. 有气体放出

C. 先生成白色沉淀，而后沉淀消失

D. 生成白色沉淀，并放出气体

(5) 硼砂的水溶液呈现（　　）。

A. 碱性　　　　　　B. 中性　　　　　　C. 酸性　　　　　　D. 弱酸性

3. 是非题（正确的划"√"，错误的划"×"）

(1) 硼是非金属性占优势的元素，硼族中其他元素为金属。　　　　　　　　　（　　）

(2) 高温下，铝极易和卤素、氧、硫等非金属起反应。　　　　　　　　　　（　　）

(3) 工业上制铝分两步进行，先从铝矾土中提取 Al_2O_3，然后电解 Al_2O_3 制铝。　（　　）

(4) $\alpha\text{-}Al_2O_3$ 的化学性质非常活泼，几乎可以和所有试剂反应。　　　　　（　　）

(5) 硫酸铝和明矾都能水解为氢氧化铝胶体而有强烈的吸附性，常用做造纸工业的胶料以及净水剂等。

　　　　　　　　　　　　　　　　　　　　　　　　　　　　　　　　（　　）

4. 完成下列离子反应方程式

(1) 硼砂和硫酸作用生成硼酸；

(2) 铝溶于 20% 的硫酸溶液；

(3) 铝溶于过量烧碱溶液，有气体产生；

(4) 铝酸钠和氯化铵溶液混合后，有氨逸出和白色沉淀产生。

5. 完成下列反应方程式

按下列箭头所示的变化过程完成有关化学方程式。

$$Al_2O_3 \underset{(2)}{\overset{(1)}{\rightleftharpoons}} Al \xrightarrow{(3)} Al_2(SO_4)_3 \underset{(5)}{\overset{(4)}{\rightleftharpoons}} Al(OH)_3 \underset{(7)}{\overset{(6)}{\rightleftharpoons}} NaAlO_2$$

6. 计算题

把 13.35g $AlCl_3$ 放入 500mL 0.7mol/L 的 NaOH 溶液中，计算最多可得到氢氧化铝多少克？

📺 阅读材料

新型无机材料简介

随着近代科技进步和国民经济发展的需求，近二三十年来新型无机材料工业迅速发展，标志着人类社会进入了一个新的时代。

新型无机材料种类繁多，就其成分而言主要有氧化物和非氧化物两大系列。常见的有：碱土金属、硼族元素及过渡元素的氧化物，如 BeO、Al_2O_3、ZrO_2、ThO_2、$BaO \cdot TiO_2$ 等；过渡金属的碳化物；金属氮化物、硼化物、硅化物以及碳、硅、硼、氮的互化物，还有某些金属的磷化物、砷化物、硫化物等。

新型无机材料中的化学键以离子键和共价键为主。新型无机材料，主要是由于采用专门的制备工艺使其显微结构比较特殊，从而具有种种优良性能。目前这类新型无机材料除有类似传统陶瓷工艺的烧结体外，还有单晶、薄膜、纤维等多种产品。

依据新型无机材料的物理、化学特性，它们可用作结构材料和功能材料。

结构材料　新型无机材料由于多具有强度高、硬度大、耐高温（熔点达 2000℃以上）、耐腐蚀和质量轻的特性，因此它们是良好的结构材料。例如，高密度碳化硅（SiC）耐高温、抗氧化、不变形，可用作高温燃气轮机的涡轮叶片、高温热交换器、火箭喷嘴及轻质防弹用品。高密度氮化硼（BN）陶瓷具有石墨型晶体结构，不但耐高温、导热性好、耐腐蚀，而且高绝缘、无毒、易进行机械加工，是良好的耐高温润滑剂和理想的高温导热绝缘材料；在高温、高压下制成的金刚石型立方氮化硼，用来制作切削坚韧钢材的刀具，其工效比金刚石刀具更好。氮化硅（Si_3N_4）陶瓷是一种烧结时不收缩的无机材料，耐热震性、抗氧化性强，常用于制备形状复杂、尺寸要求精确的产品，如燃气轮机的燃烧室及晶体管的模具等。此外，用碳化钛、碳化钨等以钴粉作胶黏剂烧结成的硬质合金刀具常用于高速切削；用氧化铝可制造熔炼铂等金属的坩埚、内燃机的火花塞、导弹天线等。

功能材料　许多新型无机材料皆有特异的电、磁、光、热、声等性质和功能，这些宝贵的功能物性使它们在功能材料领域占有重要地位。红宝石（Al_2O_3，Cr^{3+}）是常用的激光材料；砷化镓、砷化铟等作为半导体材料用于制造晶体管、光电池、整流器；硫化镉（CdS，Cu）可将光能转变为电能，是常用的光电材料。以氧化铁为主要成分的磁性瓷（如 $MnFe_2O_4$）广泛用于电视、广播、通信等领域。锆钛酸铅［Pb(Zr，Ti)O_3 代号 PZT］及钛酸钡（$BaTiO_3$）具有使电能与机械能相互转换的功能，它常用于传声器、话筒、电磁点火系统。用高纯度玻璃纤维制成的光导纤维，是近年来发展起来的以传光和传像为目的的一种光波传导介质，它主要用于光纤通信，具有信息容量大、质量轻、耐腐蚀、抗干扰、保密性能好等优点，是信息社会的一种理想的通讯材料。光纤通信线路正在我国城乡普及。

第九章

碳族元素

知识目标:

1. 了解碳族元素的价电子构型及性质的递变规律;
2. 掌握碳及其重要化合物的性质和应用;
3. 了解硅、锡、铅及其重要化合物的性质和应用。

能力目标:

1. 能正确书写碳族元素的重要化学反应方程式;
2. 能对碳酸盐等进行鉴别。

碳族（ⅣA 族）元素包括碳（C）、硅（Si）、锗（Ge）、锡（Sn）、铅（Pb）、铁（Fl）六种元素。其中碳、硅是非金属，锗、锡、铅是金属（硅、锗亦称准金属），铁为人工合成的放射性元素。碳族元素的基本性质见表 9-1。

表 9-1　碳族元素的基本性质

元　素	碳（C）	硅（Si）	锗（Ge）	锡（Sn）	铅（Pb）
原子序数	6	14	32	50	82
价电子层构型	$2s^2 2p^2$	$3s^2 3p^2$	$4s^2 4p^2$	$5s^2 5p^2$	$6s^2 6p^2$
主要氧化数	-4、$+4$、$+2$	$+4$、$+2$	$+4$、$+2$	$+4$、$+2$	$+4$、$+2$
原子半径/pm	77	117	122	140	147
电离能/(kJ/mol)	1086.4	786.5	762.2	708.6	715.5
电负性	2.5	1.8	1.8	1.8	1.8
熔点/℃	3652(升华)	1410	937	232	328
沸点/℃	4827	2355	2830	2260	1744

第一节　碳族元素的性质

一、价电子层构型

碳族元素的价电子层构型为 $ns^2 np^2$，其最高氧化数为 $+4$。它们的电负性比同周期的硼族元素大，容易形成共价型化合物。和电负性大的元素化合时，若全部用 $ns^2 np^2$ 价电子成键，则形成氧化数为 $+4$ 的共价化合物；若仅用 np^2 价电子成键，则形成氧化数为 $+2$ 的化合物。

碳原子形成化合物时，其价层轨道数为 4，故电子数不能超过 8，因而碳的配位数不超过 4，而同族其他元素的原子最外层还有 nd 轨道，除生成配位数为 4 的化合物以外，还能形成配位数为 6 的负离子，如 $[GeCl_6]^{2-}$、$[SiF_6]^{2-}$、$[SnCl_6]^{2-}$ 等。

二、性质递变

从表 9-1 看出，碳族元素随着原子序数的增大，原子半径逐渐增大，元素电离能逐渐减小。从碳到铅非金属性向金属性递变的趋势比硼族元素缓慢。碳是非金属；硅虽为非金属，但晶体硅有金属光泽、能导电，又称半金属；锗的金属性强于非金属性，也是重要的半导体材料；锡和铅则是较典型的金属。

碳族元素氧化物及其水化物酸碱性的递变情况如表 9-2 所示。碳和硅是成酸元素，硅酸弱于碳酸；锗、锡、铅的四价氢氧化物显两性，但从锗到铅，酸性渐弱，碱性渐强。它们的二价氢氧化物虽然也显两性，但其碱性比四价氢氧化物要强些。

表 9-2　碳族元素的氧化物及其水化物的酸碱性

元　　素	碳	硅	锗	锡	铅
四价氧化物	CO_2	SiO_2	GeO_2	SnO_2	PbO_2
氢氧化物	H_2CO_3	H_2SiO_3	H_2GeO_3	$Sn(OH)_4$	$Pb(OH)_4$
酸碱性递变	弱酸	弱酸	两性偏酸	两性偏酸	两性
			酸性减弱,碱性增强 ⟶		
二价氧化物	CO	—	GeO	SnO	PbO
氢氧化物	—	—	$Ge(OH)_2$	$Sn(OH)_2$	$Pb(OH)_2$
酸碱性递变	—	—	两性	两性	两性偏碱
				酸性减弱,碱性增强 ⟶	

由于从锗到铅 ns^2 电子对的稳定性增强，它们仅用 np^2 电子成键的趋势增强。所以，+2 价化合物的稳定性由弱渐强，而+4 价化合物的稳定性则逐渐减弱。亚锡盐是常用的还原剂，它很容易氧化为四价盐。常见的铅盐均为二价盐，如 $PbCl_2$、$PbSO_4$、$Pb(NO_3)_2$ 等通常情况下都很稳定。而四价铅的化合物有氧化性，如 PbO_2 在酸性环境中极易被还原为二价铅盐。碳族元素气态氢化物以甲烷最为稳定，它们的热稳定性由 CH_4 至 PbH_4 依次减弱，还原性增强。这一点和它们非金属性由强变弱的递变规律是一致的。

第二节　碳的重要化合物

一、氧化物

1. 一氧化碳

一氧化碳是无色、无臭有毒的气体，微溶于水。血红蛋白具有在人体血液中输送 O_2 的功能。CO 和血红蛋白的结合能力是 O_2 和血红蛋白结合能力的 210 倍。CO 和血红蛋白结合就会破坏其输 O_2 功能，当空气中 CO 的体积分数达 0.1% 时，就会引起中毒。在可能有 CO 的场所，人们要特别当心。

在 CO 分子中，碳与氧之间形成三键，其中一个为配位键，如下所示。

$$: \overset{\cdot\cdot}{C} \text{——} \overset{\cdot\cdot}{O} : \qquad\qquad : C \lll O :$$

CO 与金属氧化物发生还原反应，如将 Fe_2O_3 还原成金属 Fe。

$$Fe_2O_3 + 3CO \longrightarrow 2Fe + 3CO_2$$

CO 主要是碳在氧气不充分的条件下燃烧而生成的，实验室中可用浓 H_2SO_4 脱去甲酸（HCOOH）中的水制备 CO。

$$HCOOH \xrightarrow[\text{浓 } H_2SO_4]{\triangle} CO\uparrow + H_2O$$
甲酸

工业上将水蒸气和空气交替通过红热的碳，生产 CO、H_2、N_2 和少量 CO_2 的混合气，即水煤气。

$$C + H_2O \longrightarrow H_2 + CO$$

欲除去混合气体（如合成氨的原料气）中的少量 CO，可用 $[Cu(NH_3)_2]^+$ 溶液吸收。

CO 主要用作化工原料、燃料及在冶金工业上用作还原剂。

2. 二氧化碳

CO_2 是线型非极性分子（O＝C＝O），键长为 116.3pm。CO_2 微溶于水，在常压室温下，饱和 CO_2 溶液的浓度为 $0.03 \sim 0.04$mol/L。

大气中 CO_2 的体积分数为 0.035%，CO_2 主要来自煤、石油、天然气及其他含碳化合物的燃烧、碳酸钙的分解、动物的呼吸以及发酵过程。自然界通过植物和海洋中浮游生物的光合作用吸收 CO_2 放出 O_2，维持着大气中 O_2 与 CO_2 的平衡。但是，随着工业的高速发展，人类对自然资源的过度开发如乱砍滥伐森林等，使大气中 CO_2 含量增多，CO_2 是产生温室效应的主要因素之一。

CO_2 是无色、无臭、不助燃的气体，工业上一般可在 5.3×10^5Pa、-56.6℃条件下将气体 CO_2 凝为干冰，而干冰在常压下于 -78.5℃时升华，故 CO_2 常用作制冷剂。

CO_2 在高温下能和一些活泼的金属反应，例如：

$$CO_2 + 2Mg \longrightarrow 2MgO + C$$

此外，CO_2 还是一种重要的化工原料，如制纯碱、合成尿素、碳酸氢铵、甲醇等。

向氢氧化钡溶液或石灰水中通入 CO_2 会产生白色沉淀而使溶液浑浊，此法可检验气体中是否含有 CO_2。

$$CO_2 + Ba(OH)_2 \longrightarrow BaCO_3 \downarrow + H_2O$$
$$CO_2 + Ca(OH)_2 \longrightarrow CaCO_3 \downarrow + H_2O$$

用氢氧化钡溶液或石灰水来鉴定溶液中的 CO_3^{2-}、HCO_3^- 也很灵敏。所以常用酸分解法检验碳酸盐类。

二、碳酸

习惯上把 CO_2 的水溶液叫碳酸，而纯的碳酸至今尚未制得。溶于水的 CO_2，大部分以结合力较弱的水合 CO_2 形式存在，仅有一小部分生成 H_2CO_3。H_2CO_3 很不稳定，仅存在于水溶液中。实验室用的蒸馏水或去离子水因溶有一些 CO_2，而呈微弱的酸性，其 pH 约为 5.6。CO_2 的水溶液中有如下平衡。

$$H_2CO_3 \Longleftrightarrow HCO_3^- + H^+ \qquad K_{a1}^{\ominus} = 4.2 \times 10^{-7}$$

$$HCO_3^- \Longrightarrow CO_3^{2-} + H^+ \qquad K_{a2}^{\ominus} = 5.6 \times 10^{-11}$$

三、碳酸盐

碳酸是二元弱酸，所以它能形成两种类型的盐——碳酸盐（正盐）和酸式碳酸盐。

$$CO_3^{2-} + H_2O \Longrightarrow HCO_3^- + OH^-$$

1. 溶解性

酸式碳酸盐均易溶于水。正盐中只有碱金属和铵离子（NH_4^+）的碳酸盐易溶于水。其他金属的碳酸盐均难溶于水。另外，某些金属（如钾、钠等）的酸式碳酸盐的溶解度比正盐小。

用某金属的可溶性溶液和碳酸钠作用，可制得该金属的碳酸盐。例如：

$$Ba^{2+} + CO_3^{2-} \longrightarrow BaCO_3 \downarrow$$

碱液吸收 CO_2，也可得到碳酸盐或酸式碳酸盐。

$$2OH^- + CO_2 \longrightarrow CO_3^{2-} + H_2O$$

$$OH^- + CO_2 \longrightarrow HCO_3^-$$

所得的产物是正盐还是酸式盐，取决于两种反应物的物质的量之比。

2. 水解性

可溶性碳酸盐在水溶液中易发生水解，因此，碱金属的碳酸盐溶液呈碱性。

酸式碳酸根离子在水溶液中既发生水解，又发生电离。

$$HCO_3^- \Longrightarrow H^+ + CO_3^{2-}$$

$$HCO_3^- + H_2O \Longrightarrow OH^- + H_2CO_3$$

由于水解趋势强于电离趋势，所以 $NaHCO_3$ 溶液显微碱性。例如 $0.1mol/L$ $NaHCO_3$ 溶液的 pH 约为 8.3。

由于碳酸钠溶液中有一定量的 OH^- 存在，因此它和水解性较强的金属离子反应时，相互促进水解，不仅反应较剧烈，产物也较复杂。如果氢氧化物的溶解度小于碳酸盐的溶解度，则该金属离子和碳酸钠反应的产物不是碳酸盐，而是氢氧化物沉淀。纯碱与 Al^{3+}、Cr^{3+}、Fe^{3+} 盐溶液的反应属于此类。如果碳酸盐的溶解度与氢氧化物相近时，则可能得到碱式盐沉淀。纯碱与 Cu^{2+}、Mg^{2+}、Zn^{2+}、Co^{2+}、Ni^{2+} 盐溶液的反应属于此类。

$$2Al^{3+} + 3CO_3^{2-} + 3H_2O \longrightarrow 2Al(OH)_3 \downarrow + 3CO_2 \uparrow$$

$$2Cu^{2+} + 2CO_3^{2-} + H_2O \longrightarrow Cu(OH)_2 \cdot CuCO_3 \downarrow + CO_2 \uparrow$$

因此，运用复分解反应规律时，应当考虑盐的水解产物溶解性的不同可能导致产物的变化。

3. 热稳定性

碳酸盐的热稳定性比酸式碳酸盐强，酸式碳酸盐比碳酸强。

$$M_2CO_3 > MHCO_3 > H_2CO_3$$

不同金属的碳酸盐的热稳定性也不一样，碱金属的碳酸盐相当稳定，同一主族元素的碳酸盐自上而下稳定性增强。碱土金属的碳酸盐的稳定顺序为：

$$MgCO_3 < CaCO_3 < SrCO_3 < BaCO_3$$

不同阳离子的碳酸盐热稳定性按照碱金属盐、碱土金属盐、过渡金属盐、铵盐顺序依次减弱，同一元素高价态碳酸盐的稳定性较差。**碳酸盐热分解后，均生成金属氧化物（铵盐除外）和二氧化碳。这一反应常被用来检验碳酸盐。**

4. 碳酸正盐和酸式盐

碳酸盐在溶液中与 CO_2 反应，可转化为酸式盐；酸式碳酸盐与碱反应又可转化为碳酸盐。例如：

$$CaCO_3 + CO_2 + H_2O \longrightarrow Ca(HCO_3)_2$$

$$Ca^{2+} + HCO_3^- + OH^- \longrightarrow CaCO_3 \downarrow + H_2O$$

酸式碳酸盐一般受热时转化为正盐，并生成二氧化碳和水。例如钙、镁的酸式碳酸盐在水溶液中受热，即可转化为正盐。

$$Mg(HCO_3)_2 \stackrel{\triangle}{\longrightarrow} MgCO_3 \downarrow + CO_2 \uparrow + H_2O$$

碳酸盐和酸式碳酸盐都能和酸进行复分解反应，生成的碳酸随即又分解为二氧化碳和水。

$$HCO_3^- + H^+ \longrightarrow CO_2 \uparrow + H_2O$$

$$CO_3^{2-} + 2H^+ \longrightarrow CO_2 \uparrow + H_2O$$

钾、钠、钙、镁的碳酸盐以及碳酸氢钠、碳酸氢铵等都是重要的碳酸盐。它们在化工、冶金、建材、食品工业和农业上都有广泛的用途。

第三节　硅的重要化合物

地壳中硅的含量仅次于氧，主要以二氧化硅和硅酸盐形式存在。在周期表中，硅与硼处于对角线上，遵循对角线规则，在化学性质上常有许多相似之处。

一、二氧化硅

二氧化硅又叫硅石，有晶体和无定形体两种形态。它在地壳中分布很广，构成多种矿物和岩石。比较纯净的二氧化硅晶体叫石英。无色透明的石英是最纯的二氧化硅，叫做水晶。含微量杂质的水晶常显不同的颜色，如紫水晶、茶晶、墨晶等。不透明的石英晶体有浅灰色以及黄褐色的玛瑙等。

普通的沙粒是细小的石英颗粒。白沙质地较纯净，黄沙含有铁的化合物等杂质。硅藻土是由硅藻的硅质细胞壁组成的一种生物化学沉积岩，属于无定形硅石，呈淡黄色或浅灰色，质软、多孔而轻。因其表面积大、吸附力强，常用作吸附剂和催化剂载体，也用作建筑材料，具有轻质、绝缘、隔音的特点。

晶体二氧化硅硬度大、熔点高，它的物理化学性质与二氧化碳有很大的差别，这是因为它们的晶体结构不同所致（见表 9-3）。

表 9-3　SiO_2 和 CO_2 性质比较

性　　质	SiO_2	CO_2
晶体结构	原子晶体	分子晶体
熔点/℃	1723	−78
沸点/℃	2230	−56
水溶性	不溶于水	可溶于水，生成碳酸
和氢氟酸接触	发生反应生成 SiF_4 气体	不反应
化学活泼性	很稳定,高温下和碱性物质生成硅酸盐	常温下和碱性物质反应,生成碳酸盐

二氧化硅的化学性质很稳定，除氢氟酸外不与其他酸反应。但在高温下它能和碱性氧化

物或碱类起反应生成盐。通常，可用热的强碱溶液或熔融态的碳酸钠将硅石转化为可溶性硅酸盐。

$$SiO_2 + 4HF \longrightarrow SiF_4\uparrow + 2H_2O$$

$$SiO_2 + 2NaOH \longrightarrow Na_2SiO_3 + H_2O$$

$$SiO_2 + Na_2CO_3 \longrightarrow Na_2SiO_3 + CO_2\uparrow$$

SiO_2 和某些含氧酸盐之间可以发生类似于和 Na_2CO_3 的反应（都生成易挥发物）。

$$Na_2SO_4 + SiO_2 \longrightarrow Na_2SiO_3 + SO_3\uparrow$$

$$2KNO_3 + SiO_2 \longrightarrow K_2SiO_3 + NO_2\uparrow + NO\uparrow + O_2\uparrow$$

SiO_2 和碱性氧化物反应生成相应的硅酸盐。

$$NiO + SiO_2 \xrightarrow{600\sim900℃} NiSiO_3$$

$$CaO + SiO_2 \longrightarrow CaSiO_3$$

硅石在工业上应用很广。水晶可以制造光学仪器、石英钟表等。用较纯的石英制造的石英玻璃膨胀系数小，耐高温，骤冷也不破裂，是制造光学仪器的优良材料。它能透过紫外线，医疗上用石英来制造水银灯。石英还用来炼制硅晶体，制造耐火砖及建筑材料。玛瑙可制研钵研棒和天平刀口等。

二氧化硅和焦炭在电炉中共热，可制得碳化硅（SiC）。

$$SiO_2 + 3C \xrightarrow{2000℃} SiC + 2CO\uparrow$$

纯碳化硅是无色晶体，其结构和金刚石相似，只是金刚石中半数的碳原子换成了硅原子。所以，它也是原子晶体，熔点 2827℃，硬度与金刚石相近。

碳化硅俗名金刚砂，工业品多为绿色或棕黑色颗粒，常用作研磨材料，如磨轮、磨光纸等，也用作耐火材料。

二、硅酸

目前已知的硅酸有五种：$SiO_2 \cdot 3.5H_2O$、$SiO_2 \cdot 2H_2O$（即 H_4SiO_4 正硅酸）、$SiO_2 \cdot 1.5H_2O$（即 $H_6Si_2O_7$）、$SiO_2 \cdot H_2O$（即 H_2SiO_3 偏硅酸）及 $SiO_2 \cdot 0.5H_2O$（即 $H_2Si_2O_5$）。通常以 H_2SiO_3 表示硅酸。

硅酸可用可溶性硅酸盐与酸反应制得。

$$SiO_3^{2-} + 2H^+ \longrightarrow H_2SiO_3\downarrow$$

【演示实验 9-1】 在盛有 5mL 20% Na_2SiO_3 溶液的试管中，逐滴加入 6mol/L HCl 溶液，产生的白色胶状沉淀就是游离硅酸。

$$Na_2SiO_3 + 2HCl \longrightarrow H_2SiO_3\downarrow + 2NaCl$$

硅酸是二元弱酸（$K_{a1}^{\ominus} = 2.0 \times 10^{-10}$）。它在水溶液中能逐步聚合，形成硅酸凝胶。硅酸凝胶慢慢脱水，经一系列处理，可制得白色略透明的硅胶。硅胶是多孔性固体，表面积可达 $800\sim900\text{m}^2/\text{g}$。它有高度的吸附力，吸湿量能达 40%，是一种良好的吸附剂。市售商品常加入氯化钴以指示吸湿的程度，称为变色硅胶（需密闭保存）。用过的硅胶可以再生。硅胶常用作干燥剂和吸附剂，并且作催化剂的载体等。

三、硅酸盐

常见可溶性硅酸盐有 Na_2SiO_3 和 K_2SiO_3。Na_2SiO_3 水溶液又称泡花碱，俗称水玻璃，它是无色、灰绿色或棕色的黏稠液体，是矿物胶，可作胶黏剂和耐火材料。它既不可燃，又不腐坏，常用作织物和木材的防火、防腐处理，以及建筑地基的加固等。

可溶性硅酸盐除与酸反应外还与二氧化碳或铵盐溶液作用，生成硅酸。

$$SiO_3^{2-} + 2CO_2 + 2H_2O \longrightarrow H_2SiO_3 + 2HCO_3^-$$

$$SiO_3^{2-} + 2NH_4^+ \longrightarrow H_2SiO_3 + 2NH_3$$

金属氧化物或碱类与硅石共熔，可制得种种硅酸盐。除了碱金属的硅酸盐溶于水外，其他硅酸盐均难溶于水。

硅酸盐种类繁多。由于它们的结构复杂，通常用二氧化硅和金属氧化物组合的形式来表示硅酸盐的组成。

正长石　　$K_2O \cdot Al_2O_3 \cdot 6SiO_2$

高岭土　　$Al_2O_3 \cdot 2SiO_2 \cdot 2H_2O$

白云母　　$K_2O \cdot 3Al_2O_3 \cdot 6SiO_2 \cdot 2H_2O$

石　棉　　$CaO \cdot 3MgO \cdot 4SiO_2$

滑　石　　$3MgO \cdot 4SiO_2 \cdot H_2O$

泡沸石　　$Na_2O \cdot Al_2O_3 \cdot 2SiO_2 \cdot nH_2O$

长石类铝硅酸盐占地壳总量的一半以上。地壳表面的长石经风化变成石英砂和高岭土（白黏土），其中含较多氧化铁的是普通黄色黏土。制造玻璃、水泥、陶瓷和耐火材料的主要原料都是天然硅酸盐，这些工业统称为硅酸盐工业。

第四节　锡和铅的重要化合物

自然界中锡的主要矿石是锡石（SnO_2），铅的主要矿石是方铅矿（PbS）。锡、铅分别占地壳总量的 $4 \times 10^{-3}\%$ 和 $1.6 \times 10^{-3}\%$。我国的锡、铅矿储量均很丰富，其中以云南的锡矿和湖南的铅矿最著名。

锡、铅处在周期表中第五、六周期，价电子层构型为 $5s^2 5p^2$ 和 $6s^2 6p^2$，化学性质都不活泼，它们常见的氧化数为 +2、+4。锡的 $5s^2 5p^2$ 电子易失去，容易形成高氧化态，即锡（IV）。而铅的 $6s^2$ 电子为"惰性电子对"，因而不易失去，表现为低氧化态铅（II）较稳定。锡是银白色金属，铅是灰色金属。

锡的重要用途是制造马口铁（镀锡铁）和各种含锡合金，如青铜（Cu-Sn）、轴承合金（Sn 和 Pb、Sb、Cu）、铸字合金（Sn、Pb 及 Sb、Bi）、低熔点合金（Sn 12.5%、Pb 25%、Cd 12.5%、Bi 50%，熔点 70℃）等。高纯度的锡也用于半导体工业中。铅除制合金外，还用于电缆的包皮、铅蓄电池的铅板以及硫酸生产中的耐酸材料等。铅能吸收放射线，可用作原子能工业的防护材料。

一、二氧化铅

PbO_2 是棕黑色难溶于水的粉末，受热时分解为一氧化铅和氧气。

$$2PbO_2 \xrightarrow{>300℃} 2PbO + O_2 \uparrow$$

PbO_2 是强氧化剂，在酸性条件下能将二价锰盐氧化成七价锰的化合物，与各种还原剂作用后，转化为稳定的二价铅盐。

$$5PbO_2 + 2Mn^{2+} + 4H^+ \xrightarrow{\triangle} 5Pb^{2+} + 2MnO_4^- + 2H_2O$$

$$PbO_2 + 4HCl(浓) \longrightarrow PbCl_2 + Cl_2 \uparrow + 2H_2O$$

PbO_2 的氧化性还表现在它和浓硫酸反应时，发生分子内部的氧化还原反应，生成硫酸铅并放出氧气。

$$2PbO_2 + 2H_2SO_4(浓) \xrightarrow{\triangle} 2PbSO_4 + O_2 \uparrow + 2H_2O$$

二氧化铅用于生产火柴，制作铅蓄电池和化学试剂。

铅的氧化物还有 PbO、Pb_3O_4。$Pb(OH)_2$ 微热脱水，可得到黄色 PbO，再经灼烧则得到黄红色氧化铅，俗名密陀僧。PbO 是制造各种铅的化合物和铅蓄电池的电极涂料、油漆、铅玻璃的原料。PbO 在空气中加热至 $500℃$ 可制得红色的 Pb_3O_4，俗名铅丹。它在玻璃、制釉和油漆工业中应用较广。

二、氯化亚锡

氯化亚锡 $SnCl_2 \cdot 2H_2O$ 是白色易溶于水的晶体。在水溶液中由于强烈水解生成难溶的碱式氯化亚锡沉淀：

$$SnCl_2 + H_2O \rightleftharpoons Sn(OH)Cl \downarrow + HCl$$

因此，配制 $SnCl_2$ 溶液时，应将其先溶于适量的浓盐酸中抑制其水解，然后再加水稀释至所需的浓度。

该溶液配制后应及时使用，若需保存，应加入一些锡粒，以防被空气氧化为 +4 价锡盐。有关化学反应为：

$$2SnCl_2 + 4HCl + O_2 \longrightarrow 2SnCl_4 + 2H_2O$$
$$Sn + SnCl_4 \longrightarrow 2SnCl_2$$

氯化亚锡还原性较强，是常用的还原剂。它可以被 $KMnO_4$、Hg^{2+} 盐、Fe^{3+} 盐等氧化剂所氧化。

【演示实验 9-2】 在盛有 3mL 1% $KMnO_4$ 溶液和 3mL 3mol/L HCl 溶液的试管中，滴加 0.2mol/L $SnCl_2$ 溶液，振荡，观察溶液颜色逐渐褪去。

在另一支盛有 4mL 0.1mol/L $HgCl_2$ 溶液的试管中，逐滴加入 0.2mol/L $SnCl_2$ 溶液，振荡。开始有白色沉淀产生，当 $SnCl_2$ 溶液过量时，白色沉淀逐渐变为灰黑色。

高锰酸钾在酸性溶液中，被氯化亚锡还原为二价锰盐，溶液颜色褪去。

$$2KMnO_4 + 5SnCl_2 + 16HCl \longrightarrow 2KCl + 2MnCl_2 + 5SnCl_4 + 8H_2O$$
$$2MnO_4^- + 5Sn^{2+} + 16H^+ \longrightarrow 2Mn^{2+} + 5Sn^{4+} + 8H_2O$$

氯化汞溶液开始被适量的 Sn^{2+} 盐还原为氯化亚汞 Hg_2Cl_2 白色沉淀，然后被过量的 Sn^{2+} 盐进一步还原为汞单质，所以试管中沉淀显灰黑色。

$$2HgCl_2 + SnCl_2(适量) \longrightarrow Hg_2Cl_2 \downarrow + SnCl_4$$
$$（白色）$$

$$Hg_2Cl_2 + SnCl_2(过量) \longrightarrow 2Hg \downarrow + SnCl_4$$
$$（灰黑色）$$

总反应方程式为： $$HgCl_2 + SnCl_2(过量) \longrightarrow Hg \downarrow + SnCl_4$$
$$（灰黑色）$$

分析化学中，常用氯化亚锡来检验 Hg^{2+} 和 Hg_2^{2+} 离子。同理，用 $HgCl_2$ 溶液也可鉴定 Sn^{2+} 离子的存在。

SnCl$_2$ 中含有杂质 SnCl$_4$，SnCl$_4$ 中含有杂质 SnCl$_2$，如何将其中的杂质除去？

三、铅盐

可溶的铅盐为硝酸铅和醋酸铅，可通过铅溶于相应的酸来制备，它们是制取其他铅化合物的原料。

硝酸铅因溶于水时也发生水解，配制它的溶液时，需先将其溶于适量酸中，以抑制其水解。

$$Pb(NO_3)_2 + H_2O \rightleftharpoons Pb(OH)NO_3 \downarrow + HNO_3$$

许多铅盐都是难溶的有色物质。例如，PbCl$_2$、PbSO$_4$、Pb(OH)$_2$·2PbCO$_3$ 是白色的；PbS 是黑色的；PbI$_2$、PbCrO$_4$ 是黄色的。分析化学中，常利用生成黄色 PbCrO$_4$ 沉淀来鉴定 Pb^{2+} 的存在。

$$Pb^{2+} + CrO_4^{2-} \longrightarrow PbCrO_4 \downarrow$$

铅盐均有毒，易溶铅盐毒性更大。

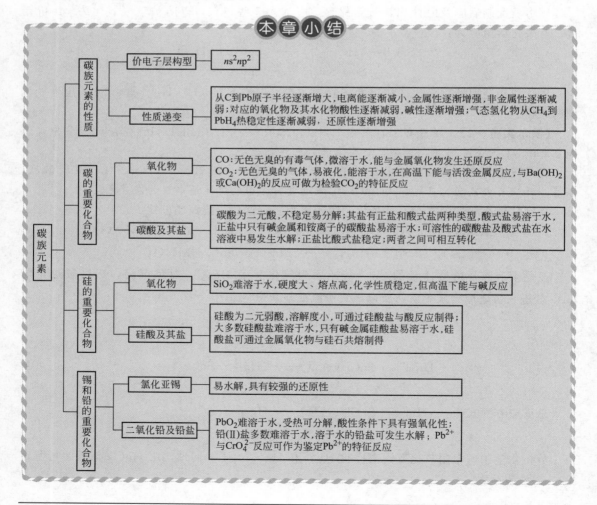

本章小结

价电子层构型 ns^2np^2

碳族元素的性质 — 性质递变：从 C 到 Pb 原子半径逐渐增大,电离能逐渐减小,金属性逐渐增强,非金属性逐渐减弱;对应的氧化物及其水化物酸性逐渐减弱,碱性逐渐增强;气态氢化物从 CH$_4$ 到 PbH$_4$ 热稳定性逐渐减弱, 还原性逐渐增强

碳的重要化合物 — 氧化物：CO:无色无臭的有毒气体,微溶于水,能与金属氧化物发生还原反应
CO$_2$:无色无臭的气体,易液化,能溶于水,在高温下能与活泼金属反应,与 Ba(OH)$_2$ 或 Ca(OH)$_2$ 的反应可做为检验 CO$_2$ 的特征反应

碳酸及其盐：碳酸为二元酸,不稳定易分解;其盐有正盐和酸式盐两种类型,酸式盐易溶于水,正盐中只有碱金属和铵离子的碳酸盐易溶于水;可溶性的碳酸盐及酸式盐在水溶液中易发生水解;正盐比酸式盐稳定;两者之间可相互转化

硅的重要化合物 — 氧化物：SiO$_2$ 难溶于水,硬度大、熔点高,化学性质稳定,但高温下能与碱反应

硅酸及其盐：硅酸为二元弱酸,溶解度小,可通过硅酸盐与酸反应制得;大多数硅酸盐难溶于水,只有碱金属硅酸盐易溶于水,硅酸盐可通过金属氧化物与硅石共熔制得

锡和铅的重要化合物 — 氯化亚锡：易水解,具有较强的还原性

二氧化铅及铅盐：PbO$_2$ 难溶于水,受热可分解,酸性条件下具有强氧化性;铅(Ⅱ)盐多数难溶于水,溶于水的铅盐可发生水解;Pb^{2+} 与 CrO$_4^{2-}$ 反应可作为鉴定 Pb^{2+} 的特征反应

1. 填空题

(1) 碳族元素包括＿＿＿＿、＿＿＿＿、＿＿＿＿、＿＿＿＿、＿＿＿＿、＿＿＿＿六种元素（写元素符号），位于元素周期表的第＿＿＿＿族。

(2) 硅虽为非金属，但晶体硅有＿＿＿＿，能＿＿＿＿，又称＿＿＿＿。

(3) 地壳中＿＿＿＿的含量仅次于氧，主要以＿＿＿＿和＿＿＿＿的形式存在。

(4) 向氢氧化钡溶液中通入 CO_2 会产生白色沉淀而使溶液浑浊，此法可检验气体中是否含有 CO_2，该方法的原理是＿＿＿＿＿＿＿＿＿＿＿。

(5) PbO 在空气中加热至 500℃ 可制得红色的＿＿＿＿，俗名＿＿＿＿，它在玻璃、油漆等工业中应用较广。

2. 选择题

(1) 根据统计数字表明，全球气候逐年变暖，其后果是气候异常，生态平衡被破坏，海平面升高。造成这种变化的"罪魁"是（　　）。

　　A. SO_2　　　　　　B. CO_2　　　　　　C. CO　　　　　　D. N_2

(2) 至少距今 3000 年以前，中国就已经使用玻璃了。下列关于玻璃的叙述中，正确的是（　　）。

　　A. 玻璃是人类最早适用的硅酸盐材料

　　B. 玻璃在加热融化时有固定的熔点

　　C. 玻璃的主要成分主要是硅酸钠、硅酸钙和二氧化硅

　　D. 盛放碱液的试剂瓶一定要用玻璃塞

(3) 随着 5G 时代的逐渐到来，以光导纤维为基础的信息高速通道更显重要。制造光导纤维的材料是（　　）。

　　A. 晶体硅　　　　　B. 二氧化硅　　　　　C. 铜合金　　　　　D. 不锈钢

(4) 除去 CO_2 中混有的少量 CO 的方法是（　　）。

　　A. 通入水中　　　　　　　　　　　　B. 通入澄清石灰水

　　C. 通入石蕊溶液　　　　　　　　　　D. 通过灼热的氧化铜

(5) 许多铅盐都是难溶的有色物质，下列选项中正确的一项是（　　）。

　　A. $PbCl_2$ 黑色　　B. $PbSO_4$ 蓝色　　C. PbS 白色　　D. $PbCrO_4$ 黄色

3. 是非题（正确的划"√"，错误的划"×"）

(1) 碳族元素气态氢化物以甲烷最为稳定。　　　　　　　　　　　　　　　（　　）

(2) CO 是无色无臭有毒的气体，其与血红蛋白的结合能力比 O_2 要强得多。　（　　）

(3) 可溶性碳酸盐在水溶液中易发生水解，因此，碱金属的碳酸盐溶液呈酸性。（　　）

(4) 二氧化硅又叫硅石，有晶体和无定形体两种形态。　　　　　　　　　　（　　）

(5) 锡可吸收放射线，因此可用作原子能工业的防护材料。　　　　　　　　（　　）

4. 完成下列反应方程式

(1) $HF + ? \xrightarrow{\triangle} SiF_4 + ?$

(2) $? + BaO \longrightarrow BaSiO_3$

(3) $SiO_2 + ? \xrightarrow{\triangle} Na_2SiO_3 + ?$

(4) $? + Na_2SiO_3 \longrightarrow H_2SiO_3 \downarrow + ?$

5. 计算题

今有 100mL 1mol/L Na_2CO_3 溶液和等体积、同浓度的 $NaHCO_3$ 溶液，各需与多少克的硫酸起反应才能完全使生成的 CO_2 放出来？根据计算结果推断，在 CO_2 灭火器里采用酸性溶液与纯碱溶液作用好，还是与小苏打溶液作用好？说明原因。

碳中和与人类命运共同体

温室气体指的是大气中能吸收地面反射的太阳辐射、并重新发射辐射的一些气体，如水蒸气、二氧化碳、大部分制冷剂等，因其类似于温室截留太阳辐射加热温室内空气而得名。温室气体会使地球表面变得更暖，这种影响称为"温室效应"。

温室气体排放会导致的全球温度升高，有可能会造成冰川融化、海平面上升、干旱、暴雨等气候灾难或极端天气，为了阻止全球温度升高的趋势，控制温室气体的排放量成为有效途径之一。

一直以来，中国始终坚持绿色发展导向，习近平总书记于2020年联合国大会上正式提出，中国"二氧化碳排放力争于2030年前达到峰值，努力争取2060年前实现碳中和"。同年12月召开的中央经济工作会议将"碳达峰""碳中和"列为2021年八项重点任务之一。不久前，中央经济工作会议进一步明确"实现碳达峰碳中和是推动高质量发展的内在要求"。随着"碳达峰""碳中和"在全球范围内获得越来越多的共识，必将引发一场广泛而深刻的经济社会系统性变革，中国与世界各国在全球气候变化和经济绿色复苏方面也将保持更加强劲的合作势头。

"碳达峰"是要求碳排放在设定时间后不再增长。"碳中和"是指国家、地区、企业、团体或个人在一定时间内直接或间接产生的温室气体排放总量，通过植树造林等形式进行抵消。我国将仅用30年的时间，力争从"碳达峰"到"碳中和"。这一目标达成的时间要比发达国家短，转型过程的速度和力度要比发达国家大得多。

我国一直致力于控制或减少碳排放，特别是在一些能源行业。由于能源行业多是碳排放量占比最大的行业，想要实现"碳中和"的目标，能源行业作为产生碳的源头必将做出重大改革，如调整能源结构，限制化石能源，发展风电、光电等清洁能源；工业、建筑和运输等行业作为能源使用方则更应重视技术革新，如大力发展绿色制造业、新能源汽车等。此外，技术固碳和生态固碳是目前碳吸收的两种方式。技术固碳主要应用碳捕集、利用与封存技术（CCUS）；而生态固碳主要靠森林、绿地等植物的光合作用进行固碳。

习近平总书记指出，要把"碳达峰""碳中和"纳入生态文明建设整体布局。中国的"碳中和"路径是少排、不排和负排放，如逐步使用可再生能源替代传统化石能源、加大绿色低碳食品开发、引导消费者选择低碳产品等。

无论是节能减排还是"碳中和"，都是人类意识到自身活动对环境的灾难性影响后，采取的全体应对措施，是人类命运共同体的有机组成部分，是关乎人类命运的重要事件。我国主动顺应全球绿色低碳发展潮流，提出有力的"碳中和"目标，释放了清晰明确的信号，彰显了大国的责任与担当，我国也将在全球"碳中和"的进程中，起到巨大的推动作用，作出重大贡献。

第十章
电化学基础

 **学习目标**

知识目标：

1. 了解原电池的工作原理及其组成；

2. 理解标准电极电势、电极电势及原电池的电动势的概念，掌握电极反应、电池符号的表示方法；

3. 熟悉能斯特方程并掌握其应用；

4. 掌握电解原理及其应用。

能力目标：

1. 会根据能斯特方程计算电对的电极电势；

2. 会根据电极电势比较氧化剂、还原剂的相对强弱，会判断反应进行的方向等。

电化学是研究化学能与电能相互转化的一门科学。它在生产实际中，如电解、电镀、金属腐蚀及防止、化学电源、电化学加工等方面有广泛的应用。

第一节　原 电 池

一、原电池的原理

氧化还原反应是伴随着电子转移的反应。因此，就有可能在一定的装置中利用氧化还原反应获得电流。

例如，当把一块锌片放在 $CuSO_4$ 溶液中时，就会观察到锌片慢慢地溶解，红色的铜不断地析出在锌片上，$CuSO_4$ 溶液的蓝色逐渐变浅。反应的离子方程式为：

$$Zn + Cu^{2+} \longrightarrow Zn^{2+} + Cu$$

由于锌与 $CuSO_4$ 溶液接触，电子就从锌原子直接转移给 Cu^{2+}。随着氧化还原反应的进行，溶液的温度有所升高，说明反应过程中的化学能转变为热能。

可以设计一种特殊的装置，如图 10-1，让电子转移变成电子的定向移动，即产生电流。

【演示实验 10-1】 如图 10-1，在盛有 $CuSO_4$ 溶液的烧杯中插入铜片，在盛有 $ZnSO_4$ 溶液的烧杯中插入锌片；将两个烧杯的溶液用一个充满电解质溶液（一般是用饱和 KCl 溶液和琼脂作成胶冻）的倒置 U 形管即盐桥联通起来；用导线将

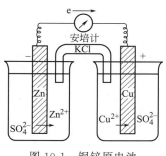

图 10-1　铜锌原电池

锌片、电流计和铜片串联起来。

可以观察到下列现象。

① 电流计指针发生偏转，说明金属导线上有电流通过，根据指针偏转方向，可知电子流动的方向是从锌片经过导线流向铜片。所以锌片为负极，铜片为正极。

② 铜片上有金属铜沉积上去，而锌片不断溶解。

③ 取出盐桥，电流计指针回到零点；放入盐桥，电流计指针偏转。说明盐桥起构成通路的作用。

上述现象，可以作如下分析。

锌片溶解，说明 Zn 失去电子，成为 Zn^{2+} 进入溶液，发生氧化反应：

$$Zn - 2e \longrightarrow Zn^{2+}$$

由于 Zn^{2+} 进入溶液，锌片上有了过多的自由电子，所以电子从锌片经过导线流向铜片；$CuSO_4$ 溶液中 Cu^{2+} 从铜片上获得电子，成为金属铜沉积在铜片上，发生还原反应。

$$Cu^{2+} + 2e \longrightarrow Cu$$

在上述反应进行的一瞬间，$ZnSO_4$ 溶液中因 Zn^{2+} 过多而带正电荷，同时，$CuSO_4$ 溶液则由于 Cu^{2+} 变为 Cu，使得 SO_4^{2-} 过多而带负电荷；溶液不能保持电中性，将影响放电作用的继续进行，即导线上不再有电流通过。由于盐桥的存在，其中 Cl^- 向 $ZnSO_4$ 溶液扩散，K^+ 向 $CuSO_4$ 溶液扩散，分别中和过剩的电荷，使溶液保持电中性，使电池反应得以进行，电流继续产生。

在上述装置中所进行的总反应仍然是：

$$Zn + Cu^{2+} \longrightarrow Zn^{2+} + Cu$$

所不同的是这种氧化还原反应的两个半反应分在两处进行，一处进行还原剂的氧化，另一处进行氧化剂的还原，即电子不是直接从还原剂转移到氧化剂，而是通过外电路进行转移，电子进行有规则的流动，从而产生了电流，实现了由化学能到电能的转化。这种借助于氧化还原反应产生电流的装置，叫原电池。上述原电池叫做铜锌原电池。

原电池是由两个半电池组成的。在铜锌原电池中，锌和 $ZnSO_4$ 溶液组成锌半电池；铜和 $CuSO_4$ 溶液组成铜半电池。每个半电池是由同一种元素的两种不同价态的物质组成。高价态称为氧化态，低价态称为还原态。氧化态和还原态构成氧化还原电对，常用"氧化态/还原态"表示。如锌半电池电对表示为 Zn^{2+}/Zn；铜半电池电对表示为 Cu^{2+}/Cu 等。

组成半电池的导体称为电极。有些电极只起导电作用而不参与氧化或还原反应，这类电极是惰性电极，如金属铂（Pt）、石墨棒等；另外一类电极除了起导电作用外，还参与氧化或还原反应，如铜锌原电池中的锌电极和铜电极。

在原电池中，电子总是由负极流向正极，所以铜锌原电池中，锌电极为负极，铜电极是正极。在电极上发生的氧化或还原反应称为该电极的电极反应，或叫原电池的半反应，也就是氧化还原反应的半反应。两个半反应合并起来构成原电池的总反应，也称为电池反应。

铜锌原电池的电极反应为：

负极 $Zn - 2e \longrightarrow Zn^{2+}$ 氧化反应

正极 $Cu^{2+} + 2e \longrightarrow Cu$ 还原反应

其电池反应为

$$Zn + Cu^{2+} \longrightarrow Zn^{2+} + Cu$$

原电池装置可以用符号表示。如铜锌原电池的符号为：

$$(-)Zn|ZnSO_4(c_1)\parallel CuSO_4(c_2)|Cu(+)$$

习惯上负极（－）写在左边，正极（＋）写在右边。用"|"表示两相交界面，用"‖"表示盐桥，c 表示溶液浓度，当 $c=1mol/L$ 时可不写。

从理论上讲，任何一个能自发进行的氧化还原反应都能组成一个原电池。例如，在盛有 Fe^{3+} 和 Fe^{2+} 溶液的烧杯与另一个盛有 Sn^{2+} 和 Sn^{4+} 溶液的烧杯中，分别插入铂片作电极，用盐桥、导线等连接起来成为原电池，如图 10-2 所示，这时也会有电流产生。电极反应分别为：

负极 $\qquad\qquad\qquad Sn^{2+}-2e \longrightarrow Sn^{4+}$

正极 $\qquad\qquad\qquad 2Fe^{3+}+2e \longrightarrow 2Fe^{2+}$

电池反应 $\qquad\qquad Sn^{2+}+2Fe^{3+} \longrightarrow Sn^{4+}+2Fe^{2+}$

该原电池的符号为：

$$(-)Pt|Sn^{2+},Sn^{4+}\parallel Fe^{3+},Fe^{2+}|Pt(+)$$

在这里，铂片是仅起导电作用而不参与氧化还原反应的惰性电极。

事实上，将两种不同的金属插入一种电解质溶液中，就能组成一个原电池。1800 年意大利物理学家伏特将锌片和铜片插到稀硫酸溶液中，制成了世界上第一个原电池，称为伏特电池，如图 10-3 所示，电极反应分别为：

负极 $\qquad\qquad\qquad Zn-2e \longrightarrow Zn^{2+}$

正极 $\qquad\qquad\qquad 2H^{+}+2e \longrightarrow H_2$

电池反应 $\qquad\qquad Zn+2H^{+} \longrightarrow Zn^{2+}+H_2$

该原电池用符号可表示为：

$$(-)Zn|Zn^{2+},H^{+}|H_2|Cu(+)$$

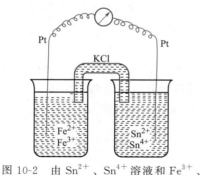

图 10-2　由 Sn^{2+}、Sn^{4+} 溶液和 Fe^{3+}、Fe^{2+} 溶液组成的原电池

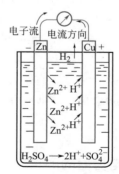

图 10-3　伏特电池

二、原电池的电动势

接通原电池的外电路，两极间即有电流通过，这说明两个电极之间存在着电势差。用伏特计所测得的正极与负极的电势差，就是原电池的电动势，用符号 E 表示。例如，当温度为 $25℃$，$c(Zn^{2+})=1mol/L$，$c(Cu^{2+})=1mol/L$ 时，所测得 Cu-Zn 原电池的电动势为 $1.10V$。

在相同的条件下，不同的原电池具有不同的电动势。例如用银片和硝酸银溶液来代替

Cu-Zn 原电池中的铜半电池，组成另一个原电池：

$$(-)Zn\,|\,Zn^{2+}\,\|\,Ag^+\,|\,Ag(+)$$

在 25℃、$c(Zn^{2+})=c(Ag^+)=1mol/L$ 时，所测得的该原电池的电动势为 1.562V。

由此可见，原电池电动势的大小与电池反应中各物质的本性有关。此外，原电池的电动势还与溶液的浓度和温度等因素有关。为了比较各种原电池电动势的大小，在电化学中规定了标准条件或称为标准状态。标准状态规定为：温度为 25℃，与电极有关的离子浓度为 1mol/L，有关气体的压力为 101.325kPa。在标准状态下所测得的原电池的电动势称为标准电动势，用 $E^{\ominus}$ 表示。如 25℃时，测得 Cu-Zn 原电池的标准电动势为 1.10V。

原电池的标准电动势是一个重要的物理量，它定量地表示了在标准状态下，氧化还原反应中还原剂失去电子和氧化剂得到电子的能力，反映了氧化还原反应进行的趋势，$E^{\ominus}$ 值越大，得、失电子的趋势就越大，即发生反应的趋势就越大。

第二节　电极电势

原电池的电动势是构成原电池的两个半电池的电势（即电极电势，用 φ 表示）之差，即正极的电极电势减去负极的电极电势。但是，到目前为止，还无法测得各个电极电势的绝对值，只是选定某一个电极作为参比，规定其电极电势为某一个数值。将其他电极与之相比较，从而定出各种不同电极的电极电势。目前采用的标准电极是标准氢电极。

一、标准氢电极

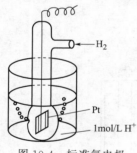

图 10-4　标准氢电极

标准氢电极的构成如图 10-4 所示。将一片由铂丝连接的镀有蓬松铂黑的铂片，浸入 H^+ 浓度为 1mol/L 的 H_2SO_4 溶液中，在 25℃时，不断通入压力为 101.325kPa 的纯氢气，氢气为铂黑所吸附，被氢气饱和了的铂片就像氢气构成的电极一样。这时被铂黑吸附的氢气与溶液中的 H^+ 建立了如下的动态平衡：

$$2H^+ + 2e \Longleftrightarrow H_2$$

这样在上述条件下，饱和了 H_2 的铂片与酸溶液构成的电极就叫做标准氢电极。并人为地规定其电极电势值为零。即：

$$\varphi^{\ominus}(H^+/H_2)=0.000V$$

二、标准电极电势值的测定

电极电势值的大小主要取决于电对物质的本性，其次还与温度、浓度等因素有关。电对在标准状态下所具有的电极电势称为标准电极电势，以 $\varphi^{\ominus}$ 表示。测定步骤如下：

① 将待测电极与标准氢电极组成一个原电池。

② 测出原电池的标准电动势，它等于组成该电池的正极与负极间的标准电极电势值之差。

$$E^{\ominus}=\varphi^{\ominus}_{(+)}-\varphi^{\ominus}_{(-)} \tag{10-1}$$

③ 确定原电池的正负极，利用标准氢电极的电极电势为零及已测得的标准电动势数值，就可以算出待测电极的标准电极电势值。

例如要测定锌电极的标准电极电势，可用锌电极与标准氢电极组成原电池。经测定该电池的标准电动势 $E^{\ominus}=0.763V$，根据伏特计指针偏转的方向，可知电流方向是由氢电极流向锌电极，电子由锌电极流向氢电极。所以锌电极为负极，氢电极为正极。该电池的符号表示为：

$$(-)Zn|Zn^{2+}(1mol/L) \parallel H^+(1mol/L)|H_2(101.325kPa)|Pt(+)$$

$$E^{\ominus} = \varphi^{\ominus}(H^+/H_2) - \varphi^{\ominus}(Zn^{2+}/Zn) = 0.763V$$

已知 $\qquad\qquad\qquad \varphi^{\ominus}(H^+/H_2) = 0.000V$

所以 $\qquad\qquad\qquad \varphi^{\ominus}(Zn^{2+}/Zn) = -0.763V$

同理，若测量铜电极的标准电极电势，将它与标准氢电极组成原电池，再测原电池的标准电动势，结果为 0.337V。在这一原电池中，铜电极为正极，氢电极为负极。该原电池的符号为：

$$(-)Pt|H_2(101.325kPa)|H^+(1mol/L) \parallel Cu^{2+}(1mol/L)|Cu(+)$$

$$E^{\ominus} = \varphi^{\ominus}(Cu^{2+}/Cu) - \varphi^{\ominus}(H^+/H_2) = 0.337V$$

所以 $\qquad\qquad\qquad \varphi^{\ominus}(Cu^{2+}/Cu) = +0.337V$

一般说来，用上述方法可以测定各种氧化还原电对的标准电极电势。

三、标准电极电势表

标准电极电势表是将各种氧化还原电对的标准电极电势按照由小到大（代数值）的顺序排列而成的表（见附录V）。

① 电极电势的数值往往与溶液的酸碱性有关。例如 Fe(Ⅲ) 被还原时：

酸性介质 $\quad Fe^{3+} + e \Longrightarrow Fe^{2+}$ $\qquad\qquad\qquad \varphi^{\ominus}(Fe^{3+}/Fe^{2+}) = 0.771V$

碱性介质 $\quad Fe(OH)_3 + e \Longrightarrow Fe(OH)_2 + OH^- \quad \varphi^{\ominus}[Fe(OH)_3/Fe(OH)_2] = -0.56V$

因此，标准电极电势表又可分为酸表（常用 $\varphi_A^{\ominus}$ 表示）和碱表（常用 $\varphi_B^{\ominus}$ 表示）。

在电极反应中，H^+ 无论在反应物还是在生成物中出现，电对的标准电极电势皆查 $\varphi_A^{\ominus}$。

在电极反应中，OH^- 无论在反应物还是在生成物中出现，电对的标准电极电势皆查 $\varphi_B^{\ominus}$。

在电极反应中，若没有 H^+ 或 OH^- 出现，可以从电对存在的条件来考虑。如在 $Fe^{3+} + e \longrightarrow Fe^{2+}$ 中，Fe^{3+} 只能存在于酸性溶液中，因此，它的电极电势列于 $\varphi_A^{\ominus}$ 中。金属与它的阳离子盐的电对应查酸表。表现两性的金属与它的阴离子盐的电对应查碱表，如 ZnO_2^{2-}/Zn 的 $\varphi^{\ominus}$ 查碱表。另外，没有 H^+ 或 OH^-，介质也没有参与电极反应的电对也列在酸表中，如 $Cl_2 + 2e \Longrightarrow 2Cl^-$ 等。

② 标准电极电势的正、负，不因电极反应的书写方法不同而改变。如锌电极的电极反应写成：

$Zn^{2+} + 2e \Longrightarrow Zn$ 或 $Zn \Longrightarrow Zn^{2+} + 2e$ 或 $2Zn^{2+} + 4e \Longrightarrow 2Zn$，因为标准电极电势是电极反应达到平衡时的电势，所以写法不会影响它的数值符号。

四、影响电极电势的因素——能斯特方程式

电极电势不仅决定于电对中氧化态和还原态的本性，而且决定于温度和它们的浓度。

电极电势与温度和浓度的关系可用能斯特（H. W. Nernst）方程式来表示。若氧化还原电对的电极简写为：

$$a \text{ 氧化态} + ne \longrightarrow b \text{ 还原态}$$

则能斯特方程式为：

$$\varphi = \varphi^{\ominus} + \frac{RT}{nF} \ln \frac{c^a (\text{氧化态})}{c^b (\text{还原态})} \tag{10-2}$$

式中　φ——任一温度、浓度时的电极电势，V；

　　　n——电极反应中电子的计量系数；

　　　F——法拉第常数，96500C/mol；

　　　$\varphi^{\ominus}$——电对的标准电极电势，V；

　　　R——气体常数，8.314J/(mol·K)；

　　　T——温度，K。

c^b（还原态）、c^a（氧化态）分别表示电极反应中还原态一侧和氧化态一侧各物质相对浓度幂的乘积，若是气体则用相对分压。各物质相对浓度或相对分压的方次 a、b 等于电极反应中各相应物质的计量系数。固体和纯液体不列入该式。

若温度取 25℃，将上述各种数据代入式(10-2)，并将自然对数转换为常用对数，上式可改为：

$$\varphi = \varphi^{\ominus} + \frac{0.0592}{n} \lg \frac{c^a (\text{氧化态})}{c^b (\text{还原态})} \tag{10-3}$$

如果温度为 18℃，则式中系数为 0.0578，所以温度对电极电势影响不大，室温下计算电极电势一般用式(10-3) 即可。

【例 10-1】　试计算锌在 $c(\text{Zn}^{2+}) = 0.001\text{mol/L}$ 的溶液中的电极电势。

解　　　　　　　　　$c(\text{Zn}^{2+}) = 0.001\text{mol/L}$

查表 $\varphi^{\ominus}(\text{Zn}^{2+}/\text{Zn}) = -0.763\text{V}$

电极反应：　　　　　　　$\text{Zn}^{2+} + 2\text{e} \Longleftrightarrow \text{Zn}$

则：

$$\varphi = \varphi^{\ominus}(\text{Zn}^{2+}/\text{Zn}) + \frac{0.0592}{2} \lg c(\text{Zn}^{2+}) = \left(-0.763 + \frac{0.0592}{2} \lg 0.001\right)\text{V} = -0.852\text{V}$$

【例 10-2】　有电极反应 $\text{MnO}_4^- + 8\text{H}^+ + 5\text{e} \Longleftrightarrow \text{Mn}^{2+} + 4\text{H}_2\text{O}$，求此反应在 pH=5 的溶液中的电极电势（其他条件同标准状态）。

解　$c(\text{MnO}_4^-) = c(\text{Mn}^{2+}) = 1.00$，pH=5 即 $c(\text{H}^+) = 1 \times 10^{-5}$

电极反应：　　　　　　$\text{MnO}_4^- + 8\text{H}^+ + 5\text{e} \Longleftrightarrow \text{Mn}^{2+} + 4\text{H}_2\text{O}$

$$\varphi = \varphi^{\ominus}(\text{MnO}_4^-/\text{Mn}^{2+}) + \frac{0.0592}{5} \lg \frac{c(\text{MnO}_4^-)c^8(\text{H}^+)}{c(\text{Mn}^{2+})}$$

$$= \left[1.51 + \frac{0.0592}{5} \lg \frac{1 \times (10^{-5})^8}{1}\right]\text{V} = (1.51 - 0.0592 \times 8)\text{V} = 1.04\text{V}$$

练一练

［例 10-2］中，若溶液的 pH=1，求此时的电极电势（其他条件同标准状态）。从计算结果中能得到什么结论？

第三节　电极电势的应用

理论来源于实践，反过来又为实践服务，电极电势亦然。

一、判断原电池的正、负极

在原电池中 φ 值大的一极是正极，φ 值小的一极是负极。

如标准状态下的 Cu-Zn 原电池：

$$\varphi^{\ominus}(Zn^{2+}/Zn) = -0.763V$$
$$\varphi^{\ominus}(Cu^{2+}/Cu) = +0.337V$$

所以，锌电极是负极，铜电极是正极。

二、判断氧化剂和还原剂的相对强弱

某电极的标准电极电势值越小，其电对中的还原态的还原能力越强，氧化态的氧化能力越弱。例如：

$$Zn^{2+} + 2e \Longrightarrow Zn \qquad \varphi^{\ominus} = -0.763V$$
$$Cu^{2+} + 2e \Longrightarrow Cu \qquad \varphi^{\ominus} = 0.337V$$

锌电极的电极电势比铜电极的电极电势小得多，金属锌是较强的还原剂，而锌离子在溶液中能较稳定地存在，是很弱的氧化剂。相反，标准电极电势值越大，氧化态越易得到电子，因此其氧化态是强氧化剂。Cu^{2+} 是比 Zn^{2+} 更强的氧化剂，而金属铜是比金属锌更弱的还原剂。

标准电极电势与氧化剂、还原剂的相对强弱有如下关系：

氧化态的氧化性增强 ↓	氧化态 $+n$e $\Longrightarrow$ 还原态	$\varphi^{\ominus}$/V	还原态的还原性增强 ↑
	$Zn^{2+} + 2e \Longrightarrow Zn$	-0.763	
	$Fe^{2+} + 2e \Longrightarrow Fe$	-0.44	
	$Ni^{2+} + 2e \Longrightarrow Ni$	-0.246	
	$2H^{+} + 2e \Longrightarrow H_2$	0.000	
	$Cu^{2+} + 2e \Longrightarrow Cu$	0.337	
	$I_2 + 2e \Longrightarrow 2I^{-}$	0.535	
	$Fe^{3+} + e \Longrightarrow Fe^{2+}$	0.771	
	$Cl_2 + 2e \Longrightarrow 2Cl^{-}$	1.36	

所以，根据标准电极电势表可以判断氧化剂和还原剂的相对强弱。最强的还原剂在电极电势表的右上方。最强的氧化剂在电极电势表的左下方。

【例 10-3】　由下列电对中选择出最强的氧化剂和最强的还原剂。并列出各氧化态物质氧化能力和各还原态物质还原能力大小的顺序。

$$MnO_4^{-}/Mn^{2+} \text{、} Cu^{2+}/Cu \text{、} Fe^{3+}/Fe^{2+} \text{、} I_2/I^{-} \text{、} Cl_2/Cl^{-} \text{、} Sn^{4+}/Sn^{2+}$$

解　从附录中查出各电对的标准电极电势。

$$MnO_4^{-} + 8H^{+} + 5e \Longrightarrow Mn^{2+} + 4H_2O \qquad \varphi^{\ominus} = 1.51V$$

$$Cu^{2+} + 2e \Longrightarrow Cu \qquad \varphi^{\ominus} = 0.337V$$

$$Fe^{3+} + e \Longrightarrow Fe^{2+} \qquad \varphi^{\ominus} = 0.771V$$
$$I_2 + 2e \Longrightarrow 2I^- \qquad \varphi^{\ominus} = 0.535V$$
$$Cl_2 + 2e \Longrightarrow 2Cl^- \qquad \varphi^{\ominus} = 1.36V$$
$$Sn^{4+} + 2e \Longrightarrow Sn^{2+} \qquad \varphi^{\ominus} = 0.154V$$

电对 MnO_4^-/Mn^{2+} 的 $\varphi^{\ominus}$ 值最大，其氧化态物质 MnO_4^- 是最强的氧化剂；电对 Sn^{4+}/Sn^{2+} 的 $\varphi^{\ominus}$ 值最小，其还原态物质 Sn^{2+} 是最强的还原剂。

各氧化态物质氧化能力由大到小的顺序为：
$$MnO_4^- 、Cl_2 、Fe^{3+} 、I_2 、Cu^{2+} 、Sn^{4+}$$

各还原态物质还原能力由大到小的顺序为：
$$Sn^{2+} 、Cu 、I^- 、Fe^{2+} 、Cl^- 、Mn^{2+}$$

三、判断氧化还原反应进行的方向

氧化还原反应是争夺电子的反应，反应总是在得电子能力大的氧化剂与失电子能力大的还原剂之间发生。

【例 10-4】 判断反应 $2Fe^{3+} + Cu \longrightarrow 2Fe^{2+} + Cu^{2+}$ 能否从左向右进行（在标准状态下）。

解 查出电对的 $\varphi^{\ominus}$ 值：
$$Fe^{3+} + e \Longrightarrow Fe^{2+} \qquad \varphi^{\ominus} = +0.771V$$
$$Cu^{2+} + 2e \Longrightarrow Cu \qquad \varphi^{\ominus} = +0.337V$$

比较两电对的 $\varphi^{\ominus}$ 值可以知道，Fe^{3+} 是较强的氧化剂；Cu 是较强的还原剂。氧化还原反应在它们之间发生：
$$2Fe^{3+} + Cu \longrightarrow 2Fe^{2+} + Cu^{2+}$$

由此可以看出，氧化还原反应进行的方向是由氧化性较强的氧化态和还原性较强的还原态作用生成氧化性较弱的氧化态和还原性较弱的还原态。
$$强氧化态_1 + 强还原态_2 \longrightarrow 弱还原态_1 + 弱氧化态_2$$

氧化剂和还原剂的强弱可用标准电极电势来判断。在标准电势表中，氧化还原反应发生的方向，是右上方的还原态与左下方的氧化态作用，反应可自发进行。这可通俗地称为"对角线法则"。

【例 10-5】 H_2O_2 与 Fe^{2+} 混合于酸性溶液，能否发生反应？若能反应，写出反应方程式。

解 H_2O_2 中氧元素和 Fe^{2+} 都是中间氧化态，既可作氧化剂也可作还原剂。

因此，可能的电极反应有：

$$H_2O_2 + 2H^+ + 2e \Longrightarrow 2H_2O \qquad \varphi^{\ominus} = 1.77V$$

$$Fe^{2+} - e \Longrightarrow Fe^{3+} \qquad \varphi^{\ominus} = 0.771V$$

$$H_2O_2 - 2e \Longrightarrow 2H^+ + O_2 \qquad \varphi^{\ominus} = 0.682V$$

$$Fe^{2+} + 2e \Longrightarrow Fe \qquad \varphi^{\ominus} = -0.44V$$

根据电子的得与失，可能的反应方程式有：

① $\qquad\qquad H_2O_2 + 2Fe^{2+} + 2H^+ \Longrightarrow 2Fe^{3+} + 2H_2O$

② $\qquad\qquad H_2O_2 + Fe^{2+} \Longrightarrow O_2 + Fe + 2H^+$

根据电极电势判断反应①自发向右进行，反应②自发向左进行。显然只有方程式①才符合题意。

由于电极电势的大小不仅与 $\varphi^{\ominus}$ 有关，还与参加反应的物质浓度、酸度有关，因此，如果物质的浓度不是 1mol/L 时，则需按能斯特方程式分别算出氧化剂电对和还原剂电对的电极电势，然后再根据计算出的电极电势，判断反应进行的方向。但在大多数情况下，可以直接用 $\varphi^{\ominus}$ 值来判断，因为在一般情况下，$\varphi^{\ominus}$ 值在 φ 中占主要部分，当 $\Delta\varphi^{\ominus} = E^{\ominus} > 0.2V$ 时，一般不会因浓度变化而改变氧化还原反应进行的方向。而 $\Delta\varphi^{\ominus} = E^{\ominus} < 0.2V$ 时，氧化还原反应的方向可能产生逆转。

【例 10-6】 用 $\varphi^{\ominus}$ 判断反应 $MnO_2 + 4HCl \Longrightarrow MnCl_2 + Cl_2 + 2H_2O$ 进行的方向，说明实验室利用上述反应制备 Cl_2 的可能性。

解 查得 $\qquad \varphi^{\ominus}(MnO_2/Mn^{2+}) = 1.23V \qquad \varphi^{\ominus}(Cl_2/Cl^-) = 1.36V$

因为 $\varphi^{\ominus}(Cl_2/Cl^-) > \varphi^{\ominus}(MnO_2/Mn^{2+})$

所以在标准状态下上述反应方向为从右向左进行。

实验室制取 Cl_2 采用浓盐酸，$c(H^+) = c(Cl^-) = 12mol/L$

令 $\qquad\qquad c(Mn^{2+}) = 1mol/L \qquad p(Cl_2) = 101.325kPa$❶

则

$$\varphi(MnO_2/Mn^{2+}) = \varphi^{\ominus} + \frac{0.0592}{2} \lg \frac{c^4(H^+)}{c(Mn^{2+})}$$

$$= \left(1.23 + \frac{0.0592}{2} \lg 12^4\right)V = 1.36V$$

$$(MnO_2 + 4H^+ + 2e \longrightarrow Mn^{2+} + 2H_2O)$$

$$\varphi(Cl_2/Cl^-) = \varphi^{\ominus} + \frac{0.0592}{2} \lg \frac{p(Cl_2)}{c^2(Cl^-)}$$

$$= \left(1.36 + \frac{0.0592}{2} \lg \frac{1}{12^2}\right)V = 1.30V$$

因为 $\qquad\qquad\qquad \varphi(MnO_2/Mn^{2+}) > \varphi(Cl_2/Cl^-)$

所以反应可以从左向右进行。

---

❶ 能斯特方程式中的浓度和压力均为相对值，其浓度和压力应除以标准态浓度和压力。

四、判断氧化还原反应发生的次序

在较复杂的反应体系中，氧化还原反应总是在最强的氧化剂和最强的还原剂之间首先发生。即在 $\Delta\varphi^{\ominus}$ 最大的相关物质间首先发生。

如通 Cl_2 于含 Br^- 和 I^- 的溶液中，因为：

$$\varphi^{\ominus}(Cl_2/Cl^-)-\varphi^{\ominus}(I_2/I^-)>\varphi^{\ominus}(Cl_2/Cl^-)-\varphi^{\ominus}(Br_2/Br^-)$$

所以 Cl_2 首先氧化 I^- 为 I_2。故从卤水中提取 Br_2 和 I_2 时，将氧化剂 Cl_2 通入卤水中，Cl_2 首先将 I^- 氧化为 I_2。控制 Cl_2 流量，可将 I^- 几乎全部氧化后，Br^- 才被氧化，从而达到了分离 Br_2 和 I_2 的目的。

五、计算氧化还原反应的平衡常数

氧化还原反应的平衡常数可根据有关电对的标准电极电势来计算。

现以 Cu-Zn 原电池的电池反应来说明。

Cu-Zn 原电池的电池反应为：

$$Zn+Cu^{2+}\rightleftharpoons Zn^{2+}+Cu$$

其平衡常数

$$K^{\ominus}=\frac{c(Zn^{2+})}{c(Cu^{2+})}$$

这个反应能自发进行。随着反应的不断进行，$c(Zn^{2+})$ 不断增加，$c(Cu^{2+})$ 不断减少，根据能斯特方程：

$$\varphi(Zn^{2+}/Zn)=\varphi^{\ominus}(Zn^{2+}/Zn)+\frac{0.0592}{2}\lg c(Zn^{2+})$$

$$\varphi(Cu^{2+}/Cu)=\varphi^{\ominus}(Cu^{2+}/Cu)+\frac{0.0592}{2}\lg c(Cu^{2+})$$

反应发生后 $\varphi(Zn^{2+}/Zn)$ 代数值不断增大，$\varphi(Cu^{2+}/Cu)$ 代数值不断减小。最后，当 $\varphi(Zn^{2+}/Zn)=\varphi(Cu^{2+}/Cu)$ 时，反应达到平衡，这时：

$$\varphi^{\ominus}(Zn^{2+}/Zn)+\frac{0.0592}{2}\lg c(Zn^{2+})=\varphi^{\ominus}(Cu^{2+}/Cu)+\frac{0.0592}{2}\lg c(Cu^{2+})$$

$$\frac{0.0592}{2}\lg\frac{c(Zn^{2+})}{c(Cu^{2+})}=\varphi^{\ominus}(Cu^{2+}/Cu)-\varphi^{\ominus}(Zn^{2+}/Zn)$$

$$\lg K^{\ominus}=\frac{2}{0.0592}[0.337-(-0.763)]=37.16$$

$$K^{\ominus}=1.4\times10^{37}$$

K 值很大，说明反应向右进行得很完全。如果平衡时 $c(Zn^{2+})=1mol/L$，则 $c(Cu^{2+})$ 为 $10^{-37}mol/L$ 左右，说明锌置换铜的反应进行得很彻底。

由上可见，根据标准电极电势可以计算氧化还原反应的平衡常数。$K^{\ominus}$ 和 $\varphi^{\ominus}$ 的关系可以写成通式：

$$\lg K^{\ominus}=\frac{n[\varphi^{\ominus}(氧)-\varphi^{\ominus}(还)]}{0.0592} \tag{10-4}$$

式中　$\varphi^{\ominus}(氧)$，$\varphi^{\ominus}(还)$——氧化剂和还原剂两个电对的标准电极电势；

n——电子转移数。

从上式可以看出，氧化还原反应平衡常数的大小，与 $\varphi^{\ominus}(氧)-\varphi^{\ominus}(还)$ 的差值有关，差值愈大，$K^\ominus$ 愈大，反应进行的程度愈大，但需说明的是用此通式判断氧化还原反应进行的程度，应首先判断反应进行的方向。

【例 10-7】 计算反应 $2Fe^{3+}+Cu \longrightarrow Cu^{2+}+2Fe^{2+}$ 的平衡常数。

解 查表 $\varphi^\ominus(Fe^{3+}/Fe^{2+})=0.771V$ $\varphi^\ominus(Cu^{2+}/Cu)=0.337V$

$n=2$

$$\lg K^\ominus = \frac{2[\varphi^\ominus(氧)-\varphi^\ominus(还)]}{0.0592} = \frac{2\times(0.771-0.337)}{0.0592} = 14.67$$

$$K^\ominus = 4.6\times10^{14}$$

【知识拓展】

　　电极电势还可在元素电势图中应用。元素标准电势图是表示一种元素各种氧化值之间标准电极电势关系的图解。例如，铜元素标准电势图为：

$$\varphi^\ominus/V \qquad Cu^{2+} \xrightarrow{0.163} Cu^+ \xrightarrow{0.521} Cu$$
$$\underset{0.342}{\underline{\qquad\qquad\qquad\qquad}}$$

　　它表明同种元素的不同氧化值物质氧化、还原能力的相对大小。此外，元素标准电势图还可以判断是否可以发生歧化反应。

　　歧化反应发生的规律是：当电势图中（$M^{2+} \xrightarrow{\varphi^\ominus_左} M^+ \xrightarrow{\varphi^\ominus_右} M$）$\varphi_右 > \varphi_左$ 时，M^+ 容易发生歧化反应。

　　如在碱性溶液中，氯的元素标准电势图为：

$$\varphi^\ominus/V \qquad ClO^- \xrightarrow{+0.42} Cl_2 \xrightarrow{+1.36} Cl^-$$

所以 Cl_2 能发生歧化反应生成 ClO^- 和 Cl^-。

第四节　电　解

一、电解原理

　　电流通过电解质溶液或熔融态离子化合物时引起氧化还原反应的过程叫电解。借助于电流引起化学变化的装置，也就是将电能转变为化学能的装置称为电解池或电解槽。

　　电解池中与电源的负极相连的极称为阴极，与电源正极相连的极称为阳极。电子进入电解池的阴极，使阴极上电子过剩；电子从阳极离开，使阳极上电子缺少。因此电解质溶液或熔盐中阳离子移向阴极，在阴极上得到电子进行还原反应；阴离子移向阳极，在阳极上给出电子，进行氧化反应。这种得到电子或给出电子的过程都称放电。

　　电解原理可通过电解 $CuCl_2$ 水溶液来说明。

【演示实验 10-2】 如图 10-5 是以干电池为直流电源电解

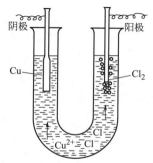

图 10-5　电解 $CuCl_2$ 溶液实验装置

$CuCl_2$ 水溶液的装置。在电解池的阳极管口放一条湿润的淀粉碘化钾试纸，接通直流电源。通电后不久就会发现，阴极上有红褐色的铜析出，阳极上有气泡放出，使湿润的淀粉 KI 试纸变蓝，证明有氯气放出。

通电前，$CuCl_2$ 水溶液中有 Cu^{2+} 和 Cl^-，还有由水电离出来的 H^+ 和 OH^-。

$$CuCl_2 \longrightarrow Cu^{2+} + 2Cl^-$$

$$H_2O \rightleftharpoons H^+ + OH^-$$

通电后，Cl^-、OH^- 移向阳极，H^+、Cu^{2+} 移向阴极。

在阳极 $\qquad\qquad 2Cl^- - 2e \longrightarrow Cl_2 \uparrow$

在阴极 $\qquad\qquad Cu^{2+} + 2e \longrightarrow Cu$

电解的总反应方程式

$$CuCl_2 \xrightarrow{\text{电解}} Cu + Cl_2 \uparrow$$
$$\text{（阴极）（阳极）}$$

在电解盐类的水溶液时，阴极上可能发生放电作用的是 H^+ 或金属阳离子；阳极上可能发生放电作用的是酸根阴离子或 OH^-。究竟哪一种离子先放电，与下列诸因素有关。

① 离子所对应的电对的标准电极电势 $\varphi^\ominus$。电解时，阳极起氧化作用，最容易失电子的物质首先在阳极氧化，也就是 $\varphi^\ominus$ 值愈小的还原态物质愈容易失去电子而氧化；阴极起还原作用，最容易得到电子的物质，首先在阴极还原，也就是 $\varphi^\ominus$ 值愈大的氧化态物质愈容易得到电子而还原。

② 离子的浓度。离子的浓度愈大，愈容易放电。

③ 电极材料。当电解产物为气体时，电极材料常常起着阻碍离子放电的作用。如果电极材料不是惰性材料（即惰性电极），而是铜、锌、镍等金属时，电极本身也会在阳极失去电子而氧化。

电解产物的判断要综合考虑以上的各种因素。如电解 $CuCl_2$ 的水溶液（用石墨作电极），移向阴极的有 Cu^{2+} 和 H^+，因为 $\varphi^\ominus (Cu^{2+}/Cu) (0.337V)$ 大于 $\varphi^\ominus (H^+/H_2)$ $(0.000V)$，同时，由于 $c(Cu^{2+}) \gg c(H^+)$，所以 Cu^{2+} 先放电。

$$Cu^{2+} + 2e \longrightarrow Cu$$

移向阳极的有 OH^- 和 Cl^-。从 $\varphi^\ominus (Cl_2/Cl^-) (1.36V)$ 和 $\varphi^\ominus (O_2/OH^-) (0.410V)$ 看，OH^- 较 Cl^- 易失去电子。但由于 $c(Cl^-) \gg c(OH^-)$ 且 O_2 在石墨电极上产生要比 Cl_2 困难得多。所以结果是 Cl^- 先放电。

$$2Cl^- - 2e \longrightarrow Cl_2$$

又比如电解 $NiSO_4$ 水溶液（用石墨作电极），移向阴极的有 Ni^{2+}、H^+，从 $\varphi^\ominus (Ni^{2+}/Ni) (-0.246V)$ 和 $\varphi^\ominus (H^+/H_2) (0.000V)$ 看，似乎是 $2H^+ + 2e \longrightarrow H_2$，而实际上因为 $c(Ni^{2+}) \gg c(H^+)$ 及电极材料对 H^+ 放电有阻碍作用，因此，在阴极上是 Ni^{2+} 放电。

$$Ni^{2+} + 2e \longrightarrow Ni$$

移向阳极的有 OH^- 和 SO_4^{2-}，可能有的电极反应为：

$$4OH^- - 4e \longrightarrow 2H_2O + O_2 \qquad \varphi^\ominus = 0.410V$$

$$2SO_4^{2-} - 2e \longrightarrow S_2O_8^{2-} \qquad \varphi^\ominus = 2.01V$$

由于 $\varphi^\ominus (O_2/OH^-) \ll \varphi^\ominus (S_2O_8^{2-}/SO_4^{2-})$，因此，虽然 OH^- 浓度很低，以及 O_2 在电极上产生要受到阻碍，结果仍是 OH^- 在阳极失去电子而放电。

$$4OH^- - 4e \longrightarrow 2H_2O + O_2$$

电解的总反应方程式为：

$$2NiSO_4 + 2H_2O \xrightarrow{\text{电解}} 2Ni + O_2 + 2H_2SO_4$$

总之，阴离子在阳极上的放电顺序，一般为简单离子、氢氧根离子、含氧酸根离子；电解其他活泼金属（电极电势序中，Al 以前的金属）的盐溶液，阴极上一般总得到 H_2；电解不活泼金属以及锌、铁、镍等金属的盐溶液时，在阴极上一般得到相应的金属；用金属作阳极时，一般是阳极溶解，发生氧化反应。

二、电解的应用

1. 电化学工业

以电解的方法制取化工产品的工业，称为电化学工业。如电解食盐溶液制氯气和烧碱，电解水制 H_2 和 O_2。

$$2NaCl + 2H_2O \xrightarrow{\text{电解}} 2NaOH + H_2 \uparrow + Cl_2 \uparrow$$

$$2H_2O \xrightarrow[\text{Na}_2\text{SO}_4]{\text{电解}} 2H_2 \uparrow + O_2 \uparrow$$

2. 电冶金工业

利用电解原理从金属化合物制取金属的过程叫电冶。一些活泼金属如 Na、Ca、Mg、Al 等的制取就是利用电解原理。应注意的是，要电解的是它们的熔融化合物，不是水溶液。

如：
$$2NaCl \xrightarrow[\text{熔融}]{\text{电解}} 2Na + Cl_2 \uparrow$$

$$\underset{\text{阴极}}{} \quad \underset{\text{阳极}}{}$$

工业上，还常用电解的方法提纯粗铜。电解槽的阳极是粗铜板，阴极是纯铜制成的薄板，$CuSO_4$ 溶液作电解液。电解时，阳极中的铜不断溶解以 Cu^{2+} 进入溶液，Cu^{2+} 在阴极不断地还原为纯铜而析出。同时，粗铜中的 Zn、Pb、Fe 等杂质也与 Cu 一起以离子形式进入溶液，生成相应的二价阳离子，但在阴极不能析出。粗铜中金、银、铂等金属不能溶解，而沉淀为阳极泥，可从中提炼金、银等贵金属。用这种方法可将含 Cu 98.5% 的粗铜提炼为含 Cu 在 99.9% 的精铜。

3. 电镀

应用电解原理在某些金属表面镀上一层其他金属或合金的过程叫电镀。电镀的目的主要是使金属增强抗腐蚀能力，增加美观及表面硬度。镀层金属通常是一些在空气或溶液中不易起变化的金属（如 Cr、Zn、Ni、Ag）或合金。

电镀时，镀件为阴极，镀层金属作阳极，镀层金属的盐溶液为电镀液。现以镀锌为例说明电镀的过程。

【演示实验 10-3】 实验装置如图 10-6 所示。在大烧杯中加入 $ZnCl_2$ 作电镀液，锌片作阳极，镀件作阴极。接通直流电源几分钟后，就可看见镀件的表面被镀上了一层锌。

镀锌主要过程可表示如下。

阳极 $\quad Zn - 2e \longrightarrow Zn^{2+}$（阳极溶解）

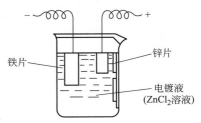

图 10-6 电镀锌的实验装置

阴极 $\qquad Zn^{2+} + 2e \longrightarrow Zn$

电镀的结果，阳极的锌（镀层金属）不断减少，阴极的锌（镀件上）不断增加，减少和增加的锌量相等。因此溶液中 Zn^{2+} 浓度恒定。

电镀液的浓度、pH、温度以及电流密度等条件，都影响电镀的质量。因此，电镀时，必须严格控制电镀条件。通常在电镀液中加入配位剂（详见第十三章）以控制较低的金属离子的浓度，才能使镀层均匀、光滑、牢固。

* 第五节　金属的腐蚀与防护

一、金属的腐蚀

金属和周围的液体或气体等介质相接触时，常因发生化学作用或电化学作用而使金属表面逐渐遭到破坏，这种现象叫做金属的腐蚀。根据金属接触的介质不同，发生腐蚀的情况也就不同，金属的腐蚀可分为化学腐蚀和电化学腐蚀。

1. 化学腐蚀

由单纯的化学作用引起的腐蚀称为化学腐蚀。金属与某些非金属直接接触时，在金属表面形成相应的化合物（如氧化物、硫化物等）的薄膜。膜的性质对金属的进一步腐蚀有很大影响。如铝表面的氧化膜，致密坚实，保护了内层的铝不再进一步被腐蚀，而氧化铁膜疏松，易脱落，就没有这种保护作用。

2. 电化学腐蚀

金属与其周围的物质发生电化学反应（原电池作用）而产生的腐蚀，叫电化学腐蚀。

如钢铁（普通碳钢）在干燥空气中长时间不会腐蚀，但在潮湿空气中很快就会腐蚀，这是什么原因呢？因为钢铁本身不纯，它除含碳以外，还含有 Si、Mn 渗碳体等杂质。这些杂质与铁相比都不易失去电子（比铁的电势高），但都能导电，这些杂质与铁可以构成原电池的两极。

钢铁在潮湿空气中会吸附水汽，在钢铁表面形成一层水膜，水膜中又溶有大气中的 SO_2、CO_2、H_2S 等气体，使水膜中 H^+ 浓度大大增加，形成了电解质溶液。这样铁和杂质正好形成原电池。由于杂质是极小的颗粒，又分散在钢铁各处，所以在钢铁表面形成了无数微小的原电池，通常称为微电池，如图 10-7 所示。

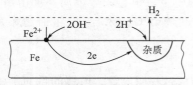

图 10-7　钢铁电化学腐蚀示意图

在微电池中，水膜是电解质溶液，铁比杂质易失电子，所以铁为负极，杂质为正极。铁与杂质直接接触，等于导线连接两端成为通路。其腐蚀过程有两种情况。

第一种情况：是电解质溶液即水膜带酸性，里面含有 H^+（pH＝4 左右），即在酸性介质中引起的腐蚀。

负极（Fe） $\qquad Fe - 2e \longrightarrow Fe^{2+}$
$\qquad\qquad\qquad Fe^{2+} + 2OH^- \longrightarrow Fe(OH)_2$

正极（C） $\qquad 2H^+ + 2e \longrightarrow H_2$

总反应为 $\qquad Fe + 2H_2O \longrightarrow Fe(OH)_2 + H_2 \uparrow$

上述腐蚀过程中有氢气放出，所以叫析氢腐蚀。生成的 $Fe(OH)_2$ 在空气中进一步被氧

化为 $Fe(OH)_3$：

$Fe(OH)_3$ 又变成了易脱落的铁锈 $Fe_2O_3 \cdot xH_2O$。

$$4Fe(OH)_2 + O_2 + 2H_2O \longrightarrow 4Fe(OH)_3$$

第二种情况：是电解液（水膜）呈中性，但水膜中溶解有氧气，这时：

负极（Fe） $\qquad 2Fe - 4e \longrightarrow 2Fe^{2+}$

正极（C） $\qquad O_2 + 2H_2O + 4e \longrightarrow 4OH^-$

总反应为 $\qquad 2Fe + O_2 + 2H_2O \longrightarrow 2Fe(OH)_2$

$Fe(OH)_2$ 进一步被氧化为 $Fe(OH)_3$。称之为吸氧腐蚀。铁的腐蚀主要是吸氧腐蚀。

金属的腐蚀是一个复杂的氧化还原过程。腐蚀的程度决定于金属本身的性质、结构和周围介质的成分。介质对金属的腐蚀有很大的影响；金属在潮湿空气中比在干燥空气中容易腐蚀；埋在地下的铁管比在地面上的容易腐蚀；介质的酸性愈强，金属腐蚀得愈快；介质中含有较多的 Cl^-（如海水）或氧时，会加速金属的腐蚀。

金属被腐蚀后，其外形、色泽以及机械性能都将发生变化，使机器设备、仪表仪器的强度、精密度和灵敏度大受影响，甚至不能继续使用。由于金属的腐蚀而造成的损失是很大的，因此，金属的防腐蚀是一个很重要的课题。

二、金属的防护

金属的腐蚀是由于金属与其周围的介质发生了化学反应，因此，防止金属的腐蚀要从金属和介质两方面来考虑。

1. 加保护层

在金属表面涂上一层保护层，将金属与周围介质隔绝起来。如在金属表面涂一层油漆、沥青、塑料、橡胶、搪瓷等非金属材料。一般还用热镀、喷镀、电镀等方法在金属表面镀一层耐腐蚀的金属。常见的有镀锌铁（白铁皮）和镀锡铁（马口铁）。

镀锡铁的镀层只有在完整的情况下，才能起保护层的作用。如果保护层局部被损坏，内层的铁皮就会暴露出来，当接触到潮湿的空气时，就会形成以 Fe 为负极、Sn 为正极的微型原电池。这样，镀锡的铁皮在镀层损坏的地方比没有镀锡的铁更容易遭受腐蚀。

镀锌的铁与此情况相反，即使白铁皮表面被损坏的地方形成了微型原电池，Zn 是负极、Fe 是正极，结果 Zn 被腐蚀、Fe 被保护起来。

因此，若用金属保护层防腐，在金属表面镀一层较活泼的金属比镀不活泼的金属为好。但是锡无毒，因此马口铁常用做罐头盒。

另外、镀镍、镀铬的镀件抗腐性能好，外表美观，镀层硬度高，常用于汽车零件、医疗器械、精密仪器及日常用品等方面。

2. 电化学保护

根据原电池正极不受腐蚀的原理，常在被保护的金属设备上连接比其更活泼的金属，使被保护的金属作为正极，以免腐蚀。例如在锅炉内壁装上锌片，能保护锅炉不受腐蚀，常用这种方法保护的还有轮船外壳、海底设备、地下金属导管和电缆等。

3. 制成耐腐蚀的合金

在钢铁中，加入其他金属成分（如铬、铜、钛等）制成合金，增强金属的抗腐蚀能力。例如，含铬 18% 的不锈钢能耐硝酸的腐蚀。

4. 使用缓蚀剂

能减缓金属腐蚀的物质叫缓蚀剂。在腐蚀介质中加入缓蚀剂，能防止金属的腐蚀。例如，乌洛托品 $\left[(CH_2)_6 N_4\right]$ 能减缓金属在酸性介质中的腐蚀。

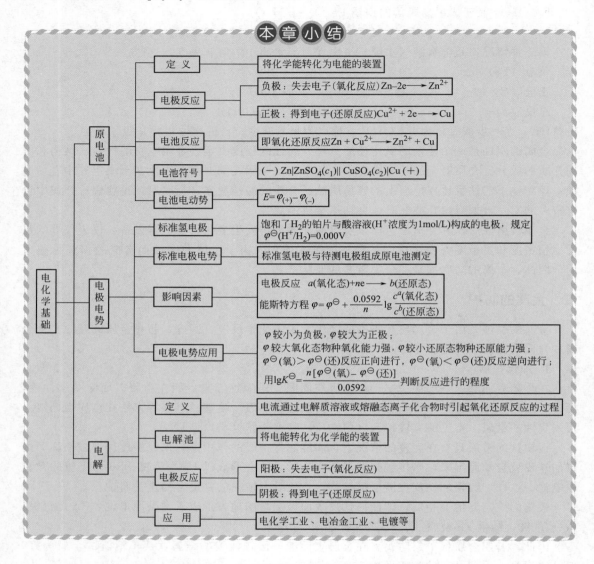

本章小结

思考与习题

1. 填空题

（1）在反应 $2FeCl_3 + Cu \longrightarrow 2FeCl_2 + CuCl_2$ 中，_____元素被氧化，_____元素被还原；_____是氧化剂，_____是还原剂。

（2）电解槽内与电源正极相连的电极叫_____极；与电源负极相连的电极叫_____极。阳极发生_____反应；阴极发生_____反应。

（3）电解活泼金属（电极电势序中 Al 以前的金属）的盐溶液，阴极上一般总是得到_____。

（4）Cu-Zn 原电池的电池符号是_____，其正极半反应为_____，负极半反应为_____，原电池反应为_____。

（5）镀镍时，金属镍做阳极，镀件做阴极，$NiSO_4$ 溶液为电镀液，则阳极上发生的反应为_____，阴极上发生的反应为_____。

2. 选择题

（1）下列物质不能做还原剂的是（   ）。

A. H_2S　　　　　　　B. Fe^{2+}　　　　　　　C. Fe^{3+}　　　　　　　D. SO_2

（2）对于电对 Zn^{2+}/Zn，增加 Zn^{2+} 的浓度，其标准电极电势的值将（   ）。

A. 增大　　　　　　　B. 减小　　　　　　　C. 不变　　　　　　　D. 无法判断

（3）下列常见的氧化剂中，如果使 $c(H^+)$ 浓度增加，氧化剂的氧化能力增强的是（   ）。

A. Cl_2　　　　　　　B. $Cr_2O_7^{2-}$　　　　　　　C. Sn^{4+}　　　　　　　D. Fe^{3+}

（4）在反应 $2H_2S+3O_2 \longrightarrow 2SO_2+2H_2O$ 中，还原剂是（   ）。

A. H_2S　　　　　　　B. O_2　　　　　　　C. SO_2　　　　　　　D. H_2O

（5）已知 $Fe_3^+ + e \Longrightarrow Fe^{2+}$　　　　　　　$\varphi^{\ominus} = 0.771\ V$

$Cu^{2+} + 2e \Longrightarrow Cu$　　　　　　　$\varphi^{\ominus} = 0.337V$

$Fe^{2+} + 2e \Longrightarrow Fe$　　　　　　　$\varphi^{\ominus} = -0.440\ V$

$Al_3^+ + 3e \Longrightarrow Al$　　　　　　　$\varphi^{\ominus} = -1.622\ V$

则最强的还原剂是（   ）。

A. Al^{3+}　　　　　　　B. Fe^{2+}　　　　　　　C. Fe　　　　　　　D. Al

3. 是非题（正确的划"√"，错误的划"×"）

（1）原电池可以将电能转变为化学能。　　　　　　　　　　　　　　　　　　　　（   ）

（2）已知 $\varphi^{\ominus}(Zn^{2+}/Zn) = -0.763V$，则电极反应 $2Zn^{2+}+4e \Longrightarrow 2Zn$ 的 $\varphi^{\ominus} = -1.526\ V$。（   ）

（3）某电极的标准电极电势越小，其电对中的还原态物质的还原能力就越强。　　　（   ）

（4）已知 $\varphi^{\ominus}(MnO_2/Mn^{2+}) = 1.23\ V$，$\varphi^{\ominus}(Cl_2/Cl^-) = 1.36\ V$，因此不能用 MnO_2 与 HCl 反应来制备 Cl_2。（   ）

（5）金属的腐蚀可分为化学腐蚀和电化学腐蚀。　　　　　　　　　　　　　　　（   ）

4. 问答题

（1）根据下列氧化还原反应各设计一个原电池，写出各原电池的电极反应和相应的电对，并用符号表示各原电池。

① $Mg + Pb(NO_3)_2 \longrightarrow Pb + Mg(NO_3)_2$

② $Cu + 2AgNO_3 \longrightarrow Cu(NO_3)_2 + 2Ag$

③ $2FeCl_3 + Cu \longrightarrow 2FeCl_2 + CuCl_2$

（2）将铁片和锌片分别浸入稀 H_2SO_4 中，它们都被溶解并放出氢气。如果将它们同时浸入稀 H_2SO_4 中，两端用导线连接，情况有何变化？说明理由。

（3）写出下列电解过程中，两极上发生的反应。

① 电解 $NiSO_4$ 溶液，阳极用镍，阴极用铁；

② 电解熔融 $MgCl_2$，阳极用石墨，阴极用铁；

③ 电解 KOH 溶液，两极都用铂。

（4）镀层破裂后，为什么镀锌铁皮比镀锡铁皮耐腐蚀？

（5）为什么生铁在潮湿空气中比纯铁易被腐蚀？

5. 计算题

（1）用标准电极电势判断下列反应进行的方向。

① $2FeCl_3 + Pb \Longrightarrow 2FeCl_2 + PbCl_2$

② $2MnO_4^- + 10Br^- + 16H^+ \Longrightarrow 2Mn^{2+} + 5Br_2 + 8H_2O$

③ $Sn^{2+} + 2Fe^{3+} \Longrightarrow Sn^{4+} + 2Fe^{2+}$

④ $2KI + SnCl_4 \Longrightarrow SnCl_2 + 2KCl + I_2$

（2）求下列电极在 25℃ 时的电极电势。

① 金属铜放在 $0.50mol/L$ 的 Cu^{2+} 溶液中；

② $101.325kPa$ 氢气通入 $0.10mol/L$ HCl 溶液中；

③ $0.1mol/L$ Fe^{3+} 和 $0.01mol/L$ Fe^{2+}。

(3) 将锡和铅的金属片分别插入含有该金属离子的盐溶液中，组成原电池：

① $c(Sn^{2+})=1mol/L$ $c(Pb^{2+})=1mol/L$

② $c(Sn^{2+})=1mol/L$ $c(Pb^{2+})=0.01mol/L$

写出电极和电池反应，并用符号表示原电池的组成，计算它们的电动势。

(4) 已知下列电池

$$(-)Zn|Zn^{2+}(x\,mol/L)\parallel Ag^+(0.1mol/L)|Ag(+)$$

的电动势 $E=1.51V$，求 Zn^{2+} 浓度。

(5) 已知 $\varphi^{\ominus}(Cu^{2+}/Cu^+)=0.159V$，$\varphi^{\ominus}(Cu^+/Cu)=0.520V$

$$2Cu^+ \Longleftrightarrow Cu+Cu^{2+}$$

求反应在 25℃时的平衡常数。简述+1价铜离子是否可以在水溶液中稳定存在？

(6) 现有镍片和 $1mol/L$ 的 Ni^{2+} 溶液，锌片和 $1mol/L$ 的 Zn^{2+} 溶液。问：

① Ni、Ni^{2+}、Zn、Zn^{2+} 中哪个是最强的氧化剂，哪个是最强的还原剂？

② 当金属镍放入 $1mol/L$ Zn^{2+} 溶液时，会有什么反应发生？而金属锌放入 $1mol/L$ 的 Ni^{2+} 溶液中呢？

③ 以镍片和 $1mol/L$ 的 Ni^{2+} 溶液构成一个半电池，锌片和 $1mol/L$ 的 Zn^{2+} 溶液构成另一个半电池，当这两个半电池相连，哪个电极是正极？哪个电极是负极？电池反应是什么？电池电动势是多少？

阅读材料

废旧电池与环境保护

"我们既要绿水青山，也要金山银山。宁要绿水青山，不要金山银山，而且绿水青山就是金山银山。"习总书记的话生动形象表达了我们党和政府以绿色经济为本，环境保护为先，大力推进生态文明建设的鲜明态度和坚定决心。

随着科技的进步，越来越多的电子产品和家电向着轻便化、可移动化发展。手机、平板电脑、电动车等产品在人们的生活中扮演了越来越重要的角色。仅 2020 年，全国锂电池产量就达到了 188.45 亿只。随之而来的，是废旧电池的数量和种类也在不断增加，而废旧电池中含有的电解质溶液及各类重金属，对人体和生态环境都会造成危害。

电池按照工作原理可以分为普通锌锰电池、碱性锌锰电池、氧化汞电池、镍镉电池、镍氢电池、锂电池、铅酸蓄电池等。其中，氧化汞电池、镍镉电池和铅酸蓄电池中含有大量汞、铅、镉等重金属，都属于危险废物，不可与普通垃圾混在一起随意丢弃。否则，可能造成废旧电池中的重金属成分渗透到土壤和地下水。如果人们食用了受污染的土地生长的农作物或饮用了受污染的水，这些重金属会进入人体并蓄积，对人类健康造成极大的威胁，如汞会进入人的脑细胞，严重破坏人的神经系统；镉会损坏人的肝和肾，并造成骨骼变形。

我国每年使用完毕的废旧电池不计其数，但是能够妥善得到处理的并不多，仅以锂电池为例，每年有超过六十万吨的废旧锂电池没有合理回收，导致超过六万吨的贵重金属流失，对社会带来极大的资源危害和浪费。此外，当前解决这类电池的手段还是通过焚烧和掩埋等较为粗放的手段，新型回收处理技术还需进一步加快研发脚步。生物回收法、共晶溶剂法和萃取分液法等能够极大地提高废旧电池中各贵金属的回收率，同时还可减少焚烧和填埋占用的土地。

除了加强对废旧电池的管理与回收外，绿色环保电池的研制也受到了各国的重视。绿色环保电池具有无污染、性能好等特点，如金属氢化物镍蓄电池、正在推广使用的无汞碱性锌锰原电池等，正在开发研制中的锂离子塑料蓄电池和燃料电池等也属于绿色环保电池，此外，已经相对成熟的太阳能电池（又称光伏发电电池）也可列入这一范畴。

第十一章
氮族元素

 **学习目标**

知识目标：

1. 理解氮族元素的价电子层构型及性质递变规律；

2. 掌握氮和磷、氨和铵盐、氮的氧化物、亚硝酸及其盐、硝酸及其盐、磷酸及其盐的重要性质；

3. 了解砷、锑、铋盐的重要性质。

能力目标：

1. 培养学生利用元素周期律知识解决问题的能力；

2. 能正确书写氮族元素的重要化学反应方程式；

3. 能对铵盐、磷酸盐等进行鉴别。

第一节 氮族元素概述

元素周期表的ⅤA族包括氮（N）、磷（P）、砷（As）、锑（Sb）、铋（Bi）、镆（Mc）六种元素，统称氮族元素。

绝大部分氮以单质状态存在于空气中，以体积计，约占空气组成的78%。除了土壤中含有一些铵盐、硝酸盐外，氮的无机化合物在自然界是很少的。智利的硝石（$NaNO_3$）矿是世界上少有的含氮矿藏。氮普遍存在于有机体内，是构成动植物体中蛋白质的重要元素。

磷是自然界中比较丰富而集中的元素。游离态的磷在自然界中不存在。最主要的磷矿是磷灰石和纤核磷灰石，其主要成分是磷酸钙 $[Ca_3(PO_4)_2]$。磷灰石也常含有 CaF_2 和 $CaCl_2$。磷也是生物体中不可缺少的元素，它存在于细胞、蛋白质、骨骼和牙齿中。

砷、锑、铋在地壳中含量均不高，它们有的以游离态存在于自然界，但主要是以硫化物的形式存在于矿石中。如雌黄（As_2S_3）、雄黄（As_4S_4）、砷硫铁矿（$FeAsS$）、辉锑矿（Sb_2S_3）、白锑矿（Sb_2O_3）、辉铋矿（Bi_2S_3）等。我国锑矿的蕴藏量居世界第一，锑的产量也很高。

镆为人工合成的放射性元素。

一、氮族元素的一般特性

氮族元素的基本性质列于表11-1。

从表中看，氮族元素随着原子序数的增大，原子半径、电离能、电负性的变化趋势与卤素和碳族类似。自氮至铋原子半径逐渐增大，电负性、电离能逐渐变小。氮和磷是典型的非金属元素，砷虽为非金属元素但已表现出某些金属的特性，锑和铋则表现出明显的金属性。

因此，氮族元素的性质递变体现了由典型的非金属到金属的完整过渡。

表 11-1　氮族元素的基本性质

元　素	氮（N）	磷（P）	砷（As）	锑（Sb）	铋（Bi）
原子序数	7	15	33	51	83
价电子层构型	$2s^2 2p^3$	$3s^2 3p^3$	$4s^2 4p^3$	$5s^2 5p^3$	$6s^2 6p^3$
主要氧化数	-3、$+1$、$+2$、$+3$、$+4$、$+5$	-3、$+3$、$+5$	-3、$+3$、$+5$	$+3$、$+5$	$+3$、$+5$
原子半径/pm	75	110	121	141	152
第一电离能/(kJ/mol)	1042	1012	946.7	803.3	703.3
电负性	3.0	2.1	2.0	1.9	1.9
熔点/℃	-210	44（白磷）	8（灰砷，2.84MPa）	631	271
沸点/℃	-196	280（白磷）	613（升华，灰砷）	1750	1560

氮族元素的原子价层电子构型为 $ns^2 np^3$。氮和磷电负性较大，可以与活泼金属形成少数氧化数为 -3 的离子型固态化合物。如 Mg_3N_2、Ca_3P_2 等，这些化合物易水解放出 NH_3 或 PH_3，所以只能在干燥状态存在。

$$Mg_3N_2 + 6H_2O \longrightarrow 3Mg(OH)_2 + 2NH_3 \uparrow$$
$$Ca_3P_2 + 6H_2O \longrightarrow 3Ca(OH)_2 + 2PH_3 \uparrow$$

氮族元素的气态氢化物的热稳定性按由 NH_3 到 BiH_3 的顺序依次减弱，而还原性则依次增强。这一递变规律与卤化氢相似。

氮族元素的非金属性比相应的卤素弱，但比相应的碳族元素要强些。当它们与电负性大的元素化合时，$ns^2 np^3$ 价电子若全部参与成键，则形成 $+5$ 价态的化合物；若仅用 np^3 价电子参与成键，则形成 $+3$ 价态的化合物。由于从氮到铋 ns^2 价电子的稳定性增强，所以仅用 np^3 价电子成键的趋势逐渐增强，故 $+5$ 价态的化合物的稳定性减弱，$+3$ 价态化合物的稳定性增强。例如，硝酸盐稳定而不易被还原，铋酸盐则易被还原。故 $NaBiO_3$ 是重要的氧化剂，$\varphi^\ominus(BiO_3^- / Bi^{3+}) > 1.8V$。例如 $NaBiO_3$ 在酸性介质中可将 $+2$ 价的锰氧化为 $+7$ 价的锰。

$$2MnSO_4 + 5NaBiO_3 + 16HNO_3 \longrightarrow 2HMnO_4 + 5Bi(NO_3)_3 + 2Na_2SO_4 + NaNO_3 + 7H_2O$$

写成离子方程式为：

$$2Mn^{2+} + 5NaBiO_3 + 14H^+ \longrightarrow 2MnO_4^- + 5Bi^{3+} + 5Na^+ + 7H_2O$$

在定性分析中利用该反应鉴定 Mn^{2+} 的存在。

氮族元素 $+3$ 价和 $+5$ 价态的氧化物及其水化物的酸碱性见表 11-2。

表 11-2　氮族元素 $+3$ 价和 $+5$ 价态的氧化物及其水化物的酸碱性

项　目	N	P	As	Sb	Bi
$+3$ 价态氧化物	N_2O_3	P_2O_3	As_2O_3	Sb_2O_3	Bi_2O_3
氢氧化物	HNO_2	H_3PO_3	H_3AsO_3	$Sb(OH)_3$	$Bi(OH)_3$
酸碱性	中强酸	中强酸	两性偏酸	两性	弱碱
酸碱性递变			酸性减弱，碱性相应增强		
$+5$ 价态氢氧化物	HNO_3	H_3PO_4	H_3AsO_4	H_3SbO_4	不能稳定存在
酸碱性	强酸	中强酸	中强酸	两性偏酸	—

从表中看出，氮族元素由氮到铋＋3 价态和＋5 价态氧化物的水化物都是酸性逐渐减弱，碱性逐渐增强。

本章着重讨论氮、磷及其化合物。

二、氮和磷

1. 氮

纯净的氮是无色、无臭、无味的气体，比空气稍轻，标准状况下密度为 1.2506g/L。在 $1.01 \times 10^5 Pa$，$-196 ℃$ 时变为无色液体，$-210 ℃$ 时凝结成雪花状的固体。N_2 在水中的溶解度很小，通常情况下，1 体积的水仅能溶解 0.02 体积的 N_2。

N_2 分子是由两个氮原子共用三对电子结合而成的，N_2 分子中有三个共价键（叁键）：

$$:N \equiv N:$$

其键能很大（946kJ/mol），比 H_2、O_2、X_2 等双原子分子内的结合力要强得多。因此 N_2 分子结构很稳定，在通常情况下很难跟其他物质发生化学反应。氮虽为生物体必需的元素，但除某些细菌外，生物体却不能直接吸收大气中的 N_2。

（1）氮的化学性质　氮在高温下反应能力增强，N_2 分子获得足够的能量后，也可以与活泼金属、氢、氧等发生化学反应。

与金属反应生成金属氮化物。例如：

$$2Al + N_2 \xrightarrow{\text{高温}} 2AlN$$

$$3Mg + N_2 \xrightarrow{\text{高温}} Mg_3N_2$$

这些金属氮化物多为离子型化合物，因易发生水解，在溶液中难以存在。

高温、高压和催化剂存在下，N_2 和 H_2 可直接合成氨。

$$N_2 + 3H_2 \xrightarrow[\text{催化剂}]{\text{高温、高压}} 2NH_3$$

工业上就是利用这个反应来合成氨的。

在电火花作用下，N_2 和 O_2 可直接化合生成 NO。

$$N_2 + O_2 \xrightarrow{\text{放电}} 2NO$$

（2）N_2 的制取　**工业上大量制取 N_2 主要是采用分馏液态空气的方法。**由于分馏液态空气制得的 N_2 中常含有少量 O_2，如果需要纯净的 N_2，可通过赤热的铜将 O_2 除去。

将 NH_3 通过赤热的 CuO，也可制得较纯净的 N_2。

$$2NH_3 + 3CuO \xrightarrow{\triangle} 3Cu + N_2 \uparrow + 3H_2O$$

通常将制得的 N_2 在高压下液化，装入钢瓶备用。

（3）N_2 的用途　N_2 在工业上主要用来合成氨、制硝酸等，它们是氮肥、炸药等的原料。由于氮的化学性质不活泼，常可用来代替稀有气体做焊接金属等处理易燃或易氧化物质时隔绝空气的保护性气体；氮气和氩气的混合气体可用来填充白炽灯泡，以防止钨丝氧化和减慢钨丝挥发，延长灯泡的使用寿命；液态氮可作为冷冻剂用于工业和医疗方面；粮食、水果如处于低氧高氮环境中，能使害虫缺氧窒息而死，同时能使植物种子处于休眠状态，代谢缓慢，所以可利用 N_2 来保存粮食、水果等农副产品。

（4）氮的固定　植物在生长中，必须吸收含氮养料。空气中虽含有大量的游离氮，但绝大多数植物只能吸收氮的化合物而不能直接从空气中吸收游离状态的氮，因此必须把空气中游离的氮转变为氮的化合物。这种将空气中游离的氮转变为氮的化合物的方法，统称为氮的固定。如高温、高压和催化剂的条件下氨的合成，放电条件下 N_2 和 O_2 的直接化合等都是氮的固定。

豆科、苜蓿等植物根部的根瘤菌，能把空气中的 N_2 变为 NH_3 作为养料吸收，这样的植物就可以不施或少施氮肥。这种低温固氮的条件人们尚未完全搞清楚，很多国家正在研究、探讨。

2. 磷

磷有几种同素异形体（由一种元素形成的多种单质，叫做这种元素的同素异形体），常见的有白磷和红磷（又称黄磷和赤磷）。

白磷是一种透明的蜡状固体，有剧毒，不溶于水，但能溶于 CS_2。把白磷隔绝空气加热至 260℃，便转变为红磷。红磷是红棕色的粉末状固体，无毒，不溶于水，也不溶于 CS_2。红磷加热至 416℃ 时便升华，其蒸气冷却后又变为白磷。

（1）磷的化学性质　磷的化学性质活泼，容易与氧、卤素以及许多金属直接化合。白磷远比红磷活泼，白磷是剧毒的易燃品，红磷是无毒的相对稳定的物质。白磷的着火点是 40℃，红磷的着火点是 240℃。白磷受到轻微摩擦或加热就会发生燃烧现象，所以必须贮存在密闭的容器中，少量白磷可保存在水里。

白磷和红磷的着火点虽然不同，但燃烧后都生成 P_2O_5。

$$4P + 5O_2 \xrightarrow{\text{燃烧}} 2P_2O_5$$

P_2O_5 极易吸水，是一种强干燥剂。磷燃烧时产生的浓烈白色烟雾就是 P_2O_5 颗粒吸收空气中的水分形成的。

白磷在空气中，即使在常温下，也会缓慢地氧化，反应产生的能量部分以光的形式放出，所以白磷在暗处可见其发光。当白磷在空气中氧化时表面聚积的热量使温度达到 40℃ 时即可自燃，因此白磷是危险品，保存和使用都要十分小心，谨防着火和灼伤。

磷在不充足的 Cl_2 中燃烧生成 PCl_3，而在过量的 Cl_2 中燃烧生成 PCl_5。

$$2P + 3Cl_2 \xrightarrow{\text{点燃}} 2PCl_3$$

$$2P + 5Cl_2 \xrightarrow{\text{点燃}} 2PCl_5$$

磷和金属作用生成金属磷化合物。如：

$$3Ca + 2P \longrightarrow Ca_3P_2$$

Ca_3P_2 易水解产生 PH_3，PH_3 是一种无色的、有蒜臭味的气体，不如 NH_3 稳定，有很强的还原性，在空气中容易燃烧，若其中混有更易燃烧的 P_2H_4，常温下在空气中即自然。

$$3Zn + 2P \longrightarrow Zn_3P_2$$

Zn_3P_2 是一种灭鼠药，多用于粮仓灭鼠。

（2）磷的制取和用途　工业上制取磷单质是将磷酸钙（$3CaO \cdot P_2O_5$）、沙（SiO_2）和炭粉的混合物放在电炉中熔烧，其反应一般认为按下面两步进行。

$$3CaO \cdot P_2O_5 + 3SiO_2 \xrightarrow{\triangle} 3CaSiO_3 + P_2O_5$$

$$P_2O_5 + 5C \xrightarrow{\text{燃烧}} 2P\uparrow + 5CO\uparrow$$

总反应式为：

$$Ca_3(PO_4)_2 + 3SiO_2 + 5C \xrightarrow{1500℃} 3CaSiO_3 + 2P\uparrow + 5CO\uparrow$$

将生成的磷蒸气通入水中，即得固体白磷。

白磷在工业上用来生产高纯度的 H_3PO_4；在国防上用来制造燃烧弹和烟幕弹、信号弹等。红磷用于制农药、火药、烟火、医药及其他磷化物。

砷、锑、铋属于低熔点、易挥发的重金属。常温下于水、空气、稀酸中均稳定。砷、锑、铋的合金应用广泛，如含锡、铅的铋合金是低熔合金，可用于电器保险装置。

想一想

氮和磷在周期表中为ⅤA族的相邻元素，为什么它们单质的活泼性相差很大？

第二节　氮族元素的重要化合物

一、氨和铵盐

1. 氨

氨分子呈三角锥形，N 原子以 sp^3 杂化轨道与 H 原子的 s 轨道形成 σ 键。N 原子位于三角锥形的锥顶，三个 H 原子位于锥底，由于 N 的电负性大于 H，N—H 键的电子对偏向 N，分子的负电中心偏向 N，整个 NH_3 分子具有极性。分子中 N 的氧化数为 -3。

NH_3 在自然界中是动物体特别是蛋白质腐败的产物。NH_3 是具有强烈刺激性臭味的无色气体，在标准状况下其密度为 $0.771g/L$，比同体积的空气轻。NH_3 分子间存在氢键，易被液化。常压下冷却至 $-33℃$ 或常温下加压至 8×10^5Pa 时，气态氨即凝结成无色的液体，同时放出大量的热。液态氨汽化时要吸收大量的热，能使其周围物质的温度急剧降低，因此，氨常用作制冷剂。NH_3 在 $-78℃$ 时凝固成无色晶体。

NH_3 极易溶于水。常温常压下，1 体积的水可溶解 700 体积的 NH_3。NH_3 的水溶液称为氨水。氨水的密度小于 $1g/cm^3$，NH_3 含量越高，密度越小。一般商品浓氨水的密度为 $0.91g/cm^3$，质量分数为 25%。NH_3 溶于水后主要形成氢键加合物——水合氨（$NH_3\cdot H_2O$），少量的一水合氨（$NH_3\cdot H_2O$）分子电离产生 NH_4^+ 和 OH^-，因此 $NH_3\cdot H_2O$ 是弱碱，$K_b^\ominus$ 为 1.8×10^{-5}。氨水中并不存在离子型的 NH_4OH。

在氨水中存在下列平衡关系：

$$NH_3+H_2O \rightleftharpoons NH_3\cdot H_2O \rightleftharpoons NH_4^+ +OH^-$$

加酸有利于平衡向右移动，形成铵盐；加碱则有利于平衡向左移动，释放出 NH_3。一水合氨不稳定，易分解逸出 NH_3，受热时分解更加迅速，所以加热时，上述平衡也向左移动。

NH_3 的化学性质相当活泼，能和许多物质发生反应。如：

加合反应　氨分子中，N 原子上有孤对电子，加合作用就是通过孤对电子发生的。

$$NH_3+HCl \longrightarrow NH_4Cl$$

NH_3 也可与其他酸加合生成铵盐。

$$NH_3+H^+ \longrightarrow NH_4^+$$

NH_3 也可与许多金属离子发生加合反应形成配合物（将在配位化合物一章中讨论）。

氧化反应　NH_3 中的 N 处于最低价态，具有还原性，在一定条件下可被氧化为 N_2

或 NO。

常温下，NH_3 在水溶液中能被强氧化剂氧化为 N_2。

$$2NH_3 + 3Cl_2 \longrightarrow N_2 + 6HCl$$

NH_3 在空气中不能燃烧，但在纯氧中可以燃烧生成 N_2 和 H_2O。

$$4NH_3 + 3O_2 \xrightarrow{燃烧} 2N_2 + 6H_2O$$

NH_3 与 H_2 一样，通过赤热的金属氧化物时可被氧化，而使金属单质游离出来，例如：

$$2NH_3 + 3CuO \xrightarrow{\triangle} 3Cu + N_2 + 3H_2O$$

NH_3 在催化剂作用下可被空气氧化为 NO。

$$4NH_3 + 5O_2 \xrightarrow[\triangle]{Pt} 4NO + 6H_2O$$

NH_3 的催化氧化，是工业制 HNO_3 的主要反应。

工业上采用高温、高压和催化剂作用，用 N_2 和 H_2 直接合成制取 NH_3。

$$N_2 + 3H_2 \xrightarrow[铁催化剂]{500℃,30MPa} 2NH_3$$

实验室用加热 NH_4Cl 和消石灰的固体混合物制取 NH_3。

$$2NH_4Cl + Ca(OH)_2 \xrightarrow{\triangle} CaCl_2 + 2NH_3\uparrow + 2H_2O$$

氨是一种重要的化工产品，是氮肥工业的基础，也是制硝酸、铵盐、纯碱等化工产品的基本原料。氨还是有机合成的常用原料。氨也是常用的化学试剂。

2. 铵盐

氨气或氨水与酸作用可得相应的铵盐。如：

$$NH_3 + HNO_3 \longrightarrow NH_4NO_3$$
$$2NH_3 + H_2SO_4 \longrightarrow (NH_4)_2SO_4$$
$$NH_3 + CO_2 + H_2O \longrightarrow NH_4HCO_3$$

铵盐是 NH_4^+ 与酸根离子组成的化合物。

铵盐与碱金属盐相似，特别与钾盐相似，因为 NH_4^+ 与 K^+ 具有相近的离子半径。

铵盐均为离子晶体，易溶于水。铵盐溶于水后同时发生水解反应，强酸的铵盐水解后使溶液显酸性。

$$NH_4^+ + H_2O \rightleftharpoons NH_3 \cdot H_2O + H^+$$

弱酸的铵盐水解程度大，挥发性弱酸的铵盐受热时水解趋于完全。如 $(NH_4)_2S$：

$$2NH_4^+ + S^{2-} + 2H_2O \rightleftharpoons 2NH_3 \cdot H_2O + H_2S$$
$$2NH_4^+ + S^{2-} \xrightarrow{\triangle} 2NH_3\uparrow + H_2S\uparrow$$

因此，这类铵盐应密封保存。

铵盐的热稳定性不高。铵盐受热易发生分解反应，其产物决定于形成铵盐的酸的性质。

由易挥发的非氧化性酸形成的铵盐受热分解时，反应生成的 NH_3 和酸一起挥发。例如：

$$NH_4Cl(s) \xrightarrow{\triangle} NH_3\uparrow + HCl\uparrow$$

$$NH_4HCO_3(s) \xrightarrow{\triangle} NH_3\uparrow + CO_2\uparrow + H_2O$$

由不挥发的酸形成的铵盐受热分解时，只放出 NH_3。例如：

$$(NH_4)_2SO_4 \xrightarrow{\triangle} NH_3\uparrow + NH_4HSO_4$$

$$(NH_4)_3PO_4 \xrightarrow{\triangle} 3NH_3\uparrow + H_3PO_4$$

由易挥发的氧化性酸形成的铵盐，受热分解时，放出的 NH_3 迅速被氧化成 N_2 或 N_2O。例如：

$$NH_4NO_2 \xrightarrow{\triangle} N_2\uparrow + 2H_2O$$

$$NH_4NO_3 \xrightarrow{\triangle} N_2O\uparrow + 2H_2O$$

当温度达到 $300℃$ 时，N_2O 进一步分解为 N_2 和 O_2 并大量放热。所以 NH_4NO_3 强热时，体系压力骤然增大，若在密闭条件下可引起爆炸。

$$2NH_4NO_3 \xrightarrow{>300℃} 4H_2O\uparrow + 2N_2\uparrow + O_2\uparrow + Q(q<0)$$

铵盐与强碱作用放出 NH_3。

$$NH_4^+ + OH^- \xrightarrow{\triangle} NH_3\uparrow + H_2O$$

该反应是鉴定铵盐的方法之一。

【演示实验 11-1】 在试管中放入一小药勺晶体 $(NH_4)_2SO_4$，再加入约 $2mL$ $6mol/L$ NaOH 溶液，于试管口盖一张湿润的红色石蕊试纸。

由于铵盐与碱反应产生 NH_3，NH_3 逸出试管时，遇水形成 $NH_3 \cdot H_2O$，然后电离产生 OH^- 而使红色石蕊试纸变为蓝色。

铵盐有着重要的用途。大量的铵盐，如 NH_4HCO_3、$(NH_4)_2SO_4$、$NH_4H_2PO_4$、NH_4NO_3 等都是重要的化肥。NH_4NO_3 可用来做炸药。NH_4Cl 大量用于印染业、电池制造业，也用作焊接金属时的除锈剂。

二、氮的氧化物

氮可以形成氧化数由 $+1\sim+5$ 的各种氧化物。其基本情况见表 11-3。

表 11-3　氮的氧化物

名　称	化 学 式	性　状	结　构
一氧化二氮(笑气)	N_2O	无色气体,稳定	$N \equiv N = O$
一氧化氮	NO	无色气体,易氧化	$\dot{N} = O$
三氧化二氮	N_2O_3	蓝色气体,易分解	$O = N - O - N = O$
二氧化氮	NO_2	红棕色气体,氧化性强	$O = \dot{N} \rightarrow O$
四氧化二氮	N_2O_4	无色气体,易分解为 NO_2	(结构式)
五氧化二氮	N_2O_5	无色固体,不稳定	(结构式)

1. 一氧化氮

NO 是一种无色的、难溶于水的气体。 工业上是用氨催化氧化法制取的。

$$4NH_3 + 5O_2 \xrightarrow[\triangle]{Pt} 4NO + 6H_2O$$

若无催化剂存在，NH_3 只能被氧化为 N_2。

实验室是用金属铜与稀 HNO_3 反应来制取 NO。

$$3Cu+8HNO_3(稀) \longrightarrow 3Cu(NO_3)_2+2NO\uparrow+4H_2O$$

$$3Cu+8H^++2NO_3^- \longrightarrow 3Cu^{2+}+2NO\uparrow+4H_2O$$

N_2 与 O_2 通过电弧可产生 NO，因此雷雨天大气中常有 NO 产生。

NO 极易与 O_2 化合，无色的 NO 接触空气后立即转变为 NO_2，呈红棕色。

$$2NO+O_2 \longrightarrow 2NO_2$$

由于 NO 分子结构特殊，液态和固态有双聚分子 $(NO)_2$ 存在。

$$2N=O \longrightarrow \begin{matrix} N=O \\ \vdots \\ N=O \end{matrix}$$

2. 二氧化氮

NO_2 是一种氧化性很强的、有特殊臭味的、有毒的红棕色气体。 工业上是通过空气氧化 NO 来制取 NO_2，实验室常用浓硝酸与铜片作用来制取 NO_2。

$$Cu+4HNO_3(浓) \longrightarrow Cu(NO_3)_2+2NO_2\uparrow+2H_2O$$

由于 NO_2 分子中的单电子不太稳定，通常 NO_2 气体中总伴有无色的 N_2O_4，两者互成动态平衡。

$$2NO_2 \rightleftharpoons N_2O_4+Q$$
$$\text{（红棕色）} \qquad \text{（无色）}$$

温度越低 N_2O_4 含量越高，颜色越浅，温度低于 $-11℃$ 时凝结为无色固体；温度越高，NO_2 含量越高，颜色越深，温度在 $140℃$ 以上，全部为 NO_2，呈深棕色。温度超过 $150℃$，NO_2 开始分解。

NO_2 易溶于水并与水反应生成 HNO_3 和 NO：

$$3NO_2+H_2O \longrightarrow 2HNO_3+NO\uparrow$$

NO_2 是强氧化剂，C、S、P 等均可在其中燃烧，它还可以将难以氧化的 SO_2 氧化成 SO_3。

在硝酸制造、硝酸盐分解以及某些硝化过程中排出的 NO_x 尾气主要是 NO 和 NO_2，它们会造成环境污染，严重危害人体健康及农作物生长，这就是所谓黄烟公害。因此必须消除氮的氧化物对环境的污染。

*三、亚硝酸及其盐

HNO_2（H—O—N=O）是中强酸，$K_a^{\ominus}$ 为 5.1×10^{-4}。HNO_2 很不稳定，仅能存在于稀溶液中，浓溶液或微热时，迅速脱水为亚硝酸酐 N_2O_3，并进一步分解为 NO 和 NO_2：

$$2HNO_2 \longrightarrow H_2O+N_2O_3 \longrightarrow H_2O+NO+NO_2$$

同时 HNO_2 也可发生歧化反应：

$$3HNO_2 \longrightarrow HNO_3+2NO+H_2O$$

亚硝酸盐远比亚硝酸稳定，特别是碱金属和碱土金属的亚硝酸盐有很高的热稳定性，它们多为离子化合物。亚硝酸盐是致癌物质。除 $AgNO_2$ 外大多易溶于水。

亚硝酸及其盐中，氮处于中间价态，可以向升高和降低的方向变化。

$$HNO_2 + H^+ + e \rightleftharpoons NO + H_2O \qquad \varphi^\ominus = 1.00V$$
$$NO_3^- + 3H^+ + 2e \rightleftharpoons HNO_2 + H_2O \qquad \varphi^\ominus = 0.94V$$

所以，亚硝酸盐在酸性介质中有较强的氧化性，通常充当氧化剂，反应时被还原成 NO。例如：

$$2NaNO_2 + 2KI + 2H_2SO_4 \longrightarrow 2NO\uparrow + I_2 + Na_2SO_4 + K_2SO_4 + 2H_2O$$
$$2NO_2^- + 2I^- + 4H^+ \longrightarrow I_2 + 2NO\uparrow + 2H_2O$$

反应中，NO_2^- 将 KI 氧化为 I_2，本身被还原为 NO。利用该反应可测定亚硝酸盐的含量。

亚硝酸盐在酸性介质中，遇到强氧化剂，如 $KMnO_4$、Cl_2 等则充当还原剂，本身被氧化为硝酸盐。例如：

$$2KMnO_4 + 5NaNO_2 + 3H_2SO_4 \longrightarrow K_2SO_4 + 2MnSO_4 + 5NaNO_3 + 3H_2O$$
$$2MnO_4^- + 5NO_2^- + 6H^+ \longrightarrow 2Mn^{2+} + 5NO_3^- + 3H_2O$$

亚硝酸盐在酸性介质中的反应，由于 HNO_2 的产生，分解为 NO 和 NO_2，故伴有气泡产生。

亚硝酸盐在碱性介质中，则表现出较强的还原性，这可由电极反应的标准电极电势说明：

$$NO_3^- + H_2O + 2e \rightleftharpoons NO_2^- + 2OH^- \qquad \varphi^\ominus = 0.01V$$

四、硝酸及其盐

1. 硝酸

纯 HNO_3 是无色易挥发的、有刺激性气味的液体。密度为 $1.5027g/cm^3$。能以任意比例与水互溶。商品浓 HNO_3 密度为 $1.42g/cm^3$，浓度约为 $15mol/L$，质量分数约为 0.63。质量分数大于 0.86 的浓 HNO_3，因其挥发，在空气中遇到水蒸气生成极微小的 HNO_3 液滴而发烟，故称发烟硝酸。

HNO_3 是基本化学工业的重要产品。它与工业、农业、国防、科研有着极为密切的关系。HNO_3 主要用于生产各种硝酸盐、合成染料、塑料和医药，制造化肥和炸药。HNO_3 也是一种重要的化学试剂。

（1）硝酸的化学性质　HNO_3 是强酸，除具有酸的通性外，还有其本身的特性。

① 不稳定性。**HNO_3 不稳定，易分解。**纯净的 HNO_3 或浓 HNO_3 在常温下见光就会分解，受热时分解得更快。

$$4HNO_3 \xrightarrow{\text{加热或光照}} 2H_2O + 4NO_2\uparrow + O_2\uparrow - Q(q>0)$$

HNO_3 越浓，温度越高就越容易分解。分解时放出的 NO_2 溶于 HNO_3 而使 HNO_3 呈黄色。为了防止 HNO_3 分解，必须把 HNO_3 盛于棕色瓶中，低温暗处保存。

② 强氧化性。**HNO_3 是一种很强的氧化剂，不论是稀 HNO_3 还是浓 HNO_3 都具有氧化性。HNO_3 几乎能与除 Au、Pt 以外的所有金属和非金属发生氧化还原反应。**

Al、Cr、Fe 等金属能溶于稀 HNO_3，但在冷的浓 HNO_3 中由于表面被氧化形成致密的氧化膜成钝化状态。所以可用铝、铁槽车装运浓硝酸。

与金属反应时，能被还原形成一系列较低价态的含氮物质：

$$\overset{+4}{NO_2} \qquad \overset{+3}{HNO_2} \qquad \overset{+2}{NO} \qquad \overset{+1}{N_2O} \qquad \overset{0}{N_2} \qquad \overset{-3}{NH_3}$$

通常，还原产物往往是多种低价态物质的混合物。至于哪一种产物多些，哪一种产物少些，主要取决于 HNO_3 的浓度和金属的活泼性。浓 HNO_3 主要被还原为 NO_2，稀 HNO_3 则一般被还原为 NO。当较活泼的金属与稀 HNO_3 反应时，HNO_3 也可被还原为 N_2O，很稀的 HNO_3 则可能被活泼金属还原为 NH_3，NH_3 又与酸结合成 NH_4NO_3。例如：

$$Cu + 4HNO_3(浓) \longrightarrow Cu(NO_3)_2 + 2NO_2\uparrow + 2H_2O$$
$$3Pb + 8HNO_3(稀) \longrightarrow 3Pb(NO_3)_2 + 2NO\uparrow + 4H_2O$$
$$Fe + 4HNO_3(稀) \longrightarrow Fe(NO_3)_3 + NO\uparrow + 2H_2O$$
$$4Zn + 10HNO_3(稀) \longrightarrow 4Zn(NO_3)_2 + N_2O\uparrow + 5H_2O$$
$$4Zn + 10HNO_3(很稀) \longrightarrow 4Zn(NO_3)_2 + NH_4NO_3 + 3H_2O$$

这里必须指出的是，HNO_3 氧化性的强弱并不是由 HNO_3 被还原产物中 N 的氧化数的大小来决定的。也就是说，不能认为氧化数改变越多，HNO_3 的氧化性就越强，从而造成浓 HNO_3 的氧化性不如稀 HNO_3 强的错觉。实际上，HNO_3 愈浓，其氧化能力愈强，HNO_3 愈稀，其氧化能力愈弱。例如，稀 HNO_3 不能氧化 HI，而浓 HNO_3 则可轻易地氧化 HI；稀 HNO_3 只能将金属硫化物中的 S 氧化为单质，而浓 HNO_3 则能将其氧化为 +6 价的化合物。

物质的量比为 1:3 的浓硝酸和浓盐酸的混合物（配制时，通常按 1:3 的体积比进行）称为王水。 王水的氧化能力比浓 HNO_3 更强，能溶解金和铂。

$$Au + HNO_3 + 3HCl \longrightarrow AuCl_3 + NO\uparrow + 2H_2O$$
$$3Pt + 4HNO_3 + 12HCl \longrightarrow 3PtCl_4 + 4NO\uparrow + 8H_2O$$

HNO_3 还能把许多非金属单质如 C、S、P、I_2 等氧化成相应的含氧酸，本身则被还原为 NO 或 NO_2。例如：

$$C + 4HNO_3(浓) \overset{\triangle}{\longrightarrow} CO_2\uparrow + 4NO_2\uparrow + 2H_2O$$
$$3P + 5HNO_3(稀) + 2H_2O \overset{\triangle}{\longrightarrow} 3H_3PO_4 + 5NO\uparrow$$

此外，HNO_3 还能氧化许多含碳的有机物。如松节油（$C_{10}H_{16}$）遇浓 HNO_3 则会引起燃烧；木材、纸张、织物等遇到浓 HNO_3 则会被氧化而破坏；HNO_3 还会使许多有色物质被氧化而褪色。HNO_3 溅到皮肤上会造成灼伤，所以使用硝酸时要格外小心。

练一练

HNO_3 与金属作用时，其还原产物既与 HNO_3 的浓度有关，也与金属的活泼性有关，总结反应规律。

（2）硝酸的制取 实验室是 $NaNO_3$ 和浓 H_2SO_4 共热来制取少量的 HNO_3。由于 HNO_3 易挥发，通过蒸馏可以将其从混合物中分离出来。

$$NaNO_3 + H_2SO_4(浓) \overset{\triangle}{\longrightarrow} NaHSO_4 + HNO_3\uparrow$$

工业上生产的 HNO_3 主要采用氨氧化法。其主要步骤为：

① 氨氧化制取 NO。将含 NH_3 约 11% 的 NH_3 和空气混合物通过铂铑合金制成的网，高温下将 NH_3 氧化为 NO：

$$4NH_3 + 5O_2 \xrightarrow[800℃]{Pt-Ph} 4NO + 6H_2O$$

② 氧化 NO 为 NO_2。将 NO 冷却至 20～25℃，再用空气将其氧化：

$$2NO + O_2 \longrightarrow 2NO_2$$

③ 用水或稀硝酸吸收 NO_2。

$$3NO_2 + H_2O \longrightarrow 2HNO_3 + NO$$

吸收反应中，尚有 1/3 的 NO_2 转化成了 NO，这部分 NO 再氧化、再吸收，多次反复，使 NO_2 较完全地转化为 HNO_3。NO_2 吸收的总反应方程式为：

$$4NO_2 + O_2 + 2H_2O \longrightarrow 4HNO_3$$

为了保护环境，防止污染，生产过程中少量未被吸收的 NO_2 和 NO 可用碱液吸收。

$$NO + NO_2 + 2NaOH \longrightarrow 2NaNO_2 + H_2O$$

这样既消除了公害，又获得了副产物 $NaNO_2$。

用上述方法制得的 HNO_3 质量分数一般为 50% 左右，若将其加入脱水剂浓 H_2SO_4 共热，并使挥发出来的气体冷凝，即可得到浓 HNO_3。

2. 硝酸盐

由金属或金属氧化物与 HNO_3 作用可制得硝酸盐。

硝酸盐大多为无色晶体。几乎所有的硝酸盐都易溶于水，其水溶液一般没有氧化性。

固体硝酸盐热稳定性较差，加热能发生分解反应，放出氧气。故高温时固体或熔态硝酸盐的氧化性很强。

硝酸盐的热分解产物与成盐金属的活泼性有关，因金属活泼性不同而分为三类。

① 比镁活泼的金属的硝酸盐，受热分解时放出氧气，并生成亚硝酸盐。例如：

$$2NaNO_3 \xrightarrow{\triangle} 2NaNO_2 + O_2\uparrow$$

② 活泼性介于镁和铜之间的金属的硝酸盐受热分解时放出氧气，生成的亚硝酸盐不稳定，继续分解为 NO_2 和金属氧化物。例如：

$$2Pb(NO_3)_2 \xrightarrow{\triangle} 2PbO + 4NO_2\uparrow + O_2\uparrow$$

$$2Cu(NO_3)_2 \xrightarrow{\triangle} 2CuO + 4NO_2\uparrow + O_2\uparrow$$

③ 活泼性在铜以后的金属的硝酸盐，受热分解时，其亚硝酸盐和氧化物均不稳定，除放出氧气外，还生成 NO_2 和金属单质。例如：

$$2AgNO_3 \xrightarrow{\triangle} 2Ag + 2NO_2\uparrow + O_2\uparrow$$

我国古代的伟大发明之一——黑火药是由 KNO_3（75%）、S（10%）、木炭（15%）组成的。黑火药的燃烧反应很复杂，主要是由于 KNO_3 在高温下的强氧化性，氧化易燃的木炭和硫，生成 N_2、CO_2、CO 及少量 SO_2 气体，K_2S、K_2CO_3 及 K_2SO_4 等固体。主要反应综合如下：

$$2KNO_3 + S + 3C \xrightarrow{\triangle} K_2S + N_2 + 3CO_2 + Q$$

由于燃烧反应剧烈，同时产生大量的热，使生成的气体体积骤然膨胀，达到原来火药体积的 2000 倍以上，即发生爆炸。

五、磷的含氧酸

磷的氧化物有 P_2O_5 和 P_2O_3 两种。磷燃烧时生成 P_2O_5，若 O_2 供应不足则生成 P_2O_3。P_2O_3 和 P_2O_5 对应的水化物就是磷的含氧酸。

1. 亚磷酸

P_2O_3 与冷水反应、磷与溴水共煮或 PCl_3 水解都能生成亚磷酸（H_3PO_3）溶液。

$$P_2O_3 + 3H_2O \longrightarrow 2H_3PO_3$$
$$2P + 3Br_2 + 6H_2O \longrightarrow 2H_3PO_3 + 6HBr$$
$$PCl_3 + 3H_2O \longrightarrow H_3PO_3 + 3HCl$$

H_3PO_3 是无色晶体，易溶于水。H_3PO_3 为二元中强酸，K_{a1} 为 1.0×10^{-2}，K_{a2} 为 2.6×10^{-7}。H_3PO_3 分子中有一个 H 原子是与 P 原子直接相结合的，其结构式为：

$$\begin{array}{c} H \\ | \\ HO-P-OH \\ | \\ O \end{array}$$

H_3PO_3 有其对应的正盐和酸式盐。如 Na_2HPO_3 是正盐，NaH_2PO_3 是酸式盐。

H_3PO_3 及其盐是强还原剂，也是弱氧化剂。

2. 磷酸

磷的含氧酸中以磷酸为最稳定，P_2O_5 与水作用时，根据加合水分子数目的不同，可以生成几种主要的磷的含氧酸：

$$P_2O_5 + H_2O \longrightarrow 2HPO_3（偏磷酸）$$
$$3P_2O_5 + 5H_2O \longrightarrow 2H_5P_3O_{10}（三磷酸）$$
$$P_2O_5 + 2H_2O \longrightarrow H_4P_2O_7（焦磷酸）$$
$$P_2O_5 + 3H_2O \longrightarrow 2H_3PO_4（正磷酸）$$

从上面方程式看，正磷酸（通常称磷酸）含水最多。

正磷酸是磷酸中最重要的一种。它可以用水吸收磷燃烧后生成的 P_2O_5 而制得：

$$4P + 5O_2 \longrightarrow 2P_2O_5$$
$$P_2O_5 + 3H_2O \longrightarrow 2H_3PO_4$$

也可以用 HNO_3 氧化磷单质来制备：

$$3P + 5HNO_3 + 2H_2O \xrightarrow{\triangle} 3H_3PO_4 + 5NO\uparrow$$

工业上主要用硫酸分解磷灰石来制取：

$$Ca_3(PO_4)_2 + 3H_2SO_4 \longrightarrow 3CaSO_4\downarrow + 2H_3PO_4$$

正磷酸简称磷酸。纯净的 H_3PO_4 为无色透明的晶体，它不能形成水合物，但极易溶于水，能与水以任意比互溶。商品 H_3PO_4 是无色黏稠状的浓溶液，质量分数为 $83\% \sim 98\%$。H_3PO_4 为三元中强酸。

磷酸用于制取磷酸盐和磷肥，可作硬水软化剂、金属抗蚀剂，也用于有机合成和医药工业。它也是常用的化学试剂。

六、磷酸盐

磷酸盐指的是正磷酸盐。H_3PO_4 是三元酸，可形成三种类型的盐，两种酸式盐和一种正盐。例如：

磷酸二氢盐	NaH_2PO_4	$Ca(H_2PO_4)_2$
磷酸一氢盐	Na_2HPO_4	$CaHPO_4$
磷酸盐	Na_3PO_4	$Ca_3(PO_4)_2$

磷酸二氢盐大都易溶于水，而磷酸一氢盐和磷酸的正盐除碱金属盐和铵盐外，几乎都难溶于水。酸式盐遇碱可转化为正盐。许多正盐虽难溶于水，但能溶于酸，这是由于正盐遇酸已转化为易溶于水的二氢盐了。

磷酸盐中最重要的是钙盐。在自然界中，$Ca_3(PO_4)_2$ 除大量存在于磷灰石和纤核磷灰石中之外，也少量存在于土壤中，它是植物生长和动物生活不可缺少的物质。工业上利用天然 $Ca_3(PO_4)_2$ 生产磷肥，其反应如下。

$$Ca_3(PO_4)_2 + 2H_2SO_4 + 4H_2O \longrightarrow Ca(H_2PO_4)_2 + 2CaSO_4 \cdot 2H_2O$$

得到的 $Ca(H_2PO_4)_2$ 和 $CaSO_4$ 的混合物称为过磷酸钙。过磷酸钙是常用的化肥，制法简单，其中的磷易被植物吸收。但因含大量石膏，肥效较低（含 P_2O_5 约 18% 左右）。比较纯净的 $Ca(H_2PO_4)_2$ 叫重过磷酸钙，是一种高效磷肥（含 P_2O_5 40%～50%），它是由工业磷酸与磷酸钙作用而制得。

$$Ca_3(PO_4)_2 + 4H_3PO_4 \overset{\triangle}{\longrightarrow} 3Ca(H_2PO_4)_2$$

应该注意的是这些磷肥不能和消石灰、草木灰等碱性物质混合施用，因为会生成难溶性的磷酸盐而降低肥效。

$$Ca(H_2PO_4)_2 + 2Ca(OH)_2 \longrightarrow Ca_3(PO_4)_2 \downarrow + 4H_2O$$

【演示实验 11-2】 在试管中加入 1mL 0.1mol/L Na_3PO_4 溶液，再滴加 0.1mol/L $AgNO_3$ 溶液。

在两支试管中分别加入 1mL 0.1mol/L Na_2HPO_4 溶液和 NaH_2PO_4 溶液，再各滴加 3～5 滴 0.1mol/L NaOH 溶液，然后各滴入 0.1mol/L $AgNO_3$ 溶液。

加硝酸银于任何正磷酸盐溶液中均得到磷酸银黄色沉淀。

$$Na_3PO_4 + 3AgNO_3 \longrightarrow Ag_3PO_4 \downarrow + 3NaNO_3$$

这是鉴定 PO_4^{3-} 的方法之一。酸式盐可加入适量 NaOH 溶液让 PO_4^{3-} 释放出来。

碱金属的磷酸正盐和酸式盐溶液，由于水解和电离情况不同而显示不同的酸碱性。

正盐在溶液中因 PO_4^{3-} 水解溶液显较强的碱性。

$$PO_4^{3-} + H_2O \Longrightarrow HPO_4^{2-} + OH^-$$

磷酸一氢盐因 HPO_4^{2-} 水解趋势占主导而溶液显微弱碱性。

$$\left.\begin{array}{l} HPO_4^{2-} + H_2O \Longrightarrow H_2PO_4^- + OH^- \\ HPO_4^{2-} \Longrightarrow H^+ + PO_4^{3-} \end{array}\right\} pH = 9 \sim 10$$

磷酸二氢盐因电离趋势较水解趋势显著而溶液显微弱酸性。

$$H_2PO_4^- \rightleftharpoons H^+ + HPO_4^{2-}$$
$$H_2PO_4^- + H_2O \rightleftharpoons H_3PO_4 + OH^-$$
$$\left.\right\} pH = 4 \sim 5$$

*七、砷、锑、铋的盐

砷、锑、铋难形成 +5 价态的盐，但可形成 +3 价态的盐。如 $AsCl_3$、$Sb_2(SO_4)_3$、$Bi_2(SO_4)_3$、$Bi(NO_3)_3$ 等。这些盐均易水解，大多生成碱式盐。例如：

$$Sb_2(SO_4)_3 + 2H_2O \rightleftharpoons (SbO)_2SO_4 \downarrow + 2H_2SO_4$$

$$Bi(NO_3)_3 + H_2O \rightleftharpoons BiONO_3 \downarrow + 2HNO_3$$

$$AsCl_3 + 3H_2O \rightleftharpoons H_3AsO_3 + 3HCl$$

$$SbCl_3 + 2H_2O \rightleftharpoons Sb(OH)_2Cl + 2HCl$$
$$\quad\quad\quad\quad\quad\quad\quad\quad \longrightarrow SbOCl \downarrow + H_2O$$

配制这类盐溶液时，须将其晶体先溶于相应的酸中，再以水稀释。

砷、锑、铋都能以稳定的硫化物存在于自然界，如黄色的 As_2S_3 和 As_2S_5，橘红色的 Sb_2S_3 和 Sb_2S_5，黑色的 Bi_2S_3。通 H_2S（或加 Na_2S）于砷、锑、铋盐溶液可得到相应的硫化物，它们均难溶于水和稀酸。

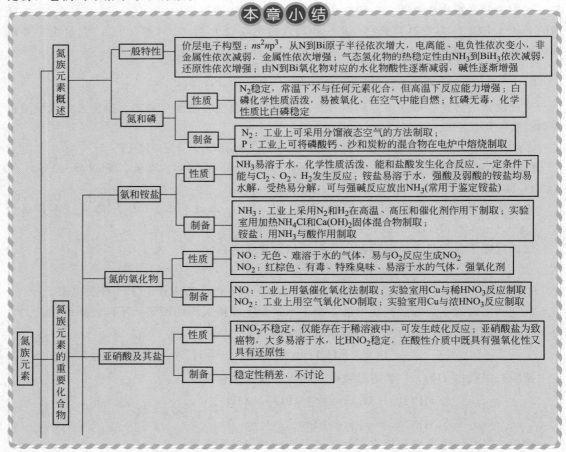

本章小结

| | | | 价层电子构型：ns^2np^3，从N到Bi原子半径依次增大，电离能、电负性依次变小，非金属性依次减弱，金属性依次增强；气态氢化物的热稳定性由NH₃到BiH₃依次减弱，还原性依次增强；由N到Bi氧化物对应的水化物酸性逐渐减弱，碱性逐渐增强 |

氮族元素概述 — 一般特性

氮和磷 — 性质：N₂稳定，常温下不与任何元素化合，但高温下反应能力增强；白磷化学性质活泼，易被氧化，在空气中能自燃；红磷无毒，化学性质比白磷稳定

制备：N₂：工业上可采用分馏液态空气的方法制取；P：工业上可将磷酸钙、沙和炭粉的混合物在电炉中熔烧制取

氮族元素的重要化合物 — 氨和铵盐 — 性质：NH₃易溶于水，化学性质活泼，能和盐酸发生化合反应，一定条件下能与Cl₂、O₂、H₂发生反应；铵盐易溶于水，强酸及弱酸的铵盐均易水解，受热易分解，可与强碱反应放出NH₃(常用于鉴定铵盐)

制备：NH₃：工业上采用N₂和H₂在高温、高压和催化剂作用下制取；实验室用加热NH₄Cl和Ca(OH)₂固体混合物制取；铵盐：用NH₃与酸作用制取

氮的氧化物 — 性质：NO：无色、难溶于水的气体，易与O₂反应生成NO₂；NO₂：红棕色、有毒、特殊臭味、易溶于水的气体，强氧化剂

制备：NO：工业上用氨催化氧化法制取；实验室用Cu与稀HNO₃反应制取；NO₂：工业上用空气氧化NO制取；实验室用Cu与浓HNO₃反应制取

亚硝酸及其盐 — 性质：HNO₂不稳定，仅能存在于稀溶液中，可发生歧化反应；亚硝酸盐为致癌物，大多易溶于水，比HNO₂稳定，在酸性介质中既具有强氧化性又具有还原性

制备：稳定性稍差，不讨论

氮族元素

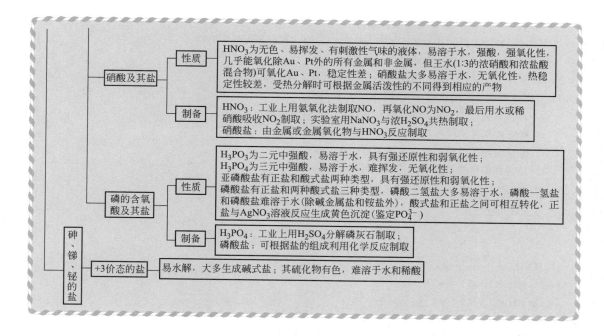

1. 填空题

(1) 氮族元素包括_____、_____、_____、_____、_____、_____六种元素。

(2) 常温下，NH_3 是 _____ 色的、有 _____ 气味的气体，_____ 液化，_____ 溶于水。

(3) 冷的浓 HNO_3 对 Fe、Cr、Al 等金属有 _____ 作用，是因为表面生成 _____。

(4) 王水是 _____ 的混合物，它能溶解 _____。

(5) 在磷酸盐溶液中加入 _____ 能生成 _____ 色沉淀，这是鉴定 PO_4^{3-} 的方法之一。

2. 选择题

(1) 起固氮作用的化学反应是（_____）。

    A. 氮气与氢气在一定条件下反应生成氨气

    B. 一氧化氮与氧气反应生成二氧化氮

    C. 氨气经催化氧化生成一氧化氮

    D. 由氨气制碳酸氢铵和硫酸铵

(2) 下列有关氨的叙述中，正确的是（_____）。

    A. 氨气极易溶于水，故只能用向上排空气法收集

    B. 氯化铵受热易分解，故可用加热氯化铵固体的方法制取氨气

    C. 氨气是一种重要的化工产品，工业上用氮气和氢气合成氨气

    D. 检验氨气可用湿润的蓝色石蕊试纸接近产生气体的导管口，观察试纸颜色变化

(3) 关于氨的下列叙述中，不正确的是（_____）。

    A. 液氨是纯净物

    B. 实验室制氨气的方法是加热 NH_4Cl

    C. 氨易液化，可用作制冷剂

    D. 氨极易溶于水，因此可用来做喷泉实验

(4) 下列有关 NO_2 的说法正确的是（_____）。

A. NO_2 可由 N_2 与 O_2 反应直接制备

B. NO_2 有毒，但因其易溶于水且与水反应，因此不属于大气污染物

C. NO_2 既有氧化性也有还原性

D. NO_2 为红棕色气体，因此将 NO_2 通入水中，溶液显红棕色

(5) 对于硫酸和硝酸的比较，下列叙述不正确的是（　　）。

A. 冷的浓硫酸和浓硝酸都可以用铝制、铁制容器盛装

B. 稀硫酸和稀硝酸都具有氧化性

C. 浓硫酸和浓硝酸都具有很强的腐蚀性、脱水性

D. 硫酸和硝酸都是重要的化工原料

3. 完成下列反应方程式

(1) $Mg + N_2 \xrightarrow{\text{燃烧}}$

(2) $NH_4Cl + Ca(OH)_2 \xrightarrow{\triangle}$

(3) $HNO_3 \xrightarrow{\text{加热或光照}}$

(4) $Cu + HNO_3（浓）\longrightarrow$

(5) $Cu + HNO_3（稀）\longrightarrow$

4. 简答题

(1) 写出工业上用氨氧化法制 HNO_3 的主要反应方程式。

(2) 铵态氮肥和过磷酸钙为什么不宜与草木灰、消石灰混合施用？

(3) 如何配制 $SbCl_3$ 溶液和 $Bi(NO_3)_3$ 溶液？

5. 计算题

(1) 350 体积标准状况下的 NH_3 溶解在 1 体积的水里，这种氨水的质量分数是多少？所得氨水的密度为 $0.924g/cm^3$，求其浓度。

(2) 3.5mol/L 稀 HNO_3 溶液 50mL 与足量的铜起反应，能生成多少克 $Cu(NO_3)_2$？生成的 NO 在标准状况下的体积是多少升？

(3) 求密度为 $1.38g/cm^3$、质量分数为 62% 的 HNO_3 溶液的浓度。若将这种浓 HNO_3 100mL 稀释至 500mL，其浓度是多少？

(4) 将 1g Cu-Ag 合金用 HNO_3 溶解后，再加入过量 NaCl 溶液，得白色沉淀 0.35g。求合金中铜和银的百分含量。

(5) 将 500mL 2.4mol/L H_3PO_4 溶液中的 H_3PO_4 全部转化为 Na_3PO_4，需 3mol/L NaOH 溶液多少毫升？

📋 **阅读材料**

再说氮族元素

氮是瑞典化学家社勒于 1771 年发现的。由于 N_2 在通常情况下化学性质很不活泼，既不助燃，也不能帮助呼吸。因此，社勒当初将其命名为"无用的空气"。但随着社会的前进、科学的发展，氮有了越来越广泛的用途。氮是合成氨的原料，而氨是制化肥、炸药、硝酸的原料；氮也是染料和药物工业的主要元素。

在灯泡里灌进 N_2 可以减慢钨丝的挥发速度。博物馆里的名贵字画、书卷也可保存在充满 N_2 的圆筒里防虫蛀和氧化。早年间医治肺结核病人的人工气胸术就是把 N_2 压入病人的胸腔以压缩病肺让其休息。还可以应用真空充氮的方法来保存粮食。

氮被誉为生命的基础。一切生命现象都离不开蛋白质，而氮就是蛋白质的重要成分。

磷是德国炼金专家勃兰德于 1669 年发现的。据希腊文的原意，磷是"鬼火"的意思。

人体里有不少磷，据测定约有 1000g 左右。磷在人体里均以化合物的形式存在。如含磷最多的骨头，其主要成分便是磷酸钙。人和动物死后，尸体腐烂时，体内所含的磷被分解，形成磷化氢气体冒出。其中一种叫联膦的磷化氢在空气中能自燃，发出淡绿色或浅蓝色的光。这便是人们在夏天的晚上看到的从坟地或荒野里冒出来的令人毛骨悚然的绿幽幽的"鬼火"。

把金属制品浸入磷酸和磷酸锰的溶液中，可在金属表面形成一层牢固的磷化层，它可保护金属不致生锈。

磷在军事上是制造烟幕弹的原料。把白磷装在炮弹里，发射后，白磷燃烧产生大量白色小颗粒——五氧化二磷，像浓雾那样，阻挡了对方的视线。

砷是德国炼丹家阿尔别尔特·玛卡诺斯于 1250 年制得的。在古代，炼金家们用毒蛇作为代表砷的符号，因为砷的化合物都是有毒的。我们常听说的一种叫做砒霜的物质就是砷的一种重要化合物——三氧化二砷。我国有句成语叫"饮鸩止渴"，意即自寻死亡，这鸩酒便是放了砒霜的酒。

我国劳动人民早在四千多年前就知道一种叫雄黄的物质了。我国的广西、云南、四川盛产雄黄。雄黄是一种橘黄色的粉末，我国古代的炼丹家曾把它作为炼制"长生不老"之丹的原料。雄黄中的主要化学成分是硫化砷。我国民间有一种习俗，常在酒中放些雄黄制成所谓雄黄酒，用来杀菌、驱虫、驱蛇等。一些地方甚至在端午节时有喝雄黄酒、吃雄黄蛋的习惯，这就不太可取了。中医学认为，内服微量的雄黄可以治疗某些疾病和解疮毒，但切忌过量，因为雄黄是有毒的。

还有一种叫三硫化二砷的物质被称为雌黄。雌黄和雄黄都是重要的砷矿，它们常共生在一起。

锑是一种银灰色的金属，脆，易熔。锑有一种反常的特性——热缩冷胀。液态锑在降温凝固时，体积稍有膨胀。在利用铅字排版的印刷中制造铅字时，便往铅字合金里加入适量的锑。当熔化的铅字合金浇入铜模冷凝时，合金便稍有膨胀，使每个细小的笔画都清晰地凸出来。同时，加入锑能使铅字合金坚硬耐磨。

锑除了制造合金外，在医药上也有许多特殊的用途，许多疗效特殊的药物就是锑的有机化合物。特别值得一提的是我国医药工作者研制的治疗血吸虫病的"锑剂"，为治疗和彻底消灭血吸虫病做出了十分重要的贡献。

我国是世界上产锑最多的国家。也是世界上锑矿储量最丰富的国家。锑大量分布在湖南、广东、广西、云南、贵州、四川等省。湖南冷水江市的锡矿山是国内外闻名的锑都，近年来又探明广西河池的锡锑矿储量居全国第一。我国劳动人民很早就发现了锑矿，当时妇女们就用锑的化合物来描眉。明朝末年便开始在湖南开采锑矿。因所得的锑与锡具有相似的金属光泽，故误以为是锡，所以盛产锑的湖南冷水江的锡矿山便因此而得名，一直沿用至今。

铋是一种微显红色的、具有金属光泽的金属，性脆，易于粉碎。通常情况下金属铋稳定。铋不溶于非氧化性的酸，即使是冷的浓硫酸与铋也不发生作用，铋的最好溶剂是硝酸。加热时，铋可以发生燃烧反应生成黄色的三氧化二铋，铋也可以在 Cl_2 中燃烧，与溴和碘也可发生化合反应。

铋的一些合金熔点较低。如 Bi 50%、Pb 27%、Sn 13%、Cd 10% 的合金熔点仅为 60℃，这类合金多应用于自动灭火设备。

我们见得较多的铋的化合物是 +3 价态的铋盐和 +5 价态的铋酸钠（$NaBiO_3$）。铋盐易水解。铋的 +5 价态的化合物不稳定，很容易被还原为 +3 价态。这种处于第六周期元素的高价态不稳定的现象，称为"惰电子效应"。ⅢA 族的铊、ⅣA 族的铅也存在这种现象。由于惰电子效应，所以铋酸钠在酸性介质中是很强的氧化剂。

第十二章
氧族元素

 **学习目标**

知识目标：

1. 理解氧族元素的价电子层构型及性质递变规律；

2. 掌握臭氧和过氧化氢、硫和硫化氢、二氧化硫和亚硫酸及其盐、三氧化硫和硫酸及其盐的重要性质；

3. 了解硫化物的溶解性，硫的其他含氧酸及其盐的重要性质；

4. 了解工业制硫酸的反应原理。

能力目标：

1. 能根据硫及化合物的性质，对硫化物、亚硫酸盐和硫代硫酸盐进行鉴别；

2. 能正确书写氧族元素的重要化学反应方程式。

第一节　氧族元素的特性

一、价电子层构型

元素周期表ⅥA族包括氧（O）、硫（S）、硒（Se）、碲（Te）、钋（Po）、𫟷（Lv）六种元素，统称为氧族元素。

氧族元素的价电子结构等基本性质参数列于表 12-1 中。

表 12-1　氧族元素的基本性质

元　　素	氧(O)	硫(S)	硒(Se)	碲(Te)	钋(Po)
原子序数	8	16	34	52	84
价电子层构型	$2s^2 2p^4$	$3s^2 3p^4$	$4s^2 4p^4$	$5s^2 5p^4$	$6s^2 6p^4$
主要氧化数	-2	-2、$+4$、$+6$	-2、$+4$、$+6$	-2、$+4$、$+6$	$+4$、$+6$
原子半径/pm	66	104	117	137	146
电离能/(kJ/mol)	1314	999.6	940.6	869	818
电负性	3.5	2.5	2.4	2.1	2.0

二、性质递变

从表 12-1 可看出，氧族元素随着原子序数的增大，原子半径、电离能和电负性均呈现出规律性变化，其变化趋势和卤素及氮族元素相似。随着原子序数的增大，元素的电离能降低、电负性减小，本族元素从典型的非金属过渡到金属。氧和硫是典型的非金属；硒和碲与砷类似，虽为非金属却具有某些金属性质；钋为放射性元素，属于金属。可见，氧族元素的非金属性弱于卤素。

氧族元素中，最重要的是氧和硫。

第二节　氧、臭氧和过氧化氢

一、氧和臭氧

氧占地壳总量的 **48.6%**，其丰度居各元素之首。化合态的氧以水、氧化物和含氧酸盐形式存在；游离态氧约占空气总体积的 21%，它与生物的呼吸、物质的燃烧等过程都有密切的关系。

氧气（O_2）和臭氧（O_3）是氧的两种单质。

1. 氧和臭氧的相互转化

氧是活泼的非金属元素，但氧气分子的键能大（498kJ/mol），所以它比较稳定，在空气中能以游离 O_2 分子形式存在。在加热条件下，除卤素、少数贵金属（如 Au 和 Pt）和稀有气体外，氧几乎能和所有元素直接化合。

当电火花通过氧或空气时，会发出一种特殊的臭味，这是由于产生了一种新的气态物质——臭氧（O_3）。

臭氧（O_3）是氧（O_2）的同素异形体。它是由三个氧原子组成的单质分子。臭氧很不稳定。在常温下能缓慢地分解成氧，在 200℃ 以上迅速分解，并放出热量。两者相互转化的反应方程式如下：

$$3O_2 \underset{}{\overset{\text{电火花}}{\rightleftharpoons}} 2O_3$$

2. 臭氧的性质

臭氧是一种具有刺激性臭味的淡蓝色气体。臭氧较氧气易溶于水，这是因为臭氧是极性分子。臭氧不稳定，易分解。臭氧在物理性质及化学活泼性方面与氧气有较大的差别，见表 12-2。

表 12-2　氧气和臭氧性质的比较

性　　质	氧气（O_2）	臭氧（O_3）
气味	无味	腥臭味
颜色	气体无色,液体蓝色	气体淡蓝,液体深蓝色
熔点/℃	−219	−193
沸点/℃	−183	−112
溶解度(0℃)/(mL/L)	49	494
稳定性	较强	较差,易分解为 O_2
氧化性	强	很强
$\varphi^{\ominus}$/V	$O_2+4H^++4e \rightleftharpoons 2H_2O$ 1.23	$O_3+2H^++2e \rightleftharpoons H_2O+O_2$ 2.07

从上表所列数据可以看出，臭氧是一种很强的氧化剂，它的氧化能力比氧强得多。它可以将湿润的硫氧化成硫酸，将硫化铅氧化为硫酸铅，并能将碘化钾转化为碘。其反应为：

$$S + 3O_3 + H_2O \longrightarrow H_2SO_4 + 3O_2$$
$$PbS + 2O_3 \longrightarrow PbSO_4 + O_2$$
$$2I^- + O_3 + H_2O \longrightarrow I_2 + 2OH^- + O_2$$

可见，利用淀粉-碘化钾试纸可检验臭氧。

利用臭氧的强氧化性，工业上常将它用作油脂、蜡、纺织品以及淀粉的漂白剂、杀菌剂和饮水消毒剂。

二、过氧化氢的性质

纯的过氧化氢（H_2O_2）是一种无色黏稠液体。沸点 151℃，熔点 -1℃。0℃时液体的密度为 1.465g/mL。过氧化氢是极性分子，可以与水以任意比例混溶。过氧化氢的水溶液俗称双氧水，是电解质的良好溶剂。含 H_2O_2 30%～35% 的试剂和 3% 的稀溶液较为常用。过氧化氢分子中有过氧键（—O—O—），因此它表现出下列主要的性质。

1. 对热的不稳定性

过氧化氢分子中存在的过氧键（—O—O—）键能小，因此其稳定性较差，易分解。

【演示实验 12-1】 在盛有 4mL 3% H_2O_2 溶液的试管中，加入少量 MnO_2 粉末，H_2O_2 剧烈分解。产生的气体可使火柴余烬复燃。

$$2H_2O_2 \xrightarrow{MnO_2} 2H_2O + O_2\uparrow + 196kJ$$

上述反应为歧化反应，分解速率与存在的杂质有关。某些微量的重金属离子如 Fe^{2+}、Mn^{2+}、Cu^{2+}、Cr^{3+} 等存在时，加热、曝光或在碱性介质中都能加速其分解。因此，过氧化氢宜保存在棕色瓶中，并放置在暗处。加入某种稳定剂可抑制杂质的催化分解作用，使其趋于稳定。

2. 弱酸性

过氧化氢在水溶液中，可微弱地电离出 H^+：
$$H_2O_2 \Longrightarrow H^+ + HO_2^- \qquad K_1^{\ominus} = 1.6 \times 10^{-12}$$
故显弱酸性。它能和金属氢氧化物起反应生成金属过氧化物。如当 H_2O_2 与氢氧化钡溶液作用时，能析出过氧化钡沉淀。
$$Ba(OH)_2 + H_2O_2 \longrightarrow BaO_2\downarrow + 2H_2O$$
因此金属的过氧化物如 Na_2O_2、BaO_2 等，可看做过氧化氢的盐类。

3. 氧化还原性

过氧化氢分子中，氧的氧化数为 -1，处于中间价态，故 H_2O_2 既有氧化性又有还原性。其标准电极电势如下。

酸性溶液 $\qquad H_2O_2 + 2H^+ + 2e \Longrightarrow 2H_2O \qquad\qquad \varphi^{\ominus} = 1.77V$

$\qquad\qquad\qquad O_2 + 2H^+ + 2e \Longrightarrow H_2O_2 \qquad\qquad \varphi^{\ominus} = 0.682V$

碱性溶液 $\qquad HO_2^- + H_2O + 2e \Longrightarrow 3OH^- \qquad\qquad \varphi^{\ominus} = 0.88V$

$\qquad\qquad\qquad O_2 + H_2O + 2e \Longrightarrow HO_2^- + OH^- \qquad \varphi^{\ominus} = -0.076V$

可见，H_2O_2 是一种较强的氧化剂，在酸性溶液中尤为突出。

【演示实验 12-2】 在盛有 4mL 0.1mol/L KI 溶液的试管中，加 1mL 3mol/L H_2SO_4，再加入 2mL 3% H_2O_2 和 2 滴淀粉试液，观察溶液颜色的变化。

实验现象表明过氧化氢将 KI 氧化，析出的 I_2 使淀粉变蓝。反应方程式为：

$$2I^- + H_2O_2 + 2H^+ \longrightarrow I_2 + 2H_2O$$

此外，H_2O_2 的氧化作用还表现在下列反应中：

$$2Fe^{2+} + H_2O_2 + 2H^+ \longrightarrow 2Fe^{3+} + 2H_2O$$

$$PbS + 4H_2O_2 \longrightarrow PbSO_4 + 4H_2O$$

后一个反应能使黑色的 PbS 氧化成白色的 $PbSO_4$，可用于油画的漂白。

H_2O_2 的还原性较弱，只有遇到比它强的氧化剂时才能表现出来。

【演示实验 12-3】 在盛有 4mL 1% $KMnO_4$ 溶液的试管中，加 1mL 3mol/L H_2SO_4，再加入 2mL 3% H_2O_2，振荡试管，溶液红紫色褪去，并有气泡产生。其离子方程式为：

$$2MnO_4^- + 5H_2O_2 + 6H^+ \longrightarrow 2Mn^{2+} + 5O_2\uparrow + 8H_2O$$

该反应可用来测定 H_2O_2 的含量。

此外，又如：

$$MnO_2 + H_2O_2 + 2H^+ \longrightarrow Mn^{2+} + O_2\uparrow + 2H_2O$$

$$Cl_2 + H_2O_2 \longrightarrow 2HCl + O_2\uparrow$$

前一个反应用于清洗附有 MnO_2 污迹的器皿；后一个反应用以除去氯。

过氧化氢是重要的氧化剂、漂白剂、消毒剂和脱氯剂。在化学工业中广泛用于制取无机或有机过氧化物及环氧化物。利用过氧化氢的强氧化性，用 3% 的 H_2O_2 作为消毒剂、脱臭剂和杀菌剂。在实验室中使用 30% 的 H_2O_2 作氧化剂。在轻纺工业中，常用 H_2O_2 漂白不宜用 Cl_2 漂白的物质。当做漂白剂时，其还原产物除 H_2O 和 OH^- 外，无其他杂质引入，对环境污染少，白色持久。所以 H_2O_2 广泛用于棉、毛、麻、合成纤维、纸浆、毛皮、油脂及革制品等的漂白。H_2O_2 还可用于半导体的清洗以及食品的漂白和防腐，金属电镀液的处理，以及用作泡沫橡胶和多孔建筑材料的发泡剂。高浓度的 H_2O_2 可用作火箭燃料和氧源。此外，H_2O_2 可用于污水处理，对含氰废水、含亚硝酸盐废水具有解毒作用。浓度高于 27% 的 H_2O_2 溶液如果与皮肤接触，有灼热痛感，且会使皮肤发白，因此使用时要小心。

练一练

写出 H_2O_2 在酸性介质中分别与 $KMnO_4$ 和 KI 反应的方程式。

第三节 硫、硫化氢及硫化物

一、硫

硫在自然界分布很广，以游离态和化合态存在。游离态的硫存在于火山喷口附近或地壳的岩层里。硫的天然化合物主要有金属硫化物和硫酸盐两类。金属硫化物如黄铁矿（FeS_2）、方铅矿（PbS）、黄铜矿（$CuFeS_2$）、闪锌矿（ZnS）等。硫酸盐如石膏（$CaSO_4 \cdot 2H_2O$）、芒硝（$Na_2SO_4 \cdot 10H_2O$）等。

1. 硫的性质

（1）硫的物理性质 单质硫又称硫黄，是一种淡黄色晶体，质脆，密度是水的两倍。硫不溶于水，微溶于乙醇，易溶于二硫化碳。硫在 112.7℃熔化，444.5℃沸腾变为黄色蒸气，若急速冷却可得到黄色粉末，叫做硫华。

硫有多种同素异形体，重要的有斜方硫、单斜硫、弹性硫三种。这三种硫单质的部分性质和制法见表 12-3。

表 12-3　三种硫单质的性质

硫单质名称	性　状	熔点/℃	制　　　　法
斜方硫	菱形晶体	112.7	可由蒸发硫的二硫化碳溶液制得
单斜硫	针状晶体	119	可由熔化的硫慢慢冷却制得
弹性硫	无定形	—	可由加热到190℃熔融的硫倒入冷水中急剧冷却制得

（2）硫的化学性质　硫的化学性质较活泼，和氧相似，它能和许多金属和非金属发生反应。

① 硫和氢及金属生成硫化物的反应表现出硫的氧化性。硫蒸气能和氢气直接化合成硫化氢，H_2S 在高温下易分解。

$$H_2 + S \xrightarrow{\triangle} H_2S + 21kJ$$

硫能和除金、铂以外的各种金属直接化合，生成金属硫化物，并放出热量。例如，硫和铝加热时猛烈地反应并发出光亮。

$$2Al + 3S \xrightarrow{\triangle} Al_2S_3 + 590kJ$$

高温下硫和铁反应，只能得到硫化亚铁。这说明硫的氧化能力比氧和同周期的氯要差些。

$$Fe + S \xrightarrow{\triangle} FeS$$

用湿布蘸硫粉擦拭银器，在表面上可生成黑色的硫化银薄层。

$$2Ag + S \longrightarrow Ag_2S$$

② 硫和氧等的反应表现出硫的还原性。硫与一些电负性大的非金属共价结合时，常生成 +4 价和 +6 价的化合物。例如，硫在氧中燃烧生成二氧化硫；硫在常温下和氟反应，生成六氟化硫。在这些反应中，硫显示还原性。

$$S + O_2 \xrightarrow{点燃} SO_2$$
$$S + 3F_2 \longrightarrow SF_6$$

2. 硫的用途

硫在工业上用来制造硫酸、硫化橡胶、黑火药、硫化物等，农业上用作杀虫剂。医药上用硫黄软膏治疗皮肤病。

二、硫化氢

天然硫化氢存在于火山喷口的气体中和某些矿泉中，蛋白质腐烂以及某些含硫物质受热分解时也逸出硫化氢。在精炼石油时也有大量硫化氢逸出，造成大气污染。

1. 硫化氢的制备

实验室里通常用稀硫酸或稀盐酸与硫化亚铁反应制取硫化氢。为了控制气体的发生常在启普发生器中进行反应。其实验装置如图 12-1。

$$FeS + H_2SO_4（稀）\longrightarrow FeSO_4 + H_2S\uparrow$$
$$FeS + 2HCl（稀）\longrightarrow FeCl_2 + H_2S\uparrow$$

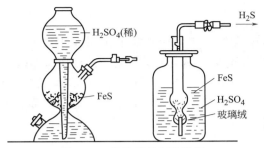

图 12-1　硫化氢的制取装置

2. 硫化氢的性质

硫化氢是一种无色有特殊臭味（臭鸡蛋味）的气体，比空气略重。它是极性分子，可溶于水，在常温常压下，1 体积水能溶解 2.6 体积的硫化氢。

硫化氢气体有毒。空气中含量为 0.1% 时就会使人感到头痛、头晕和恶心，长时间吸入会使人昏迷，甚至死亡。因此制取或使用 H_2S 时必须在通风橱中进行。在工业生产中，空气中 H_2S 限量为 0.01mg/L。

硫化氢气体对热不太稳定，加热到 300℃ 以上会分解。

$$H_2S \xrightarrow{\triangle} H_2 + S$$

硫化氢是一种可燃气体。在空气中燃烧时，火焰呈淡蓝色。空气充足时生成二氧化硫和水；空气不足时生成硫单质和水。其反应式如下。

$$2H_2S + 3O_2（充足）\xrightarrow{点燃} 2SO_2 + 2H_2O$$

$$2H_2S + O_2（不足）\xrightarrow{\triangle} 2S\downarrow + 2H_2O$$

硫化氢水溶液由于与氧作用，很快析出硫单质而使溶液变浑。所以实际使用的硫化氢溶液必须是新配制的。

硫化氢具有还原性，是强还原剂。如果在一个集气瓶中使 H_2S 与 SO_2 两种气体充分混合，不久在瓶壁上就有黄色固体物质——硫生成。

$$2H_2S + SO_2 \longrightarrow 2H_2O + 3S\downarrow$$

工业上利用此反应从含 H_2S 废气中回收硫，同时避免 H_2S 污染环境。

硫化氢的水溶液称为氢硫酸，它是一种二元弱酸，可形成酸式盐和正盐。

$$H_2S + NaOH \longrightarrow NaHS + H_2O$$

$$H_2S + 2NaOH \longrightarrow Na_2S + 2H_2O$$

氢硫酸与硫化氢一样，具有较强的还原性，其标准电极电势为：

$$S + 2H^+ + 2e \Longrightarrow H_2S \qquad \varphi^{\ominus} = 0.14V$$

因此，氢硫酸中 S^{2-} 不仅能被氧化成单质硫（S），遇强氧化剂时还能将它氧化成氧化态为 +4 或 +6 的化合物。例如：

$$I_2 + H_2S \longrightarrow S + 2HI$$

$$3H_2SO_4（浓）+ H_2S \longrightarrow 4SO_2 + 4H_2O$$

$$4Cl_2 + H_2S + 4H_2O \longrightarrow H_2SO_4 + 8HCl$$

氢硫酸不稳定，在受热时，H_2S 又从水溶液中逸出。氢硫酸还能和许多盐类作用，生成相应的金属硫化物。

三、硫化物的溶解性

硫化物通常是指金属硫化物。工业中常见的金属硫化物不下二十种，它们有广泛的用途。硫化钠（Na_2S）在工业上称为硫化碱，价格比较便宜，常代替氢氧化钠作为碱使用，也是硫化染料的重要原料。ZnS、CdS 是荧光物质的基本原料。其他如 BaS、CaS、PbS、HgS 等在颜料、染料、医药、焰火、橡胶及半导体工业等方面各有应用。硫化物的性质中比较重要的就是其溶解性。

1. 溶解性

氢硫酸的酸式盐一般易溶于水，而正盐即金属硫化物却大多难溶于水，但有的能溶于酸，根据这种情况可以将它们大致分为三类：

① 可溶于水的硫化物。如铵、碱金属和碱土金属的硫化物，它们溶解在水中并发生水解。

② 不溶于水，也难溶于稀酸的硫化物。如 CdS、Sb_2S_3、CuS、Ag_2S 等。在该类金属盐溶液中通入 H_2S 即可得到相应的金属硫化物沉淀。

③ 难溶于水，但能溶于稀酸的硫化物。如 MnS、CrS、FeS、CoS、ZnS 等。该类硫化物可通过 Na_2S 或 $(NH_4)_2S$ 等可溶性氢硫酸盐与相应的金属盐反应来制备。

【演示实验 12-4】　在盛有 5mL 0.1mol/L $MnCl_2$ 溶液的试管中，逐滴加入 1mol/L Na_2S 溶液，观察 MnS 沉淀的生成。再往试管中滴加 3mol/L HCl，振荡，观察沉淀的溶解。用醋酸铅试纸检验 H_2S 的逸出。

有关反应用离子方程式表示如下。

$$Mn^{2+} + S^{2-} \longrightarrow MnS \downarrow$$
$$MnS + 2H^+ \longrightarrow Mn^{2+} + H_2S$$
$$Pb(Ac)_2 + H_2S \longrightarrow 2HAc + PbS \downarrow$$

硫化物的溶解性，再加上其特征的颜色，这些性质在分析化学中常用于金属离子的鉴定和分离。部分金属硫化物的颜色和溶解性可参见表 12-4。

表 12-4　部分金属硫化物的颜色和溶解性

硫　化　物	化　学　式	颜　　色	水中溶解性	稀酸[①]中溶解性	溶度积 K_{sp}
硫化钠	Na_2S	白色	易溶	易溶	易溶
硫化亚铁	FeS	黑色	不溶	易溶	6.3×10^{-18}
硫化锰	MnS	肉粉色	不溶	易溶	2.5×10^{-13}
硫化锌	ZnS	白色	不溶	易溶	2.5×10^{-22}
硫化镉	CdS	黄色	不溶	不溶	8.0×10^{-27}
硫化铅	PbS	黑色	不溶	不溶	8.0×10^{-28}
硫化亚锡	SnS	暗棕色	不溶	不溶	1.0×10^{-25}
硫化锑	Sb_2S_3	橙红色	不溶	不溶	2.9×10^{-59}
硫化铜	CuS	黑色	不溶	不溶	6.3×10^{-36}
硫化银	Ag_2S	黑色	不溶	不溶	6.3×10^{-50}
硫化汞	HgS	黑色	不溶	不溶	1.6×10^{-52}

① 一般指 0.3mol/L HCl 溶液。

2. 水解性

由于氢硫酸是弱酸，故其硫化物都有不同程度的水解性。许多硫化物由于溶解度小，水解作用显示不出来。但是几种易溶于水的硫化物（如 Na_2S）或难溶于水却易溶于酸的硫化物（如 Al_2S_3）的水解作用则相当显著，必须引起注意。Na_2S 和 Al_2S_3 的水解反应如下。

$$Na_2S + H_2O \rightleftharpoons NaHS + NaOH$$

$$Al_2S_3 + 6H_2O \longrightarrow 2Al(OH)_3 + 3H_2S\uparrow$$

据计算，$0.1mol/L$ Na_2S 溶液的水解度为 99%，此溶液的 pH 高达 13，超过相同浓度的 Na_2CO_3 溶液，故工业上常将它作为碱使用。Al_2S_3 遇水则完全水解，Cr_2S_3 也同样如此，这类化合物只能用"干法"合成。

第四节　硫的含氧化合物

一、二氧化硫、亚硫酸及其盐

1. 二氧化硫

（1）二氧化硫的制法　工业上常用煅烧金属硫化物的方法来制取二氧化硫。

$$4FeS_2 + 11O_2 \xrightarrow{\text{焙烧}} 2Fe_2O_3 + 8SO_2 + 3412kJ$$

实验室里常用亚硫酸盐与硫酸或盐酸复分解来制取二氧化硫。例如：

$$Na_2SO_3 + H_2SO_4 \longrightarrow Na_2SO_4 + SO_2\uparrow + H_2O$$

（2）二氧化硫的性质　二氧化硫是无色、有刺激性气味的气体。它是极性分子。SO_2 易液化，液态二氧化硫是一种很好的溶剂。CCl_4、$SnCl_4$、$SiCl_4$、$TiCl_4$、醇、酯类、酮类和醛类等都可溶于液态二氧化硫中。

二氧化硫易溶于水。常温常压下，1 体积水约可溶 40 体积的 SO_2，相当于质量分数 10% 的溶液。

二氧化硫气体有毒，会污染大气，还会直接伤害农作物。环境指标规定大气中 SO_2 含量不得超过 $0.10mg/m^3$。

二氧化硫溶于水，即生成亚硫酸，因此，它又被称为亚硫酐。

$$SO_2 + H_2O \longrightarrow H_2SO_3$$

二氧化硫中硫的氧化数为 $+4$，这是硫的中间氧化态。所以它既有氧化性又有还原性，但以还原性为主。这一点由有关电对的标准电极电势可清楚地看出：

$$H_2SO_3 + 4H^+ + 4e \rightleftharpoons S + 3H_2O \qquad \varphi^\ominus = 0.45V$$

$$SO_4^{2-} + 4H^+ + 2e \rightleftharpoons H_2SO_3 + H_2O \qquad \varphi^\ominus = 0.17V$$

二氧化硫作为还原剂的例子很多，例如，在酸性或中性溶液中，二氧化硫能将 MnO_4^-、Br_2 和 Cl_2 分别还原为 Mn^{2+}、Br^- 和 Cl^-，其氧化产物一般都是 SO_4^{2-}；在催化剂作用下，二氧化硫被空气氧化为三氧化硫。

$$2SO_2 + O_2 \xrightarrow[450℃]{V_2O_5} 2SO_3 + 196kJ$$

这是接触法生产硫酸的关键反应。

二氧化硫的氧化性只有当其遇到强还原剂时才显示出来，本身被还原为硫。例如：

$$2CO + SO_2 \xrightarrow[500℃]{\text{铝矾土}} S\downarrow + 2CO_2$$

从焦炉气中回收单质硫就是利用该反应。

（3）二氧化硫的用途　二氧化硫主要用来生产硫酸，也是制备亚硫酸盐的基本原料。

二氧化硫具有漂白某些有色物质的作用，常用来漂白纸浆、毛、丝、草帽等。但其漂白作用不持久，因为它的漂白作用机理是 SO_2 和有机色素化合成了无色加合物，而这种无色加合物不稳定，容易分解，所以漂白后的有色物质日久会逐渐恢复原来的颜色。例如将 SO_2 气体通入品红溶液，红色溶液即变为无色，但在加热煮沸后，溶液又会出现红色。

二氧化硫还有杀菌作用，可用于空气消毒剂和食品防腐剂的生产。

2. 亚硫酸（H_2SO_3）及其盐

亚硫酸是二元中强酸，分两步电离。

$$H_2SO_3 \rightleftharpoons H^+ + HSO_3^- \qquad K_1^\ominus = 1.3 \times 10^{-2}$$

$$HSO_3^- \rightleftharpoons H^+ + SO_3^{2-} \qquad K_2^\ominus = 6.3 \times 10^{-8}$$

亚硫酸具有酸类的通性，它不稳定，易分解为 SO_2 和 H_2O，游离的亚硫酸尚未制得。亚硫酸比亚硫酐更易被氧化，它在空气中逐渐被氧化成硫酸。因此，亚硫酸不宜长期保存。

亚硫酸和其酸酐一样，其中的硫为 +4 价，属于中间价态，也具有氧化、还原性。

亚硫酸是二元酸，因此可形成正盐和酸式盐。

亚硫酸盐中除碱金属亚硫酸盐的正盐外，其余几乎都不溶于水。酸式亚硫酸盐则大都能溶于水。在含有不溶性的正盐溶液中通入 SO_2 可使其转变为可溶性酸式盐。例如

$$CaSO_3 + SO_2 + H_2O \longrightarrow Ca(HSO_3)_2$$

亚硫酸盐或酸式亚硫酸盐都易被酸分解，逸出 SO_2。这也是实验室中制备少量 SO_2 的一种方法。

亚硫酸盐受热易分解，例如：

$$4Na_2SO_3 \xrightarrow{\triangle} 3Na_2SO_4 + Na_2S$$

亚硫酸盐溶液和二氧化硫一样具有还原性，容易被氧化成硫酸盐。例如：

$$2Na_2SO_3 + O_2 \longrightarrow 2Na_2SO_4$$

$$Na_2SO_3 + Cl_2 + H_2O \longrightarrow Na_2SO_4 + 2HCl$$

综上所述，三种四价硫的化合物的还原性强弱顺序依次为：

$$亚硫酸盐 > 亚硫酸 > 二氧化硫$$

亚硫酸盐遇到更强的还原剂时显示氧化性。例如它能将硫化物氧化为硫单质。

$$2H_2S + Na_2SO_3 + 2HCl \longrightarrow 3S\downarrow + 2NaCl + 3H_2O$$

亚硫酸盐是常用的化学试剂。在工业上也有重要的用途。亚硫酸钠是最重要的亚硫酸盐，它是白色晶体，广泛用于医学、照相、织物漂白、染料、鞣革、造纸等工业中。大量的亚硫酸氢钙用于造纸工业，它能溶解木材中的木质素，把纤维素分离出来制造纸浆。亚硫酸钠和亚硫酸氢钠除用于染料工业中，也用作漂白织物时的去氯剂；医药工业中用它们作抗氧剂，以保护药物的有效成分不被氧化。

二、三氧化硫、硫酸及其盐

1. 三氧化硫

（1）三氧化硫的制法

$$2SO_2 + O_2 \xrightarrow[450℃]{V_2O_5} 2SO_3 + 196kJ$$

工业上，三氧化硫是在催化剂存在下，由二氧化硫与氧合成制得的。

（2）三氧化硫的性质　三氧化硫是无色、易挥发的固体。熔点 **17℃**，沸点 **45℃**。

三氧化硫是一种强氧化剂。其分子中硫的氧化数已达到+6的最高值，因此它表现出强氧化性。例如，它在高温下能氧化碘化钾及锌和铁等金属，也能和非金属磷接触燃烧。其反应如下。

$$SO_3 + 2KI \longrightarrow K_2SO_3 + I_2$$

$$3SO_3 + 2Fe \longrightarrow Fe_2O_3 + 3SO_2$$

$$5SO_3 + 2P \longrightarrow P_2O_5 + 5SO_2$$

三氧化硫与水极易化合而生成硫酸，并放出大量的热。

$$SO_3 + H_2O \longrightarrow H_2SO_4 + 226kJ$$

剧烈的放热反应使硫酸形成难于收集的酸雾，所以工业上不直接用水来吸收 SO_3，而是用 **98%** 的浓硫酸来吸收 SO_3，制得含过量 SO_3 的发烟硫酸，然后再用 92.5% 的 H_2SO_4 来稀释发烟硫酸从而最终得到 98.3% 的商品硫酸。

2. 硫酸

（1）硫酸的性质　纯硫酸是无色透明、难挥发的油状液体。工业硫酸因含杂质而发浑或呈浅黄色。商品硫酸有含量为 92% 和 98% 两种规格，密度分别为 $1.82g/cm^3$ 和 $1.84g/cm^3$。

浓硫酸具有强烈的吸水性。因为浓硫酸溶于水时，能和水形成一系列稳定的水合物，如 $H_2SO_4 \cdot H_2O$，$H_2SO_4 \cdot 2H_2O$，$H_2SO_4 \cdot 4H_2O$ 等。浓硫酸在工业上和实验室中可用来作干燥剂，干燥一些不与其反应的气体，如氯气、氢气和二氧化碳气体等。

浓硫酸在吸水的同时放出大量的热，每摩尔硫酸与水作用成为无限稀释的溶液时，能放出 880kJ 的热量，从而使溶液温度猛然上升。故在稀释硫酸溶液时必须注意：只能把浓硫酸缓缓倒入水中，并不断地加以搅拌。切不可反过来，若将水注入浓硫酸中，会发生局部过热而暴沸，导致硫酸飞溅伤人的事故。

浓硫酸具有强烈的脱水性。浓硫酸不仅能吸收游离的水分，还能从含有氢和氧的有机物如糖、淀粉、纤维素分子中按 H_2O 的组成夺取水，使之炭化。例如：

$$C_{12}H_{22}O_{11} \xrightarrow{浓硫酸} 11H_2O + 12C$$

因此，浓硫酸能严重地破坏动植物组织，有强烈的腐蚀性，使用时要注意安全。万一不小心溅在皮肤上，立即用洁净的布或纸轻轻擦去，再用水冲洗；也可直接用大量水冲洗，然后用 2% 小苏打水或稀氨水冲洗。

浓硫酸具有强氧化性。浓硫酸分子中硫是以其最高氧化数+6存在的，因此表现出强氧化性。在加热的条件下，浓硫酸几乎能和所有的金属（金、铂除外）起反应。如：

$$Cu + 2H_2SO_4（浓）\xrightarrow{\triangle} CuSO_4 + 2H_2O + SO_2 \uparrow$$

浓硫酸与金属反应时，它的还原产物一般都是 SO_2，若遇活泼金属，会析出单质的 S，甚至会生成 H_2S，但不生成氢气。例如：

$$2Fe + 6H_2SO_4（浓）\xrightarrow{\triangle} Fe_2(SO_4)_3 + 3SO_2 \uparrow + 6H_2O$$

$$Mg + 2H_2SO_4（浓）\xrightarrow{\triangle} MgSO_4 + SO_2 \uparrow + 2H_2O$$

$$3Mg + 4H_2SO_4（浓）\xrightarrow{\triangle} 3MgSO_4 + S + 4H_2O$$

$$4Mg + 5H_2SO_4(\text{浓}) \xrightarrow{\triangle} 4MgSO_4 + H_2S\uparrow + 4H_2O$$

值得注意，冷的浓硫酸与一些活泼金属如铁、铝、铬等并无作用。这是由于金属表面生成了致密的氧化物薄膜，保护了内部金属不继续与酸作用，即所谓的"钝化"现象。因此浓硫酸常用铁罐储运。

浓硫酸在加热时还能氧化一些非金属。例如：

$$C + 2H_2SO_4(\text{浓}) \xrightarrow{\triangle} CO_2\uparrow + 2SO_2\uparrow + 2H_2O$$

硫酸具有酸性。硫酸是二元强酸，第一步完全电离，第二步电离并不完全，HSO_4^- 相当于中强酸。

$$H_2SO_4 \rightleftharpoons H^+ + HSO_4^-$$

$$HSO_4^- \rightleftharpoons H^+ + SO_4^{2-} \qquad K_2^\ominus = 1.2 \times 10^{-2}$$

稀硫酸具有酸的一切通性。它可以和碱性物质发生中和作用，也可以将金属活动性顺序表中位于氢以前的金属氧化，并放出氢气。可见，浓硫酸和稀硫酸的氧化机理不同，浓硫酸中起主导氧化作用的是正六价的硫，而稀硫酸中起主导氧化作用的是 H^+。

硫酸是一种高沸点难挥发的强酸，故可用来制取易挥发的盐酸、硝酸等。

（2）硫酸的用途　硫酸是化工生产中常用的"三酸"中最重要的一种，它是最重要的化工产品之一，属于最基本的化工原料。硫酸主要用于生产化肥，其次用于无机和有机化工、轻工、纺织、黑色及有色金属冶炼、石油、医药、国防军工等。工业上和实验室里常用浓硫酸作干燥剂，用来干燥 Cl_2、H_2、CO_2 等气体。此外，硫酸也是一种重要的化学试剂。

3. 硫酸盐

硫酸盐有正盐和酸式盐两类。

酸式硫酸盐大都溶于水。在正盐中，除 $CaSO_4$、$SrSO_4$、$PbSO_4$、Ag_2SO_4 不溶或微溶外，大多易溶于水。$BaSO_4$ 不仅不溶于水，也不溶于酸，借此性质可用于鉴定或分离 SO_4^{2-} 或 Ba^{2+}。

【演示实验 12-5】　在分别盛有 5mL 0.1mol/L 的 H_2SO_4、Na_2SO_4、Na_2CO_3 溶液的试管中，滴入 1mL 0.1mol/L 的 $BaCl_2$ 溶液，观察现象。然后向各试管滴加 1mol/L HCl 或 HNO_3 溶液，振荡试管，观察现象。

可以看到，加入 $BaCl_2$ 溶液后，三试管中均出现白色沉淀。硫酸和硫酸钠溶液中出现的是白色的硫酸钡沉淀；碳酸钠溶液中出现的则是白色碳酸钡沉淀。加酸后，碳酸钡溶解，而硫酸钡不溶。

$$Ba^{2+} + SO_4^{2-} \longrightarrow BaSO_4\downarrow$$

$$Ba^{2+} + CO_3^{2-} \longrightarrow BaCO_3\downarrow$$

$$BaCO_3 + 2H^+ \longrightarrow Ba^{2+} + CO_2\uparrow + H_2O$$

硫酸盐的热稳定性差别很大，其稳定性与成盐的金属离子有关。活泼金属的硫酸盐，例如 Na_2SO_4、K_2SO_4、$BaSO_4$ 等，在高温下仍是稳定的；较不活泼的金属硫酸盐，例如 $Al_2(SO_4)_3$，$Fe_2(SO_4)_3$，$CuSO_4$ 等，在高温下则分解为金属氧化物和硫酐；有些不活泼的金属氧化物对热也不稳定，则它们的硫酸盐受热分解时，最终产物是金属单质。例如：

$$Fe_2(SO_4)_3 \xrightarrow{\triangle} Fe_2O_3 + 3SO_3\uparrow$$

$$CuSO_4 \xrightarrow{\triangle} CuO + SO_3\uparrow$$

$$Ag_2SO_4 \xrightarrow{\triangle} Ag_2O + SO_3\uparrow$$

$$2Ag_2O \xrightarrow{\triangle} 4Ag + O_2 \uparrow$$

硫酸盐结晶多数带有结晶水。许多硫酸盐自溶液中析出的结晶都带有结晶水。含有结晶水的硫酸盐通常称为矾。如 $FeSO_4 \cdot 7H_2O$ 称绿矾，$CuSO_4 \cdot 5H_2O$ 称胆矾等。这些硫酸盐受热时，易失去部分或全部结晶水。故在制备这类无机盐的干燥过程中温度不宜高。上述两种带结晶水的盐都只能在室温下晾干。

硫酸盐容易形成复盐。例如，$K_2SO_4 \cdot Al_2(SO_4)_3 \cdot 24H_2O$（钾明矾）、$Na_2SO_4 \cdot Al_2(SO_4)_3 \cdot 24H_2O$（钠明矾）、$K_2SO_4 \cdot Cr_2(SO_4)_3 \cdot 24H_2O$（铬矾）以及 $(NH_4)_2SO_4 \cdot FeSO_4 \cdot 6H_2O$（莫尔盐）等都是常见的复盐，制备时通常由两种盐按比例直接合成。

* 三、硫的其他含氧酸及其盐

1. 焦硫酸（$H_2S_2O_7$）及其盐

冷却发烟硫酸可以得到焦硫酸。焦硫酸是一种无色的晶体，它可以看做是 2 个分子硫酸脱去部分水分子后的产物。焦硫酸的吸水性和腐蚀性比硫酸更强，和水作用生成硫酸。

$$H_2S_2O_7 + H_2O \longrightarrow 2H_2SO_4$$

加热焦硫酸，即分解为硫酸和三氧化硫。

$$H_2S_2O_7 \xrightarrow{\triangle} H_2SO_4 + SO_3 \uparrow$$

焦硫酸是一种比浓硫酸更强的氧化剂。

碱金属的酸式硫酸盐加热到熔点以上，可制得焦硫酸盐，再进一步加热，焦硫酸盐又可分解为硫酸盐和三氧化硫。

$$2KHSO_4 \xrightarrow{\triangle} K_2S_2O_7 + H_2O$$

$$K_2S_2O_7 \longrightarrow K_2SO_4 + SO_3 \uparrow$$

焦硫酸盐如焦硫酸钾可用作酸性熔剂。某些金属氧化物如 Al_2O_3、Cr_2O_3 既不溶于水，也不溶于酸、碱溶液，但可与焦硫酸钾共熔，生成可溶性的硫酸盐：

$$Al_2O_3 + 3K_2S_2O_7 \longrightarrow Al_2(SO_4)_3 + 3K_2SO_4$$

$$Cr_2O_3 + 3K_2S_2O_7 \longrightarrow Cr_2(SO_4)_3 + 3K_2SO_4$$

2. 硫代硫酸（$H_2S_2O_3$）及其盐

硫代硫酸不稳定，容易分解为亚硫酸和单质硫。它的盐类则相对比较稳定。

硫代硫酸盐的结构式可看作是 SO_4^{2-} 中的一个氧原子被硫所取代的产物，中心硫原子的氧化数可看做 +6，而和它相连的另一个硫原子为 -2。但在配平方程式时，一般按硫的平均氧化数 +2 来考虑。

硫代硫酸盐中以硫代硫酸钠最为重要，在实验室可通过在沸腾的亚硫酸钠溶液中加入硫黄反应制得。

$$Na_2SO_3 + S \xrightarrow{\triangle} Na_2S_2O_3$$

在工业上是将二氧化硫通入硫化钠和碳酸钠的混合液中制得。

$$2Na_2S + Na_2CO_3 + 4SO_2 \longrightarrow 3Na_2S_2O_3 + CO_2$$

五水合硫代硫酸钠（$Na_2S_2O_3 \cdot 5H_2O$）是白色结晶，俗称"海波"或大苏打，在照相技术上作为定影剂。它易溶于水，若加热能完全溶解在本身的结晶水中。

硫代硫酸盐在中性或碱性溶液中很稳定，而在酸性溶液中不稳定，能迅速分解，产生 S 和 SO_2。

【演示实验 12-6】 在盛有 5mL 0.1mol/L $Na_2S_2O_3$ 溶液的试管中注入 2mL 1mol/L H_2SO_4 溶液，振荡，观察溶液颜色的变化。

可以看到，加入硫酸溶液后试管中即出现乳白色浑浊。这是因为硫代硫酸钠和酸反应，转化为不稳定的硫代硫酸，后者随即分解，析出硫单质。

$$S_2O_3^{2-} + 2H^+ \longrightarrow S\downarrow + SO_2\uparrow + H_2O$$

所以游离的酸式硫代硫酸盐至今尚未制得过。

硫代硫酸钠具有还原性。当它与氯、溴等强氧化剂作用时可被氧化为硫酸钠；当它与较弱的氧化剂碘作用时将碘还原为碘化钠，而其本身被氧化为连四硫酸钠（$Na_2S_4O_6$）。

$$S_2O_3^{2-} + 4Cl_2 + 5H_2O \longrightarrow 2SO_4^{2-} + 8Cl^- + 10H^+$$

$$2S_2O_3^{2-} + I_2 \longrightarrow 2I^- + S_4O_6^{2-}$$

因此，硫代硫酸钠在纺织、造纸等工业中用作除氯剂；在分析化学上用作碘量法的滴定剂。

硫代硫酸钠还能溶解重金属盐类。如 AgCl、AgBr 等难溶性盐类，在"海波"溶液中可转变为易溶于水的复杂化合物，因此，海波用作照相的定影剂。此外，它还用作药物的解毒剂，可解除重金属、砷化物和氰化物中毒。

3. 过二硫酸（$H_2S_2O_8$）及其盐

过硫酸可以看成是过氧化氢（HO—OH）中氢原子被 HSO_3^- 取代的产物。若过氧化氢分子中一个氢被 HSO_3^- 取代，即得过一硫酸（HO—OSO_3H）；若两个氢都被 HSO_3^- 取代，即得过二硫酸（HSO_3O—OSO_3H）。

过二硫酸是无色晶体，有很强的脱水性，能使糖和纤维炭化。因其稳定性差，通常用的是它的钾盐或铵盐。

过二硫酸及其盐都是强氧化剂，其标准电极电势为：

$$S_2O_8^{2-} + 2e \Longleftrightarrow 2SO_4^{2-} \qquad \varphi^{\ominus} = 2.01V$$

因此，它不仅可将碘化钾氧化为单质碘，还能将还原性极弱的 Mn^{2+} 氧化成 MnO_4^-，本身被还原成 SO_4^{2-}。在此反应过程中，显氧化性的不是过二硫酸分子中的硫，而是其中的过氧链（—O—O—）。反应中，过氧链断开，每个氧原子各获得一个电子使它们的氧化数由 -1 降为 -2，从而显示出强氧化性。该反应如下。

$$2Mn^{2+} + 5S_2O_8^{2-} + 8H_2O \xrightarrow{Ag^+} 2MnO_4^- + 10SO_4^{2-} + 16H^+$$

该反应可用于测定钢铁中锰的含量。

4. 连二亚硫酸（$H_2S_2O_4$）及其盐

连二亚硫酸很不稳定，其钠盐有一定的应用价值。

用锌粉还原亚硫酸氢钠，可以得到连二亚硫酸钠（$Na_2S_2O_4$）。

$$Zn + 2NaHSO_3 \longrightarrow Zn(OH)_2 + Na_2S_2O_4$$

连二亚硫酸钠常以二水合物（$Na_2S_2O_4 \cdot 2H_2O$）存在，又称保险粉，是白色粉末状固体。其中硫的平均氧化数为 +3。

连二亚硫酸钠可溶于水，但在溶液中很不稳定，易歧化分解。

$$2Na_2S_2O_4 + H_2O \longrightarrow Na_2S_2O_3 + 2NaHSO_3$$

它对热也不稳定，受热易分解。

$$2Na_2S_2O_4 \xrightarrow{\triangle} Na_2S_2O_3 + Na_2SO_3 + SO_2\uparrow$$

它在酸性或碱性条件下也会发生分解反应。

连二亚硫酸钠是很强的还原剂，除能还原 I_2、IO_3^-、H_2O_2、O_2、MnO_4^- 外，还能把 Ag^+、Cu^{2+}、Hg^{2+} 等还原为金属。许多有机染料（如靛蓝）也能被它还原。它是印染工业中非常重要的还原剂，还广泛应用于食品、医药、造纸等工业中。

想一想

五瓶固体试剂，分别为 Na_2SO_4、Na_2SO_3、$Na_2S_2O_8$、Na_2S 和 $Na_2S_2O_3$，如何用一种试剂进行区别？

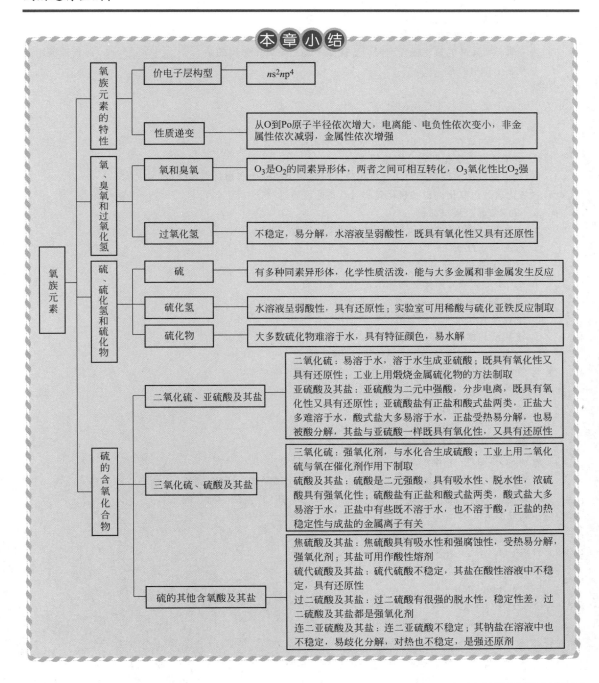

1. 填空题

（1）氧族元素包括_____、_____、_____、_____、_____、_____六种元素。

（2）单质硫又称_____，是一种_____色晶体，质脆。硫_____于水，_____于乙醇，_____于二硫化碳。

（3）纯硫酸是_____、_____的油状液体，工业硫酸因含有杂质而呈_____色。浓硫酸具有_____性、_____性、_____性等特性。

（4）含有结晶水的硫酸盐通常称为_____，如_____称绿矾，_____称胆矾等。

（5）浓硫酸和稀硫酸的氧化机理不同，浓硫酸中起主导氧化作用的是_____，而稀硫酸中起主导氧化作用的是_____。

2. 选择题

（1）下列关于硫的说法不正确的是（　　）。

    A. 试管内壁附着的硫可用二硫化碳溶解除去

    B. 游离态的硫存在于火山口附近或地壳的岩层里

    C. 硫单质既有氧化性，又有还原性

    D. 硫在空气中的燃烧产物是二氧化硫，在纯氧中的燃烧产物是三氧化硫

（2）二氧化硫、二氧化碳、三氧化硫同时具备的性质是（　　）。

    A. 都能使品红溶液褪色

    B. 都能和氢氧化钠溶液反应生成盐和水

    C. 都有刺激性气味

    D. 常温下都是气体

（3）下列关于浓硫酸与稀硫酸的说法，不正确的是（　　）。

    A. 浓硫酸有脱水性，稀硫酸没有脱水性

    B. 浓硫酸有氧化性，稀硫酸没有氧化性

    C. 浓硫酸和稀硫酸都有酸性

    D. 常温下，浓硫酸和稀硫酸都不能与铜反应

（4）将 SO_2 与 H_2S 气体在集气瓶中混合，下列说法正确的是（　　）。

    A. 集气瓶内壁上有淡黄色固体生成

    B. 反应中 SO_2 作还原剂

    C. 反应中 SO_2 与 H_2S 的物质的量之比为 $2:1$

    D. 氧化产物与还原产物质量之比为 $1:1$

（5）鉴别 SO_4^{2-} 时所选用的试剂及先后顺序最合理的应为（　　）。

    A. 稀盐酸、$BaCl_2$ 溶液　　　　　　　　B. 稀硝酸、$BaCl_2$ 溶液

    C. $Ba(NO_3)_2$ 溶液、稀硫酸　　　　　D. $BaCl_2$ 溶液、稀盐酸

3. 完成下列反应方程式

（1）$H_2S + O_2$（充足）$\longrightarrow$

（2）$H_2S + O_2$（不足）$\longrightarrow$

（3）$H_2S + SO_2 \longrightarrow$

（4）$Fe + H_2SO_4$（浓）$\longrightarrow$

（5）$Cu + H_2SO_4$（浓）$\longrightarrow$

（6）$Fe + H_2SO_4$（稀）$\longrightarrow$

4. 简答题

（1）比较 O_2 和 O_3 的化学活泼性。说明如何鉴别它们。

（2）试用反应方程式说明二氧化硫的工业制法和实验室制法。

（3）怎样区别 H_2S 和 SO_2？

（4）制备硫酸时，为何不直接用水吸收 SO_3？

5. 计算题

（1）在 150g 过氧化氢溶液中加入一些 MnO_2 催化剂，使 H_2O_2 分解。在标准状况下，收集了 1L 氧气。问该溶液中过氧化氢的含量。

（2）某厂用含有 FeS_2 75％的硫铁矿 160t 生产工业硫酸 200t，其密度为 $1.84g/cm^3$。取成品酸 5mL 稀释后和 $BaCl_2$ 溶液充分作用，得到 $BaSO_4$ 沉淀 21.0g。试计算：①工业硫酸的质量分数和物质的量浓度；②生产过程中硫的利用率。

 **阅读材料**

臭氧与大自然的关系

臭氧在大气中的浓度不高，平均体积分数大约为 $3×10^{-7}$，90％的臭氧存在于离地面高 $10\sim50km$ 的大气平流层中，仅 10％分布在距地面 10km 的对流层中。

大气平流层中的臭氧是由氧分子吸收太阳及宇宙射线中的高能紫外线辐射而生成的。光子首先将氧分子分解成氧原子，氧原子与氧分子反应生成臭氧：

$$O_2 + h\nu \xrightarrow{\lambda<240nm} 2O$$
$$O + O_2 \longrightarrow O_3$$

生成的臭氧又可因吸收了紫外辐射而分解：

$$O_3 + h\nu \xrightarrow{\lambda=200\sim320nm} O + O_2$$

因而平流层中维持着 O_3，O_2 和 O 的动态平衡，使臭氧的含量保持在一定的范围内。臭氧的生成和分解平衡吸收了到达平流层中的大部分紫外辐射，从而保护了地球上的生物和人类，使其免受紫外辐射的伤害。

近年来，大量的测量结果证实，由于人类大量使用化学物质而产生的废气使平流层中的臭氧大量耗损，臭氧层已经开始变薄，乃至出现空洞。1985 年，发现南极上方出现了面积与美国大陆相近的臭氧层空洞。此后发现空洞并非固定在一个区域内，而是每年在移动，且面积不断扩大。臭氧层变薄和出现空洞，就意味着有更多的紫外线辐射到达地面。紫外线对生物具有破坏性，对人的皮肤、眼睛甚至免疫系统都会造成伤害，强烈的紫外线还会影响鱼虾类和其他水生生物的正常生长，又会导致温室效应加剧。

与平流层臭氧耗损相反，在地面至 10km 的对流层中，臭氧含量呈上升趋势，局部地区有时达相当高的浓度。其主要来源是平流层输入和光化学反应生成。另外大气中的 CO、CH_4、NO、NO_2 以及人为活动，如机动车、石化工业、燃煤等的排放物，在光及适合的条件下能生成臭氧，而对流层中臭氧的增加，将使空气质量恶化。因为虽然微量的臭氧能消毒杀菌，能刺激中枢神经、加速血液循环，对人体健康是有益的。但当空气中臭氧含量过高时，不仅对人体有害，而且对庄稼以及其他暴露在大气中动植物也有害。

综上所述，无论平流层臭氧减少还是对流层臭氧增加，对人类和地球上其他生物的生存都会造成极大的危害，应引起人类自身的警惕，提高全人类的环保意识，采取切实可行的治理和防护措施。

第十三章
配位化合物

学习目标

知识目标：

1. 熟悉配位化合物的组成、掌握命名方法及配位平衡；
2. 了解配位化合物的价键理论和常见的空间构型；
3. 掌握配位化合物溶液中配离子、中心离子及配位体浓度的计算；
4. 了解配位理论的应用。

能力目标：

1. 会判断配位化合物的中心离子及电荷、配位体、配位数；
2. 会对配位化合物进行命名；
3. 能计算配位平衡溶液中配离子、中心离子及配位体的浓度。

近几十年来，一类组成较为复杂的化合物——配位化合物的研究得到了迅速的发展。配位化合物的数量已远远超过一般的无机化合物，其应用也越来越深入、越来越广泛。目前已经发展成为一门独立的学科——配位化学。

第一节　配合物的基本概念

一、配合物的定义

【演示实验 13-1】　在试管中加入 $1mL$ $0.1mol/L$ $CuSO_4$ 溶液，逐滴加入过量的 $6mol/L$ $NH_3 \cdot H_2O$，在所得深蓝色溶液中滴加 $0.1mol/L$ $NaOH$ 溶液。

在 $CuSO_4$ 溶液中滴入一定浓度的氨水，可以得到一种天蓝色的沉淀，若继续加入过量氨水，我们会发现沉淀消失，得到深蓝色的溶液。其反应方程式为：

$$CuSO_4 + 4NH_3 \longrightarrow [Cu(NH_3)_4]SO_4$$

若向其中加入 $NaOH$ 溶液，不会产生 $Cu(OH)_2$ 沉淀。$[Cu(NH_3)_4]SO_4$ 被称为配位化合物。配位化合物简称配合物。实验指出，在配合物 $[Cu(NH_3)_4]SO_4$ 溶液中，主要含有复杂离子 $[Cu(NH_3)_4]^{2+}$ 和 SO_4^{2-}，这样的复杂离子叫配离子。$[Cu(NH_3)_4]^{2+}$ 叫铜氨配离子，它在溶液中能稳定存在。其结构被认为是每个 NH_3 分子的 N 原子上的孤电子对进入 Cu^{2+} 的空的价电子轨道，共形成四个配位键，从而结合成离子 $[Cu(NH_3)_4]^{2+}$：

$$\left[\begin{array}{c} NH_3 \\ \downarrow \\ H_3N \rightarrow Cu \leftarrow NH_3 \\ \uparrow \\ NH_3 \end{array} \right]^{2+}$$

【演示实验 13-2】 在试管中加入 3 滴 $0.1\,\mathrm{mol/L}$ $HgCl_2$ 溶液，逐滴加入过量的 $0.1\,\mathrm{mol/L}$ KI 溶液。

在 $HgCl_2$ 溶液中，滴入 KI 溶液，开始有橘红色的 HgI_2 沉淀产生，继续加入过量的 KI 溶液，橘红色沉淀消失，形成无色溶液。其反应方程式如下。

$$Hg^{2+} + 2I^- \longrightarrow HgI_2 \downarrow$$
$$\text{（橘红色）}$$
$$HgI_2 + 2I^- \longrightarrow [HgI_4]^{2-}$$
$$\text{（无色）}$$

HgI_4^{2-} 也是一种配离子，它是由 I^- 上的孤电子对进入 Hg^{2+} 的空的价电子轨道形成配位键，以四个配位键结合而成的。

$$\left[\begin{array}{c} I \\ \downarrow \\ I \rightarrow Hg \leftarrow I \\ \uparrow \\ I \end{array} \right]^{2-}$$

这种配离子带负电荷。

概括地说，配离子就是由简单离子与一定数目的中性分子或负离子以配位键结合、在水溶液中具有一定稳定性的复杂离子。含配离子的化合物就是配合物。

通常把提供孤对电子的中性分子或负离子（电子对的给予体）称为配合物的配位体（简称配体），把接受孤对电子的离子或原子（电子对的接受体）称为配合物的形成体。简言之，配合物就是形成体与一定数目的配位体以配位键结合形成的复杂化合物。

有一定数目的配合物不含配离子，如 $[CoCl_3(NH_3)_3]$。也有一定数目配合物的形成体不是离子而是原子，如 $[Fe(CO)_5]$ 中的形成体就是 Fe 原子。

配合物像一般无机化合物一样，也有酸、碱、盐之分。如

$H_2[HgI_4]$（配位酸或配合酸，简称配酸）。

$[Cu(NH_3)_4](OH)_2$（配位碱或配合碱，简称配碱）。

$[Cu(NH_3)_4]SO_4$（配位盐或配合盐，简称配盐）。

通常也把配离子叫配合物，在不引起混淆的前提下二者不加以严格区别。

由于配合物种类繁多，要给出一个适合所有配合物的定义是困难的，我们在这里给出的定义仅符合一般常见的比较简单的配合物。

还有一类在组成上与配合物相似的化合物，如 $KAl(SO_4)_2 \cdot 12H_2O$（明矾）、$KCl \cdot MgCl_2 \cdot 6H_2O$（光卤石）等，由于没有稳定的配离子存在，它们属于复盐而不是配合物。复盐与配合物的不同点在于它溶于水后除了水合离子外不存在其他配离子。如光卤石在稀溶液中，几乎完全电离。

$$KMgCl_3 \longrightarrow K^+ + Mg^{2+} + 3Cl^-$$

许多简单无机化合物往往具有配合物的结构。如 $AlCl_3 \cdot 6H_2O$ 可视为 $[Al(H_2O)_6]Cl_3$。可以认为，在水溶液中几乎不存在简单金属离子，大多数金属离子都与水分子形成较复杂的配离子——水合离子。

配离子有的带正电荷，有的带负电荷。带正电荷的配离子叫正配离子，带负电荷的配离子叫负配离子。配离子的电荷数可由形成体的电荷与配位体电荷总数的代数和来推算，也可以由与配离子结合的离子的电荷的总数来确定。如 $K_4[Fe(CN)_6]$，由于 Fe 的氧化数为 $+2$，6 个 CN^- 共带 6 个负电荷，所以配离子带 4 个负电荷。也可由其与 4 个 K^+ 结合而确定配离子带 4 个负电荷。

二、配合物的组成

根据配合物分子中各成分的排列情况，配合物分子可分为内界和外界两部分。配合物中组成比较稳定的部分是内界，除内界以外的部分是外界。配合物的内界中处于中心位置的离子（或原子）叫中心离子，也就是配合物的形成体。内界是由中心离子和配位体组成的。内界与外界常以离子键结合。如 $[Cu(NH_3)_4]SO_4$：

$$\underset{\begin{array}{c}\underset{\text{内界}}{\underbrace{\underset{\substack{\text{中}\\\text{心}\\\text{离}\\\text{子}}}{\underset{}{}}\quad\underset{\substack{\text{配}\\\text{位}\\\text{体}}}{\underset{}{}}}}\qquad\underset{\text{外界}}{}\\\text{配合物}\end{array}}{\overset{\text{配位键}\qquad\text{离子键}}{[Cu(NH_3)_4]^{2+}\ SO_4^{2-}}}$$

内界是配合物的特征部分，是由形成体与配位体结合而成的稳定的整体，书写配合物的化学式时，常用方括号将内界括起来。

有些配合物只有内界没有外界，称其为配分子。如 $[CoCl_3(NH_3)_3]$、$[Fe(CO)_5]$、$[Ni(CO)_4]$。

配合物是由作为配位体的物质与中心离子反应形成的。这种形成配合物的反应叫配位反应。作为配位体的物质称为配位剂。例如：

$$HgCl_2+4KI\longrightarrow K_2[HgI_4]+2KCl$$
$$\text{（配位剂）}$$

$$CuSO_4+4NH_3\cdot H_2O\longrightarrow [Cu(NH_3)_4]SO_4+4H_2O$$
$$\text{（配位剂）}$$

配位体中与形成体直接相连（即提供孤对电子形成配位键）的原子称为配位原子。通常作为配位原子的是电负性较大的非金属原子，如 F、Cl、Br、I、O、N、S、P、C 等。常见的配位体的配位原子如下所示（标出孤对电子的原子是配位原子）：

含氮配位体 $\ddot{N}H_3$、$R\ddot{N}H_2$、$\ddot{N}CS^-$

含氧配位体 $H_2\ddot{O}$、$\ddot{O}H^-$、$R\ddot{O}H$

含卤配位体 $\ddot{F}^-$、$\ddot{C}l^-$、$\ddot{B}r^-$、$\ddot{I}^-$

含碳配位体 $\ddot{C}N^-$、$\ddot{C}O$

含硫配位体 $\ddot{S}CN^-$、$H_2\ddot{S}$

一个配位体中可能有多个原子具有孤对电子，但并不是所有具有孤对电子的原子都能与中心离子形成配位键，即使具有孤对电子但不与中心离子形成配位键的原子不是配位原子。只提供一个配位原子的配位体叫单齿配位体，能提供多个配位原子的配位体叫多齿配位体。与中心离子结合的配位原子数目称为该中心离子（形成体）的配位数。如 $[Cu(NH_3)_4]^{2+}$ 中 Cu^{2+} 的配位数为 4，$[Fe(CN)_6]^{3-}$ 中 Fe^{3+} 的配位数是 6，$[Ag(NH_3)_2]^+$ 中 Ag^+ 的配位数为 2，而 $[Cu(en)_2]^{2+}$ 中 Cu^{2+} 的配位数为 4 而不是 2，因为一个 en[NH_2—CH_2—CH_2—NH_2（乙二胺）] 分子提供两个配位原子。

配合物中形成体配位数的大小与形成体的性质（如电荷、半径、电子排布）有关，也与形成配合物的外界条件（如浓度、温度）有关。形成体常见的配位数为 2、4、6。如表 13-1。

表 13-1　一些形成体常见的配位数

形　成　体	Ag^+、Cu^+	Ni^{2+}、Cu^{2+}、Zn^{2+}、Hg^{2+}	Fe^{2+}、Fe^{3+}、Co^{3+}、Al^{3+}、Co^{2+}、Ni^{2+}
常见配位数	2	4	6

想一想

配位体的个数与配位数是不是同一个概念？

三、配合物的命名

1. 配合物化学式的书写

含配离子的化合物，配阳离子写在前面，配阴离子写在后面。如 $K_4[Fe(CN)_6]$、$[Cu(NH_3)_4]SO_4$。书写配离子（内界）时，应先写形成体，后写配位体，并将整个内界用方括号括起来，电荷标在右上角。若有几种配位体，则先写阴离子，后写中性分子；同类型配位体则按其配位原子元素符号的英文字母顺序书写。

2. 配合物的命名原则

配合物的命名方法基本上遵循一般无机化合物的命名原则。若配合物为离子化合物，与一般无机化合物一样，先命名阴离子，后命名阳离子。若配离子为阳离子，则叫"某化某"或"某酸某"；若配离子为阴离子，则在配阴离子与外界阳离子之间用"酸"字相连接，若外界是 H^+，则在配阴离子后缀以"酸"字。

配合物的内界以下列原则命名：

（1）配位体名称列于形成体之前。在配位体中，先阴离子，再中性分子。不同配位体之间常以圆点"·"分开，在最后一个配位体与形成体之间加界字"合"。

（2）同类型配位体命名时与书写原则一样，以其配位原子元素符号的英文字母顺序为先后。

（3）配位体个数用倍数词头一、二、三、四等数字表示，形成体的氧化数用带括号的罗马数字标出。

一些配合物的命名举例见表 13-2。

表 13-2　一些配合物的命名

类　　别	化　学　式	命　　名
配位酸	$H_2[SiF_6]$ $H_2[PtCl_6]$	六氟合硅（Ⅳ）酸 六氯合铂（Ⅳ）酸
配位碱	$[Ag(NH_3)_2]OH$	氢氧化二氨合银（Ⅰ）
配位盐	$[CrCl_2(H_2O)_4]Cl$ $[Co(NH_3)_5(H_2O)]Cl_3$ $K_4[Fe(CN)_6]$ $Na_3[Ag(S_2O_3)_2]$ $K[PtCl_5(NH_3)]$ $NH_4[Cr(NCS)_4(NH_3)_2]$	一氯化二氯·四水合铬（Ⅲ） 三氯化五氨·一水合钴（Ⅲ） 六氰合铁（Ⅱ）酸钾 二（硫代硫酸根）合银（Ⅰ）酸钠 五氯·一氨合铂（Ⅳ）酸钾 四（异硫氰酸根）·二氨合铬（Ⅲ）酸铵
配分子	$Fe(CO)_5$ $[Co(NO_2)_3(NH_3)_3]$	五羰基合铁 三硝基·三氨合钴（Ⅲ）

四、内配合物简介

前面所讨论的配合物，大多是由只能提供一个配位原子的单齿配位体与中心离子结合形成的结构比较简单的配合物。而提供多个配位原子的多齿配位体与中心离子结合形成的是比较复杂的具有环状结构的配合物。这种由多齿配位体与中心离子形成的配合物叫内配合物，也叫螯合物。"螯合"即成环的意思。多齿配位体的配位原子好比螃蟹的螯把中心离子"钳"起来，形成环状结构的配合物。形成内配合物（螯合物）的配位反应叫内配位反应，也称螯合反应。其配位剂叫内配位剂，通常称为螯合剂，例如：

$$Cu^{2+} + 2 \begin{matrix} CH_2\!-\!NH_2 \\ | \\ CH_2\!-\!NH_2 \end{matrix} \longrightarrow \left[\begin{matrix} H_2C & NH_2 & NH_2 & CH_2 \\ & & Cu & \\ H_2C & NH_2 & NH_2 & CH_2 \end{matrix} \right]^{2+}$$

乙二胺　　　　　　　二乙二胺合铜（Ⅱ）离子

乙二胺（简写为 en）分子的 N 原子与 Cu^{2+} 结合形成四个配位键，所以 $[Cu(en)_2]^{2+}$ 中 Cu^{2+} 的配位数为 4。

内配合物具有以下特点：

① 一个内配合物分子中通常只有一个中心离子。

② 每个配位体分子或离子至少提供两个以上的配位原子，与中心离子结合成具有环状结构的配合物，故内配合物在水溶液中离解出一个配位体，至少要破坏两个配位键，所以内配合物稳定性比一般配合物要高得多。

③ 多齿配位体中，两个配位原子之间通常隔着 2~3 个其他原子，由此形成的配合物常为五原子环或六原子环。如 $[Cu(en)_2]^{2+}$ 中就是形成五原子环。

④ 内配合物大多含五原子环或六原子环，这样的螯合物最稳定。含少于五原子、多于六原子的环的内配合物大都不稳定，一般很少见。

目前最常用的一种螯合剂是被简称为 EDTA 的乙二胺四乙酸，它是四元酸，通常用简式 H_4Y 表示，其结构如下：

$$\begin{matrix} HOOCH_2C & & H & H & & CH_2COOH \\ & N\!-\!C\!-\!C\!-\!N & \\ HOOCH_2C & & H & H & & CH_2COOH \end{matrix}$$

每个 EDTA 分子中有六个配位原子。

由于 H_4Y 仅微溶于水，实际中用的是它的二钠盐 $Na_2H_2Y \cdot 2H_2O$，习惯上把 Na_2H_2Y 也称为 EDTA。

EDTA 作为螯合剂，具有以下特点。

① 每个 EDTA 分子提供六个配位原子，它与中心离子螯合形成五个五原子环，它几乎能与所有金属离子形成螯合物，且大都稳定，如它能和很难形成配合物的碱土金属离子形成相当稳定的螯合物。

$$Ca^{2+} + H_2Y^{2-} \longrightarrow CaY^{2-} + 2H^+$$

说明它的螯合能力很强。

在 pH＝4 时，Fe^{3+} 与 EDTA 发生螯合反应的溶液中 Fe^{3+} 的剩余浓度可降至 10^{-10} mol/L 以下。

② EDTA 与中心离子形成螯合物时的螯合比（即金属离子 M^{n+} 与 H_2Y^{2-} 的个数比）为 $1:1$。这样对螯合反应的认识就相对简化，也给根据反应进行计算带来了方便。

EDTA 与中心离子形成的螯合物的示意图如下（以 Zn^{2+} 为中心离子）：

Y^{4-} 中的氧带负电荷，它与金属离子形成的键通常不用"→"而用"—"表示。

螯合剂大多为有机物。如氨基乙酸（NH_2CH_2COOH）、氨三乙酸 $[N(CH_2COOH)_3]$ 等。

第二节　配合物的价键理论

配合物中的化学键，是指配合物内中心离子与配位体之间的化学键。关于这种键的本性，价键理论作了一定的说明。

一、价键理论的基本内容

配合物的中心离子与配位体是以 σ 配位键相结合的；形成配合物时，中心离子提供的空轨道进行杂化，形成了各种类型的杂化轨道；杂化轨道类型的不同决定了配离子的空间构型。

二、配合物的空间构型

由于中心离子的杂化轨道具有一定的方向性，所以配合物具有一定的空间构型。其相对应的情况如表 13-3。

表 13-3　配合物的杂化轨道与空间构型

杂化轨道		配位数	空间构型	
类　型	轨道数			
sp	2	2	直线形	
sp^3	4	4	正四面体形	
dsp^2	4	4	平面正方形	
d^2sp^3	6	6	正八面体形	
sp^3d^2	6	6		

三、配位数与配合物的结构

1. 配位数为 6 的配合物

配位数为 6 的配合物，中心离子可能采取两种类型的杂化轨道成键。

如 $[FeF_6]^{3-}$，其中心离子为 Fe^{3+}，电子排布式为 $3d^5$，它的 4s、4p、4d 轨道全是空轨道，均可接受孤对电子形成配位键。所以 $[FeF_6]^{3-}$ 的中心离子价电子层分布示意图如下：

sp³d²杂化轨道

六个 F^- 提供的孤对电子分别进入由一个 4s 轨道、三个 4p 轨道和两个 4d 轨道形成的六个 sp^3d^2 杂化轨道，形成正八面体的 FeF_6^{3-} 配离子。

又如，$[Fe(CN)_6]^{3-}$，Fe^{3+} 的电子构型为 $3d^5$，若像形成 $[FeF_6]^{3-}$ 那样，形成后 3d 轨道依然保留 5 个自旋方向相同的未成对的电子，它的磁矩应较大。但实验测得 $[Fe(CN)_6]^{3-}$ 的磁矩却较小，计算得出 $[Fe(CN)_6]^{3-}$ 中只有 1 个未成对电子。这是因为 CN^- 上的孤对电子排斥电子的能力较强，反应时，将 Fe^{3+} 3d 轨道中的 2 个单电子"挤入"另外两个 3d 轨道成对，使其内层电子发生重排。这样空出的两个 3d 轨道与一个 4s 轨道和三个 4p 轨道形成六个等同的 d^2sp^3 杂化轨道，分别与六个 CN^- 形成六个配位键。其电子分布示意图如下。

d²sp³杂化轨道

$[Fe(CN)_6]^{3-}$ 的空间构型也是正八面体。

中心离子均以最外层轨道组成杂化轨道与配位体形成的配位键称为外轨配键，其对应的配合物叫外轨（型）配合物，如 $[FeF_6]^{3-}$。若中心离子以部分内层（次外层）轨道参与组成杂化轨道，与配位体形成的配位键，称为内轨配键，其对应的配合物称为内轨（型）配合物。如 $[Fe(CN)_6]^{3-}$。

内轨型配合物中自旋相同的电子少，磁矩小，甚至为零；外轨型配合物中自旋相同的电子较多，磁矩大。根据这一特性，一般可用测定磁矩的方法来初步确定配合物是内轨型还是外轨型。

内轨型或外轨型配合物的形成与中心离子和配位体的性质有关。内层 d 轨道电子已充满的离子，如 Zn^{2+}、Cd^{2+}、Hg^{2+}、Ag^+、Cu^+ 等已没有可适用的内层空轨道，它们总是形成外轨型配合物；内层 d 轨道电子未充满的离子，如 Fe^{3+}、Fe^{2+}、Co^{2+}、Co^{3+}、Ni^{2+} 等，与不同配位体可以分别形成内轨型和外轨型配合物。就配位体而言，F^-、H_2O 等多形成外轨型配合物；NH_3、Cl^- 等可形成外轨型配合物，也可形成内轨型配合物；CN^- 则多形成内轨型配合物。

内轨比外轨能量低，对于由同一中心离子形成的配合物，内轨型比外轨型稳定。

2. 配位数为 4 的配合物

配位数为 4 的配合物，其中心离子可能采取两种类型的杂化轨道成键，并且具有两种不同的空间构型。

实验证明，$[Zn(NH_3)_4]^{2+}$ 的空间构型为正四面体。其中心离子价层电子分布示意图为：

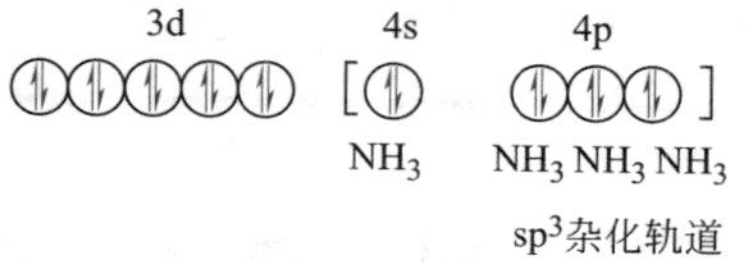

Zn^{2+} 的 3d 轨道已全充满。当 Zn^{2+} 与 NH_3 分子结合时，Zn^{2+} 用一个 4s 轨道和三个 4p 轨道形成四个等同的 sp^3 杂化轨道，分别接受四个 NH_3 提供的孤对电子，形成四个等同的 σ 配键。

实验证明，$[Ni(CN)_4]^{2-}$ 的空间构型为平面正方形，并且磁矩为零。Ni^{2+} 的电子构型为 $3d^8$，有两个未成对的电子。由上述实验事实可以推断，在反应形成 $[Ni(CN)_4]^{2-}$ 时，Ni^{2+} 的 3d 电子发生了重排，即原来未成对的两个 3d 电子，被挤到一个 3d 轨道中成对，空出一个 3d 轨道与一个 4s 轨道和两个 4p 轨道形成四个等同的 dsp^2 杂化轨道。其中心离子价电子层示意图如下。

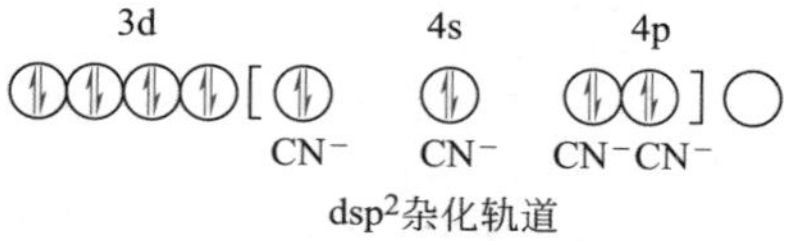

实验说明，$[Cu(NH_3)_4]^{2+}$ 与 $[Ni(CN)_4]^{2-}$ 有相同的空间构型，即 $[Cu(NH_3)_4]^{2+}$ 中 Cu^{2+} 也应发生 dsp^2 杂化。Cu^{2+} 的电子构型为 $3d^9$，其中 3d 亚层已没有空轨道。如果 Cu^{2+} 利用 4s 和 4p 轨道进行 sp^3 杂化，则 $[Cu(NH_3)_4]^{2+}$ 的空间构型应为正四面体，这显然与事实不符。因此推断，在反应形成 $[Cu(NH_3)_4]^{2+}$ 时，Cu^{2+} 3d 轨道上的那一个未成对的电子被激发到 4p 轨道上，空出一个 3d 轨道，并与一个 4s 轨道及另外两个 4p 轨道形成四个等同的 dsp^2 杂化轨道。其中心离子价电子层示意图为：

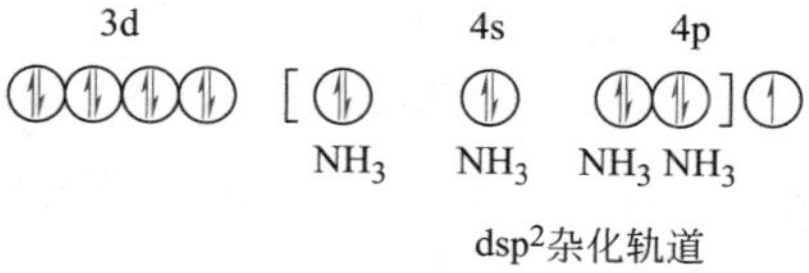

3. 配位数为 2 的配合物

+1 价态的中心离子，通常是形成配位数为 2 的配合物。如 $[Ag(NH_3)_2]^+$，其空间构型为直线形。在反应形成 $[Ag(NH_3)_2]^+$ 时，Ag^+ 的一个 5s 轨道和一个 5p 轨道杂化成两个等同的 sp 杂化轨道，分别接受两个 NH_3 分子的孤对电子，形成两个等同的 σ 配键。其中心离子价电子层示意图如下。

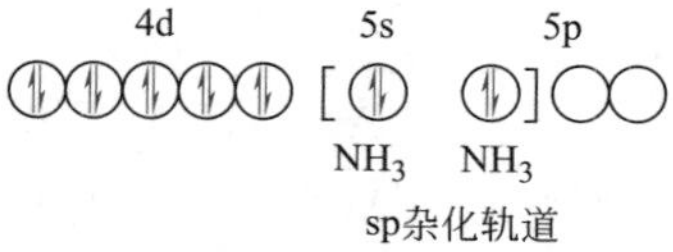

价键理论较好地解释了配合物的空间构型及中心离子的配位数与其杂化轨道类型之间的关系；从内轨型、外轨型配合物的不同结构，说明了配合物的稳定性。但价键理论目前还只能对配合物的稳定性作定性的说明。

配位数为 4 的配合物，一定具有相同的空间构型吗？举例说明。

第三节　配合物的稳定性

在研究和应用配合物时十分注重其稳定性。配合物的稳定性有多方面的含义。配合物受热时是否容易发生分解反应，这是配合物的热稳定性；配合物是否容易发生氧化还原反应，这是配合物的氧化还原稳定性。本节讨论的是配合物在水溶液中的稳定性，即配合物在水溶液中是否容易离解出其组分。

配合物的内界与外界之间是以离子键结合的，在水溶液中会全部离解成内界离子（配离子）和外界离子。而内界（配离子或配分子）中，中心离子与配位体之间是以配位键结合的，在水溶液中一般仅部分发生离解。配合物在水溶液中的稳定性就是指配合物的内界的离解程度，即离解成中心离子和配位体的难易程度。

一、配位平衡及其常数

在水溶液中，$[Ag(NH_3)_2]^+$ 可部分离解产生 Ag^+ 和 NH_3，同时 Ag^+ 和 NH_3 又能结合生成 $[Ag(NH_3)_2]^+$。反应是可逆的，在一定条件下可以达到平衡状态。这就是配位平衡，即一定条件下，配离子与中心离子、配位体之间在水溶液中建立的平衡。

配位平衡可以根据实际情况或需要从两个不同方向来讨论和应用。

1. 离解平衡

如
$$[Ag(NH_3)_2]^+ \rightleftharpoons Ag^+ + 2NH_3$$

其平衡常数表达式为

$$K_{离解}^{\ominus} = \frac{c(Ag^+)c^2(NH_3)}{c([Ag(NH_3)_2]^+)}$$

$K_{离解}^{\ominus}$ 越大，配合物的离解程度越大，即配合物越容易离解，说明配合物越不稳定。所以离解常数叫配合物的不稳定常数。用 $K_{不稳}^{\ominus}$ 表示。配合物的不稳定常数是配合物的特征常数。利用 $K_{不稳}^{\ominus}$ 可以比较配位体数相同的配合物在水溶液中的不稳定性。如 $K_{不稳}^{\ominus}([Ag(CN)_2]^-)=1.6\times10^{-22} < K_{不稳}^{\ominus}([Ag(NH_3)_2]^+)=5.9\times10^{-8}$，故 $[Ag(NH_3)_2]^+$ 不及 $[Ag(CN)_2]^-$ 稳定。

2. 生成平衡

如
$$Ag^+ + 2NH_3 \rightleftharpoons [Ag(NH_3)_2]^+$$

其平衡常数表达式为

$$K_{生成}^{\ominus} = \frac{c([Ag(NH_3)_2]^+)}{c(Ag^+)c^2(NH_3)}$$

$K_{生成}^{\ominus}$ 越大，生成配合物的趋势就越大，说明配合物越稳定。所以生成常数叫配合物的稳定常数。用 $K_{稳}^{\ominus}$ 表示。配合物的稳定常数是配合物的特征常数。同类型（配位体数相同）的配合物，$K_{稳}^{\ominus}$ 越大，生成配合物的趋势就越大，配合物就越稳定。如 $K_{稳}^{\ominus}([Ag(CN)_2]^-)=6.31\times$

$10^{21} > K_{稳}^{\ominus}([Ag(NH_3)_2]^+) = 1.7 \times 10^7$，故 $[Ag(CN)_2]^-$ 比 $[Ag(NH_3)_2]^+$ 稳定。

很显然，同一配合物的稳定常数和不稳定常数互为倒数。

$$K_{稳}^{\ominus} = \frac{1}{K_{不稳}^{\ominus}}$$

要附带说明的是：配离子离解时，配位体是一个一个分步离解的，与多元弱酸的分步电离类似；配离子生成时，配位体也是一个一个与中心离子结合的。这里就不再作进一步的详细讨论了。

配位平衡及其常数的重要应用之一就是计算配合物溶液中中心离子的浓度。

【例 13-1】 求 $0.01 mol/L$ $[Ag(NH_3)_2]^+$ 溶液中的 $c(Ag^+)$。

解
$$K_{稳}^{\ominus}([Ag(NH_3)_2]^+) = 1.7 \times 10^7$$

设平衡时 $c(Ag^+)$ 为 x

$$Ag^+ + 2NH_3 \Longleftrightarrow [Ag(NH_3)_2]^+$$

平衡时 $\qquad\qquad x \qquad 2x \qquad\qquad 0.01 - x$

$$K_{稳}^{\ominus} = \frac{c([Ag(NH_3)_2]^+)}{c(Ag^+)c^2(NH_3)}$$

$$= \frac{0.01 - x}{x(2x)^2}$$

$$\approx \frac{0.01}{4x^3} = 1.7 \times 10^7$$

$$x = 5.3 \times 10^{-4}$$

$$c(Ag^+) = 5.3 \times 10^{-4} mol/L$$

【例 13-2】 在 $0.1 mol/L$ $[Ag(NH_3)_2]^+$ 溶液中，平衡时还有 $1 mol/L$ 的游离氨，求溶液中的 $c(Ag^+)$。

解
$$K_{稳}^{\ominus}([Ag(NH_3)_2]^+) = 1.7 \times 10^7$$

设平衡时，$c(Ag^+)$ 为 x

$$[Ag(NH_3)_2]^+ \Longleftrightarrow Ag^+ + 2NH_3$$

平衡时 $\qquad\qquad 0.1 - x \qquad\qquad x \qquad 1$

$$K_{不稳}^{\ominus} = \frac{c(Ag^+)c^2(NH_3)}{c([Ag(NH_3)_2]^+)}$$

$$= \frac{x \times 1^2}{0.1 - x}$$

$$= \frac{x}{0.1} = \frac{1}{1.7 \times 10^7}$$

$$x = 5.9 \times 10^{-9}$$

$$c(Ag^+) = 5.9 \times 10^{-9} mol/L$$

由于游离氨浓度较大，抑制了 $[Ag(NH_3)_2]^+$ 离解。所以在进行配位反应（生成配合物的反应）时，可以适当过量加入配位剂，以使配位反应进行得更完全。同时，过量的配位剂可以使配合物在溶液中相对保持稳定。

二、配位平衡的移动

配位平衡和其他化学平衡一样，是有条件的，当外界条件改变时，配位平衡就会发生移动。配位平衡的移动即由于外界条件的改变，使配位反应由一种平衡状态向另一种平衡状态转化的过程。

1. 配位平衡与溶液的酸碱度

【演示实验 13-3】 在试管中加入 2mL 0.1mol/L $FeCl_3$ 溶液，滴加 1mol/L NaF 溶液至无色。将所得溶液分成两份。一份滴加 2mol/L H_2SO_4 溶液，另一份滴加 2mol/L NaOH 溶液。

所得无色溶液是 $[FeF_6]^{3-}$ 的配位平衡体系：

$$[FeF_6]^{3-} \rightleftharpoons Fe^{3+} + 6F^-$$

若向体系中加酸，由于发生下列反应：

$$H^+ + F^- \longrightarrow HF$$

使 F^- 浓度下降，配位平衡向右移动，促使 $[FeF_6]^{3-}$ 进一步离解，溶液重新变为黄色。

若向配位平衡体系中加碱，由于金属离子在溶液中存在一定程度的水解：

$$Fe^{3+} + 3H_2O \rightleftharpoons Fe(OH)_3 \downarrow + 3H^+$$

碱的加入，使其中 H^+ 被中和，会促使 Fe^{3+} 进一步水解，配位平衡剧烈向右移动，乃至产生 $Fe(OH)_3$ 沉淀。

不论向体系中加酸或加碱都会使 $[FeF_6]^{3-}$ 变得不稳定。可见配合物在水溶液中要稳定存在，对体系的酸碱度是有一定要求的。

对由强酸根作配位体形成的配离子，如 $[CuCl_4]^{2-}$、$[CuBr_4]^{2-}$ 等，酸度增大对其稳定性影响不大。

2. 配位平衡与沉淀反应

【演示实验 13-4】 在试管中加入 0.1mol/L $AgNO_3$ 溶液和 0.1mol/L NaCl 溶液各 10 滴，再滴加 6mol/L 的 $NH_3 \cdot H_2O$ 至白色沉淀溶解。然后再向试管中先后滴加 0.1mol/L NaCl 溶液和 0.1mol/L KI 溶液。

在 $[Ag(NH_3)_2]^+$ 溶液中，若加入 NaCl 溶液一般不产生沉淀，有沉淀产生也是少量的；若向其中加入 KI 溶液则会产生大量的 AgI 黄色沉淀。这是由于 $[Ag(NH_3)_2]^+$ 在溶液中存在离解平衡，产生了少量的 Ag^+：

$$[Ag(NH_3)_2]^+ \rightleftharpoons Ag^+ + 2NH_3$$

由于 AgCl 的溶度积比 AgI 的溶度积大得多，故 $[Ag(NH_3)_2]^+$ 转化为 AgCl 沉淀的趋势比转化为 AgI 沉淀的趋势要小得多。

若在 $[Ag(CN)_2]^-$ 溶液中，加入 NaCl 和 KI 溶液，都不大可能出现沉淀，这是由于 $[Ag(CN)_2]^-$ 很稳定，在溶液中 $c(Ag^+)$ 极小。

可见，在配离子溶液中加入适当的沉淀剂，可能生成的沉淀的溶解度越小，配离子的稳定性越小，由配离子转化为沉淀的趋势就越大，转化就越容易、越完全。

相反地，一些难溶盐往往因形成配合物而溶解。这个过程称为配位溶解。配位溶解是化学上溶解难溶物质的重要方法之一。

要进行配位溶解，必须选用合适的配位剂。如对 AgX 进行配位溶解，通常是用氨水溶解 AgCl，$Na_2S_2O_3$ 溶液溶解 AgBr，KCN 溶液溶解 AgI。可见，难溶电解质的溶解度越大（$K_{sp}^{\ominus}$ 越大），形成的配合物越稳定（$K_{稳}$越大），配位溶解就越容易进行。

3. 配位平衡与其他配位反应

【演示实验 13-5】 在试管中加入 $0.1mol/L$ $FeCl_3$ 溶液 $1mL$，滴加 $0.1mol/L$ KSCN 溶液，再向出现了血红色的溶液中滴加 $1mol/L$ NaF 溶液，至血红色溶液变为无色溶液。

$FeCl_3$ 溶液与 KSCN 溶液作用生成血红色的配合物 $[Fe(NCS)_6]^{3-}$。

在血红色的 $[Fe(NCS)_6]^{3-}$ 溶液中，存在着如下的平衡

$$[Fe(NCS)_6]^{3-} \rightleftharpoons Fe^{3+} + 6SCN^-$$

当向其中加入 NaF 溶液时血红色则褪去成为无色溶液。这是由于 F^- 与 Fe^{3+} 形成了更稳定的 $[FeF_6]^{3-}$，破坏了 $[Fe(NCS)_6]^{3-}$ 的配位平衡，使 $[Fe(NCS)_6]^{3-}$ 不断转化为 $[FeF_6]^{3-}$。

$$[Fe(NCS)_6]^{3-} + 6F^- \rightleftharpoons [FeF_6]^{3-} + 6SCN^-$$
$$K_{稳}^{\ominus} = 1.48 \times 10^3 \qquad K_{稳}^{\ominus} = 2.04 \times 10^{14}$$

由于 $[FeF_6]^{3-}$ 比 $[Fe(NCS)_6]^{3-}$ 稳定得多，$[Fe(NCS)_6]^{3-}$ 转化为 $[FeF_6]^{3-}$ 的反应进行得很完全，以至 $[Fe(NCS)_6]^{3-}$ 的血红色全部褪去。

可见，配合物的相互转化，总是由稳定性较低的配合物转化为稳定性较高的配合物。两者稳定性相差越大，这种转化就越容易、越完全。

对于配位体数相同的配合物，可以直接用它们的稳定常数来确定这种转化反应进行的方向，即向着 $K_{稳}^{\ominus}$ 大的配合物一方转化。如：

$$[Ag(CN)_2]^- + 2NH_3 \rightleftharpoons [Ag(NH_3)_2]^+ + 2CN^-$$
$$K_{稳}^{\ominus} = 6.31 \times 10^{21} \qquad K_{稳}^{\ominus} = 1.7 \times 10^7$$

由于 $K_{稳}^{\ominus}([Ag(CN)_2]^-) > K_{稳}^{\ominus}([Ag(NH_3)_2]^+)$，所以上述转化反应应该自右向左进行。

转化反应进行的方向和程度也可根据转化反应的平衡常数来判断。如：

$$[Fe(NCS)_6]^{3-} + 6F^- \rightleftharpoons [FeF_6]^{3-} + 6SCN^-$$

其平衡常数表达式为：

$$K^{\ominus} = \frac{c[FeF_6]^{3-} c^6(SCN^-)}{c([Fe(NCS)_6]^{3-}) c^6(F^-)}$$

将上式分子、分母同乘以 $c(Fe^{3+})$，则

$$K^{\ominus} = \frac{c([FeF_6]^{3-}) c^6(SCN^-)}{c([Fe(NCS)_6]^{3-}) c^6(F^-)} \times \frac{c(Fe^{3+})}{c(Fe^{3+})}$$
$$= \frac{K_{稳}^{\ominus}([FeF_6]^{3-})}{K_{稳}^{\ominus}([Fe(NCS)_6]^{3-})}$$
$$= \frac{2.04 \times 10^{14}}{1.48 \times 10^3}$$
$$= 1.38 \times 10^{11}$$

转化平衡常数很大，这种转化很容易、很完全。若反向转化，转化常数

$$K^{\ominus\prime} = \frac{1}{K^{\ominus}} = \frac{1}{1.38 \times 10^{11}} = 7.25 \times 10^{-12}$$

$K^{\ominus\prime}$ 极小，这种转化很难，以至不可能。

4. 配位平衡与氧化还原反应

【演示实验 13-6】 在试管中加入 1mL 0.1mol/L $FeCl_3$ 溶液和 5 滴 CCl_4，滴加 0.1mol/L KI 溶液 1mL，振荡。

另取一支试管，加入 1mL 0.1mol/L $FeCl_3$ 溶液，滴加 1mol/L NaF 溶液至无色后，再加入 1mL 0.1mol/L KI 溶液和 5 滴 CCl_4，振荡。

在溶液中 $FeCl_3$ 能顺利地将 KI 氧化成 I_2：

$$2Fe^{3+} + 2I^- \longrightarrow 2Fe^{2+} + I_2$$

因为 $\varphi^\ominus(Fe^{3+}/Fe^{2+}) = 0.771V$，$\varphi^\ominus(I_2/I^-) = 0.535V$，可见 Fe^{3+} 的氧化性较强，I^- 的还原性较强，上述反应可自左向右进行。实验中可清楚地观察到 CCl_4 层中 I_2 的紫红色。

如果在反应前加入 NaF 溶液，Fe^{3+} 与 F^- 结合生成 $[FeF_6]^{3-}$，由于 $[FeF_6]^{3-}$ 稳定，再要氧化 I^- 就不行了。因此实验中 CCl_4 层没有发生颜色的改变。

这样的例子很多，如 Pb^{4+} 很不稳定，$PbCl_4$ 极易分解成 $PbCl_2$ 和 Cl_2，但当它形成 $[PbCl_6]^{2-}$ 后 +4 价态的铅就能保持稳定；又如 Cu^+ 不稳定，当它形成 $[Cu(CN)_2]^-$ 后则变得相当稳定。

可见形成体形成配合物以后，其氧化还原能力会发生改变。有时甚至会改变氧化还原反应的方向。

通过对相关电对 $\varphi^\ominus$ 的计算可以进一步说明。如反应

$$2[FeF_6]^{3-} + 2I^- \Longleftrightarrow 2Fe^{2+} + 12F^- + I_2$$

是否可以自左向右进行呢，也就是 $[FeF_6]^{3-}$ 是否可以氧化 I^- 呢？只要求出 $\varphi^\ominus([FeF_6]^{3-}/Fe^{2+})$ 就可以回答这个问题。

设想两个电极反应：

$$[FeF_6]^{3-} + e \Longleftrightarrow Fe^{2+} + 6F^- \qquad \varphi^\ominus = ?$$
$$Fe^{3+} + e \Longleftrightarrow Fe^{2+} \qquad \varphi^\ominus = 0.771V$$

将它们组成原电池，并令其反应达到平衡，即电动势为零（$E=0$），则两电极电势相等。根据氧化还原平衡和能斯特方程式，存在下列关系：

$$\varphi^\ominus([FeF_6]^{3-}/Fe^{2+}) + 0.0592 \lg \frac{c([FeF_6]^{3-})}{c(Fe^{2+})c^6(F^-)}$$

$$= \varphi^\ominus(Fe^{3+}/Fe^{2+}) + 0.0592 \lg \frac{c(Fe^{3+})}{c(Fe^{2+})}$$

整理得：

$$\varphi^\ominus([FeF_6]^{3-}/Fe^{2+}) = \varphi^\ominus(Fe^{3+}/Fe^{2+}) + 0.0592 \lg \frac{c(Fe^{3+})}{c(Fe^{2+})} \times \frac{c(Fe^{2+})c^6(F^-)}{c([FeF_6]^{3-})}$$

$$= \varphi^\ominus(Fe^{3+}/Fe^{2+}) + 0.0592 \lg \frac{c(Fe^{3+})c^6(F^-)}{c([FeF_6]^{3-})}$$

$$= \varphi^\ominus(Fe^{3+}/Fe^{2+}) + 0.0592 \lg K^\ominus_{不稳}([FeF_6]^{3-})$$

$$= \varphi^\ominus(Fe^{3+}/Fe^{2+}) - 0.0592 \lg K^\ominus_{稳}([FeF_6]^{3-})$$

$$= 0.771 - 0.0592 \lg(2.04 \times 10^{14})$$

$$= -0.076(V)$$

因为 $\varphi^\ominus(I_2/I^-) = 0.535V$，所以反应

$$2[FeF_6]^{3-} + 2I^- \Longleftrightarrow 2Fe^{2+} + 12F^- + I_2$$

不能自左向右进行，只能自右向左进行。

形成体形成配合物后，氧化还原性能发生改变，甚至影响氧化还原反应的方向。再如金属铂不溶于 HNO_3，但可溶于王水。

$$3Pt + 8HNO_3 \Longleftrightarrow 3Pt(NO_3)_2 + 2NO + 4H_2O$$

由于 $\varphi^\ominus(Pt^{2+}/Pt) = 1.19V$，$\varphi^\ominus(NO_3^-/NO) = 0.96V$，反应不能自左向右进行。改用王水后，由于形成了 $[PtCl_4]^{2-}$，使得 +2 价态的铂氧化能力下降，$\varphi^\ominus([PtCl_4]^{2-}/Pt) = 0.73V$，溶解反应得以顺序进行。

$$3Pt + 2HNO_3 + 12HCl \longrightarrow 3H_2[PtCl_4] + 2NO\uparrow + 4H_2O$$

第四节　配位理论的应用

一、配合物形成时的特征

配合物在水溶液中形成时常伴随出现一些特征，这些特征常可作为判断配合物生成的依据。

1. 颜色改变

某些金属离子在形成配合物时会明显地发生颜色改变。如 Fe^{3+} 形成 $[Fe(NCS)_6]^{3-}$ 时颜色由淡黄色变为血红色；Cu^{2+} 形成 $[Cu(NH_3)_4]^{2+}$ 时颜色由蓝色变为深蓝色。

一般地说，具有颜色的水合离子生成配离子时会发生颜色的改变；没有颜色的水合离子形成配离子时不发生颜色的改变。例如：

$$[Co(H_2O)_6]^{2+} \longrightarrow [Co(NCS)_4]^{2-}$$
（粉红色）　　　　　（蓝紫色）

$$[Zn(H_2O)_4]^{2+} \longrightarrow [Zn(NH_3)_4]^{2+}$$
（无色）　　　　　（无色）

$$[Ag(H_2O)_2]^+ \longrightarrow [Ag(NH_3)_2]^+$$
（无色）　　　　　（无色）

2. 难溶化合物溶解——配位溶解

一些难溶于水的化合物常由于形成配合物而溶解。例如：

$$AgCl + 2NH_3 \longrightarrow [Ag(NH_3)_2]^+ + Cl^-$$
$$AgBr + 2Na_2S_2O_3 \longrightarrow Na_3[Ag(S_2O_3)_2] + NaBr$$
$$AgI + 2KCN \longrightarrow K[Ag(CN)_2] + KI$$
$$HgI_2 + 2KI \longrightarrow K_2[HgI_4]$$

3. pH 改变

一些较弱的酸在形成配合物时，酸性往往会变强。例如：

$$HF + BF_3 \longrightarrow H[BF_4]$$
弱酸　　　　　强酸

$$2HCN + Ag^+ \longrightarrow H[Ag(CN)_2] + H^+$$
弱酸　　　　　强酸

$$Zn^{2+} + H_2Y^{2-} \longrightarrow ZnY^{2-} + 2H^+$$
弱酸　　　　　强酸

4. 形成体氧化还原性改变

在水溶液中，由于金属离子转变为配离子，形成体得失电子的能力会发生改变。如前已讨论过的 Fe^{3+} 在形成 $[FeF_6]^{3-}$ 后就不能再氧化 I^- 了，而 $[Fe(H_2O)_6]^{3+}$ 则可轻易地将 I^- 氧化为 I_2。配合物形成时引起的性质上的变化，常常可作为配合物应用的依据。

二、配位理论的应用

随着配位化学的发展，配位理论的应用越来越广泛。下面做一些简单的介绍。

1. 氮肥厂的铜洗

含有 $[Cu(NH_3)_2]^+$ 的醋酸溶液，常用来吸收 CO 以净化合成氨的原料气。

$$[Cu(NH_3)_2]^+ + CO \longrightarrow [Cu(NH_3)_2CO]^+$$

或
$$[Cu(NH_3)_2]^+ + NH_3 + CO \longrightarrow [Cu(NH_3)_3CO]^+$$

2. 湿法冶金

湿法冶金就是在水溶液中直接从矿石中将金属以化合物的形式浸取出来，然后再进一步还原为金属的过程。湿法冶金比火法冶金既经济又简单，广泛用于从矿石中提取稀有金属。在湿法冶金中配合物的形成起着重要的作用。如金的提炼：

$$4Au + 8CN^- + 2H_2O + O_2 \longrightarrow 4[Au(CN)_2]^- + 4OH^-$$

利用该法，可从含金量很低的矿石中将金几乎全部浸出。然后将含有 $Au(CN)_2^-$ 的溶液用锌还原而得单质金：

$$Zn + 2[Au(CN)_2]^- \longrightarrow 2Au + [Zn(CN)_4]^{2-}$$

3. 物质分离

如在 $AgCl$-AgI 体系中，加入 $NH_3 \cdot H_2O$。

$$AgCl\text{-}AgI + 2NH_3 \longrightarrow [Ag(NH_3)_2]Cl + AgI$$

$AgCl$ 可溶于 $NH_3 \cdot H_2O$，而 AgI 不溶，从而达到分离两种沉淀混合物的目的。

又如在 Al^{3+}-Fe^{3+} 体系中，加入过量的 $NaOH$ 溶液，Al^{3+} 以 $[Al(OH)_4]^-$ 存在于溶液中，而 Fe^{3+} 则以 $Fe(OH)_3$ 沉淀析出。

$$Al^{3+} + 4OH^- \longrightarrow [Al(OH)_4]^-$$
$$Fe^{3+} + 3OH^- \longrightarrow Fe(OH)_3 \downarrow$$

还有如 Al^{3+} 与 Zn^{2+} 可以用过量 $NH_3 \cdot H_2O$ 分离等。

这种分离方法在稀有元素的分离中具有十分重要的意义。

4. 电镀

电镀时，通常不能用简单盐溶液而是用相应配合物的盐溶液。因为配合物溶液中，简单金属离子的浓度低，金属在镀件上析出的速度慢，从而可以得到光滑、致密、牢固的镀层。

常用的电镀液是氰配合物，因为 CN^- 配合能力很强，所得的镀层质量好。但氰化物极毒，为防止环境污染，无氰电镀是电镀技术研究中的重要课题。

5. 去除有关离子

在医疗上，可用使 Pb^{2+}、Hg^{2+} 等重金属离子形成配离子的方法解除铅、汞中毒。如注射 $Na_2[CaY]$ 溶液能治疗铅中毒，因为 Pb^{2+} 可以生成比 CaY^{2-} 更稳定的 PbY^{2-} 螯合离子。

$$CaY^{2-} + Pb^{2+} \longrightarrow PbY^{2-} + Ca^{2+}$$

PbY^{2-} 无毒、可溶，能经肾脏排出体外。

又如，可用 $FeSO_4$ 消除水中的氰化物。

$$3Fe^{2+} + 6CN^- \longrightarrow Fe_2[Fe(CN)_6] \downarrow$$
$$\text{（白色）}$$

6. 离子鉴定

在定性分析中，广泛应用形成配合物的方法进行离子鉴定。

某种配位剂若能和金属离子形成特征的有色配合物或沉淀，便可对该离子进行特效鉴定。例如：

$$Fe^{3+} + 6SCN^- \longrightarrow [Fe(NCS)_6]^{3-}$$
$$\text{（淡黄色）} \qquad\qquad \text{（血红色）}$$

$$Cu^{2+} + 4NH_3 \longrightarrow [Cu(NH_3)_4]^{2+}$$
$$\text{（蓝色）} \qquad\qquad \text{（深蓝色）}$$

硫氰酸盐和氨水分别可用来鉴定 Fe^{3+} 和 Cu^{2+}，它们分别为鉴定 Fe^{3+} 和 Cu^{2+} 的特效试剂。

某些鉴定反应中，配合物本身就是一种特效试剂。如 $K_2[HgI_4]$ 的碱性溶液称为奈斯勒试剂，是鉴定铵盐的特效试剂。NH_4^+ 与奈斯勒试剂作用生成棕黄色的沉淀。

$$NH_4^+ + 2[HgI_4]^{2-} + 4OH^- \longrightarrow \left[O \begin{array}{c} Hg \\ Hg \end{array} NH_2 \right] I\downarrow + 7I^- + 3H_2O$$
$$\text{（棕黄色）}$$

因为奈氏试剂是一种碱性溶液，试液中如果有 Fe^{3+}、Cr^{3+}、Co^{2+}、Ni^{2+} 等存在，则会与 OH^- 作用生成深色的氢氧化物沉淀，就不能直接用于鉴定。如有色沉淀干扰 NH_4^+ 检出时应使用气室法鉴定。其鉴定步骤为：

在一表面皿中加试液 2 滴，加 $6mol/L$ NaOH 溶液至碱性后再过量 1 滴。在另一表面皿中贴上用奈斯勒试剂浸润过的滤纸条（奈斯勒试纸）一小块，立即盖于前一表面皿上做成气室。如纸条变为棕色，说明 NH_4^+ 存在。

7. 测定物质含量

如前所述的用 SCN^- 与 Fe^{3+} 作用形成血红色配合物可以鉴定 Fe^{3+} 的存在，同时也可根据血红色的深浅，进行铁的比色测定，确定溶液中 Fe^{3+} 的含量。

近些年来发现某些螯合剂能与金属离子在水中形成溶解度极小的中性螯合物沉淀，它具有相当大的化学式量，有固定的组成。所以少量的金属离子便可产生相当大量的沉淀，沉淀还具有易于过滤和洗涤的优点，因此可以大大提高重量分析的精确度。例如，8-羟基喹啉重量法测铝。

8. 掩蔽干扰离子

在含有多种金属离子的试液中，要测定其中某种金属离子，其他离子往往可能发生类似反应而干扰测定。例如在用 KSCN 鉴定 Co^{2+} 时：

$$Co^{2+} + 4SCN^- \longrightarrow [Co(NCS)_4]^{2-}$$
　　（粉红色）　　　　　　　　　（宝石蓝色）

若试液中含有 Fe^{3+}，加入配位剂 KSCN，

$$Fe^{3+} + 6SCN^- \longrightarrow [Fe(NCS)_6]^{3-}$$
　　　　　　　　　　　　　　（血红色）

干扰 Co^{2+} 的鉴定。如果事先在试液中加入 NaF，使 Fe^{3+} 生成稳定的无色 $[FeF_6]^{3-}$，这样就排除了 Fe^{3+} 对 Co^{2+} 鉴定的干扰作用。

这种防止干扰的作用常称为掩蔽效应，起掩蔽作用的配位剂称为掩蔽剂。

掩蔽干扰的方法也常用于定量分析中。如碘量法测铜：

$$2Cu^{2+} + 4I^- \longrightarrow 2CuI\downarrow + I_2$$

$$I_2 + 2S_2O_3^{2-} \longrightarrow 2I^- + S_4O_6^{2-}$$

样品用水溶解后，加入过量 KI 溶液与 Cu^{2+} 充分作用，定量析出的 I_2，以淀粉作指示剂，用 $Na_2S_2O_3$ 标准溶液滴定，由消耗 $Na_2S_2O_3$ 标准溶液的浓度和体积可计算出铜的量。若试样中有 Fe^{3+} 存在，发生如下反应：

$$2Fe^{3+} + 2I^- \longrightarrow 2Fe^{2+} + I_2$$

这样使得体系中产生的 I_2 不全是由 Cu^{2+} 作用而来，会消耗较多的 $Na_2S_2O_3$ 溶液而使测定结果偏高。也就是说 Fe^{3+} 的存在对铜的定量测定有干扰。所以应事先在试液中加入 NaF 掩蔽 Fe^{3+} 以排除干扰。

配合物的应用还有很多。如用浓盐酸处理电解铜的阳极泥，使其中的 Au、Pt 等贵金属形成 $HAuCl_4$ 和 H_2PtCl_4 配合物，可以充分回收贵重金属；在照相业中，用 $Na_2S_2O_3$ 溶液溶解照相底片上未感光的 AgBr；在原子能工业中，用 EDTA 作排除人体放射性元素的高效解毒剂等。

总之，配合物在染料、化工、冶金、电镀、医药、原子能利用、防腐、土壤改良以及稀有元素分离等方面，正得到越来越广泛的应用。

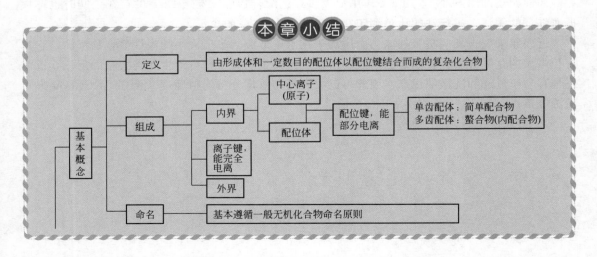

本 章 小 结

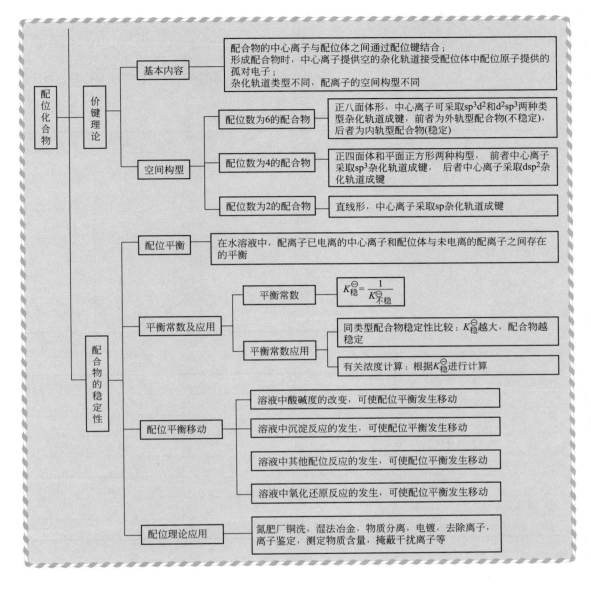

思考与习题

1. 填空题

（1）配合物是由_____与_____以_____键形成的复杂化合物。配合物在组成上分为内界和外界，内界中又分为_____和_____。配位体中与中心离子直接结合的原子叫_____。_____的配位体，叫单齿配位体；_____的配位体叫多齿配位体。由_____与中心离子结合形成的具有_____结构的配合物叫_____，又称螯合物。

（2）配合物 $[Cu(NH_3)_4]SO_4$ 中，内界为_____，外界为_____；内界与外界是以_____键结合的。

（3）配合物 $[CoCl_3(NH_3)_3]$ 中，形成体是_____，配位体是_____，配位原子是_____，形成体的配位数是_____。

（4）配位体数相同的配合物 $K_{\text{不稳}}^{\ominus}$ 越大，配合物越_____，$K_{\text{稳}}^{\ominus}$ 越大，配合物越_____。同一配合物

的 $K_{稳}^{\ominus}$ 和 $K_{不稳}^{\ominus}$ 的关系是 _____。

（5）下列配合物：A 为 $K_4[Fe(CN)_6]$；B 为 $[PtCl_6]^{2-}$；C 为 $[Cr(en)_3]Cl_3$；D 为 $[Co(CN)_6]^{4-}$ 其中中心离子氧化数为 +3，配位数为 6 的是 _____。

（6）下列配合物：CaY^{2-}、$[Cu(en)_2]^{2+}$、$[CoCl_3(NH_3)_3]$、$K_4[Fe(CN)_6]$，其中是内配合物的是 _____。

（7）命名下列配合物，并指出形成体、配位体和配位数。

配 合 物	配 位 体	形 成 体	配 位 数	名 称
$[Co(NH_3)_6]Cl_3$				
$Cu[SiF_6]$				
$[PtCl(NO_2)(NH_3)_2]$				
$K_4[Fe(CN)_6]$				
$K_3[Fe(CN)_6]$				
$[CoCl(NH_3)_5]Cl_2$				
$K_4[Cu(CN)_6]$				
$[CoCl_2(NH_3)_3(H_2O)]Cl$				
$[PtCl_2(en)]$				
$Na_2[CaY]$				

（8）写出下列物质的化学式、内界和外界。

配合物名称	化学式	内界	外界
硫酸四氨合铜（Ⅱ）			
硝酸二氨合银（Ⅰ）			
二硫氰酸根合铜（Ⅰ）酸钾			
二硫代硫酸根合银（Ⅰ）酸钠			
四氯合铂（Ⅱ）酸钾			
氯化二氯·二氨·一乙二胺合钴（Ⅲ）			
硫酸四氨·二水合钴（Ⅲ）			

2. 选择题

（1）在配位化合物中，一般作为中心形成体的元素是（　　）。

　　A. 非金属元素　　　　　B. 过渡金属元素　　　　C. 金属元素　　　　　D. ⅢB—Ⅷ副族元素

（2）$[Co(NH_3)_5H_2O]Cl_3$ 的正确命名是（　　）。

　　A. 一水·五氨基氯化钴　　　　　　　　　　　B. 三氯化一水·五氨合钴（Ⅱ）

　　C. 三氯化五氨·一水合钴（Ⅲ）　　　　　　　D. 三氯化一水·五氨合钴（Ⅲ）

（3）配合物的空间构型和配位数之间有着密切的关系，配位数为 4 的配合物空间构型可能是（　　）。

　　A. 正四面体　　　　　B. 正八面体　　　　　C. 直线型　　　　　D. 三角形

（4）AgCl 在下列溶液中（浓度均为 1mol/L）溶解度最大的是（　　）。

　　A. 氨水　　　　　　　B. $Na_2S_2O_3$　　　　　　C. KI　　　　　　　　D. NaCl

（5）医院放射科在处理病人拍摄的 X 光片时会使用一种定影剂除去 X 光片上未显影的 AgBr，溶解形成的产物是（　　）。

　　A. $AgNO_3$　　　　　　B. $[Ag(NH_3)_2]^+$　　　C. $[Ag(S_2O_3)_2]^{3-}$　　D. $[Ag(CN)_2]^-$

3. 是非题（正确的划 "√"，错误的划 "×"）

（1）在所有配合物中，配位体总数就是中心离子的配位数。　　　　　　　　　　　　　　　　　（　　）

（2）配离子 $[Cu(en)_2]^{2+}$ 中有 2 个配体，该配离子中 Cu^{2+} 的配位数为 2。 （ ）

（3）螯合物的配体为多齿配体，与中心离子形成环状结构，故螯合物稳定性大。 （ ）

（4）价键理论认为，配合物具有不同的空间构型是由于中心离子（或原子）采用不同杂化轨道与配体成键的结果。 （ ）

（5）已知配离子 $[Fe(CN)_6]^{3-}$ 是内轨配合物，配离子 $[FeF_6]^{3-}$ 是外轨配合物，它们的空间结构均为正八面体形，所以中心离子均采用 d^2sp^3 杂化。 （ ）

4. 问答题

（1）已知 $[Ni(CN)_4]^{2-}$ 的空间构型为平面正方形；$[Zn(NH_3)_4^{2+}]$ 为正四面体形。画出它们的中心离子价电子分布示意图，并指出其杂化轨道类型。

（2）在不同条件下，从溶液中析出三种不同颜色的 $CrCl_3 \cdot 6H_2O$ 晶体，绿色晶体的溶液与 $AgNO_3$ 溶液作用后，有三分之一的氯被沉淀析出；蓝色晶体的溶液与 $AgNO_3$ 溶液作用后有三分之二的氯被沉淀析出；紫色晶体的溶液能被 $AgNO_3$ 溶液沉淀出全部氯。形成体 Cr^{3+} 的配位数为 6。分别写出三种晶体的结构式。

（3）向 $[Cu(NH_3)_4]SO_4$ 溶液中分别加入下列物质：

① 盐酸　　② 氨水　　③ Na_2S 溶液

离解平衡 $[Cu(NH_3)_4]^{2+} \rightleftharpoons Cu^{2+} + 4NH_3$

向哪一方移动？请指出可能产生的现象。

（4）根据配合物的 $K_{稳}^{\ominus}$ 和难溶电解质的 $K_{sp}^{\ominus}$ 说明：

① $AgCl$ 沉淀溶于氨水，而 AgI 则不溶于氨水；

② AgI 沉淀不溶于氨水，但可溶于 KCN 溶液；

③ $AgBr$ 沉淀可溶于 KCN 溶液，而 Ag_2S 则不能溶于 KCN 溶液。

（5）在 $FeCl_3$ 溶液中加入 $KSCN$ 溶液，溶液立即变为血红色；在 $K_3[Fe(CN)_6]$ 溶液中加入 $KSCN$ 溶液却无变化，为什么？

（6）EDTA 能使 $[Fe(NCS)_6]^{3-}$ 的血红色消失，为什么？同时，EDTA 还可用作重金属离子（Pb^{2+}、Hg^{2+}）的解毒剂，为什么？

（7）用离子方程式表达下列过程。

① 浓盐酸酸化 $[Cu(NH_3)_4]^{2+}$ 溶液时，颜色发生变化；

② 用过量 $NaOH$ 溶液分离 Zn^{2+} 和 Fe^{3+}；

③ 用过量氨水分离 Zn^{2+} 和 Al^{3+}。

5. 计算题

（1）判断下列配位反应进行的方向。

① $[HgI_4]^{2-} + 4Cl^- \rightleftharpoons [HgCl_4]^{2-} + 4I^-$

② $[Cu(CN)_2]^- + 2NH_3 \rightleftharpoons [Cu(NH_3)_2]^+ + 2CN^-$

③ $[Cu(NH_3)_4]^{2+} + Zn^{2+} \rightleftharpoons [Zn(NH_3)_4]^{2+} + Cu^{2+}$

（2）将 $0.100mol/L$ Ni^{2+} 溶液与等体积的 2.0 $mol/L NH_3 \cdot H_2O$ 混合，计算溶液中 Ni^{2+} 和 $[Ni(NH_3)_4]^{2+}$ 配离子的浓度。（已知：$K^{\ominus} = 9.1 \times 10^7$）

📖 **阅读材料**

特殊配合物及其应用

一、羰合物与高纯金属的制备

羰合物是一类特殊的配位化合物。其特点是形成体不是离子而是中性原子，配位体是中性分子 CO。羰合物通常是由 CO 与金属直接作用而生成的。如常温常压下，CO 与 Ni 直接作用可生成 $Ni(CO)_4$（四羰合镍）：

$$Ni + 4CO \longrightarrow Ni(CO)_4$$

200℃和 CO 的压力为 $1.01 \times 10^4 kPa$ 时，CO 与 Fe 直接作用可生成 $Fe(CO)_5$（五羰合铁）：

$$Fe + 5CO \longrightarrow Fe(CO)_5$$

羰合物又叫羰基配合物，上述 $Ni(CO)_4$ 和 $Fe(CO)_5$ 也可分别称为四羰基合镍和五羰基合铁。

羰合物中，CO 与金属原子也是以配位键结合起来的。如 $Ni(CO)_4$ 中，Ni 原子的价电子层构型为 $3d^8 4s^2$，电子在轨道中的分布情况为：

$$\begin{array}{ccc} 3d & 4s & 4p \end{array}$$
Ni

实验测得 $Ni(CO)_4$ 的磁矩为零，其空间构型为正四面体。故可推知，在 CO 与 Ni 作用形成 $Ni(CO)_4$ 时，Ni 原子 4s 轨道中的一对电子被挤入 3d 轨道中。配位体 CO 中的配位原子 C 原子的孤对电子则进入到 Ni 原子的 4s 和 4p 轨道中，以 sp^3 杂化轨道成键。$Ni(CO)_4$ 中，Ni 原子价电子层示意图为：

$$\begin{array}{ccc} 3d & 4s & 4p \end{array}$$
$Ni(CO)_4$

CO   COCOCO

sp^3杂化轨道

$Fe(CO)_5$ 则是以 dsp^3 杂化轨道成键的，其空间构型为三角双锥。

羰合物在常温下通常都是易挥发的液体或固体。羰合物一般热稳定性较低，易分解为金属和 CO，因此羰合物均为有毒物质。

工业上早就利用羰合物的生成和分解来制备高纯金属。如利用 $Ni(CO)_4$ 的生成和分解，可以制得高纯镍。金属镍中常含有杂质钴，在常温或较常温稍高的温度及常压下，CO 与 Ni 反应生成 $Ni(CO)_4$，但在这样的条件下钴不与 CO 反应。将所得 $Ni(CO)_4$ 的蒸气加热至约 180℃则分解而得高纯镍。利用类似的方法也可以制得高纯铁。

二、烯烃配合物与配位催化反应

烯烃配合物也是一类特殊的配位化合物。它是烯烃作为配位体与形成体形成的配合物。许多过渡金属离子如 Cu^+、Ag^+、Hg^{2+}、Ni^{2+}、Pd^{2+}、Pt^{2+} 等均可与烯烃形成较稳定的配合物。例如，在常温下，于 $PtCl_2$ 的 HCl 溶液中通入乙烯（C_2H_4），再加入 KCl，可得到 $K[PtCl_3(C_2H_4)]$［三氯·乙烯合铂（Ⅱ）酸钾］。

$$PtCl_2 + 2HCl \longrightarrow H_2[PtCl_4]$$
$$H_2[PtCl_4] + C_2H_4 + KCl \longrightarrow K[PtCl_3(C_2H_4)] + 2HCl$$

这是人类早在十九世纪就已发现的烯烃配合物。

从乙烯的分子结构看，似乎没有孤对电子可用来与金属离子形成配位键，那么这类配合物中形成体与配位体是如何结合的呢？分子轨道理论认为是乙烯分子中的 π 键电子部分进入 Pt^{2+} 的空轨道而形成给电子键。这种成键的结果减弱了碳碳之间的双键，使乙烯的碳原子核附近的电子云密度降低，这样就改变了烯烃的性质。本来乙烯容易发生加成反应而不容易发生取代反应等其他反应，但形成乙烯配合物以后，使乙烯发生其他反应（如氧化反应）变得容易。实际上这是由于配位反应引起的催化作用。这种利用配位反应而引起的催化作用称为配位催化反应。配位催化反应活性高、选择性好、反应条件温和，因此在有机合成中占有重要的地位。例如乙烯转化为乙醛的氧化反应在通常情况下是难以发生的，但在乙烯与

PdCl$_2$ 形成配合物以后，反应就变得很容易进行了。乙烯在 PdCl$_2$ 催化下，常温、常压下便可被氧化成乙醛。这是一个很重要的配位催化反应。

$$C_2H_4 + PdCl_2 + H_2O \longrightarrow CH_3CHO + Pd + 2HCl$$

$$Pd + 2CuCl_2 \longrightarrow PdCl_2 + 2CuCl$$

$$2CuCl + \frac{1}{2}O_2 + 2HCl \longrightarrow 2CuCl_2 + H_2O$$

总反应式为：

$$C_2H_4 + \frac{1}{2}O_2 \xrightarrow[\text{稀盐酸}]{PdCl_2, CuCl_2} CH_3CHO$$

$$\text{乙醛}$$

反应过程可以简述如下：首先水溶液中的乙烯和 Pd^{2+} 形成 [PdCl$_2$(H$_2$O)(C$_2$H$_4$)] 配合物，乙烯分子中的双键在 Pd^{2+} 的影响下减弱了，配位后的双键伸长，键能减小。因此配位后的乙烯分子被活化了，配合物在水溶液中变得不稳定，容易发生重排。重排后生成了乙醛。同时 Pd^{2+} 被还原为金属 Pd，Pd 在 CuCl$_2$ 的作用下生成 PdCl$_2$ 可循环使用，CuCl 又借空气氧化为 CuCl$_2$。

配位催化在合成橡胶、合成树脂等过程中也经常得到应用。

第十四章

过渡元素

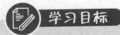 学习目标

知识目标：

1. 理解过渡元素的价电子层构型及特性；
2. 掌握铜、银、锌、锰、铁及其重要化合物的性质；
3. 了解汞、铬、钴、镍及其重要化合物的性质。

能力目标：

1. 能鉴别银离子、亚铁离子、铁离子和锌离子；
2. 能正确书写过渡元素的重要化学反应方程式；
3. 能正确理解过渡元素单质及其化合物的氧化还原性能。

在元素周期表的中部ⅢB族到ⅡB族即从左至右依次为钪副族、钛副族、钒副族、铬副族、锰副族、第Ⅷ副族、铜副族和锌副族的元素，统称为过渡元素。

过渡元素按周期可分为四个过渡系，第四过渡系目前其性质尚不太明了，通常所说的过渡元素主要是指前三个系列。即位于第四周期的 Sc 到 Zn 称为第一过渡系；第五周期的 Y 到 Cd 称为第二过渡系；第六周期的 La 到 Hg 称为第三过渡系。

本章仅讨论其中最常见、最重要的 Cu、Ag、Zn、Hg、Cr、Mn、Fe、Co、Ni 等元素。

第一节　过渡元素的电子层结构与特性

一、电子层结构

过渡元素原子结构的共同特点是：同一过渡系的元素，随着核电荷的增加，增加的电子依次填充到次外层的 d 轨道上，而最外层只有 $1\sim2$ 个 s 电子，其价电子层构型为 $(n-1)$ $d^{1\sim10}ns^{1\sim2}$（Pd 除外）。由于过渡元素原子最外层只有 $1\sim2$ 个电子，较易失去，故过渡元素都是金属元素。

二、过渡元素的特性

过渡元素中，除ⅠB族、ⅡB族元素和 Pd 外，其次外层的 d 轨道均未充满，d 电子从 1 个增加到 10 个，这些 d 电子与最外层的 s 电子相比，对元素性质影响较小，因此过渡元素的金属性变化并不明显。另外，过渡元素的原子半径相应较小，单质的密度和硬度相应较大、熔点和沸点相应较高、导电导热性能好。如钨的熔点为 3410℃，是所有金属中熔点最高的。

由于同一过渡系最外层电子数几乎相同，原子半径的变化也不大，故它们的化学活泼性也十分相似。如第一过渡系元素除铜外均可与稀酸作用置换出 H_2。同一过渡系从左至右金属性大体上是逐渐减弱，但减弱程度不大。

由于过渡元素原子结构的相似性，所以过渡元素大都具有以下特性。

1. 同一种元素有多种氧化数

过渡元素的原子在形成化合物时，不仅最外层的 s 电子参与成键，次外层的 d 电子也部分或全部参与成键。因此过渡元素大多具有多种氧化数。如 Mn 的价电子构型为 $3d^5 4s^2$，其常见的氧化数有 +2、+3、+4、+6、+7 等。其他元素除 ⅢB 族和 Zn、Cd 外也都具有可变氧化数。

2. 水合离子和酸根离子带有颜色

过渡元素的水合离子和酸根离子大多带有颜色。如 Cu^{2+} 为蓝色，Cr^{3+} 为蓝紫色，Co^{2+} 为粉红色，MnO_4^- 为紫色，$Cr_2O_7^{2-}$ 为橘红色等。

过渡元素的离子之所以有颜色，是因为它们具有未成对的 d 电子。不含成单 d 电子的离子是无色的，如 Zn^{2+}、Cu^+、Ag^+ 等。显色的原因比较复杂，这里不作深入讨论。

3. 容易形成配合物

过渡元素的原子具有 $(n-1)d$、ns、np、nd 等价电子轨道。对离子来说 ns、np、nd 轨道都是空的。$(n-1)d$ 轨道大多部分未充满；对于原子来说，除 $(n-1)d$ 轨道部分未充满外，np、nd 都是空轨道。这种电子构型具有接受配位体孤对电子的条件；另外，过渡元素的离子半径比相应主族元素小，极化力较大，即使配位体具有孤对电子的轨道变形的能力较大；同时，由于过渡元素具有较活泼的 d 轨道，过渡元素离子的变形性也比相应主族元素大。所以过渡元素具有较强的形成配合物的倾向，它们可以形成氨配合物、氰配合物、硫氰配合物以及羰基配合物等。这些配合物在分析化学、选矿、催化剂等方面都得到广泛的应用。

过渡元素都是 d 区元素，它们外层电子的主要差异体现在 d 轨道中电子的增减，因此过渡元素及其化合物有很多共性。尤其是同一副族过渡元素因"镧系收缩"（见阅读材料）的影响，性质上表现出相当大的相似性。

第二节　铜、银、锌、汞及其重要化合物

铜和银属于元素周期表中 ⅠB 族的元素。ⅠB 族包括 **Cu、Ag、Au** 三种元素，称为铜副族元素。铜副族的价电子层构型为 $(n-1)d^{10}ns^1$，金属性依 Cu-Ag-Au 顺序减弱，均为不活泼金属，有不同氧化数，能形成稳定的配合物。

铜在潮湿的空气中，表面会缓慢生成铜锈（碱式碳酸铜）：

$$2Cu + O_2 + H_2O + CO_2 \longrightarrow Cu_2(OH)_2CO_3$$

银遇含有 H_2S 的空气时，表面会生成一层黑色的 Ag_2S，使银失去光泽：

$$4Ag + 2H_2S + O_2 \longrightarrow 2Ag_2S + 2H_2O$$

锌和汞属于元素周期表中 ⅡB 族的元素。ⅡB 族元素包括 **Zn、Cd、Hg** 三种元素，称为锌副族元素。锌副族的价电子层构型为 $(n-1)d^{10}ns^2$，金属性依 Zn-Cd-Hg 顺序减弱。Zn、Cd 的氧化数为 +2，Hg 的氧化数为 +2 或 +1。锌副族元素能形成稳定的配合物。

一、锌和汞的单质

1. 锌

锌是银白色略带蓝色的金属，常温下硬度较大，稍有韧性。在潮湿的空气中表面能形成一层致密的碱式碳酸锌保护膜：

$$4Zn+2O_2+3H_2O+CO_2 \longrightarrow ZnCO_3 \cdot 3Zn(OH)_2$$

因此锌在空气中比较稳定，常温下也不与水反应，所以常将锌镀于铁和钢的表面，增加其抗腐蚀能力。如镀锌铁皮（白铁皮）。

锌在红热时能分解水蒸气，生成 ZnO，放出 H_2：

$$Zn+H_2O(g) \xrightarrow{\text{高温}} ZnO+H_2 \uparrow$$

锌是两性元素，既能溶于酸，又能溶于碱：

$$Zn+2HCl \longrightarrow ZnCl_2+H_2 \uparrow$$

$$Zn+2NaOH+2H_2O \longrightarrow Na_2[Zn(OH)_4]+H_2 \uparrow$$

锌是活泼金属，与氧化性酸反应，可将对应元素还原，例如：

$$Zn+2H_2SO_4(浓) \xrightarrow{\triangle} ZnSO_4+SO_2 \uparrow +2H_2O$$

$$4Zn+10HNO_3(极稀) \longrightarrow 4Zn(NO_3)_2+NH_4NO_3+3H_2O$$

锌的用途很广，是很多合金中的主要成分，如黄铜（铜、锌合金）。大量锌用于制造白铁皮。锌也是制干电池的重要材料。

2. 汞

常温下，汞是唯一的液态金属，银白色，俗称水银。汞及其蒸气都是剧毒物质。保存时为防止汞挥发而造成污染，可用水封住其表面。

常温下，汞稳定，不被空气氧化，加热至 300℃ 时才能与空气中的 O_2 化合成红色的 HgO：

$$2Hg+O_2 \xrightarrow{\triangle} 2HgO$$

加热时，汞可直接与卤素反应生成 +2 价态的卤化物。例如：

$$Hg+Cl_2 \longrightarrow HgCl_2$$

汞不能置换酸中的氢，但可被氧化性酸氧化：

$$Hg+2H_2SO_4(浓) \xrightarrow{\triangle} HgSO_4+SO_2 \uparrow +2H_2O$$

$$Hg+4HNO_3(浓) \xrightarrow{\triangle} Hg(NO_3)_2+2NO_2 \uparrow +2H_2O$$

$$6Hg+8HNO_3(冷、稀) \longrightarrow 3Hg_2(NO_3)_2+2NO \uparrow +4H_2O$$

汞能溶解多种金属，如金、银、锡、钠、钾等溶于汞形成合金，叫汞齐。汞受热时膨胀均匀，不湿润玻璃，密度大，可用来制作温度计、气压计等。

二、铜和银的化合物

1. 氧化物和氢氧化物

铜和银可形成以下的氧化物和氢氧化物并具有不同的颜色：

Cu_2O（黄或红色）、Ag_2O（暗棕色）、CuO（黑色）、$CuOH$（黄色）、$AgOH$（白色）、$Cu(OH)_2$（蓝色）。

Cu_2O 是自然界中赤铜矿的主要成分，实验室中加热 CuO 可得 Cu_2O：

$$4CuO \xrightarrow{1000℃} 2Cu_2O + O_2 \uparrow$$
$$\text{（黑色）} \qquad \text{（红色）}$$

Cu_2O 不溶于水，但能与酸发生歧化反应：

$$Cu_2O + H_2SO_4 \xrightarrow{\triangle} CuSO_4 + Cu + H_2O$$

CuO 可由 $CuCO_3$ 或 $Cu(NO_3)_2$ 热分解或铜粉加热制得：

$$CuCO_3 \xrightarrow{\triangle} CuO + CO_2 \uparrow$$

$$2Cu(NO_3)_2 \xrightarrow{\triangle} 2CuO + 4NO_2 \uparrow + O_2 \uparrow$$

$$2Cu + O_2 \xrightarrow{\triangle} 2CuO$$

CuO 难溶于水，易溶于酸。

$$CuO + 2H^+ \longrightarrow Cu^{2+} + H_2O$$

Ag_2O 可由可溶性银盐与强碱反应生成。

$$2Ag^+ + 2OH^- \longrightarrow Ag_2O \downarrow + H_2O$$

Ag_2O 微溶于水，溶液呈弱碱性。Ag_2O 受热发生分解：

$$2Ag_2O \xrightarrow{\triangle} 4Ag + O_2 \uparrow$$

Ag_2O 可溶于 HNO_3 和氨水。

$$Ag_2O + 2HNO_3 \longrightarrow 2AgNO_3 + H_2O$$

$$Ag_2O + 4NH_3 \cdot H_2O \longrightarrow 2[Ag(NH_3)_2]^+ + 2OH^- + 3H_2O$$

$CuOH$ 和 $AgOH$ 均不稳定。

$Cu(OH)_2$ 可由 Cu^{2+} 盐与适量碱作用制得：

$$Cu^{2+} + 2OH^- \longrightarrow Cu(OH)_2 \downarrow$$

$Cu(OH)_2$ 受热发生分解。

$$Cu(OH)_2 \longrightarrow CuO + H_2O$$

$Cu(OH)_2$ 是两性偏碱的氢氧化物，易溶于酸，也可溶于较浓的碱。

$$Cu(OH)_2 + 2H^+ \longrightarrow Cu^{2+} + 2H_2O$$

$$Cu(OH)_2 + 2OH^- \longrightarrow [Cu(OH)_4]^{2-}$$

$Cu(OH)_2$ 可溶于氨水。

$$Cu(OH)_2 + 4NH_3 \longrightarrow [Cu(NH_3)_4]^{2+} + 2OH^-$$

$[Cu(NH_3)_4]^{2+}$ 溶液可溶解纤维，可用于人造丝生产。

2. 氯化铜和氯化亚铜

无水 **$CuCl_2$** 为棕色固体，从溶液中只能析出 **$CuCl_2 \cdot 2H_2O$** 晶体。要将这种晶体加热脱去结晶水制取无水 $CuCl_2$，必须在干燥的 HCl 气体中加热至 150℃，否则 $CuCl_2 \cdot 2H_2O$ 晶体按下式分解。

$$2CuCl_2 \cdot 2H_2O \xrightarrow{\triangle} Cu(OH)_2 \cdot CuCl_2 + 2HCl + 2H_2O$$

$CuCl_2$ 易溶于水，也易溶于乙醇等有机溶剂。在 $CuCl_2$ 水溶液中，Cu^{2+} 与 H_2O 和 Cl^-

能生成 $[Cu(H_2O)_4]^{2+}$ 和 $[CuCl_4]^{2-}$ 两种配离子。在一般浓度的溶液中两种配离子同时存在，溶液显绿色；在浓溶液中，由于 $[CuCl_4]^{2-}$ 浓度较大，溶液显黄绿色；在稀溶液中则以 $[Cu(H_2O)_4]^{2+}$ 为主，$[CuCl_4]^{2-}$ 浓度小，溶液显浅蓝色。溶液中存在下列平衡：

$$CuCl_4^{2-} + 4H_2O \Longrightarrow [Cu(H_2O)_4]^{2+} + 4Cl^-$$

$CuCl_2$ 用于制玻璃、陶瓷、颜料，也用作消毒剂、媒染剂和催化剂。灼烧 $CuCl_2$，可出现绿色火焰，$CuCl_2$ 可作焰火原料。

$CuCl$（氯化亚铜）可用热浓盐酸和铜粉还原 $CuCl_2$ 而后用水稀释制得。

$$Cu + CuCl_2 + 2HCl(浓) \xrightarrow{\triangle} 2H[CuCl_2]$$

反应中由于生成配合物 $H[CuCl_2]$，促进 Cu 不断将 Cu^{2+} 还原为 Cu^+。用水稀释则析出白色 $CuCl$ 沉淀。

$$H[CuCl_2] \xrightarrow{水} CuCl\downarrow + HCl$$

无水 $CuCl_2$ 加热，也可得 $CuCl$。

$$2CuCl_2 \xrightarrow{500℃} 2CuCl + Cl_2$$

$CuCl$ 不溶于 H_2SO_4 和稀 HNO_3，但可溶于氨水，有机工艺中常用作催化剂和还原剂。

3. 硫酸铜

无水硫酸铜为白色粉末，从水溶液中结晶时只能得 $CuSO_4 \cdot 5H_2O$，这种蓝色的晶体俗称胆矾。

无水 $CuSO_4$ 易溶于水，不溶于有机溶剂，吸水性强，吸水后显示出特征蓝色。利用这一性质可检验出有机液体中存在的微量水。

$CuSO_4$ 水溶液由于 Cu^{2+} 水解而显弱酸性。

$CuSO_4$ 是制取铜盐的主要原料。$CuSO_4$ 溶液具有一定的杀菌能力，与石灰乳混合而成"波尔多液"，用于杀灭果树害虫。

4. 卤化银

卤化银中除 AgF 易溶于水外，其余皆难溶于水，按 $AgCl$、$AgBr$、AgI 顺序溶解度依次减小，颜色依次加深。

$AgCl$、$AgBr$、AgI 都有感光性，照相底片的感光胶层中就有 $AgBr$。$AgBr$ 在感光下分解成"银核"（银原子）：

$$2AgBr \xrightarrow{光} 2Ag + Br_2$$

含有银核的 $AgBr$ 经"显影"处理，即成黑色的金属银，然后将底片浸入 $Na_2S_2O_3$ 溶液中，使未感光的 $AgBr$ 形成 $[Ag(S_2O_3)_2]^{3-}$ 而溶解，剩下的银不再变化，这一过程叫定影：

$$AgBr + 2S_2O_3^{2-} \longrightarrow [Ag(S_2O_3)_2]^{3-} + Br^-$$

经过定影就得到形象清晰的底片。所以在工业上大量卤化银用作感光材料。AgI 在人工降雨中用作冰核形成剂。

5. 硝酸银

$AgNO_3$ 为无色不带结晶水的晶体，易溶于水，热稳定性较低，受热或见光可逐渐分解。因此 $AgNO_3$ 的固体和溶液均应保存在棕色瓶中。

$AgNO_3$ 大量用于制作照相底片。$AgNO_3$ 形成 $[Ag(NH_3)_2]^+$ 后与一些有机还原剂可发生银镜反应，以前用于制镜工业。$AgNO_3$ 对有机组织有破坏作用，医疗上可用作消毒剂或腐蚀剂。$AgNO_3$ 也是一种重要的化学试剂。

6. 铜、银的配合物

Cu^+ 与 Ag^+ 均可与单齿配位体形成配位数为 2、3、4 的配合物。如 $[Cu(NH_3)_2]^+$、$[Ag(NH_3)_2]^+$、$[Ag(S_2O_3)_2]^{3-}$、$[Ag(CN)_2]^-$ 等。

Cu^{2+} 与单齿配位体形成配位数为 4 的配合物。如 $[Cu(NH_3)_4]^{2+}$、$[CuCl_4]^{2-}$、$[Cu(H_2O)_4]^{2+}$ 等。Cu^{2+} 也可与多齿配位体形成稳定的螯合物。

三、锌和汞的化合物

1. 氧化锌和氢氧化锌

ZnO 是难溶于水的白色粉末，可作白色颜料，称为锌白。ZnO 无毒，有收敛和防腐性，医药上常用作橡皮胶。

ZnO 是两性氧化物，既能溶于酸又能溶于碱。

$$ZnO + H_2SO_4 \longrightarrow ZnSO_4 + H_2O$$
$$ZnO + 2NaOH \longrightarrow Na_2ZnO_2 + H_2O$$

$Zn(OH)_2$ 是两性氢氧化物，与 ZnO 一样，既可溶于酸也可溶于碱。

$$Zn(OH)_2 + 2H^+ \longrightarrow Zn^{2+} + 2H_2O$$
$$Zn(OH)_2 + 2OH^- \longrightarrow [Zn(OH)_4]^{2-}$$

$Zn(OH)_2$ 可与氨水形成 $[Zn(NH_3)_4]^{2+}$。利用这一性质，可分离 Zn^{2+} 和 Al^{3+}。

$Zn(OH)_2$ 受热分解。

$$Zn(OH)_2 \xrightarrow{\triangle} ZnO + H_2O$$

所以 $Zn(OH)_2$ 是制造纯 ZnO 的原料。

2. 锌和汞的硫化物

ZnS 是一种很好的白色颜料，ZnS 和 $BaSO_4$ 的混合物称为锌钡白，商品名立德粉。

HgS 的天然矿物叫朱砂，可作红色颜料。医学上可用以治疗惊风、心悸、失眠等症，也可外用杀菌。

3. 锌和汞的氯化物

$ZnCl_2$ 易溶于水，且发生水解。水合氯化锌加热时水解形成碱式盐：

$$ZnCl_2 \cdot H_2O \xrightarrow{\triangle} Zn(OH)Cl + HCl\uparrow$$

因此必须在 HCl 气流中蒸发 $ZnCl_2$ 溶液，才能制得无水 $ZnCl_2$。

$ZnCl_2$ 在水中溶解度很大，$10\,℃$ 时每 100g 水可溶解 320g 无水盐。它的浓溶液由于形成配位酸而有显著的酸性，可溶解金属氧化物。

$$ZnCl_2 + H_2O \longrightarrow H[ZnCl_2(OH)]$$
$$FeO + 2H[ZnCl_2(OH)] \longrightarrow Fe[ZnCl_2(OH)]_2 + H_2O$$

利用这一性质，在焊接金属时，用 $ZnCl_2$ 浓溶液清除金属表面的氧化物。

汞的氯化物有 $HgCl_2$ 和 Hg_2Cl_2。

$HgCl_2$ 熔点低、易升华，又称升汞。升汞剧毒，口服 1g 即可致命，少量服入也易留下后遗症。$HgCl_2$ 稍溶于水，电离度很小，易水解。

$$HgCl_2 + H_2O \rightleftharpoons Hg(OH)Cl + HCl$$

Hg_2Cl_2 味甜，又称甘汞，无毒，微溶于水，不稳定，见光分解。

$$Hg_2Cl_2 \longrightarrow HgCl_2 + Hg$$

所以 Hg_2Cl_2 应避光保存。

$HgCl_2$ 与 Hg 一起研磨，反应生成 Hg_2Cl_2：

$$HgCl_2 + Hg \longrightarrow Hg_2Cl_2$$

$HgCl_2$ 与稀氨水作用生成 $Hg(NH_2)Cl$ 白色沉淀：

$$HgCl_2 + 2NH_3 \longrightarrow Hg(NH_2)Cl\downarrow + NH_4Cl$$
氯化氨基汞
（氨基氯化汞）

若在含 NH_4Cl 的浓氨水中，$HgCl_2$ 则与 NH_3 反应生成 $[HgCl_2(NH_3)_2]$ 沉淀：

$$HgCl_2 + 2NH_3 \longrightarrow [HgCl_2(NH_3)_2]\downarrow$$
二氯·二氨合汞（Ⅱ）

Hg_2Cl_2 与氨水则发生歧化反应：

$$Hg_2Cl_2 + 2NH_3 \longrightarrow Hg(NH_2)Cl\downarrow + Hg\downarrow + NH_4Cl$$

金属汞为分散的银色细珠，所以沉淀是灰色的。

医疗上常用 $HgCl_2$ 的稀溶液作器械消毒剂，中医称之为白降丹，用以治疗疔毒。Hg_2Cl_2 用于制甘汞电极。

4. 锌和汞的配合物

Zn^{2+} 和 Hg^{2+} 有较强的形成配合物的倾向，可形成一系列的配合物。如 $[Zn(NH_3)_4]^{2+}$、$[Zn(CN)_4]^{2-}$、$[HgCl_4]^{2-}$、$[HgI_4]^{2-}$、$[Hg(CN)_4]^{2-}$、$[Hg(SCN)_4]^{2-}$ 等。

HgI_4^{2-} 的碱性溶液叫奈斯勒试剂，是检验铵盐的特效试剂。

练一练

在 Cu^{2+}、Ag^+、Zn^{2+} 和 Hg^{2+} 的溶液中，分别加入适量的 NaOH 溶液，各有什么物质生成？

第三节　铬、锰及其重要化合物

一、铬及其重要化合物

单质铬是具有银白色光泽的金属，抗腐蚀能力强，故常作为镀层金属镀于其他金属表面。铬表面易形成氧化膜，对水和空气都比较稳定。大量的铬用于制造合金，如不锈钢。

Cr 的价电子层构型为 $3d^5 4s^1$。其重要化合物主要为 +3 价态和 +6 价态。

1. Cr(Ⅲ) 化合物

Cr(Ⅲ) 的化合物有 Cr_2O_3（墨绿色）、$Cr(OH)_3$（灰绿色）及铬盐。

Cr_2O_3 和 $Cr(OH)_3$ 均具有两性，既能溶于酸又能溶于碱：

$$Cr_2O_3 + 6H^+ \longrightarrow 2Cr^{3+} + 3H_2O$$

$$Cr_2O_3 + 2OH^- \longrightarrow 2CrO_2^- + H_2O$$

$$Cr(OH)_3 + 3H^+ \longrightarrow Cr^{3+} + 3H_2O$$

$$Cr(OH)_3 + OH^- \longrightarrow CrO_2^- + 2H_2O$$

$$[或\ Cr(OH)_3 + OH^- \longrightarrow Cr(OH)_4^-]$$

在碱性介质中，H_2O_2 能将 $Cr(OH)_4^-$ 氧化成 CrO_4^{2-}：

$$2[Cr(OH)_4]^- + 3H_2O_2 + 2OH^- \xrightarrow{\triangle} 2CrO_4^{2-} + 8H_2O$$

（绿色）　　　　　　　　　　　　（黄色）

+3 价的铬盐中，比较重要的有 $KCr(SO_4)_2 \cdot 12H_2O$（铬钾矾）、$Cr_2(SO_4)_3 \cdot 18H_2O$ 和 $CrCl_3 \cdot 6H_2O$。

强氧化剂（如 $KMnO_4$、$K_2S_2O_8$）在酸性介质中能将 Cr^{3+} 氧化为 $Cr_2O_7^{2-}$，例如：

$$10Cr^{3+} + 6MnO_4^- + 11H_2O \longrightarrow 5Cr_2O_7^{2-} + 6Mn^{2+} + 22H^+$$

Cr^{3+} 易与 H_2O、NH_3、Cl^-、CN^-、SCN^- 等形成配位数为 6 的配合物，并且都具有颜色。如 $[Cr(H_2O)_6]^{3+}$（紫色）、$[CrCl(H_2O)_5]^{2+}$（绿色）、$[CrCl_2(H_2O)_4]^+$（暗绿色）、$[Cr(NH_3)_2(H_2O)_4]^{3+}$（紫红色）、$[Cr(NH_3)_4(H_2O)_2]^{3+}$（橙红色）、$[Cr(NH_3)_6]^{3+}$（黄色）等。

2. Cr(Ⅵ) 化合物

Cr(Ⅵ) 化合物常以 CrO_4^{2-} 和 $Cr_2O_7^{2-}$ 形式存在。

橘红色的 $K_2Cr_2O_7$ 工业上称红矾钾，易溶于水，在水中存在下列平衡。

$$Cr_2O_7^{2-} + H_2O \rightleftharpoons 2CrO_4^{2-} + 2H^+$$

（橘红色）　　　　　（黄色）

体系酸碱度的改变会引起平衡发生移动，从而发生颜色的变化。

在酸度较小的情况下，Cr(Ⅵ) 在溶液中主要以 CrO_4^{2-} 形式存在，CrO_4^{2-} 与 Ag^+、Ba^{2+}、Pb^{2+} 等作用，生成难溶的铬酸盐。

$$2Ag^+ + CrO_4^{2-} \longrightarrow Ag_2CrO_4 \downarrow$$

（砖红色）

$$Ba^{2+} + CrO_4^{2-} \longrightarrow BaCrO_4 \downarrow$$

（黄色）

$$Pb^{2+} + CrO_4^{2-} \longrightarrow PbCrO_4 \downarrow$$

（黄色）

在酸性介质中，$Cr_2O_7^{2-}$ 能将 Fe^{2+} 氧化为 Fe^{3+}：

$$Cr_2O_7^{2-} + 6Fe^{2+} + 14H^+ \longrightarrow 2Cr^{3+} + 6Fe^{3+} + 7H_2O$$

分析上可利用此反应来测定试样中铁的含量。

$K_2Cr_2O_7$ 是重要的氧化剂。

二、锰及其重要化合物

锰是银灰色的金属，像铁，但比铁软且更易被氧化。纯锰的用处并不多。锰的主要用途是制合金钢（含 Mn 13% 以上）。锰钢硬且韧，易加工，无磁性。大量用于制钢球、滚珠、轴承、钢轨等耐磨损、抗冲击的构件。锰钢也是一种新型的建筑结构材料。

Mn 的价电子层构型为 $3d^5 4s^2$，其重要化合物主要为 +2、+4、+7 价态。

1. Mn(Ⅱ) 化合物

可溶性的 Mn(Ⅱ) 盐在酸性介质中比较稳定，只有强氧化剂才能将其氧化。如

$$2Mn^{2+} + 5NaBiO_3 + 14H^+ \longrightarrow 5Na^+ + 5Bi^{3+} + 2MnO_4^- + 7H_2O$$

分析上常用该反应来鉴定 Mn^{2+}。

Mn(Ⅱ) 在碱性介质中生成 $Mn(OH)_2$ 沉淀，极易被空气中的 O_2 氧化生成 $MnO(OH)_2$。

$$2Mn(OH)_2 + O_2 \longrightarrow 2MnO(OH)_2$$
$$\text{（肉色）} \qquad\qquad \text{（棕色）}$$

2. Mn(Ⅳ) 化合物

Mn(Ⅳ) 化合物中最重要的是 MnO_2。MnO_2 是一种黑色粉末，难溶于水，是软锰矿的主要成分。

MnO_2 在酸性介质中具有氧化性。例如：

$$MnO_2 + 4HCl(\text{浓}) \longrightarrow MnCl_2 + Cl_2 + 2H_2O$$

实验室常利用该反应制取 Cl_2。

MnO_2 与碱在空气中共熔或与碱、氧化剂共熔可得深绿色的锰酸盐：

$$2MnO_2 + 4KOH + O_2 \xrightarrow{\text{熔融}} 2K_2MnO_4 + 2H_2O$$

$$3MnO_2 + 6KOH + KClO_3 \xrightarrow{\text{熔融}} 3K_2MnO_4 + KCl + 3H_2O$$

MnO_2 是制取锰化合物的原料，工业上广泛用作氧化剂、催化剂，也是制干电池的材料。

3. Mn(Ⅶ) 化合物

Mn(Ⅶ) 化合物中最常见的是深紫色的晶体 $KMnO_4$。$KMnO_4$ 易溶于水，水溶液呈红紫色。

$KMnO_4$ 是最重要和最常用的氧化剂，在反应中，随介质不同，还原产物也不同。如 $KMnO_4$ 与 Na_2SO_3 在不同介质中反应：

酸性介质 $\qquad 2MnO_4^- + 5SO_3^{2-} + 6H^+ \longrightarrow 2Mn^{2+} + 5SO_4^{2-} + 3H_2O$

中性介质 $\qquad 2MnO_4^- + 3SO_3^{2-} + H_2O \longrightarrow 2MnO_2 \downarrow + 3SO_4^{2-} + 2OH^-$

碱性介质 $\qquad 2MnO_4^- + SO_3^{2-} + 2OH^- \longrightarrow 2MnO_4^{2-} + SO_4^{2-} + H_2O$

$KMnO_4$ 也可以与低价态的 Mn^{2+} 发生氧化还原反应，生成中间价态的化合物。例如：

$$2MnO_4^- + 3Mn^{2+} + 2H_2O \longrightarrow 5MnO_2 \downarrow + 4H^+$$

$KMnO_4$ 又称灰锰氧，主要用作氧化剂，分析上可用它测 Fe^{2+}、NO_2^- 等还原性物质的含量，0.1% 的 $KMnO_4$ 稀溶液常用于水果消毒。

想一想

MnO_4^- 在不同介质中的还原产物有何不同？

第四节　铁、钴、镍及其重要化合物

铁、钴、镍是元素周期表中Ⅷ副族的第一过渡系的元素，因它们的性质相似，称为铁系

元素。

Fe、Co、Ni 的价电子层构型分别为 $3d^6 4s^2$、$3d^7 4s^2$、$3d^8 4s^2$，一般都表现为＋2、＋3 的氧化数。铁的＋3 价态较稳定，钴的＋2 价态较稳定，镍多为＋2 价态的化合物。

铁、钴、镍单质都是有光泽的银白色金属，有强磁性，它们的许多合金是很好的磁性材料。铁系元素是中等活泼的金属。常温下与干燥的空气、O_2、Cl_2、Br_2、S 等并不发生显著作用，与冷的浓 H_2SO_4 和浓 HNO_3 成钝态。但在高温下则能发生剧烈的反应。

一、氧化物

铁系元素都能形成＋2 和＋3 价态的氧化物。

＋2 价态的氧化物为 FeO（黑色）、CoO（灰绿色）、NiO（绿色），它们都是难溶于水的碱性氧化物。它们都可溶于酸。

$$MO + 2H^+ \longrightarrow M^{2+} + H_2O$$

＋3 价态的氧化物为 Fe_2O_3（砖红色）、Co_2O_3（褐色）、Ni_2O_3（灰黑色），它们都是两性偏碱的氧化物，难溶于水，可溶于酸。

$$M_2O_3 + 6H^+ \longrightarrow 2M^{3+} + 3H_2O$$

铁还有一种较复杂的氧化物——Fe_3O_4。Fe_3O_4 是具有磁性的黑色晶体，故称磁性氧化铁，是磁铁矿的主要成分，其晶体中铁有两种不同价态，＋2 价态占 1/3，＋3 价态占 2/3，因此，Fe_3O_4 可以看成是由 FeO 和 Fe_2O_3 组成的化合物——$FeO \cdot Fe_2O_3$，但经研究认为其结构为 $Fe[Fe_2O_4]$。磁铁矿也是炼铁的重要原料。

二、氢氧化物

与氧化物一样，铁系元素都有＋2 价态和＋3 价态的氢氧化物。＋2 价态的氢氧化物为 $Fe(OH)_2$（白色）、$Co(OH)_2$（粉红色）、$Ni(OH)_2$（苹果绿色），它们都是略显碱性的难溶于水的氢氧化物。

$Fe(OH)_2$ 在溶液中很快被氧化成 $Fe(OH)_3$，颜色逐渐由白色到绿色，最后变为棕红色。

$$4Fe(OH)_2 + 2H_2O + O_2 \longrightarrow 4Fe(OH)_3$$

$Co(OH)_2$ 也能发生上述类似的反应，但比 $Fe(OH)_2$ 要缓慢得多，通常要进行充分搅拌或微热。而 $Ni(OH)_2$ 在空气中稳定，不发生上述类似的反应。但是 $Co(OH)_2$ 和 $Ni(OH)_2$ 可被氧化剂溴水氧化为 $Co(OH)_3$ 和 $Ni(OH)_3$。

$$2Co(OH)_2 + Br_2 + 2NaOH \longrightarrow 2Co(OH)_3 + 2NaBr$$

$$2Ni(OH)_2 + Br_2 + 2NaOH \longrightarrow 2Ni(OH)_3 + 2NaBr$$

由以上讨论可以看出铁系元素＋2 价态氢氧化物的还原性依 $Fe(OH)_2$—$Co(OH)_2$—$Ni(OH)_2$ 的顺序逐渐减弱。

铁系元素＋3 价态的氢氧化物为 $Fe(OH)_3$（棕色）、$Co(OH)_3$（棕色）、$Ni(OH)_3$（黑色），它们都是难溶于水的两性偏碱的氢氧化物，在酸溶液中它们表现为碱性，例如：

$$Fe(OH)_3 + 3HCl \longrightarrow FeCl_3 + 3H_2O$$

它们还表现为酸性，都可以溶于热的强碱溶液中。

$Co(OH)_3$ 和 $Ni(OH)_3$ 在盐酸溶液中还呈现出氧化性，$Ni(OH)_3$ 表现得更为突出。

$$2Co(OH)_3 + 6HCl \longrightarrow 2CoCl_2 + Cl_2 \uparrow + 6H_2O$$

$$2Ni(OH)_3 + 6HCl \longrightarrow 2NiCl_2 + Cl_2 \uparrow + 6H_2O$$

可见，铁系元素+3 价态的氢氧化物的氧化性依 $Fe(OH)_3$—$Co(OH)_3$—$Ni(OH)_3$ 的顺序逐渐增强。

练一练

用盐酸处理 $Fe(OH)_3$、$Co(OH)_3$、$Ni(OH)_3$ 三种沉淀物，各有什么现象发生，用反应方程式表示。

三、盐类

铁系元素与盐酸、硫酸、硝酸都可形成+2 价态的盐 $MCl_2 \cdot 6H_2O$、$MSO_4 \cdot 7H_2O$、$M(NO_3)_2 \cdot 6H_2O$。这些盐均易溶于水，同一种酸形成的盐的结晶水合物所含结晶水数目相同。其中重要的有 $FeSO_4 \cdot 7H_2O$ 和 $CoCl_2 \cdot 6H_2O$。

$FeSO_4 \cdot 7H_2O$ 是一种绿色的晶体，俗称绿矾。绿矾在空气中容易被氧化，但它与 $(NH_4)_2SO_4$ 所形成的复盐 $(NH_4)_2SO_4 \cdot FeSO_4 \cdot 6H_2O$（硫酸亚铁铵，俗称摩尔盐）在空气中却相当稳定。

无水 $CoCl_2$ 是蓝色的晶体，在空气中逐步吸水使颜色由蓝色到蓝紫色，再到紫红色，最后变为粉红色的 $CoCl_2 \cdot 6H_2O$。 利用 $CoCl_2$ 在吸水过程中颜色的变化这一特性，将其加入到常用的硅胶干燥剂中，指示硅胶吸水性能的变化，当硅胶由蓝色变为粉红色时，说明硅胶已失效但可脱水继续使用。在硅胶脱水过程中，$CoCl_2 \cdot 6H_2O$ 也逐步脱水。

$$CoCl_2 \cdot 6H_2O \underset{52℃}{\rightleftharpoons} CoCl_2 \cdot 2H_2O \underset{90℃}{\rightleftharpoons} CoCl_2 \cdot H_2O \underset{120℃}{\rightleftharpoons} CoCl_2$$
$$\text{（粉红色）} \qquad \text{（紫红色）} \qquad \text{（蓝紫色）} \qquad \text{（蓝色）}$$

铁系元素+3 价态的盐中，仅铁盐是稳定的。钴盐和镍盐均不稳定。从下面各电对的 $\varphi^{\ominus}$ 可清楚说明这一点。

$$Fe^{3+} + e \rightleftharpoons Fe^{2+} \qquad \varphi^{\ominus} = 0.771V$$
$$Co^{3+} + e \rightleftharpoons Co^{2+} \qquad \varphi^{\ominus} = 1.84V$$
$$Ni^{3+} + e \rightleftharpoons Ni^{2+} \qquad \varphi^{\ominus} > 1.84V$$

Fe^{3+} 与较强的还原剂如 H_2S、$SnCl_2$、KI、SO_2、Cu 等作用也可显示其一定的氧化能力。例如：

$$2FeCl_3 + H_2S \longrightarrow 2FeCl_2 + S \downarrow + 2HCl$$
$$Fe_2(SO_4)_3 + SnCl_2 + 2HCl \longrightarrow 2FeSO_4 + SnCl_4 + H_2SO_4$$
$$2FeCl_3 + Cu \longrightarrow 2FeCl_2 + CuCl_2$$

后一反应在印刷业中应用于"烂版"。

Fe^{3+} 在水溶液中有明显的水解作用，故 $FeCl_3$ 水溶液显酸性。

四、配合物

铁系元素能与配位剂形成大量的稳定的配合物。例如：

1. 与 F^-

$+2$ 价态的离子与 F^- 均不能形成稳定的配合物。$+3$ 价态的离子可形成 $[FeF_6]^{3-}$ 和 $[CoF_6]^{3-}$。

分析中常利用生成 $[FeF_6]^{3-}$ 的反应来掩蔽体系中的 Fe^{3+}。

2. 与 NH_3

$+2$ 和 $+3$ 价态的 Co^{2+}、Co^{3+} 和 Ni^{2+}、Ni^{3+} 与 NH_3 能形成相应的稳定配合物 $[Co(NH_3)_6]^{2+}$、$[Co(NH_3)_6]^{3+}$、$[Ni(NH_3)_4]^{2+}$、$[Ni(NH_3)_6]^{2+}$、$[Ni(NH_3)_6]^{3+}$。但 Fe^{2+} 与 NH_3 不能形成稳定的配合物，Fe^{3+} 与 $NH_3 \cdot H_2O$ 只能形成 $Fe(OH)_3$。

Co^{3+} 与 NH_3 形成的配合物很稳定，但它并不是 Co^{3+} 与 NH_3 在水溶液中直接生成的，通常是由 $[Co(NH_3)_6]^{2+}$ 氧化而制得。

3. 与 SCN^-

$+2$ 价态的离子与 SCN^- 形成的配合物在水溶液中都不太稳定。但是在水溶液中不太稳定的蓝色的 $[Co(NCS)_4]^{2-}$，能较稳定地存在于戊醇或丙酮中。分析中鉴定 Co^{2+} 常利用这一特性。

$$Co^{2+} + 4SCN^- \longrightarrow [Co(NCS)_4]^{2-}（丙酮或戊醇中）$$
$$（宝石蓝色）$$

Fe^{3+} 与 SCN^- 形成组成为 $[Fe(NCS)_n]^{3-n}$（$n = 1 \sim 6$）的血红色配合物。反应中逐步替换 $[Fe(H_2O)_6]^{3+}$ 中的 H_2O。

$$[Fe(H_2O)_6]^{3+} + SCN^- \longrightarrow [Fe(NCS)(H_2O)_5]^{2+} + H_2O$$
$$[Fe(NCS)(H_2O)_5]^{2+} + SCN^- \longrightarrow [Fe(NCS)_2(H_2O)_4]^+ + H_2O$$
$$\cdots\cdots$$
$$[Fe(NCS)_5(H_2O)]^{2-} + SCN^- \longrightarrow Fe(NCS)_6^{3-} + H_2O$$

反应可写成如下通式：

$$Fe^{3+} + nSCN^- \longrightarrow [Fe(NCS)_n]^{3-n}$$

Fe^{3+} 从结合一个 SCN^- 到结合六个 SCN^- 所形成的配合物都呈血红色。这一反应非常灵敏，是鉴定 Fe^{3+} 存在与否的重要反应之一。

4. 与 CO

铁系元素与 CO 形成的配合物有 $Fe(CO)_5$、$Co_2(CO)_8$、$Ni(CO)_4$。这类配合物的形成体是中性原子，配位体为中性分子 CO。它们的熔点低、沸点低、易挥发，在挥发过程中收集挥发物进行热分解，可获得高纯金属。

5. 与 CN^-

CN^- 与 $+2$ 价态的离子及 Fe^{3+}、Co^{3+} 能形成配位数为 6 或 4 的配合物。这些配合物都是内轨型的配合物，在溶液中都很稳定。

黄色晶体 $K_4[Fe(CN)_6] \cdot 3H_2O$ 俗称黄血盐。它可由 Fe^{2+} 与 KCN 在水溶液中直接形成。

$$Fe^{2+} + 2CN^- \longrightarrow Fe(CN)_2 \downarrow$$
$$Fe(CN)_2 + 4KCN \longrightarrow K_4[Fe(CN)_6]$$

Fe^{3+} 不能与 KCN 直接生成 $K_3[Fe(CN)_6]$。$K_3[Fe(CN)_6]$ 是由 Cl_2 氧化 $K_4[Fe(CN)_6]$ 的溶

液而制得。

$$2K_4[Fe(CN)_6]+Cl_2 \longrightarrow 2K_3[Fe(CN)_6]+2KCl$$

$K_3[Fe(CN)_6]$ 是一种红褐色的晶体，俗称赤血盐。

$[Fe(CN)_6]^{4-}$ 和 $[Fe(CN)_6]^{3-}$ 在溶液中十分稳定，在含 $[Fe(CN)_6]^{4-}$ 和 $[Fe(CN)_6]^{3-}$ 的溶液中几乎检查不出离解的 Fe^{2+} 和 Fe^{3+}。

$[Fe(CN)_6]^{4-}$ 遇 Fe^{3+} 立即产生蓝色沉淀，这种蓝色称普鲁士蓝，其反应方程式为：

$$4Fe^{3+}+3[Fe(CN)_6]^{4-} \longrightarrow Fe_4[Fe(CN)_6]_3 \downarrow$$
（普鲁士蓝）

这一反应也是检查溶液中是否存在 Fe^{3+} 的灵敏反应。

$[Fe(CN)_6]^{3-}$ 与 Fe^{2+} 在溶液中也产生蓝色沉淀。这种蓝色称滕布尔蓝，即滕氏蓝。其反应方程式为：

$$3Fe^{2+}+2[Fe(CN)_6]^{3-} \longrightarrow Fe_3[Fe(CN)_6]_2 \downarrow$$
（滕氏蓝）

这一反应是检查溶液中是否存在 Fe^{2+} 的灵敏反应。

近年来经 X 射线等的研究查明，普鲁士蓝和滕氏蓝的结构相同，结构为 $KFe^{III}[Fe^{II}(CN)_6]$。反应方程式可写成：

$$Fe^{3+}+[Fe(CN)_6]^{4-}+K^+ \longrightarrow KFe[Fe(CN)_6] \downarrow$$
$$Fe^{2+}+[Fe(CN)_6]^{3-}+K^+ \longrightarrow KFe[Fe(CN)_6] \downarrow$$

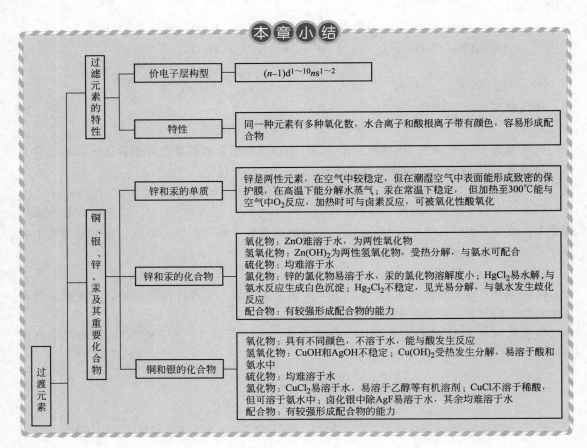

本章小结

过渡元素	过滤元素的特性	价电子层构型	$(n-1)d^{1\sim10}ns^{1\sim2}$
		特性	同一种元素有多种氧化数，水合离子和酸根离子带有颜色，容易形成配合物
	铜、银、锌、汞及其重要化合物	锌和汞的单质	锌是两性元素，在空气中较稳定，但在潮湿空气中表面能形成致密的保护膜，在高温下能分解水蒸气；汞在常温下稳定，但加热至300℃能与空气中O_2反应，加热时可与卤素反应，可被氧化性酸氧化
		锌和汞的化合物	氧化物：ZnO难溶于水，为两性氧化物 氢氧化物：Zn(OH)_2为两性氢氧化物，受热分解，与氨水可配合 硫化物：均难溶于水 氯化物：锌的氯化物易溶于水，汞的氯化物溶解度小；HgCl_2易水解，与氨水反应生成白色沉淀；Hg_2Cl_2不稳定，见光易分解，与氨水发生歧化反应 配合物：有较强形成配合物的能力
		铜和银的化合物	氧化物：具有不同颜色，不溶于水，能与酸发生反应 氢氧化物：CuOH和AgOH不稳定；Cu(OH)_2受热发生分解，易溶于酸和氨水中 硫化物：均难溶于水 氯化物：CuCl_2易溶于水，易溶于乙醇等有机溶剂；CuCl不溶于稀酸，但可溶于氨水中；卤化银中除AgF易溶于水，其余均难溶于水 配合物：有较强形成配合物的能力

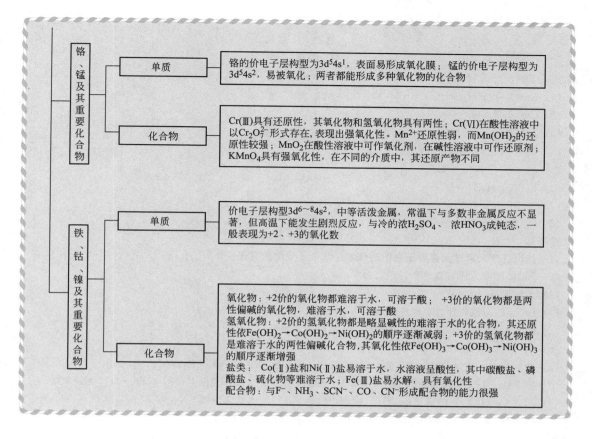

铬、锰及其重要化合物

单质：铬的价电子层构型为3d⁵4s¹，表面易形成氧化膜；锰的价电子层构型为3d⁵4s²，易被氧化；两者都能形成多种氧化物的化合物

化合物：Cr(Ⅲ)具有还原性，其氧化物和氢氧化物具有两性；Cr(Ⅵ)在酸性溶液中以$Cr_2O_7^{2-}$形式存在，表现出强氧化性。Mn^{2+}还原性弱，而$Mn(OH)_2$的还原性较强；MnO_2在酸性溶液中可作氧化剂，在碱性溶液中可作还原剂；$KMnO_4$具有强氧化性，在不同的介质中，其还原产物不同

铁、钴、镍及其重要化合物

单质：价电子层构型3d⁶~⁸4s²，中等活泼金属，常温下与多数非金属反应不显著，但高温下能发生剧烈反应，与冷的浓H_2SO_4、浓HNO_3成钝态，一般表现为+2、+3的氧化数

化合物：
氧化物：+2价的氧化物都难溶于水，可溶于酸；+3价的氧化物都是两性偏碱的氧化物，难溶于水，可溶于酸
氢氧化物：+2价的氢氧化物都是略显碱性的难溶于水的化合物，其还原性依$Fe(OH)_2 \rightarrow Co(OH)_2 \rightarrow Ni(OH)_2$的顺序逐渐减弱；+3价的氢氧化物都是难溶于水的两性偏碱化合物，其氧化性依$Fe(OH)_3 \rightarrow Co(OH)_3 \rightarrow Ni(OH)_3$的顺序逐渐增强
盐类：Co(Ⅱ)盐和Ni(Ⅱ)盐易溶于水，水溶液呈酸性，其中碳酸盐、磷酸盐、硫化物等难溶于水；Fe(Ⅲ)盐易水解，具有氧化性
配合物：与F^-、NH_3、SCN^-、CO、CN^-形成配合物的能力很强

思考与习题

1. 填空题

（1）元素周期表中_____族元素统称为过渡元素。

（2）无水$CuSO_4$是_____色粉末，$CuSO_4 \cdot 5H_2O$为_____色晶体，俗称_____。无水$CuSO_4$可以用来检验液体有机物中的微量水，是因为_____。

（3）波尔多液是_____和_____的混合溶液，用于_____。

（4）卤化银中_____易溶于水，_____难溶于水，溶解度依_____次序逐渐减小，颜色_____。

（5）含有$CoCl_2$的硅胶，干燥时的颜色为_____色，含饱和结晶水后的颜色为_____色。

2. 选择题

（1）下列金属中不能被浓硫酸和浓硝酸钝化的是（　　　）。
A. Al　　　　　　B. Ni　　　　　　C. Fe　　　　　　D. Cr

（2）下列离子在水溶液中颜色错误的是（　　　）。
A. $Cr_2O_7^{2-}$（橙红色）　　　　　　B. MnO_4^-（紫红色）
C. Fe^{2+}（淡黄色）　　　　　　D. Ni^{2+}（绿色）

（3）下列离子中，还原性最强的是（　　　）。
A. Ag^+　　　　B. Co^{2+}　　　　C. Ni^{2+}　　　　D. Fe^{2+}

（4）下列化合物中，能与NH_4SCN作用生成血红色化合物的是（　　　）。
A. FeC_2O_4　　　　　　B. $FeSO_4$
C. $NH_4Fe(SO_4)_2 \cdot 12H_2O$　　　　D. $(NH_4)_2Fe(SO_4)_2 \cdot 6H_2O$

(5) 下列各对物质在酸性溶液中能共存的是（　　）。

    A. $FeCl_3$ 和 KI B. $FeCl_2$ 和 Br_2

    C. $FeCl_3$ 和 KBr D. KI 和 KIO_3

3. 完成下列反应方程式

(1) $Cu + CO_2 + H_2O + O_2 \longrightarrow$

(2) $CuO + H_2SO_4 \longrightarrow$

(3) $Zn(OH)_2 + H_2SO_4 \longrightarrow$

(4) $Zn(OH)_2 + NaOH \longrightarrow$

(5) $Cr_2O_7^{2-} + Fe^{2+} + H^+ \longrightarrow$

(6) $FeCl_3 + H_2S \longrightarrow$

(7) $FeCl_3 + Cu \longrightarrow$

(8) $Fe(OH)_3 + HCl \longrightarrow$

4. 简答题

(1) 指出过渡元素在元素周期表中的位置，其电子层结构有何特征？

(2) $CuCl_2$ 溶液为何有蓝色和绿色之分？

(3) 如何保存 $AgNO_3$？

(4) $ZnCl_2$ 浓溶液为什么可以作焊药？

(5) 配制 Fe^{2+} 溶液时，为什么要在其中加铁钉或铁屑？

5. 计算题

(1) 配制 $300kg$ 质量分数为 5% 的 $CuSO_4$ 溶液，需称取多少 $CuSO_4 \cdot 5H_2O$？

(2) 将 $2000g$ 锌完全溶解，需要 $2mol/L$ H_2SO_4 溶液多少毫升？理论上可得 $ZnSO_4 \cdot 7H_2O$ 多少克？

(3) 用含 Fe_2O_3 80% 的赤铁矿 $2t$，能冶炼出含杂质 1% 的生铁多少吨？

(4) 取钢样 $5g$，在 O_2 流中灼烧，得 CO_2 $0.1g$，求钢样中的含碳百分率。

📺 **阅读材料**

徐光宪与稀土元素

    稀土元素是元素周期表中的镧系元素和钪、钇共 17 种金属元素的总称。稀土元素的含量虽然不高，但具有特殊的性质，可以用于军工、科技等许多高端产业，在冶金工程、煤炭开采，以及石油化工等方面都有着十分独特的作用。

    今天，我国的稀土开发已居世界前列，但在我国稀土的发展历史上，也曾经历了十分艰难的历程。

    早在新中国成立前，外国列强就觊觎我国稀土资源，日本甚至还派出过一支非常神秘的部队，目的就是对我国稀土资源进行勘探。外国列强还曾经多次对我国进行技术封锁，甚至恶意抢注专利，阻挠我国对稀土资源进行开发利用。

    邓小平同志曾说："中东有石油，中国有稀土，中国的稀土资源占世界已知储量的 80%，其地位可与中东的石油相比，具有极其重要的战略意义，一定要把稀土的事情办好，把我国的稀土优势发挥出来。"我们空有宝山却受制于人，这种局面急需破解！这项伟大的使命最终落在了徐光宪的肩上。

    1920 年 11 月，徐光宪出生在浙江绍兴，父亲是当地颇有名气的律师，从小家境优渥，母亲陈氏教子甚严。在父母亲的影响下，徐光宪自幼学习成绩优异。但后来父亲病逝，家道中落，又适逢战火四起，生活状况大不如前，但徐光宪始终保持着对学习的执著与热情。1946 年，徐光宪获得了公派自费留学美国的资格，考入圣路易斯华盛顿大学，后转至哥伦比亚大学并获得助教奖学金。仅两年零八个月，徐光宪就获得了博士学位。但此时抗美援朝战争爆发，徐光宪和妻子高小霞深知"科学没有国界，但是科学家有自己的祖国"，他们二人历经波折，冲破重重阻力，毅然归国，义无反顾地投身于新中国建设中来。

1972年，52岁的徐光宪临危受命，从江西干校回到北京大学，接受了一项分离镨和钕的任务，而且要求的纯度非常高。当时稀土分离在全世界都是尚未解决的难题，镨和钕在稀土元素中性质最为相近，分离提纯就更加困难。这一任务对于徐光宪而言，是一个巨大的挑战。经过反复衡量，徐光宪作出了一个大胆的决定——放弃采用当时国际上流行的离子交换法和分级结晶法，选择萃取法分离。在破旧的实验室里，徐光宪从零开始，带领着团队夜以继日，克服了重重困难，经过大量实验，对比各种不同的萃取剂优劣，用数据突破了美国化学家鲍尔提出的"推拉体系"的局限，研究出稀土分离串级萃取理论，一举攻克了难题！在1975年8月召开的第一次全国稀土会议上，徐光宪提出了这一理论，引起了轰动！此后，徐光宪又独创了一套"三出口"工艺，改进了繁琐耗时的旧工艺。从此我国实现了从稀土资源大国向稀土生产大国、稀土出口大国的转变！

2009年1月9日，近九十岁高龄的徐光宪凭借在稀土研究领域的突出贡献，获得2008年度国家最高科学技术奖。当徐光宪从胡锦涛同志手中接过国家最高科学技术奖证书时，全场响起经久不息的掌声！

徐光宪为中国的稀土事业奉献了一生，同时也为中国培养了大批稀土行业技术人员，他是当之无愧的"中国稀土之父"。

附　录

附录 I　强酸、强碱、氨溶液的质量分数（w）与密度（ρ）及浓度（c）关系表

w/%	H_2SO_4		HNO_3		HCl		KOH		$NaOH$		氨溶液	
	ρ	c	ρ	c	ρ	c	ρ	c	ρ	c	ρ	c
2	1.013		1.011		1.009		1.016		1.023		0.992	
4	1.027		1.022		1.019		1.033		1.046		0.983	
6	1.040		1.033		1.029		1.048		1.069		0.973	
8	1.055		1.044		1.039		1.065		1.092		0.967	
10	1.069	1.1	1.056	1.7	1.049	2.9	1.082	1.9	1.115	2.8	0.960	5.6
12	1.083		1.068		1.059		1.100		1.137		0.953	
14	1.098		1.080		1.069		1.118		1.159		0.946	
16	1.112		1.093		1.079		1.137		1.181		0.939	
18	1.127		1.106		1.089		1.156		1.213		0.932	
20	1.143	2.3	1.119	3.6	1.100	6	1.176	4.2	1.225	6.1	0.926	10.9
22	1.158		1.132		1.110		1.196		1.247		0.919	
24	1.178		1.145		1.121		1.217		1.268		0.913	12.9
26	1.190		1.158		1.132		1.240		1.289		0.908	13.9
28	1.205		1.171		1.142		1.263		1.310		0.903	
30	1.224	3.7	1.184	5.6	1.152	9.5	1.268	6.8	1.332	10	0.898	15.8
32	1.238		1.198		1.163		1.310		1.352		0.893	
34	1.255		1.211		1.173		1.334		1.374		0.889	
36	1.273		1.225		1.183	11.7	1.358		1.395		0.884	18.7
38	1.290		1.238		1.194	12.4	1.384		1.416			
40	1.307	5.3	1.251	7.9			1.411	10.1	1.437	14.4		
42	1.324		1.264				1.437		1.458			
44	1.342		1.277				1.460		1.478			
46	1.361		1.290				1.485		1.499			
48	1.380		1.303				1.511		1.519			
50	1.399	7.1	1.316	10.4			1.538	13.7	1.540	19.3		
52	1.419		1.328				1.564		1.560			
54	1.439		1.340				1.590		1.580			
56	1.460		1.351				1.616	16.1	1.601			
58	1.482		1.362						1.622			
60	1.503	9.2	1.373	13.3					1.643	24.6		
62	1.525		1.384									
64	1.547		1.394									
66	1.571		1.403	14.6								
68	1.594		1.412	15.2								
70	1.617	11.6	1.421	15.8								
72	1.640		1.429									
74	1.664		1.437									
76	1.687		1.445									
78	1.710		1.453									
80	1.732		1.460	18.5								

w /%	H_2SO_4		HNO_3		HCl		KOH		NaOH		氨溶液	
	ρ	c	ρ	c	ρ	c	ρ	c	ρ	c	ρ	c
82	1.755		1.467									
84	1.776		1.474									
86	1.793		1.480									
88	1.808		1.486									
90	1.819	16.7	1.491	23.1								
92	1.830		1.496									
94	1.837		1.500									
96	1.840		1.504									
98	1.841	18.4	1.510									
100	1.838		1.522	24								

注：密度（ρ）单位为 g/cm^3；浓度（c）单位为 mol/L。

附录Ⅱ　碱、酸和盐的溶解性表（20℃）

阳离子 \ 阴离子	OH^-	NO_3^-	Cl^-	SO_4^{2-}	S^{2-}	SO_3^{2-}	CO_3^{2-}	SiO_3^{2-}	PO_4^{3-}
H^+		溶、挥	溶、挥	溶	溶、挥	溶、挥	溶、挥	微	溶
NH_4^+	溶、挥	溶	溶	溶	溶	溶	溶	溶	溶
K^+	溶	溶	溶	溶	溶	溶	溶	溶	溶
Na^+	溶	溶	溶	溶	溶	溶	溶	溶	溶
Ba^{2+}	溶	溶	溶	不	—	不	不	不	不
Ca^{2+}	微	溶	溶	微	—	不	不	不	不
Mg^{2+}	不	溶	溶	溶	—	微	微	不	不
Al^{3+}	不	溶	溶	溶	—	不	—	不	不
Mn^{2+}	不	溶	溶	溶	不	不	不	不	不
Zn^{2+}	不	溶	溶	溶	不	不	不	不	不
Cr^{3+}	不	溶	溶	溶	—	不	—	不	不
Fe^{2+}	不	溶	溶	溶	不	不	不	不	不
Fe^{3+}	不	溶	溶	溶	—	不	—	不	不
Sn^{2+}	不	溶	溶	溶	不	—	—	—	不
Pb^{2+}	不	溶	微	不	不	不	不	不	不
Bi^{3+}	不	溶	—	溶	不	—	—	—	不
Cu^{2+}	不	溶	溶	溶	不	不	不	不	不
Hg^+	—	溶	不	微	不	不	不	—	不
Hg^{2+}	—	溶	溶	溶	不	不	不	—	不
Ag^+	—	溶	不	微	不	不	不	不	不

注："溶"表示那种物质可溶于水，"不"表示不溶于水，"微"表示微溶于水，"挥"表示挥发性，"—"表示那种物质不存在或遇到水就分解。

附录Ⅲ　电离常数表

弱电解质（弱酸或弱碱）	电离常数（$K_a^{\ominus}$ 或 $K_b^{\ominus}$）
H_3AsO_4	$K_1=6.3\times10^{-3}$；$K_2=1.05\times10^{-7}$；$K_3=3.15\times10^{-12}$
H_3AsO_3	$K_1=6.0\times10^{-10}$
H_3BO_3	5.8×10^{-10}
HCOOH（甲酸）	1.77×10^{-4}
CH_3COOH	1.8×10^{-5}
$H_2C_2O_4$（草酸）	$K_1=5.4\times10^{-2}$；$K_2=5.4\times10^{-5}$
H_2CO_3	$K_1=4.2\times10^{-7}$；$K_2=5.6\times10^{-11}$

弱电解质(弱酸或弱碱)	电离常数($K_a^{\ominus}$ 或 $K_b^{\ominus}$)
HClO	3.2×10^{-8}
HCN	6.2×10^{-10}
HSCN	1.4×10^{-11}
H_2CrO_4	$K_1=9.55;K_2=3.15\times10^{-7}$
HF	6.6×10^{-4}
HNO_2	5.1×10^{-4}
H_3PO_4	$K_1=7.6\times10^{-3};K_2=6.3\times10^{-8};K_3=4.35\times10^{-13}$
H_2S	$K_1=9.1\times10^{-8};K_2=1.1\times10^{-12}$
H_2SO_3	$K_1=1.26\times10^{-2};K_2=6.3\times10^{-8}$
H_4Y(乙二胺四乙酸)	$K_1=10^{-2};K_2=2.1\times10^{-3};K_3=6.9\times10^{-7};K_4=5.9\times10^{-11}$
H_2O	1.8×10^{-16}
$NH_3\cdot H_2O$	1.8×10^{-5}
NH_2OH(羟氨)	9.1×10^{-9}

附录 IV 溶度积常数表

化　合　物	溶度积 $K_{sp}^{\ominus}$	化　合　物	溶度积 $K_{sp}^{\ominus}$	化　合　物	溶度积 $K_{sp}^{\ominus}$
AgAc	4.4×10^{-3}	$CdCO_3$	5.2×10^{-12}	Hg_2SO_4	7.4×10^{-7}
AgBr	5.0×10^{-13}	$CdC_2O_4\cdot3H_2O$	9.1×10^{-8}	$KHC_4H_4O_6$	3.0×10^{-4}
AgCl	1.8×10^{-10}	$Cd(OH)_2$	2.5×10^{-14}	K_2PtCl_6	1.1×10^{-5}
Ag_2CO_3	8.1×10^{-12}	CdS	8.0×10^{-27}	$MgCO_3$	3.5×10^{-8}
$Ag_2C_2O_4$	3.4×10^{-11}	$CoCO_3$	1.4×10^{-13}	$Mg(OH)_2$	1.8×10^{-11}
Ag_2CrO_4	1.1×10^{-12}	$Co(OH)_2$	1.6×10^{-15}	$MnCO_3$	1.8×10^{-11}
$Ag_2Cr_2O_7$	2.0×10^{-7}	$Co(OH)_3$	1.6×10^{-44}	$Mn(OH)_2$	1.9×10^{-13}
AgI	8.3×10^{-17}	CoS,α-	4×10^{-21}	MnS(无定形)	2.5×10^{-10}
$AgIO_3$	3.0×10^{-8}	β-	2×10^{-25}	(结晶)	2.5×10^{-13}
$AgNO_2$	6.0×10^{-4}	$Cr(OH)_3$	6.3×10^{-31}	$NiCO_3$	6.6×10^{-9}
AgOH	2.0×10^{-8}	CuBr	5.3×10^{-9}	$Ni(OH)_2$	2.0×10^{-15}
Ag_2O	6.3×10^{-50}	CuCl	1.2×10^{-6}	NiS,α-	3.2×10^{-19}
Ag_2SO_4	1.4×10^{-5}	Cu_2S	2.5×10^{-48}	β-	1.0×10^{-24}
Ag_2SO_3	1.5×10^{-14}	$CuCO_3$	1.4×10^{-10}	γ-	2.0×10^{-26}
$Al(OH)_3$	1.3×10^{-33}	$CuCrO_4$	3.6×10^{-6}	$PbCl_2$	1.6×10^{-5}
$BaCO_3$	5.1×10^{-9}	$Cu(OH)_2$	2.2×10^{-20}	PbI_2	7.1×10^{-9}
BaC_2O_4	1.6×10^{-7}	$Cu_3(PO_4)_2$	1.3×10^{-37}	$PbCO_3$	7.4×10^{-14}
$BaCrO_4$	1.2×10^{-10}	$Cu_2P_2O_7$	8.3×10^{-16}	$PbCrO_4$	2.8×10^{-13}
BaF_2	1.0×10^{-6}	CuS	6.3×10^{-36}	PbS	8.0×10^{-28}
$BaSO_4$	1.1×10^{-10}	$FeCO_3$	3.2×10^{-11}	$PbSO_4$	1.6×10^{-8}
$BaSO_3$	8×10^{-7}	$FeC_2O_4\cdot2H_2O$	3.2×10^{-7}	$Sn(OH)_2$	1.4×10^{-28}
BiOCl	1.8×10^{-31}	$Fe_4[Fe(CN)_6]_3$	3.3×10^{-41}	$Sn(OH)_4$	1.0×10^{-56}
$Bi(OH)_3$	4×10^{-31}	$Fe(OH)_2$	8.0×10^{-16}	SnS	1.0×10^{-25}
$BiO(NO_3)$	2.82×10^{-3}	$Fe(OH)_3$	4×10^{-38}	$SrCO_3$	1.1×10^{-10}
Bi_2O_3	1×10^{-97}	FeS	6.3×10^{-18}	$SrCrO_4$	2.2×10^{-5}
$CaCO_3$	2.8×10^{-9}	Fe_2S_3	$\approx10^{-28}$	$SrC_2O_4\cdot H_2O$	1.6×10^{-7}
$CaC_2O_4\cdot H_2O$	4×10^{-9}	Hg_2Cl_2	1.3×10^{-18}	$SrSO_4$	3.2×10^{-7}
$CaCrO_4$	7.1×10^{-4}	Hg_2CO_3	8.9×10^{-17}	$ZnCO_3$	1.4×10^{-11}
CaF_2	2.7×10^{-11}	$Hg_2C_2O_4$	2.0×10^{-9}	$Zn(OH)_2$	1.2×10^{-17}
$Ca(OH)_2$	5.5×10^{-6}	Hg_2S	1.0×10^{-47}	ZnS,α-	1.6×10^{-24}
$CaSO_4$	9.1×10^{-6}	HgS(红)	4×10^{-53}	β-	2.5×10^{-22}
$Ca_3(PO_4)_2$	2.0×10^{-29}	HgS(黑)	1.6×10^{-52}		

电 对	电极反应		$\varphi^{\ominus}/V$
	氧 化 态	还 原 态	
Li^+/Li	$Li^++e \Longrightarrow Li$		-3.045
K^+/K	$K^++e \Longrightarrow K$		-2.925
Rb^+/Rb	$Rb^++e \Longrightarrow Rb$		-2.925
Cs^+/Cs	$Cs^++e \Longrightarrow Cs$		-2.923
Ba^{2+}/Ba	$Ba^{2+}+2e \Longrightarrow Ba$		-2.92
Sr^{2+}/Sr	$Sr^{2+}+2e \Longrightarrow Sr$		-2.90
Ca^{2+}/Ca	$Ca^{2+}+2e \Longrightarrow Ca$		-2.87
Na^+/Na	$Na^++e \Longrightarrow Na$		-2.714
La^{3+}/La	$La^{3+}+3e \Longrightarrow La$		-2.52
Mg^{2+}/Mg	$Mg^{2+}+2e \Longrightarrow Mg$		-2.37
Sc^{3+}/Sc	$Sc^{3+}+3e \Longrightarrow Sc$		-2.08
$[AlF_6]^{3-}/Al$	$[AlF_6]^{3-}+3e \Longrightarrow Al+6F^-$		-2.07
Be^{2+}/Be	$Be^{2+}+2e \Longrightarrow Be$		-1.85
Al^{3+}/Al	$Al^{3+}+3e \Longrightarrow Al$		-1.66
Ti^{2+}/Ti	$Ti^{2+}+2e \Longrightarrow Ti$		-1.63
Zr^{4+}/Zr	$Zr^{4+}+4e \Longrightarrow Zr$		-1.53
$[TiF_6]^{2-}/Ti$	$[TiF_6]^{2-}+4e \Longrightarrow Ti+6F^-$		-1.24
$[SiF_6]^{2-}/Si$	$[SiF_6]^{2-}+4e \Longrightarrow Si+6F^-$		-1.2
Mn^{2+}/Mn	$Mn^{2+}+2e \Longrightarrow Mn$		-1.18
* SO_4^{2-}/SO_3^{2-}	$SO_4^{2-}+H_2O+2e \Longrightarrow SO_3^{2-}+2OH^-$		-0.93
TiO^{2+}/Ti	$TiO^{2+}+2H^++4e \Longrightarrow Ti+H_2O$		-0.89
* $Fe(OH)_2/Fe$	$Fe(OH)_2+2e \Longrightarrow Fe+2OH^-$		-0.877
H_3BO_3/B	$H_3BO_3+3H^++3e \Longrightarrow B+3H_2O$		-0.87
$SiO_2(s)/Si$	$SiO_2(s)+4H^++4e \Longrightarrow Si+2H_2O$		-0.86
Zn^{2+}/Zn	$Zn^{2+}+2e \Longrightarrow Zn$		-0.763
* $FeCO_3/Fe$	$FeCO_3+2e \Longrightarrow Fe+CO_3^{2-}$		-0.756
Cr^{3+}/Cr	$Cr^{3+}+3e \Longrightarrow Cr$		-0.74
As/AsH_3	$As+3H^++3e \Longrightarrow AsH_3$		-0.60
* $SO_3^{2-}/S_2O_3^{2-}$	$2SO_3^{2-}+3H_2O+4e \Longrightarrow S_2O_3^{2-}+6OH^-$		-0.58
* $Fe(OH)_3/Fe(OH)_2$	$Fe(OH)_3+e \Longrightarrow Fe(OH)_2+OH^-$		-0.56
Ga^{3+}/Ga	$Ga^{3+}+3e \Longrightarrow Ga$		-0.51
Sb/SbH_3	$Sb+3H^++3e \Longrightarrow SbH_3(g)$		-0.50
$CO_2/H_2C_2O_4$	$2CO_2+2H^++2e \Longrightarrow H_2C_2O_4$		-0.49
* S/S^{2-}	$S+2e \Longrightarrow S^{2-}$		-0.48
Fe^{2+}/Fe	$Fe^{2+}+2e \Longrightarrow Fe$		-0.44
Cr^{3+}/Cr^{2+}	$Cr^{3+}+e \Longrightarrow Cr^{2+}$		-0.41
Cd^{2+}/Cd	$Cd^{2+}+2e \Longrightarrow Cd$		-0.403
Se/H_2Se	$Se+2H^++2e \Longrightarrow H_2Se$		-0.40
Ti^{3+}/Ti^{2+}	$Ti^{3+}+e \Longrightarrow Ti^{2+}$		-0.37
PbI_2/Pb	$PbI_2+2e \Longrightarrow Pb$		-0.365
* Cu_2O/Cu	$Cu_2O+H_2O+2e \Longrightarrow 2Cu+2OH^-$		-0.361
$PbSO_4/Pb$	$PbSO_4+2e \Longrightarrow Pb+SO_4^{2-}$		-0.3553
In^{3+}/In	$In^{3+}+3e \Longrightarrow In$		-0.342
Tl^+/Tl	$Tl^++e \Longrightarrow Tl$		-0.336
$Ag(CN)_2^-/Ag$	$Ag(CN)_2^-+e \Longrightarrow Ag+2CN^-$		-0.31
PtS/Pt	$PtS+2H^++2e \Longrightarrow Pt+H_2S$		-0.30
$PbBr_2/Pb$	$PbBr_2+2e \Longrightarrow Pb+2Br^-$		-0.280
Co^{2+}/Co	$Co^{2+}+2e \Longrightarrow Co$		-0.277

电　对	电极反应		$\varphi^{\ominus}/V$
	氧 化 态	还 原 态	
H_3PO_4/H_3PO_3	$H_3PO_4+2H^++2e \Longrightarrow H_3PO_3+H_2O$		-0.276
$PbCl_2/Pb$	$PbCl_2+2e \Longrightarrow Pb+2Cl^-$		-0.268
V^{3+}/V^{2+}	$V^{3+}+e \Longrightarrow V^{2+}$		-0.255
VO_2^+/V	$VO_2^++4H^++5e \Longrightarrow V+2H_2O$		-0.253
$[SnF_6]^{2-}/Sn$	$[SnF_6]^{2-}+4e \Longrightarrow Sn+6F^-$		-0.25
Ni^{2+}/Ni	$Ni^{2+}+2e \Longrightarrow Ni$		-0.246
$N_2/N_2H_5^+$	$N_2+5H^++4e \Longrightarrow N_2H_5^+$		-0.23
Mo^{3+}/Mo	$Mo^{3+}+3e \Longrightarrow Mo$		-0.20
CuI/Cu	$CuI+e \Longrightarrow Cu+I^-$		-0.185
AgI/Ag	$AgI+e \Longrightarrow Ag+I^-$		-0.152
Sn^{2+}/Sn	$Sn^{2+}+2e \Longrightarrow Sn$		-0.136
Pb^{2+}/Pb	$Pb^{2+}+2e \Longrightarrow Pb$		-0.126
$^*Cu(NH_3)_2^+/Cu$	$Cu(NH_3)_2^++e \Longrightarrow Cu+2NH_3$		-0.12
CrO_4^{2-}/CrO_2^-	$CrO_4^{2-}+2H_2O+3e \Longrightarrow CrO_2^-+4OH^-$		-0.12
$WO_3(晶)/W$	$WO_3(晶)+6H^++6e \Longrightarrow W+3H_2O$		-0.09
$^*Cu(OH)_2/Cu_2O$	$2Cu(OH)_2+2e \Longrightarrow Cu_2O+2OH^-+H_2O$		-0.08
$^*MnO_2/Mn(OH)_2$	$MnO_2+2H_2O+2e \Longrightarrow Mn(OH)_2+2OH^-$		-0.05
$[HgI_4]^{2-}/Hg$	$[HgI_4]^{2-}+2e \Longrightarrow Hg+4I^-$		-0.04
$^*AgCN/Ag$	$AgCN+e \Longrightarrow Ag+CN^-$		-0.017
H^+/H_2	$2H^++2e \Longrightarrow H_2$		0.000
$[Ag(S_2O_3)_2]^{3-}/Ag$	$[Ag(S_2O_3)_2]^{3-}+e \Longrightarrow Ag+2S_2O_3^{2-}$		0.01
$^*NO_3^-/NO_2^-$	$NO_3^-+H_2O+2e \Longrightarrow NO_2^-+2OH^-$		0.01
$AgBr/Ag$	$AgBr(s)+e \Longrightarrow Ag+Br^-$		0.071
$S_4O_6^{2-}/S_2O_3^{2-}$	$S_4O_6^{2-}+2e \Longrightarrow 2S_2O_3^{2-}$		0.08
$^*[Co(NH_3)_6]^{3+}/[Co(NH_3)_6]^{2+}$	$[Co(NH_3)_6]^{3+}+e \Longrightarrow [Co(NH_3)_6]^{2+}$		0.1
TiO^{2+}/Ti^{3+}	$TiO^{2+}+2H^++e \Longrightarrow Ti^{3+}+H_2O$		0.10
S/H_2S	$S+2H^++2e \Longrightarrow H_2S(g)$		0.141
Sn^{4+}/Sn^{2+}	$Sn^{4+}+2e \Longrightarrow Sn^{2+}$		0.154
Cu^{2+}/Cu^+	$Cu^{2+}+e \Longrightarrow Cu^+$		0.159
SO_4^{2-}/H_2SO_3	$SO_4^{2-}+4H^++2e \Longrightarrow H_2SO_3+H_2O$		0.17
$[HgBr_4]^{2-}/Hg$	$[HgBr_4]^{2-}+2e \Longrightarrow Hg+4Br^-$		0.21
$AgCl(s)/Ag$	$AgCl(s)+e \Longrightarrow Ag+Cl^-$		0.2223
$HAsO_2/As$	$HAsO_2+3H^++3e \Longrightarrow As+2H_2O$		0.248
$Hg_2Cl_2(s)/Hg$	$Hg_2Cl_2(s)+2e \Longrightarrow 2Hg+2Cl^-$		0.268
$^*PbO_2/PbO$	$PbO_2+H_2O+2e \Longrightarrow PbO+2OH^-$		0.28
BiO^+/Bi	$BiO^++2H^++3e \Longrightarrow Bi+H_2O$		0.32
Cu^{2+}/Cu	$Cu^{2+}+2e \Longrightarrow Cu$		0.337
$^*Ag_2O/Ag$	$Ag_2O+H_2O+2e \Longrightarrow 2Ag+2OH^-$		0.342
$[Fe(CN)_6]^{3-}/[Fe(CN)_6]^{4-}$	$[Fe(CN)_6]^{3-}+e \Longrightarrow [Fe(CN)_6]^{4-}$		0.36
$^*ClO_4^-/ClO_3^-$	$ClO_4^-+H_2O+2e \Longrightarrow ClO_3^-+2OH^-$		0.36
$^*[Ag(NH_3)_2]^+/Ag$	$[Ag(NH_3)_2]^++e \Longrightarrow Ag+2NH_3$		0.373
$H_2SO_3/S_2O_3^{2-}$	$2H_2SO_3+2H^++4e \Longrightarrow S_2O_3^{2-}+3H_2O$		0.40
$^*O_2/OH^-$	$O_2+2H_2O+4e \Longrightarrow 4OH^-$		0.410
Ag_2CrO_4/Ag	$Ag_2CrO_4+2e^- \Longrightarrow 2Ag+CrO_4^{2-}$		0.447
H_2SO_3/S	$H_2SO_3+4H^++4e \Longrightarrow S+3H_2O$		0.45
Cu^+/Cu	$Cu^++e \Longrightarrow Cu$		0.52
TeO_2/Te	$TeO_2(s)+4H^++4e \Longrightarrow Te+2H_2O$		0.529
I_2/I^-	$I_2+2e \Longrightarrow 2I^-$		0.5345

电　对	电极反应		$\varphi^{\ominus}/V$
	氧　化　态	还　原　态	
MnO_4^-/MnO_4^{2-}	$MnO_4^-+e \Longleftrightarrow MnO_4^{2-}$		0.564
H_3AsO_4/H_3AsO_3	$H_3AsO_4+2H^++2e \Longleftrightarrow H_3AsO_3+H_2O$		0.581
MnO_4^-/MnO_2	$MnO_4^-+2H_2O+3e \Longleftrightarrow MnO_2+4OH^-$		0.588
* MnO_4^{2-}/MnO_2	$MnO_4^{2-}+2H_2O+2e \Longleftrightarrow MnO_2+4OH^-$		0.60
* BrO_3^-/Br^-	$BrO_3^-+3H_2O+6e \Longleftrightarrow Br^-+6OH^-$		0.61
$HgCl_2/Hg_2Cl_2$	$2HgCl_2+2e \Longleftrightarrow Hg_2Cl_2(s)+2Cl^-$		0.63
* ClO_2^-/ClO^-	$ClO_2^-+H_2O+2e \Longleftrightarrow ClO^-+2OH^-$		0.66
O_2/H_2O_2	$O_2+2H^++2e \Longleftrightarrow H_2O_2$		0.682
$[PtCl_4]^{2-}/Pt$	$[PtCl_4]^{2-}+2e \Longleftrightarrow Pt+4Cl^-$		0.73
Fe^{3+}/Fe^{2+}	$Fe^{3+}+e \Longleftrightarrow Fe^{2+}$		0.771
Hg_2^{2+}/Hg	$Hg_2^{2+}+2e \Longleftrightarrow 2Hg$		0.793
Ag^+/Ag	$Ag^++e \Longleftrightarrow Ag$		0.799
NO_3^-/NO_2	$NO_3^-+2H^++e \Longleftrightarrow NO_2+H_2O$		0.80
* HO_2^-/OH^-	$HO_2^-+H_2O+2e \Longleftrightarrow 3OH^-$		0.88
* ClO^-/Cl^-	$ClO^-+H_2O+2e \Longleftrightarrow Cl^-+2OH^-$		0.89
Hg^{2+}/Hg_2^{2+}	$2Hg^{2+}+2e \Longleftrightarrow Hg_2^{2+}$		0.920
NO_3^-/HNO_2	$NO_3^-+3H^-+2e \Longleftrightarrow HNO_2+H_2O$		0.94
NO_3^-/NO	$NO_3^-+4H^++3e \Longleftrightarrow NO+2H_2O$		0.96
HNO_2/NO	$HNO_2+H^++e \Longleftrightarrow NO+H_2O$		1.00
NO_2/NO	$NO_2+2H^++2e \Longleftrightarrow NO+H_2O$		1.03
Br_2/Br^-	$Br_2+2e \Longleftrightarrow 2Br^-$		1.065
NO_2/HNO_2	$NO_2+H^++e \Longleftrightarrow HNO_2$		1.07
$Cu^{2+}/Cu(CN)_2^-$	$Cu^{2+}+2CN^-+e \Longleftrightarrow Cu(CN)_2^-$		1.12
* ClO_2/ClO_2^-	$ClO_2+e \Longleftrightarrow ClO_2^-$		1.16
ClO_4^-/ClO_3^-	$ClO_4^-+2H^++2e \Longleftrightarrow ClO_3^-+H_2O$		1.19
IO_3^-/I_2	$2IO_3^-+12H^++10e \Longleftrightarrow I_2+6H_2O$		1.20
$ClO_3^-/HClO_2$	$ClO_3^-+3H^++2e \Longleftrightarrow HClO_2+H_2O$		1.21
O_2/H_2O	$O_2+4H^++4e \Longleftrightarrow 2H_2O$		1.229
MnO_2/Mn^{2+}	$MnO_2+4H^++2e \Longleftrightarrow Mn^{2+}+2H_2O$		1.23
* O_3/OH^-	$O_3+H_2O+2e \Longleftrightarrow O_2+2OH^-$		1.24
$ClO_2/HClO_2$	$ClO_2+H^++e \Longleftrightarrow HClO_2$		1.275
HNO_2/N_2O	$2HNO_2+4H^++4e \Longleftrightarrow N_2O+3H_2O$		1.29
$Cr_2O_7^{2-}/Cr^{3+}$	$Cr_2O_7^{2-}+14H^++6e \Longleftrightarrow 2Cr^{3+}+7H_2O$		1.33
Cl_2/Cl	$Cl_2+2e \Longleftrightarrow 2Cl^-$		1.36
HIO/I_2	$2HIO+2H^++2e \Longleftrightarrow I_2+2H_2O$		1.45
PbO_2/Pb^{2+}	$PbO_2+4H^++2e \Longleftrightarrow Pb^{2+}+2H_2O$		1.455
Au^{3+}/Au	$Au^{3+}+3e \Longleftrightarrow Au$		1.50
Mn^{3+}/Mn^{2+}	$Mn^{3+}+e \Longleftrightarrow Mn^{2+}$		1.51
MnO_4^-/Mn^{2+}	$MnO_4^-+8H^++5e \Longleftrightarrow Mn^{2+}+4H_2O$		1.51
BrO_3^-/Br_2	$2BrO_3^-+12H^++10e \Longleftrightarrow Br_2+6H_2O$		1.52
$HBrO/Br_2$	$2HBrO+2H^++2e \Longleftrightarrow Br_2+2H_2O$		1.59
H_5IO_6/IO_3^-	$H_5IO_6+H^++2e \Longleftrightarrow IO_3^-+3H_2O$		1.60
$HClO/Cl_2$	$2HClO+2H^++2e \Longleftrightarrow Cl_2+2H_2O$		1.63
$HClO_2/HClO$	$HClO_2+2H^++2e \Longleftrightarrow HClO+H_2O$		1.64
Au^+/Au	$Au^++e \Longleftrightarrow Au$		1.68
NiO_2/Ni^{2+}	$NiO_2+4H^++2e \Longleftrightarrow Ni^{2+}+2H_2O$		1.68
MnO_4^-/MnO_2	$MnO_4^-+4H^++3e \Longleftrightarrow MnO_2(s)+2H_2O$		1.695
H_2O_2/H_2O	$H_2O_2+2H^++2e \Longleftrightarrow 2H_2O$		1.77

电　对	电极反应		$\varphi^{\ominus}$/V
	氧　化　态	还　原　态	
Co^{3+}/Co^{2+}	$Co^{3+}+e \rightleftharpoons Co^{2+}$		1.84
Ag^{2+}/Ag^{+}	$Ag^{2+}+e \rightleftharpoons Ag^{+}$		1.98
$S_2O_8^{2-}/SO_4^{2-}$	$S_2O_8^{2-}+2e \rightleftharpoons 2SO_4^{2-}$		2.01
O_3/H_2O	$O_3+2H^{+}+2e \rightleftharpoons O_2+H_2O$		2.07
$F_2/2F^{-}$	$F_2+2e \rightleftharpoons 2F^{-}$		2.87
F_2/HF	$F_2+2H^{+}+2e \rightleftharpoons 2HF$		3.06

注：表中凡前面有 * 符号的电极反应是在碱性溶液中进行，其余都在酸性溶液中进行。

附录 Ⅵ　配合物的稳定常数表

配 合 物	温度/℃	$K^{\ominus}_{稳}$	配 合 物	温度/℃	$K^{\ominus}_{稳}$
$[Co(NH_3)_6]^{2+}$	30	2.45×10^{4}	$[ScF_4]^{-}$	25	6.46×10^{20}
$[Co(NH_3)_6]^{3+}$	30	2.29×10^{34}	$[ZrF_6]^{2-}$	25	9.77×10^{35}
$[Ni(NH_3)_6]^{2+}$	30	1.02×10^{8}	$[TiOF]^{-}$	—	2.75×10^{6}
$[Cu(NH_3)_2]^{+}$	18	7.24×10^{10}	$[VOF]^{-}$	25	1.41×10^{3}
$[Cu(NH_3)_4]^{2+}$	30	1.07×10^{12}	$[CrF_3]$	25	1.51×10^{10}
$[Ag(NH_3)_2]^{+}$	25	1.70×10^{7}	$[FeF_3]$	25	7.24×10^{11}
$[Zn(NH_3)_4]^{2+}$	30	5.01×10^{8}	$[FeF_6]^{3-}$	25	2.04×10^{14}
$[Cd(NH_3)_6]^{2+}$	30	1.38×10^{5}	$[AlF_6]^{3-}$	25	6.92×10^{10}
$[Hg(NH_3)_4]^{2+}$	22	2.00×10^{19}	$[CrCl]^{2+}$	25	3.98
$[Fe(CN)_6]^{4-}$	25	1.00×10^{24}	$[ZrCl]^{3+}$	25	2.00
$[Fe(CN)_6]^{3-}$	25	1.00×10^{31}	$[FeCl]^{+}$	20	2.29
$[Co(CN)_6]^{4-}$	—	1.23×10^{19}	$[FeCl]^{2+}$	25	3.02×10
$[Co(CN)_6]^{3-}$	2	1.00×10^{64}	$[PdCl_4]^{2-}$	25	5.01×10^{15}
$[Ni(CN)_4]^{2-}$	25	1.00×10^{22}	$[CuCl]^{-}$	25	5.37×10^{4}
$[Cu(CN)_2]^{-}$	25	1.00×10^{24}	$[CuCl]^{+}$	25	2.51
$[Ag(CN)_2]^{-}$	25	6.31×10^{21}	$[AgCl_2]^{-}$	25	1.10×10^{5}
$[Au(CN)_2]^{-}$	25	2.00×10^{38}	$[ZnCl_4]^{2-}$	室温	0.1
$[Zn(CN)_4]^{2-}$	21	7.94×10^{16}	$[CdCl_4]^{2-}$	25	4.47×10
$[Cd(CN)_4]^{2-}$	25	6.03×10^{18}	$[HgCl_4]^{2-}$	25	1.17×10^{15}
$[Hg(CN)_4]^{2-}$	25	9.33×10^{38}	$[SnCl_4]^{2-}$	25	3.02×10
$[Ti(CN)_4]^{-}$	25	1.00×10^{35}	$[PbCl_4]^{2-}$	25	2.40×10
$[Cr(SCN)_6]^{3-}$	50	6.31×10^{3}	$[BiCl_6]^{3-}$	20	3.63×10^{7}
$[Fe(SCN)_6]^{3-}$	18	1.48×10^{3}	$[FeBi]^{2+}$	25	3.98
$[Fe(SCN)]^{2+}$	25	1.07×10^{3}	$[CuBr_2]^{-}$	25	8.32×10^{5}
$[Co(SCN)_4]^{2-}$	20	1.82×10^{2}	$[CuBr]$	25	0.93
$[Ni(SCN)_3]^{-}$	20	6.46×10^{2}	$[ZnBr]^{+}$	25	0.25
$[Cu(SCN)_2]^{-}$	18	1.29×10^{12}	$[AgBr_2]^{-}$	25	2.19×10^{7}
$[Cu(SCN)_4]^{2-}$	18	3.31×10^{6}	$[CdBr_4]^{2-}$	25	3.15×10^{3}
$[Ag(SCN)_2]^{-}$	25	2.40×10^{8}	$[HgBr_4]^{2-}$	25	10^{21}
$[Zn(SCN)_4]^{2-}$	30	2.0×10	$[AgI_2]^{-}$	18	5.50×10^{11}
$[Cd(SCN)_4]^{2-}$	25	9.55×10^{3}	$[CuI_2]^{-}$	25	7.06×10^{8}
$[Hg(SCN)_4]^{2-}$	—	1.32×10^{21}	$[CdI_4]^{2-}$	25	1.26×10^{6}
$[Pb(SCN)_4]^{2-}$	25	7.08	$[HgI_4]^{2-}$	25	6.76×10^{29}
$[Bi(NCS)_6]^{3-}$	25	1.70×10^{4}			

答 案

第一章

1. 填空题

(1) 28：44　28：44　1：1　1：1　1：2　(2) CH_4　(3) 3.34×10^{22}　(4) 20g　147g

(5) 4.2mL

2. 选择题

(1) C　(2) B　(3) B　(4) C　(5) C

3. 是非题（正确的划"√"，错误的划"×"）

(1) ×　(2) ×　(3) ×　(4) √　(5) √

4. 计算题

(1) 10g　(2) 14mL　(3) 1.25mol/L　(4) 3.1mol/L　(5) 105.63mL　(6) 1.54mol/L

(7) 1.68mol/L　9.4L　1mol/L　(8) 2.7L　81.5％　3.6g

第二章

1. 填空题

(1) 氧化　还原　氧化剂　还原剂　(2) 增强　增强　锂　(3) 洋红　黄　紫　砖红

洋红　黄绿　(4) 钙盐　镁盐　(5) Na_2CO_3　$NaOH$　$NaHCO_3$　CaO　$Ca(OH)_2$

$CaCO_3$　$CaSO_4 \cdot 2H_2O$　$CaSO_4 \cdot ½H_2O$　$MgSO_4 \cdot 7H_2O$

2. 选择题

(1) A　(2) B　(3) B　(4) C　(5) C

3. 是非题（正确的划"√"，错误的划"×"）

(1) ×　(2) √　(3) √　(4) ×　(5) √

4. 配平下列氧化还原方程式

(1) $Cu + 4HNO_3 \longrightarrow Cu(NO_3)_2 + 2NO\uparrow + H_2O$

(2) $Cu + 2H_2SO_4(浓) \longrightarrow CuSO_4 + SO_2\uparrow + 2H_2O$

(3) $2Ca(OH)_2 + 2Cl_2 \longrightarrow CaCl_2 + Ca(ClO)_2 + 2H_2O$

(4) $Cl_2 + SO_2 + 2H_2O \longrightarrow 2HCl + H_2SO_4$

(5) $KClO_3 + 6HCl(浓) \longrightarrow KCl + 3Cl_2\uparrow + 3H_2O$

5. 写出下列反应的离子方程式

(1) $OH^- + H^+ \Longrightarrow H_2O$

(2) $CaCO_3 + 2H^+ \Longrightarrow Ca^{2+} + CO_2\uparrow + H_2O$

(3) $Ba^{2+} + SO_4^{2-} \Longrightarrow BaSO_4\downarrow$

(4) $OH^- + NH_4^+ \Longrightarrow NH_3 \cdot H_2O$

6. 计算题

(1) 143.6L　(2) 64.29％

第三章

1. 填空题

（1）黄绿　氯水　HClO　HClO　（2）氟　氯　溴　碘　砹　础　（3）弱　强　（4）蓝

（5）氢卤酸　HF

2. 选择题

（1）D　（2）B　（3）D　（4）B　（5）C

3. 是非题（正确的划"√"，错误的划"×"）

（1）×　（2）×　（3）×　（4）√　（5）√

4. 完成下列反应方程式

（1）$AgNO_3 + HCl \longrightarrow AgCl\downarrow + HNO_3$

（2）$Zn + 2HCl \longrightarrow ZnCl_2 + H_2\uparrow$

（3）$KBr + AgNO_3 \longrightarrow AgBr\downarrow + KNO_3$

（4）$KI + AgNO_3 \longrightarrow AgI\downarrow + KNO_3$

（5）$AgF + KBr \longrightarrow AgBr\downarrow + KF$

5. 计算题

（1）30.12L　（2）蓝色　（3）2.43g　（4）1.81mol　（5）1.67mol/L

第四章

1. 填空题

（1）泡利不相容原理　能量最低原理　洪德规则　（2）98.89%　（3）24　28　24

（4）同位素　（5）钠　氯　钠　Al_2O_3　$HClO_4$

（6）

原子序数	电子层结构	价电子构型	周期	族	区	金属或非金属
18	$[Ne]3s^2 3p^6$	$3s^2 3p^6$	3	ⅧA（零族）	p	非金属
42	$[Kr]4d^5 5s^1$	$4d^5 5s^1$	5	ⅥB	d	金属
80	$[Xe]5d^{10} 6s^2$	$4d^{10} 6s^2$	6	ⅡB	d	金属

2. 选择题

（1）D　（2）B　（3）C　（4）D　（5）B

3. 是非题（正确的划"√"，错误的划"×"）

（1）×　（2）×　（3）√　（4）√　（5）×

4. 问答题

（1）4 个　4s、4p、4d、4f　1、3、5、7　32

（2）①20　$1s^2 2s^2 2p^6 3s^2 3p^6 4s^2$　②质量数 40 的质子数：20，中子数：20，电子数：20
质量数 42 的质子数：20，中子数：22，电子数：20　③56　28；58　30

（3）$[Ar]3d^5 4s^2$　25 个质子　30 个中子

（4）①Ar　②N　③Cu　④Cr　⑤Fe

（5）①H_2CO_3　②$Ca(OH)_2$　③HNO_3　④$Mg(OH)_2$

（6）锰的核外电子排布是 $[Ar]3d^5 4s^2$，氯的核外电子排布是 $[Ne]3s^2 3p^5$，前者为副族元素，易失去最外层上的 7 个电子达到 8 电子稳定构型，是金属元素，最高正氧化数是 ＋7；而后者为主族元素，易得到 1 个电子达到 8 电子稳定构型，所以是非金属元素，若失去最外层上的 7 个电子使其最高正氧化数是 ＋7。

5. 推断题

（1）镓

（2）① 20，s 区，ⅡA，第四周期，CaO，Ca(OH)$_2$　② 22，d 区，ⅣB，第四周期，TiO$_2$，Ti(OH)$_4$　③ 33，p 区，ⅤA，第四周期，As$_2$O$_5$，H$_3$AsO$_3$

（3）①ⅠA、s 区　ⅡA、s 区　ⅡB、d 区　Ⅶ、p 区　② A、B、C、D 分别是钾、金属　钙、金属　锌、金属　溴、非金属　③ K$^+$　Br$^-$　④ K$_2$O　⑤ CaBr$_2$

（4）①钠　②钠　③铝　④硅　⑤氯　⑥磷

第五章

1. 填空题

（1）离子键　共价键　（2）V 型　sp^3　（3）方向性　饱和性　（4）离子晶体　原子晶体　分子晶体　金属晶体

（5）

分子式	中心原子杂化轨道类型	分子空间构型	键是否有极性	分子间力的种类
CH$_4$	sp^3	正四面体	极性	色散力
H$_2$O	sp^3 不等性杂化	V 型	极性	色散力、诱导力、取向力
CO$_2$	sp	直线型	极性	色散力
BCl$_3$	sp^2	平面三角形	极性	色散力

2. 选择题

（1）D　（2）B　（3）D　（4）C　（5）C

3. 是非题（正确的划"√"，错误的划"×"）

（1）√　（2）×　（3）×　（4）×　（5）√　（6）×　（7）×　（8）×　（9）×　（10）√

4. 问答题

（1）①分子晶体　②原子晶体　③离子晶体。

（2）①对于化学性质相似的同类型物质（卤素单质都是非极性分子），随着分子量的增大，分子间的作用力（色散力）增大，熔、沸点增高　②稀有气体按 He、Ne、Ar、Kr、Xe 的顺序，分子量依次增加，变形性或极化率升高，色散力依次增大，故沸点依次升高。

（3）①水分子间形成氢键造成的　②相似相溶，不相似不相溶　③ HF、HCl、HBr 属于同类型物质，随着分子量的增大，分子间的作用力依次增大，沸点增高。但 HF 分子间可以形成氢键，所以 HF 沸点要高于 HCl。

（4）

物质	晶格结点上的粒子	晶格结点上粒子间的作用力	晶体类型	熔点（高或低）	导电性
NaCl	Na$^+$Cl$^-$	离子键	离子晶体	高	导电
Cu	Cu	金属键	金属晶体	高	导电
SiC	SiC	共价键	原子晶体	高	不导电
冰	H$_2$O	共价键	分子晶体	低	不导电

第六章

1. 填空题

(1) 浓度　压力　温度　催化剂　浓度　压力　温度　(2) 64　8　(3) 0.1L^2/(mol^2·min)　(4) ①增大　减小　②减小　③增大　④增大　增大　⑤不变　(5) 左

2. 选择题

(1) C　(2) D　(3) D　(4) B　(5) C

3. 是非题（正确的划"√"，错误的划"×"）

(1) ×　(2) ×　(3) ×　(4) ×　(5) ×

4. 问答题

(1) ① 化学反应速率可以用单位时间内某一反应物或生成物浓度的变化的正值来表示，单位是 mol/(L·s)、mol/(L·min) 或 mol/(L·h)，化学反应速率有平均反应速率和瞬时反应速率的区别；反应速率常数是单位浓度（或分压）下的反应速率。不同的反应，k 值不同；对同一反应，在浓度（或分压）相同的情况下，k 值越大，反应速率越大，k 值越小，反应速率越小。对于指定的反应而言，k 值与温度、催化剂等因素有关，而与浓度无关。

② 一步就能完成的反应称为基元反应；两步或两步以上才能完成的反应称为非基元反应。

③ 标准平衡常数 $K^\ominus$，也称热力学平衡常数。其表达方式与实验平衡常数相同，即在一定温度下达到平衡时，实验平衡常数用各生成物平衡浓度幂的乘积与各反应物平衡浓度幂的乘积之比表示。但 $K^\ominus$ 表示中各物质的浓度要用相对浓度（$c/c^\ominus$）来表示，各物质的分压要用相对分压（$p/p^\ominus$）来表示，其中 $c^\ominus = 1.0\text{mol/L}$，$p^\ominus = 100\text{kPa}$。

在任意状态时，用各生成物相对浓度（或相对分压）幂的乘积与各反应物相对浓度（或相对分压）幂的乘积之比定义为反应商，用 Q 表示。

(2) 平均反应速率可表示为：

$$\bar{v} = -\frac{\Delta c \text{（反应物）}}{\Delta t} \quad 或 \quad \bar{v} = \frac{\Delta c \text{（生成物）}}{\Delta t}$$

$$\bar{v} = \frac{1}{a}\frac{\Delta c \text{ (A)}}{\Delta t} = \frac{1}{b}\frac{\Delta c \text{ (B)}}{\Delta t} = \frac{1}{c}\frac{\Delta c \text{ (C)}}{\Delta t} = \frac{1}{d}\frac{\Delta c \text{ (D)}}{\Delta t}$$

(3) ① 不对。$K^\ominus$ 只是温度的函数。

② 不对。温度升高，正、逆反应速度都增大，只是增大的倍数不同造成了平衡的移动。

③ 不对。反应前后气体分子总数不同，p 增大，平衡向左移动。

④ 不对。平衡时 $v_{正} = v_{逆}$，反应物和生成物的浓度不随时间而改变。

⑤ 不对。加入催化剂，正、逆反应速率都增大，平衡不移动。

(4) ① 增大 CO_2 或减小 CO 的浓度（或压力），减小总压力，升高温度。

② 增大 CO（或 O_2）或减小 CO_2 的浓度（或压力）；增大总压力，降低温度。

③ 增大 CO_2（或 H_2）或减小 CO（或 H_2O）的浓度（或压力），升高温度。

④ 增大 CH_4 或减小 CO（或 H_2）的浓度（或压力），减小总压力，升高温度。

(5) ①

$$K^\ominus = \frac{[p(NO)/p^\ominus]^2}{[p(N_2)/p^\ominus]\,[p(O_2)/p^\ominus]}$$

②
$$K^{\ominus}=\frac{[p(CO)/p^{\ominus}]^2}{[p(CO_2)/p^{\ominus}]}$$

③
$$K^{\ominus}=\frac{[p(CO)/p^{\ominus}][p(H_2)/p^{\ominus}]^3}{[p(CH_4)/p^{\ominus}][p(H_2O)/p^{\ominus}]}$$

④
$$K^{\ominus}=\frac{[p(H_2O)/p^{\ominus}]^4}{[p(H_2)/p^{\ominus}]^4}$$

5. 计算题

(1) 8.8×10^{-3} 1.3×10^4 (2) ①CO、H_2O：0.067 CO_2：0.033 H_2：0.133
②66.7% (3) 9∶1 (4) 0.063 0.137。

第七章

1. 填空题

(1) 盐的本性 盐的浓度 溶液的酸度 温度 (2) 减小 增大 (3) 减小 增大
(4) 1 12 (5) 大于 小于

2. 选择题

(1) B (2) C (3) A (4) C (5) D

3. 是非题（正确的划"√"，错误的划"×"）

(1) × (2) × (3) × (4) × (5) √

4. 问答题

(1) ① 不正确。醋酸和氨水都是弱电解质，而两者混合后生成的醋酸铵是强电解质，导电能力强。

② 不正确。盐酸是强电解质，而醋酸是弱电解质。

③ 不正确。氢硫酸是二元弱酸。

④ 不正确。同类型的难溶电解质，$K_{sp}^{\ominus}$ 大的，其溶解度也大。

(2) ① 配制 $SnCl_2$、$FeCl_3$ 溶液，先按所需的浓度计算药品的质量，称取试剂后，溶解到浓盐酸中，然后转移到容量瓶中定容。主要是为了防止水解。如果直接溶于水，会产生沉淀。

② 如果用蒸馏水，会溶解一部分的硫酸钡，如果换用稀 H_2SO_4，会使 $BaSO_4 \rightleftharpoons Ba^{2+}+SO_4^{2-}$ 平衡向反方向移动，会使硫酸钡溶解的量减少。

③ 铝离子和硫离子在水中会发生双水解，得不到硫化铝。
$$Al_2S_3+6H_2O\longrightarrow 2Al(OH)_3\downarrow+3H_2S\uparrow$$

④ 不接近。因为对于物质 $A_nB_m(s)\Longrightarrow nA(aq)+mB(aq)$，溶度积 $K_{sp}^{\ominus}=c(A)^n c(B)^m$，$PbI_2$ 和 $PbSO_4$ 是不同类型的难溶电解质。

(3) ① 生成弱酸，从而满足 $Q_c<K_{sp}^{\ominus}$。
$$BaCO_3+2HCl\longrightarrow BaCl_2+H_2O+CO_2\uparrow$$

② 生成弱电解质水，从而满足 $Q_c<K_{sp}^{\ominus}$。
$$2Fe(OH)_3+3H_2SO_4\longrightarrow Fe_2(SO_4)_3+6H_2O$$

③ 生成弱电解质，从而满足 $Q_c<K_{sp}^{\ominus}$。
$$Mg(OH)_2+2NH_4Cl\longrightarrow MgCl_2+2NH_3\cdot H_2O$$

(4) ① $H_2SO_4\longrightarrow 2H^++SO_4^{2-}$

② $Na_2CO_3 \longrightarrow 2Na^+ + CO_3^{2-}$

③ $HCN \rightleftharpoons H^+ + CN^-$

④ $H_2CO_3 \rightleftharpoons H^+ + HCO_3^-$

　　$HCO_3^- \rightleftharpoons H^+ + CO_3^{2-}$

⑤ $NH_3 \cdot H_2O \rightleftharpoons NH_4^+ + OH^-$

⑥ $HF \rightleftharpoons H^+ + F^-$

(5) ① $CN^- + H_2O \rightleftharpoons HCN + OH^-$　碱性

② $NH_4^+ + Ac^- + H_2O \rightleftharpoons NH_3 \cdot H_2O + HAc$　中性

③ $S^{2-} + H_2O \rightleftharpoons HS^- + OH^-$　　$HS^- + H_2O \rightleftharpoons H_2S + OH^-$　碱性

④ 总：$Al^{3+} + 3H_2O \rightleftharpoons Al(OH)_3 \downarrow + 3H^+$　酸性

⑤ $NH_4^+ + CN^- + H_2O \rightleftharpoons NH_3 \cdot H_2O + HCN$　　碱性

⑥ $F^- + H_2O \rightleftharpoons HF + OH^-$　碱性

5. 计算题

(1) 1.0×10^{-6}　　1.0　　(2) 3.6×10^{-3} ‰　　(3) ①$11.1$　②$4.83$　　(4) 4.896

(5) ①$1.89 \times 10^{-4}$　　②$2.7 \times 10^{-9}$　　③$8.22 \times 10^{-6}$　　(6) 4.5×10^{-9} 有沉淀生成

(7) 2.8×10^{-12}　　1.2×10^{-9}　　2.2×10^{-4}　　沉淀顺序：Pb^{2+}　　Ba^{2+}　　Sr^{2+}

(8) 2.8×10^{-12}　　7.1×10^{-7}　　CrO_4^{2-} 先沉淀

第八章

1. 填空题

(1) 缺电子原子　(2) 铝　(3) 两性　(4) 金属的钝化　浓硫酸　浓硝酸　(5) 两性氢氧化物　酸　碱　氨水

2. 选择题

(1) A　(2) B　(3) C　(4) C　(5) A

3. 是非题（正确的划"√"，错误的划"×"）

(1) √　(2) √　(3) √　(4) ×　(5) √

4. 完成下列离子反应方程式

(1) $B_4O_7^{2-} + 2H^+ + 5H_2O \rightleftharpoons 4H_3BO_3$

(2) $2Al + 6H^+ \rightleftharpoons 2Al^{3+} + 3H_2 \uparrow$

(3) $2Al + 2OH^- + 2H_2O \rightleftharpoons 2AlO_2^- + 3H_2 \uparrow$

(4) $AlO_2^- + NH_4^+ + H_2O \rightleftharpoons NH_3 \uparrow + Al(OH)_3 \downarrow$

5. 完成下列反应方程式

(1) $2Al_2O_3 \xrightarrow{\text{通电}} 4Al + 3O_2 \uparrow$

(2) $4Al + 3O_2 \xrightarrow{\triangle} 2Al_2O_3$

(3) $2Al + 3H_2SO_4 \rightleftharpoons Al_2(SO_4)_3 + 6H_2$

(4) $Al_2(SO_4)_3 + 6NaOH \rightleftharpoons 2Al(OH)_3 \downarrow + 3Na_2SO_4$

(5) $2Al(OH)_3 + 3H_2SO_4 \rightleftharpoons Al_2(SO_4)_3 + 6H_2O$

(6) $Al(OH)_3 + NaOH \rightleftharpoons NaAlO_2 + 2H_2O$

(7) $NaAlO_2 + HCl + H_2O \rightleftharpoons Al(OH)_3 \downarrow + NaCl$

6. 计算题

3.9g

第九章

1. 填空题

（1）碳 硅 锗 锡 铅 铁 （2）硅 二氧化硅 硅酸盐 （3）硅石 晶型 无定形体 （4）锡石 方铅矿 （5）Pb_3O_4 铅丹

2. 选择题

（1）B （2）C （3）B （4）C （5）D

3. 是非题（正确的划"√"，错误的划"×"）

（1）√ （2）√ （3）× （4）√ （5）√

4. 完成下列反应方程式

（1）$HF+SiO_2 \xrightarrow{\triangle} SiF_4 \uparrow +2H_2O$

（2）$SiO_2+BaO \longrightarrow BaSiO_3$

（3）$SiO_2+Na_2SO_4 \xrightarrow{\triangle} Na_2SiO_3+SO_3 \uparrow$

（4）$2HCl+Na_2SiO_3 \longrightarrow H_2SiO_3 \downarrow +2NaCl$

5. 计算题

9.8g 4.9g 用 $NaHCO_3$ 比较好，因为消耗的硫酸比较少。

第十章

1. 填空题

（1）Cu 元素 Fe^{3+} $FeCl_3$ Cu （2）阳极 阴极 氧化 还原 （3）H_2

（4）（−）Zn｜$Zn^{2+}(c_1)$‖$Cu^{2+}(c_2)$｜Cu（+） $Cu^{2+}+2e \longrightarrow Cu$ $Zn-2e \longrightarrow Zn^{2+}$

$Zn+Cu^{2+} \longrightarrow Zn^{2+}+Cu$ （5）$Ni-2e \longrightarrow Ni^{2+}$ $Ni^{2+}+2e \longrightarrow Ni$

2. 选择题

（1）C （2）A （3）B （4）A （5）D

3. 是非题（正确的划"√"，错误的划"×"）

（1）× （2）× （3）√ （4）× （5）√

4. 问答题

（1）① 电极反应：（−）$Mg-2e \longrightarrow Mg^{2+}$ Mg^{2+}/Mg

（+）$Pb^{2+}+2e \longrightarrow Pb$ Pb^{2+}/Pb

原电池符号：（−）Zn｜$Zn^{2+}(c_1)$‖$Cu^{2+}(c_2)$｜Cu（+）

② 电极反应：（−）$Cu-2e \longrightarrow Cu^{2+}$ Cu^{2+}/Cu

（+）$2Ag^++2e \longrightarrow 2Ag$ Ag^+/Ag

原电池符号：（−）Cu｜$Cu^{2+}(c_1)$‖$Ag^+(c_2)$｜Ag（+）

③ 电极反应：（−）$Cu-2e \longrightarrow Cu^{2+}$ Cu^{2+}/Cu

（+）$2Fe^{3+}+2e \longrightarrow 2Fe^{2+}$ Fe^{3+}/Fe^{2+}

原电池符号：（−）Cu｜$Cu^{2+}(c_1)$‖$Fe^{3+}(c_2),Fe^{2+}(c_3)$｜Pt（+）

（2）分别侵入稀硫酸中：$Fe-2e \longrightarrow Fe^{2+}$ $Zn-2e \longrightarrow Zn^{2+}$

同时侵入稀硫酸中，两端用导线相连：（−）$Zn-2e \longrightarrow Zn^{2+}$

$$(+)2H^+ + 2e \longrightarrow H_2$$

(3) ① 阳极：$Ni - 2e \longrightarrow Ni^{2+}$　　　阴极：$2H^+ + 2e \longrightarrow H_2$

　　② 阳极：$2Cl^- - 2e \longrightarrow Cl_2$　　阴极：$Mg^{2+} + 2e \longrightarrow Mg$

　　③ 阳极：$2Cl^- - 2e \longrightarrow Cl_2$　　阴极：$2H^+ + 2e \longrightarrow H_2$

(4) 当镀层破裂后，镀锌铁的铁做正极被保护下来，镀锡铁的铁做负极被消耗掉，所以镀锌铁皮比镀锡铁耐腐蚀。

(5) 在潮湿的空气中，不纯的铁（含碳）形成了铁-氧-水无数个微小的原电池。

铁（-）$Fe - 2e \longrightarrow Fe^{2+}$

碳（+）$2H_2O + O_2 + 4e \longrightarrow 4OH^-$

　　$Fe^{2+} + 2OH^- \longrightarrow Fe(OH)_2$

　　$4Fe(OH)_2 + O_2 + 2H_2O \longrightarrow 4Fe(OH)_3$　空气中失水 $\longrightarrow Fe_2O_3 \cdot nH_2O$

5. 计算题

(1) ① $E^{\ominus} = \varphi_{正}^{\ominus} - \varphi_{负}^{\ominus} = 0.771 - (-0.126) = 0.897(V) > 0$　　反应向右进行

② $E^{\ominus} = \varphi_{正}^{\ominus} - \varphi_{负}^{\ominus} = 1.51 - 1.065 = 0.445(V) > 0$　　　反应向右进行

③ $E^{\ominus} = \varphi_{正}^{\ominus} - \varphi_{负}^{\ominus} = 0.771 - 0.154 = 0.617(V) > 0$　　　反应向右进行

④ $E^{\ominus} = \varphi_{正}^{\ominus} - \varphi_{负}^{\ominus} = 0.154 - 0.5345 = -0.381(V) < 0$　　反应向左进行

(2) ①0.328V　②$-0.0592V$　③0.830V　(3) ①0.01V　②0.0492V　(4) 0.58mol/L

(5) 1.25×10^6　(6) ①Ni^{2+} 是最强氧化剂，Zn 是最强还原剂　②前面不反应，后面反应为 $Zn + Ni^{2+} \longrightarrow Zn^{2+} + Ni$　③0.157V

第十一章

1. 填空题

(1) 氮　磷　砷　锑　铋　镁　(2) 无　强烈刺激性　易　极易　(3) 钝化　致密的氧化膜　(4) 物质的量比为 1：3 的浓硝酸和浓盐酸　金和铂　(5) 硝酸银溶液　黄

2. 选择题

(1) A　(2) C　(3) B　(4) C　(5) C

3. 完成下列反应方程式

(1) $3Mg + N_2 \xrightarrow{燃烧} Mg_3N_2$

(2) $2NH_4Cl + Ca(OH)_2 \xrightarrow{\triangle} 2NH_3\uparrow + 2H_2O + CaCl_2$

(3) $4HNO_3 \xrightarrow{加热或光照} 4NO_2\uparrow + 2H_2O + O_2\uparrow$

(4) $Cu + 4HNO_3(浓硝酸) \longrightarrow Cu(NO_3)_2 + 2NO_2\uparrow + 2H_2O$

(5) $3Cu + 8HNO_3(稀硝酸) \longrightarrow 3Cu(NO_3)_2 + 2NO\uparrow + 4H_2O$

4. 简答题

(1) $4NH_3 + 5O_2 \xrightarrow[800℃]{Pt-Ph} 4NO + 6H_2O$

$2NO + O_2 \longrightarrow 2NO_2$

$3NO_2 + H_2O \longrightarrow 2HNO_3 + NO$

(2) 因为草木灰（K_2CO_3）和消石灰都显碱性，铵态氮肥和碱性物质反应会生成氨气，降低肥效；过磷酸钙与碱性物质会生成难溶性的磷酸盐而降低肥效。

(3) 先将 $SbCl_3$ 晶体溶解到稀盐酸中，再用水稀释即得到 $SbCl_3$ 溶液；先将 $Bi(NO_3)_3$ 晶体溶解到稀硝酸中，再用水稀释即得到 $Bi(NO_3)_3$ 溶液。

5. 计算题

(1) 0.21 11.4mol/L (2) 12.3g 0.98L (3) 13.6mol/L 2.7mol/L (4) 74% 26% (5) 1200mL

第十二章

1. 填空题

(1) 氧 硫 硒 碲 钋 铞 (2) 硫黄 淡黄 不溶 微溶 易溶 (3) 无色透明 难挥发 黄 吸水性 脱水性 强氧化性 (4) 矾 $FeSO_4 \cdot 7H_2O$ $CuSO_4 \cdot 5H_2O$
(5) 正六价的硫 氢离子

2. 选择题

(1) D (2) B (3) B (4) A (5) A

3. 完成下列反应方程式

(1) $2H_2S + 3O_2$（充足）$\xrightarrow{\text{点燃}} 2SO_2\uparrow + 2H_2O$

(2) $2H_2S + O_2$（不足）$\xrightarrow{\triangle} 2S\downarrow + 2H_2O$

(3) $2H_2S + SO_2 \longrightarrow 2H_2O + 3S\downarrow$

(4) $2Fe + 6H_2SO_4$（浓）$\xrightarrow{\triangle} Fe_2(SO_4)_3 + 3SO_2\uparrow + 6H_2O$

(5) $Cu + 2H_2SO_4$（浓）$\xrightarrow{\triangle} CuSO_4 + SO_2\uparrow + 2H_2O$

(6) $Fe + H_2SO_4$（稀）$\longrightarrow FeSO_4 + H_2\uparrow$

4. 简答题

(1) 氧气的化学性质比较稳定，具有氧化性；而臭氧具有很强的氧化性，其氧化能力比氧气强得多。

可用淀粉-碘化钾试纸鉴别氧气和臭氧，臭氧能使淀粉-碘化钾试纸变蓝，而氧气不能。

(2) 工业制法：

$$4FeS_2 + 11O_2 \xrightarrow{\text{焙烧}} 2Fe_2O_3 + 8SO_2\uparrow$$

实验室制法：

$$Na_2SO_3 + H_2SO_4 \longrightarrow Na_2SO_4 + SO_2\uparrow + H_2O$$

(3) 将两种气体分别通入品红溶液中，能使品红溶液褪色的是二氧化硫，不能褪色的是硫化氢。

(4) 三氧化硫和水化合生成硫酸时，会放出大量的热，使硫酸形成难于收集的酸雾。所以工业上不直接用水来吸收三氧化硫，而是用98%的浓硫酸来吸收三氧化硫。

5. 计算题

(1) 2% (2) 96% 18mol/L 72%

第十三章

1. 填空题

(1) 形成体 一定数目的配位体 配位 中心离子 配位体 配位原子 只提供一个配位原子 提供多个配位原子 多齿配位体 环状 内配合物 (2) $[Cu(NH_3)_4]^{2+}$

SO_4^{2-}　离子键　（3）Co^{3+}　Cl^- 和 NH_3　Cl 原子和 N 原子　6　（4）不稳定　稳定

$K_{稳}^{\ominus} = \dfrac{1}{K_{不稳}^{\ominus}}$　（5）C　（6）CaY^{2-} 和 $[Cu(en)_2]^{2+}$

（7）

配合物	配体	形成体	配位数	名称
$[Co(NH_3)_6]Cl_3$	NH_3	Co^{3+}	6	三氯化六氨合钴
$Cu[SiF_6]$	F^-	Si^{4+}	6	六氟合硅（Ⅳ）酸铜
$[PtCl(NO_2)(NH_3)_2]$	Cl^-,NO_2^-,NH_3	Pt^{2+}	4	一氯一硝基二氨合铂（Ⅱ）
$K_4[Fe(CN)_6]$	CN^-	Fe^{2+}	6	六氰合铁（Ⅱ）酸钾
$K_3[Fe(CN)_6]$	CN^-	Fe^{3+}	6	六氰合铁（Ⅲ）酸钾
$[CoCl(NH_3)_5]Cl_2$	Cl^-,NH_3	Co^{3+}	6	氯化一氯五氨合钴（Ⅲ）
$[CoCl_2(NH_3)_3(H_2O)]Cl$	Cl^-,NH_3,H_2O	Co^{3+}	6	氯化二氯五氨一水合钴（Ⅲ）
$[PtCl_2(en)]$	Cl^-,en	Pt^{2+}	4	二氯一乙二胺铂（Ⅱ）
$Na_2[CaY]$	Y^-	Ca^{2+}	6	乙二胺四乙酸合钙（Ⅱ）酸钠

（8）

配合物名称	化学式	内界	外界
硫酸四氨合铜（Ⅱ）	$[Cu(NH_3)_4]SO_4$	$[Cu(NH_3)_4]^{2+}$	SO_4^{2-}
硝酸二氨合银（Ⅰ）	$[Ag(NH_3)_2]NO_3$	$[Ag(NH_3)_2]^+$	NO_3^-
二硫氰酸根合铜（Ⅰ）酸钾	$K[Cu(SCN)_2]$	$[Cu(SCN)_2]^-$	K^+
二硫代硫酸根合银（Ⅰ）酸钠	$K_3[Ag(S_2O_3)_2]$	$[Ag(S_2O_3)_2]^{3-}$	K^+
四氯合铂（Ⅱ）酸钾	$K_2[PtCl_4]$	$[PtCl_4]^{2-}$	K^+
氯化二氯·二氨·一乙二胺合钴（Ⅲ）	$[CoCl_2(NH_3)_2(en)]Cl$	$[CoCl_2(NH_3)_2(en)]^+$	Cl^-
硫酸四氨·二水合钴（Ⅲ）	$[Co(NH_3)_4(H_2O)_2]_2(SO_4)_3$	$[Co(NH_3)_4(H_2O)_2]^{3+}$	SO_4^{2-}

2. 选择题

（1）B　（2）C　（3）A　（4）D　（5）C

3. 是非题（正确的划"√"，错误的划"×"）

（1）×　（2）×　（3）√　（4）√　（5）×

4. 问答题

（1）

$$Ni^{2+}\quad \text{3d}\ \uparrow\downarrow\ \uparrow\downarrow\ \uparrow\downarrow\ \uparrow\ \uparrow\quad \text{4s}\ \bigcirc\quad \text{4p}\ \bigcirc\bigcirc\bigcirc$$

在与 CN^- 进行配位时，3d 轨道中的电子排列发生改变，8 个电子挤入 4 个轨道中，空了一个 3d 轨道，于是 1 个 3d 轨道、1 个 4s 轨道和 2 个 4p 轨道形成四个等价的 dsp^2 杂化轨道，每个 dsp^2 杂化轨道与配位体中的孤对电子所在的轨道重叠，形成 4 个配位键：

$$\text{3d}\ \uparrow\downarrow\ \uparrow\downarrow\ \uparrow\downarrow\ \uparrow\downarrow\ \underbrace{\boxed{\ \ }\quad \text{4s}\ \uparrow\downarrow\quad \text{4p}\ \uparrow\downarrow\ \uparrow\downarrow}_{dsp^2 杂化}\ \bigcirc$$

Zn^{2+}：$\quad Zn^{2+}\ \text{3d}\ \uparrow\downarrow\ \uparrow\downarrow\ \uparrow\downarrow\ \uparrow\downarrow\ \uparrow\downarrow\quad \text{4s}\ \bigcirc\quad \text{4p}\ \bigcirc\bigcirc\bigcirc$

在与 NH_3 进行配位时，1 个 4s 轨道和 3 个 4p 轨道形成四个等价的 sp^3 杂化轨道，每个

sp^3 杂化轨道与配位体中的孤对电子所在的轨道重叠，形成 4 个配位键：

(2) $[Cr(H_2O)_4Cl_2]Cl \cdot 2H_2O$ $[Cr(H_2O)_5Cl]Cl_2 \cdot H_2O$ $[Cr(H_2O)_6]Cl_3$

(3) ①向右   ②向左   ③向右

(4) 难溶电解质在配位剂中的溶解度取决于难溶电解质的溶度积和形成的配合物的稳定常数大小，如果难溶电解质的溶度积不是很小，而形成的配合物的稳定常数又比较大，则沉淀易溶解。如果难溶电解质溶度积比较小，而配合物稳定常数又不大，则沉淀就比较难溶解。这可以利用多重平衡规则计算沉淀转化为配合物的平衡常数来进行比较：

① $AgCl + 2NH_3 \rightleftharpoons [Ag(NH_3)_2]^+ + Cl^-$

$K^\ominus = K_{sp}^\ominus(AgCl) K_{稳}^\ominus([Ag(NH_3)_2]^+) = 1.8 \times 10^{-10} \times 1.7 \times 10^7 = 3.1 \times 10^{-3}$

$AgI + 2NH_3 \rightleftharpoons [Ag(NH_3)_2]^+ + I^-$

$K^\ominus = K_{sp}^\ominus(AgI) K_{稳}^\ominus([Ag(NH_3)_2]^+) = 8.3 \times 10^{-17} \times 1.7 \times 10^7 = 1.4 \times 10^{-9}$

AgI 在 NH_3 水中转化为 $[Ag(NH_3)_2]^+$ 反应平衡常数比 AgCl 小得多，因此溶解度也小，即不溶。

② $AgI + 2CN^- \rightleftharpoons [Ag(CN)_2]^- + I^-$

$K^\ominus = K_{sp}^\ominus(AgI) K_{稳}^\ominus([Ag(CN)_2]^-) = 8.3 \times 10^{-17} \times 6.31 \times 10^{21} = 5.2 \times 10^5$

AgI 在 KCN 溶液中转化为 $[Ag(CN)_2]^-$ 的反应平衡常数较大，所以易溶。

③ $AgBr + 2CN^- \rightleftharpoons [Ag(CN)_2]^- + Br^-$

$K^\ominus = K_{sp}^\ominus(AgBr) K_{稳}^\ominus([Ag(CN)_2]^-) = 5.0 \times 10^{-13} \times 6.31 \times 10^{21} = 3.2 \times 10^9$

AgBr 在 KCN 溶液中转化为 $[Ag(CN)_2]^-$ 的反应平衡常数大，所以易溶。

$Ag_2S + 4CN^- \rightleftharpoons 2[Ag(CN)_2]^- + S^{2-}$

$K^\ominus = K_{sp}^\ominus(Ag_2S) K_{稳}^\ominus([Ag(CN)_2]^-) = 6.3 \times 10^{-50} \times 6.31 \times 10^{21} = 3.98 \times 10^{-15}$

Ag_2S 在 KCN 溶液中转化为 $[Ag(CN)_2]^-$ 的反应平衡常数很小，因此溶解度也很小，即不溶。

(5) $Fe^{3+} + 6SCN^- \longrightarrow [Fe(NCS)_6]^{3-}$（血红色）

$[Fe(CN)_6]^{3-} + 6SCN^- \rightleftharpoons [Fe(NCS)_6]^{3-} + 6CN^-$

$$K^\ominus = \frac{c'([Fe(NCS)_6]^{3-})[c'(CN^-)]^6}{c'([Fe(CN)_6]^{3-})[c'(SCN^-)]^6} = \frac{K_{稳}^\ominus([Fe(NCS)_6]^{3-})}{K_{稳}^\ominus([Fe(CN)_6]^{3-})} = \frac{1.48 \times 10^3}{1.00 \times 10^{24}}$$

$$= 1.48 \times 10^{-19}$$

反应向左进行，即无血红色。

(6) EDTA 与 Fe^{3+} 形成的配合物的稳定性比 $[Fe(NCS)_6]^{3-}$ 的强，所以血红色消失，因此加入 EDTA 后会生成 EDTA-Fe 和游离的 SCN^-，这两种物质均为无色物质，因此溶液也变无色。

重金属离子（Pb^{2+}、Hg^{2+}）与 EDTA 能形成很稳定的配合物，而配合物没有毒性，所以能解毒。

$$M^{2+} + Na_2H_2Y \Longrightarrow Na_2[MY] + 2H^+$$

(7) ①$[Cu(NH_3)_4]^{2+} + 2HCl + 2H^+ \longrightarrow CuCl_2 + 4NH_4^+$

②$Zn^{2+} + 2OH^- + 2H_2O \longrightarrow Zn(OH)_4^{2-} + 2H^+$

$Fe^{3+} + 3OH^- \longrightarrow Fe(OH)_3 \downarrow$

③$Zn^{2+} + 4NH_3 \cdot H_2O(过量) \longrightarrow Zn(NH_3)_4^{2+} + H_2O$

$Al^{3+} + 3NH_3 \cdot H_2O(过量) \longrightarrow Al(OH)_3 \downarrow + 3NH_4^+$

5. 计算题

(1) ①

$$K^{\ominus} = \frac{c'([HgCl_4]^{2-})[c'(I^-)]^4}{c'([Hg(I)_4]^{2-})[c'(Cl^-)]^4} = \frac{K_{稳}^{\ominus}([HgCl_4]^{2-})}{\beta([HgI_4]^{2-})} = \frac{1.17 \times 10^{15}}{6.76 \times 10^{29}} = 1.73 \times 10^{-15}$$

平衡常数非常小，转化反应向左进行。

②

$$K^{\ominus} = \frac{c'([Cu(NH_3)_2]^+)[c'(CN^-)]^2}{c'([Cu(CN)_2]^-)[c'(NH_3)]^2} = \frac{K_{稳}^{\ominus}([Cu(NH_3)_2]^+)}{K_{稳}^{\ominus}([Cu(CN)_2]^-)} = \frac{7.24 \times 10^{10}}{1.00 \times 10^{24}}$$

$$= 7.24 \times 10^{-14}$$

平衡常数非常小，转化反应向左进行。

③

$$K^{\ominus} = \frac{c'([Zn(NH_3)_4]^{2+})c'(Cu^{2+})}{c'([Cu(NH_3)_4]^{2+})c'(Zn^{2+})} = \frac{K_{稳}^{\ominus}([Zn(NH_3)_4]^{2+})}{K_{稳}^{\ominus}([Cu(NH_3)_4]^{2+})} = \frac{5.01 \times 10^8}{1.07 \times 10^{12}}$$

$$= 4.68 \times 10^{-4}$$

平衡常数较小，转化反应向左进行。

(2)

$c'(Ni^{2+}) = 1.3 \times 10^{-9} \text{ mol/L}$

$c'([Ni(NH_3)_4]^{2+}) = 0.05 - 1.3 \times 10^{-9} = 0.05(\text{mol/L})$

第十四章

1. 填空题

(1) ⅢB 族到ⅡB 族 (2) 白 蓝 胆矾 无水 $CuSO_4$ 吸水后会从白色变为蓝色

(3) 硫酸铜溶液 石灰乳 杀灭果树害虫 (4) AgF $AgCl$ $AgBr$ AgI

$AgCl$、$AgBr$、AgI 依次加深 (5) 蓝 粉红

2. 选择题

(1) B (2) C (3) D (4) C (5) C

3. 完成下列反应方程式

(1) $2Cu + CO_2 + H_2O + O_2 \longrightarrow Cu_2(OH)_2CO_3$

(2) $CuO + H_2SO_4 \longrightarrow CuSO_4 + H_2O$

(3) $Zn(OH)_2 + H_2SO_4 \longrightarrow ZnSO_4 + 2H_2O$

(4) $Zn(OH)_2 + 2NaOH \longrightarrow Na_2[Zn(OH)_4]$

(5) $Cr_2O_7^{2-} + 6Fe^{2+} + 14H^+ \longrightarrow 2Cr^{3+} + 6Fe^{3+} + 7H_2O$

(6) $2FeCl_3 + H_2S \longrightarrow 2FeCl_2 + S \downarrow + 2HCl$

(7) $2FeCl_3 + Cu \longrightarrow 2FeCl_2 + CuCl_2$

(8) $Fe(OH)_3 + 3HCl \longrightarrow FeCl_3 + 3H_2O$

4. 简答题

(1) 在元素周期表的中部ⅢB族到ⅡB族，统称为过渡元素。

其电子层结构特征为：随着核电荷数的增加，增加的电子依次填充到次外层的 d 轨道上，而最外层只有 1～2 个 s 电子，其价电子层构型为 $(n-1)d^{1\sim10}ns^{1\sim2}$（Pd除外）。

(2) 在 $CuCl_2$ 水溶液中，Cu^{2+} 与 H_2O 和 Cl^- 能生成 $[Cu(H_2O)_4]^{2+}$ 和 $[CuCl_4]^{2-}$ 两种配离子。在一般浓度的溶液中两种配离子同时存在，溶液显绿色；在浓溶液中，由于 $[CuCl_4]^{2-}$ 浓度较大，溶液显黄绿色；在稀溶液中则以 $[Cu(H_2O)_4]^{2+}$ 为主，$[CuCl_4]^{2-}$ 浓度小，溶液显浅蓝色。

(3) $AgNO_3$ 为无色不带结晶水的晶体，易溶于水，热稳定性较低，受热或见光可逐渐分解，因此 $AgNO_3$ 的固体和溶液均应保存在棕色瓶中。

(4) $ZnCl_2$ 在水中的溶解度很大，它的浓溶液由于形成配位酸而有显著的酸性，可溶解金属氧化物。因此在焊接金属时，可以用其作焊药来清除金属表面的氧化物。

(5) 为了防止亚铁离子被氧化。因为亚铁离子容易被空气或水溶液中的氧气氧化生成三价铁离子，因此在配制硫酸亚铁溶液时加入铁单质（铁屑或铁钉）来还原被氧气氧化生成的三价铁离子，使它重新变成亚铁离子。方程式如下：

$$4Fe^{2+} + O_2 + 4H^+ \longrightarrow 4Fe^{3+} + 2H_2O$$
$$2Fe^{3+} + Fe \longrightarrow 3Fe^{2+}$$

5. 计算题

(1) 23.5kg　(2) 15385mL　8831g　(3) 1.13t　(4) 0.5%

参 考 文 献

[1] 天津大学无机化学教研室. 无机化学. 5 版. 北京：高等教育出版社，2018.

[2] 樊行雪，方国女. 大学化学原理及应用. 北京：化学工业出版社，2000.

[3] 朱裕贞，顾达，黑恩成. 现代基础化学. 3 版. 北京：化学工业出版社，2010.

[4] 严宣申，王长富. 普通无机化学. 北京：北京大学出版社，1999.

[5] 郑利民，朱声逾. 简明元素化学. 北京：化学工业出版社，1999.

[6] 蔡少华，龚孟濂，史华红. 无机化学基本原理. 广州：中山大学出版社，1999.

[7] 赵士铎. 普通化学. 北京：中国农业大学出版社，1999.

[8] 傅献彩. 大学化学. 北京：高等教育出版社，1999.

[9] 大连理工大学无机化学教研室. 无机化学. 3 版. 北京：高等教育出版社，1990.

[10] 孙叔声，赵钰琳. 无机化学. 北京：北京大学出版社，1993.

[11] 浙江大学普通化学教研室. 普通化学. 3 版. 北京：高等教育出版社，1988.

[12] 董敬芳. 无机化学. 4 版. 北京：化学工业出版社，2005.

[13] 蒋鉴平. 无机化学. 2 版. 北京：化学工业出版社，1999.

[14] 伍承梁. 无机化学. 天津：天津大学出版社，1999.

[15] 高职高专化学教材编写组. 无机化学. 5 版. 北京：高等教育出版社，2019.

[16] 工科中专化学教材组. 化学，3 版. 北京：高等教育出版社，1990.

[17] 曹纱忱. 无机化学. 北京：高等教育出版社，1990.

[18] 高琳. 基础化学. 2 版. 北京：高等教育出版社，2012.

[19] 胡伟光. 无机化学. 4 版. 北京：化学工业出版社，2021.

[20] 王静. 无机及分析化学. 北京：高等教育出版社，2015.

元素周期表

IUPAC 2013

氧化态(单质的氧化态为0，未列入；常见的为红色)

图例	说明
95	原子序数
Am	元素符号(红色的为放射性元素)
镅▲	元素名称(注▲的为人造元素)
$5f^77s^2$	价层电子构型
+2 +3 +4 +5 +6	氧化态
243.06138(2)✦	以 $^{12}C=12$ 为基准的原子量(注✦的是半衰期最长同位素的原子量)

s区元素 p区元素 d区元素 ds区元素 f区元素 稀有气体

周期＼族	1 ⅠA	2 ⅡA	3 ⅢB	4 ⅣB	5 ⅤB	6 ⅥB	7 ⅦB	8 ⅧB(Ⅷ)	9 ⅧB(Ⅷ)	10 ⅧB(Ⅷ)	11 ⅠB	12 ⅡB	13 ⅢA	14 ⅣA	15 ⅤA	16 ⅥA	17 ⅦA	18 ⅧA(0)	电子层
1	−1 +1 1 **H** 氢 $1s^1$ 1.008																	2 **He** 氦 $1s^2$ 4.002602(2)	K
2	+1 3 **Li** 锂 $2s^1$ 6.94	+2 4 **Be** 铍 $2s^2$ 9.0121831(5)											+3 5 **B** 硼 $2s^22p^1$ 10.81	−4 +2 +4 6 **C** 碳 $2s^22p^2$ 12.011	−3 −2 −1 +1 +2 +3 +4 +5 7 **N** 氮 $2s^22p^3$ 14.007	−2 −1 8 **O** 氧 $2s^22p^4$ 15.999	−1 9 **F** 氟 $2s^22p^5$ 18.998403163(6)	10 **Ne** 氖 $2s^22p^6$ 20.1797(6)	L K
3	−1 +1 11 **Na** 钠 $3s^1$ 22.98976928(2)	+2 12 **Mg** 镁 $3s^2$ 24.305											+3 13 **Al** 铝 $3s^23p^1$ 26.9815385(7)	−4 +2 +4 14 **Si** 硅 $3s^23p^2$ 28.085	−3 −2 +1 +3 +5 15 **P** 磷 $3s^23p^3$ 30.973761998(5)	−2 +2 +4 +6 16 **S** 硫 $3s^23p^4$ 32.06	−1 +1 +3 +5 +7 17 **Cl** 氯 $3s^23p^5$ 35.45	18 **Ar** 氩 $3s^23p^6$ 39.948(1)	M L K
4	−1 +1 19 **K** 钾 $4s^1$ 39.0983(1)	+2 20 **Ca** 钙 $4s^2$ 40.078(4)	+3 21 **Sc** 钪 $3d^14s^2$ 44.955908(5)	−1 0 +2 +3 +4 22 **Ti** 钛 $3d^24s^2$ 47.867(1)	0 ±1 +2 +3 +4 +5 23 **V** 钒 $3d^34s^2$ 50.9415(1)	−3 0 ±1 ±2 +3 +4 +5 +6 24 **Cr** 铬 $3d^54s^1$ 51.9961(6)	−2 0 ±1 +2 ±3 +4 +5 +6 +7 25 **Mn** 锰 $3d^54s^2$ 54.938044(3)	−2 0 ±1 +2 +3 +4 +5 +6 26 **Fe** 铁 $3d^64s^2$ 55.845(2)	0 ±1 +2 +3 +4 +5 27 **Co** 钴 $3d^74s^2$ 58.933194(4)	0 ±1 +2 +3 +4 28 **Ni** 镍 $3d^84s^2$ 58.6934(4)	+1 +2 +3 +4 29 **Cu** 铜 $3d^{10}4s^1$ 63.546(3)	+1 +2 30 **Zn** 锌 $3d^{10}4s^2$ 65.38(2)	+1 +3 31 **Ga** 镓 $4s^24p^1$ 69.723(1)	+2 +4 32 **Ge** 锗 $4s^24p^2$ 72.630(8)	−3 +3 +5 33 **As** 砷 $4s^24p^3$ 74.921595(6)	−2 +2 +4 +6 34 **Se** 硒 $4s^24p^4$ 78.971(8)	−1 +1 +3 +5 +7 35 **Br** 溴 $4s^24p^5$ 79.904	+2 +4 36 **Kr** 氪 $4s^24p^6$ 83.798(2)	N M L K
5	−1 +1 37 **Rb** 铷 $5s^1$ 85.4678(3)	+2 38 **Sr** 锶 $5s^2$ 87.62(1)	+3 39 **Y** 钇 $4d^15s^2$ 88.90584(2)	+1 +2 +3 +4 40 **Zr** 锆 $4d^25s^2$ 91.224(2)	0 ±1 +2 +3 +4 +5 41 **Nb** 铌 $4d^45s^1$ 92.90637(2)	0 ±1 ±2 +3 +4 +5 +6 42 **Mo** 钼 $4d^55s^1$ 95.95(1)	0 ±1 +2 +3 +4 +5 +6 +7 43 **Tc** 锝▲ $4d^55s^2$ 97.90721(3)✦	0 +1 ±2 +3 +4 +5 +6 +7 +8 44 **Ru** 钌 $4d^75s^1$ 101.07(2)	0 ±1 +2 +3 +4 +5 +6 45 **Rh** 铑 $4d^85s^1$ 102.90550(2)	0 +1 +2 +3 +4 46 **Pd** 钯 $4d^{10}$ 106.42(1)	+1 +2 +3 47 **Ag** 银 $4d^{10}5s^1$ 107.8682(2)	+1 +2 48 **Cd** 镉 $4d^{10}5s^2$ 112.414(4)	+1 +3 49 **In** 铟 $5s^25p^1$ 114.818(1)	+2 +4 50 **Sn** 锡 $5s^25p^2$ 118.710(7)	−3 +3 +5 51 **Sb** 锑 $5s^25p^3$ 121.760(1)	−2 +2 +4 +6 52 **Te** 碲 $5s^25p^4$ 127.60(3)	−1 +1 +3 +5 +7 53 **I** 碘 $5s^25p^5$ 126.90447(3)	+2 +4 +6 +8 54 **Xe** 氙 $5s^25p^6$ 131.293(6)	O N M L K
6	−1 +1 55 **Cs** 铯 $6s^1$ 132.90545196(6)	+2 56 **Ba** 钡 $6s^2$ 137.327(7)	57~71 **La~Lu** 镧系	+1 +2 +3 +4 72 **Hf** 铪 $5d^26s^2$ 178.49(2)	0 ±1 +2 +3 +4 +5 73 **Ta** 钽 $5d^36s^2$ 180.94788(2)	0 ±1 ±2 +3 +4 +5 +6 74 **W** 钨 $5d^46s^2$ 183.84(1)	0 ±1 +2 +3 +4 +5 +6 +7 75 **Re** 铼 $5d^56s^2$ 186.207(1)	0 +1 +2 +3 +4 +5 +6 +7 +8 76 **Os** 锇 $5d^66s^2$ 190.23(3)	0 ±1 +2 +3 +4 +5 +6 77 **Ir** 铱 $5d^76s^2$ 192.217(3)	0 +2 +3 +4 +5 +6 78 **Pt** 铂 $5d^96s^1$ 195.084(9)	+1 +2 +3 +5 79 **Au** 金 $5d^{10}6s^1$ 196.966569(5)	+1 +2 +3 80 **Hg** 汞 $5d^{10}6s^2$ 200.592(3)	+1 +3 81 **Tl** 铊 $6s^26p^1$ 204.38	+2 +4 82 **Pb** 铅 $6s^26p^2$ 207.2(1)	−3 +3 +5 83 **Bi** 铋 $6s^26p^3$ 208.98040(1)	−2 +2 +3 +4 +6 84 **Po** 钋 $6s^26p^4$ 208.98243(2)✦	±1 +5 +7 85 **At** 砹 $6s^26p^5$ 209.98715(5)✦	+2 86 **Rn** 氡 $6s^26p^6$ 222.01758(2)✦	P O N M L K
7	+1 87 **Fr** 钫▲ $7s^1$ 223.01974(2)✦	+2 88 **Ra** 镭 $7s^2$ 226.02541(2)✦	89~103 **Ac~Lr** 锕系	104 **Rf** 𬬻▲ $6d^27s^2$ 267.122(4)✦	105 **Db** 𬭊▲ $6d^37s^2$ 270.131(4)✦	106 **Sg** 𬭳▲ $6d^47s^2$ 269.129(3)✦	107 **Bh** 𬭛▲ $6d^57s^2$ 270.133(2)✦	108 **Hs** 𬭶▲ $6d^67s^2$ 270.134(2)✦	109 **Mt** 鿏▲ $6d^77s^2$ 278.156(5)✦	110 **Ds** 𫟼▲ 281.165(4)✦	111 **Rg** 𬬭▲ 281.166(6)✦	112 **Cn** 鿔▲ 285.177(4)✦	113 **Nh** 鿭▲ 286.182(5)✦	114 **Fl** 𫓧▲ 289.190(4)✦	115 **Mc** 镆▲ 289.194(6)✦	116 **Lv** 𫟷▲ 293.204(4)✦	117 **Ts** 鿬▲ 293.208(6)✦	118 **Og** 鿫▲ 294.214(5)✦	Q P O N M L K

	57	58	59	60	61	62	63	64	65	66	67	68	69	70	71
★ 镧系	+3 57 **La**★ 镧 $5d^16s^2$ 138.90547(7)	+2 +3 +4 58 **Ce** 铈 $4f^15d^16s^2$ 140.116(1)	+3 +4 59 **Pr** 镨 $4f^36s^2$ 140.90766(2)	+2 +3 +4 60 **Nd** 钕 $4f^46s^2$ 144.242(3)	+3 61 **Pm** 钷▲ $4f^56s^2$ 144.91276(2)✦	+2 +3 62 **Sm** 钐 $4f^66s^2$ 150.36(2)	+2 +3 63 **Eu** 铕 $4f^76s^2$ 151.964(1)	+3 64 **Gd** 钆 $4f^75d^16s^2$ 157.25(3)	+3 +4 65 **Tb** 铽 $4f^96s^2$ 158.92535(2)	+3 +4 66 **Dy** 镝 $4f^{10}6s^2$ 162.500(1)	+3 67 **Ho** 钬 $4f^{11}6s^2$ 164.93033(2)	+3 68 **Er** 铒 $4f^{12}6s^2$ 167.259(3)	+2 +3 69 **Tm** 铥 $4f^{13}6s^2$ 168.93422(2)	+2 +3 70 **Yb** 镱 $4f^{14}6s^2$ 173.045(10)	+3 71 **Lu** 镥 $4f^{14}5d^16s^2$ 174.9668(1)
★ 锕系	+3 89 **Ac**★ 锕 $6d^17s^2$ 227.02775(2)✦	+3 +4 90 **Th** 钍 $6d^27s^2$ 232.0377(4)	+3 +4 +5 91 **Pa** 镤 $5f^26d^17s^2$ 231.03588(2)	+2 +3 +4 +5 +6 92 **U** 铀 $5f^36d^17s^2$ 238.02891(3)	+3 +4 +5 +6 +7 93 **Np** 镎 $5f^46d^17s^2$ 237.04817(2)✦	+3 +4 +5 +6 +7 94 **Pu** 钚 $5f^67s^2$ 244.06421(4)✦	+2 +3 +4 +5 +6 95 **Am** 镅▲ $5f^77s^2$ 243.06138(2)✦	+3 +4 96 **Cm** 锔▲ $5f^76d^17s^2$ 247.07035(3)✦	+3 +4 97 **Bk** 锫▲ $5f^97s^2$ 247.07031(4)✦	+2 +3 +4 98 **Cf** 锎▲ $5f^{10}7s^2$ 251.07959(3)✦	+2 +3 99 **Es** 锿▲ $5f^{11}7s^2$ 252.0830(3)✦	+2 +3 100 **Fm** 镄▲ $5f^{12}7s^2$ 257.09511(5)✦	+2 +3 101 **Md** 钔▲ $5f^{13}7s^2$ 258.09843(3)✦	+2 +3 102 **No** 锘▲ $5f^{14}7s^2$ 259.1010(7)✦	+3 103 **Lr** 铹▲ $5f^{14}6d^17s^2$ 262.110(2)✦